普通高等教育土木与交通类"十二五"规划教材

地下水渗流力学

王俊杰　陈亮　梁越　编著

中国水利水电出版社
www.waterpub.com.cn

内 容 提 要

本书旨在使读者认识地下水在岩土体中的渗流规律，为解决工程中水资源利用问题和水环境保护问题奠定理论与技术基础，提升学生及相关技术人员解决工程问题的能力。全书共10章，内容包括：水力学基础、地下水渗流力学基础、地下水渗流微分方程、河渠地下水渗流理论、地下水井流理论、地下水渗流的理论计算、地下水渗流的测试、地下水渗流的模拟与数值计算、地下水渗流的反分析方法及地下水渗流与废弃物处置。

本书可作为高等院校地质工程、水利工程等相关专业教材，也可供地下水工程相关技术人员参考之用。

图书在版编目（CIP）数据

地下水渗流力学 / 王俊杰，陈亮，梁越编著. -- 北京：中国水利水电出版社，2013.5(2022.8重印)
普通高等教育土木与交通类"十二五"规划教材
ISBN 978-7-5170-0890-3

Ⅰ. ①地… Ⅱ. ①王… ②陈… ③梁… Ⅲ. ①地下水渗流力学－高等学校－教材 Ⅳ. ①O357.3

中国版本图书馆CIP数据核字(2013)第103913号

书　　名	普通高等教育土木与交通类"十二五"规划教材 **地下水渗流力学**
作　　者	王俊杰　陈亮　梁越　编著
出版发行	中国水利水电出版社 （北京市海淀区玉渊潭南路1号D座　100038） 网址：www.waterpub.com.cn E-mail: sales@mwr.gov.cn 电话：(010) 68545888（营销中心）
经　　售	北京科水图书销售有限公司 电话：(010) 68545874、63202643 全国各地新华书店和相关出版物销售网点
排　　版	北京时代澄宇科技有限公司
印　　刷	天津嘉恒印务有限公司
规　　格	184mm×260mm　16开本　16印张　379千字
版　　次	2013年5月第1版　2022年8月第2次印刷
印　　数	3001—4000册
定　　价	**48.00元**

凡购买我社图书，如有缺页、倒页、脱页的，本社营销中心负责调换

版权所有·侵权必究

前　言

水是生命之源。古今中外，人类的生存历史大部分都是与水相互依存的。近现代以来，水的问题依然是人类生存与发展中的焦点。地下水是地球环境的重要组成部分，其储存特点、运移规律等与人类生存环境及相关工程的安全密切相关。地下水问题研究的核心学科——地下水渗流力学是工程中应用面最为广泛的学科。地下水渗流力学也称"地下水水力学"或"地下水动力学"，是研究地下水在岩、土体等多孔介质中的运动规律的学科，需要多孔介质理论、表面物理、物理化学、岩土力学等多门学科内容作支撑。

地下水渗流力学的发展过程大体可分为基础理论、稳定流理论、非稳定流理论和现代渗流理论4个阶段。从20世纪初开始，地下水渗流力学进入快速发展的阶段，许多工程技术人员及学者从工程实践和理论两方面进行了大量的研究，获得了许多有价值的成果，既解决了工程中的实际问题，又丰富和发展了地下水渗流理论。目前，地下水渗流力学已经成为许多基础学科，如水力学、土力学、岩石力学、工程地质学、水文地质学以及环境学等不可缺少的重要组成部分；同时它也是许多应用学科，如水工结构、农田水利、地下水供水工程、矿业工程、岩土工程和基础工程的重要理论基础。

地下水渗流力学是地质工程、水利工程等相关专业的一门专业基础课。通过本课程学习，便于读者认识地下水在岩土体中的渗流规律，为解决工程中水资源利用问题和水环境保护问题奠定理论与技术基础，提升学生及相关技术人员解决工程问题的能力。

本书首先介绍了地下水渗流力学相关的预备和基础知识，即水力学基础以及地下水渗流力学的基本概念、基本理论；其次介绍了地下水渗流的基本微分方程、河渠渗流理论以及井流理论；然后介绍了地下水渗流相关的计算、测试与分析方法，如理论计算方法、室内外测试方法、物理及数值模拟方法、反分析方法等；最后结合目前研究热点问题，探讨了与我们生活息息相关的废弃物处置中的渗流问题。

本书共分10章，第1、2、3、6章由重庆交通大学王俊杰教授编写；第4、8、9章由重庆交通大学梁越副教授编写；第5、7、10章由河海大学陈亮副教授编写。全书由王俊杰教授统稿。

本书编写过程中引用了很多单位和个人的科研成果，研究生邓弟平、邓文杰、马伟、郝建云、邱珍锋、吴洋、伍应华、尹文、季纯波、李飞、卢亮等参与了本书的校对、插图绘制等工作，谨向这些单位和个人致以衷心的感谢！

本书力求在理论上推导严谨、描述清晰，内容上尽可能做到深入浅出、循序渐进，便于读者掌握基本要领及深刻内涵。但限于作者水平，书中不足和错误之处在所难免，敬请读者批评指正。

编者
2012年9月

目 录

前言

第1章 水力学基础

1.1 基础知识 ··· 1
1.2 水静力学理论基础 ··· 6
1.3 水动力学理论基础 ··· 13
1.4 水流阻力及水头损失 ··· 23
思考题与习题 ··· 31

第2章 地下水渗流力学基础

2.1 地下水和多孔介质的压缩性 ··· 32
2.2 含水层的储水特性 ··· 34
2.3 地下水渗流基本概念 ··· 38
2.4 地下水运动特征分类 ··· 44
2.5 渗流基本定律 ··· 46
2.6 流网及其应用 ··· 56
思考题与习题 ··· 62

第3章 地下水渗流微分方程

3.1 渗流连续性方程 ··· 63
3.2 承压水运动微分方程 ··· 65
3.3 半承压水运动微分方程 ··· 68
3.4 潜水运动微分方程 ··· 70
3.5 定解条件 ··· 75
3.6 描述地下水运动的数学模型及其解法 ··· 79
思考题与习题 ··· 82

第4章 河渠地下水渗流理论

4.1 承压含水层 ··· 84
4.2 无入渗潜水含水层 ··· 88
4.3 均匀稳定入渗的潜水含水层 ··· 92
4.4 河渠间的非稳定流 ··· 98
思考题与习题 ··· 104

第5章 地下水井流理论

5.1 井流的基本概念 ··· 105
5.2 承压完整井的稳定渗流 ··· 107
5.3 承压含水层中的非稳定井流理论 ··· 109
5.4 潜水含水层中的井流 ··· 120
5.5 地下水向群井的运动 ··· 125
5.6 井流理论在基坑降水中的应用 ··· 128
思考题与习题 ··· 133

第6章 地下水渗流的理论计算

6.1 概述 ··· 134
6.2 均质透水地基的渗流计算 ··· 136
6.3 多层透水地基渗流计算 ··· 142
6.4 不透水地基上均质土坝渗流计算 ··· 150
6.5 不透水地基上心墙坝渗流计算 ··· 158
6.6 库水位下降时心墙坝渗流计算 ··· 165
思考题与习题 ··· 170

第7章 地下水渗流的测试

7.1 渗透系数的室内量测方法 ··· 171
7.2 渗流特性的原位测试方法 ··· 174
7.3 渗压监测的测压管法 ··· 183
7.4 物探方法 ··· 185
7.5 示踪测渗方法 ··· 188
思考题与习题 ··· 189

第8章 地下水渗流的模拟与数值计算

8.1 地下水模拟的理论基础 ··· 190
8.2 砂槽模型 ··· 193
8.3 电模拟 ··· 194
8.4 有限差分法 ··· 198
思考题与习题 ··· 206

第9章 地下水渗流的反分析方法

9.1 反求参数的适定性 ··· 207
9.2 反求参数的直接解法 ··· 211
9.3 参数的间接方法 ··· 212
9.4 其他优化算法 ··· 219

思考题与习题 ………………………………………………………………………… 224

第 10 章 地下水渗流与废弃物处置

10.1 人类生存环境中的渗流问题 ……………………………………………………… 225
10.2 溶质运移基本理论 …………………………………………………………………… 228
10.3 水动力弥散方程与弥散系数 ………………………………………………………… 231
10.4 水动力弥散方程的基本求解 ………………………………………………………… 235
思考题与习题 ………………………………………………………………………… 236
附录 符号说明 ……………………………………………………………………… 237
参考文献 ……………………………………………………………………………… 241

第1章 水力学基础

水力学是研究液体平衡和机械运动规律及其在生产实践中应用的一门科学。它的研究对象是以水为代表的液体。在研究水在含水层中的运动时,要用到一些与水力学有关的知识。因此,有必要把水力学的一些基本知识,在这里作简单的介绍。

1.1 基 础 知 识

1.1.1 液体的主要物理性质

液体受力作机械运动,一方面与作用于液体上的外部因素和条件有关,但更主要的是决定于液体本身的内在物理性质,所以在研究液体运动规律之前,须了解液体的物理性质。

液体的性状介于气体和固体之间。其主要特征为易流动性和难压缩性。和固体相比,液体分子间距离较远,分子间的吸引力较小,因而没有固体那种保持自身形状的能力。它只能承受压力,在拉力和切力的作用下,液体极易变形。只要有切力存在,不管力是多么微小,液体都要发生流动,这就是易流动性。液体和气体是相似的,所以两者合称流体。但液体也有和气体不同的方面,就是难压缩性,它能保持一定的体积。当容器的体积大于它的体积时,它不能充满容器,形成一个自由液面。而气体很容易被压缩,没有固定的体积,能够充满任何容器。

1.1.1.1 重力特性

液体要受到地球引力的作用而具有重力(重量)的这种特性称重力特性。液体与其他物体一样,具有质量。单位体积内具有的质量称为密度,以 ρ 表示。若一均质液体质量为 m,体积为 V,其密度为:

$$\rho = \frac{m}{V} \tag{1.1.1}$$

对于非均质液体,如在液体内任选一点 A,在 A 点周围取一微小的液体体积 ΔV,该体积中包含的质量为 Δm,则当 ΔV 趋近于零时,比值 $\Delta m/\Delta V$ 的极限定义为液体在 A 点的密度,用下式表示:

$$\rho = \lim_{\Delta V \to 0} \frac{\Delta m}{\Delta V} \tag{1.1.2}$$

密度的单位常采用 kg/m^3 或 g/cm^3。

地心对液体的引力就是重力。物体的重力 G 和质量 m 之间有下列关系:

$$G = mg \tag{1.1.3}$$

式中:g 为重力加速度。单位体积的重力称为容重,也称重度,用 γ 表示,单位常用 kN/m^3。如果体积为 V 的液体重力为 G,则:

$$\gamma=\frac{G}{V}=\frac{mg}{V}=\rho g \tag{1.1.4}$$

液体的密度和容重随温度和压强而变化,但这种变化很小,所以在工程应用中常把水的密度和容重视为常数,采用一个标准大气压、温度为4℃时的蒸馏水密度和容重来计算,此时 ρ 为 1000kg/m^3,γ 为 9800N/m^3。

空气及几种常见液体的容重值见表1.1.1。

表1.1.1　　　　　　　　　空气及几种常见液体的重度

名称	空气	水银	汽油	酒精	四氯化碳	海水
t（℃）	20	0	15	15	20	15
γ（kN/m^3）	0.01182	133.28	6.664～7.35	7.7783	15.6	9.996～10.084

每一个物理量都包含有量的数值及量的种类,量的种类习惯上称为量纲。每个物理量只有一个量纲,一般用 $[F]$、$[M]$、$[L]$、$[T]$ 表示力、质量、长度、时间的量纲。因此,密度的量纲为 $[M/L^3]$,容重的量纲为 $[F/L^3]$。

1.1.1.2 黏滞性

当液体处在运动状态时,若液体质点之间存在着相对运动,则质点间要产生内摩擦力抵抗其相对运动,这种性质称为液体的黏滞性,此内摩擦力称为黏滞力。黏滞性是液体固有的属性,由于它的存在,液体在流动过程中,为了克服内摩擦力必然要做功并消耗液体内部的机械能,所以黏滞性是造成液体在流动过程中能量损失的根源之一。

1686年 Newton 提出了内摩阻力定律。其主要内容为:内摩阻力 F 的大小和液体性质有关,并与速度梯度 $\dfrac{\text{d}v}{\text{d}n}$ 和接触面积 A 成正比,而与接触面上压力无关,可用下式表示:

$$F=\eta A\frac{\text{d}v}{\text{d}n} \tag{1.1.5}$$

式中:v 为液体的流速;n 为与流速方向垂直的法线方向。单位面积上的内摩阻力称为切应力,有:

$$\tau=\frac{F}{A}=\eta\frac{\text{d}v}{\text{d}n} \tag{1.1.6}$$

式(1.1.5)和式(1.1.6)中的比例系数 η 称为动力黏滞系数,它和液体的种类有关。η 愈大,流体愈难流动。动力黏滞系数的量纲为 $[ML^{-1}T^{-1}]$。

液体黏滞性的大小,也可用运动黏滞系数 v 来表示:

$$v=\frac{\eta}{\rho} \tag{1.1.7}$$

式中:v 的量纲是 $[L^2T^{-1}]$,cm^2/s 或 m^2/s。水的黏滞系数随温度的增加而减小。

对于同一种液体,η 或 v 值均随温度和压力而变化,但随压力变化甚微,对温度变化较为敏感。对于水,v 可按下列经验公式计算:

$$v=\frac{0.01775}{1+0.0337t+0.000221t^2} \tag{1.1.8}$$

式中:t 为水温,℃计;v 以 cm^2/s 计。

不是所有的液体都适用牛顿内摩阻力定律。在习惯上，把符合牛顿内摩擦定律的流体称为牛顿流体，否则为非牛顿流体。一些多分子结构液体，如水、酒精、苯、油类、水银和气体等都属于牛顿流体；而泥浆、血浆、牛奶、尼龙和橡胶的溶液、颜料、油漆以及生面团、淀粉糊等均属非牛顿流体。

最后说明一点，黏滞性只对于运动的液体才有意义。当液体静止或平衡时，黏滞性是不显示作用的。如果运动的液体黏性较小，运动的相对速度也不大，我们可以近似地把液体看成是无黏性的，对切向变形没有任何抗拒能力，这样的液体称为理想液体。因此，在研究中就把液体分成无黏性的理想液体和有黏性的黏滞液体（实际液体）两大类。理想液体只是一种近似模型，真正的理想液体在实际中是不存在的。

1.1.1.3　压缩性

液体不能承受拉力，但可以承受压力。液体受压缩后体积缩小、密度增加，同时液体内部会产生压应力以抵抗压缩变形，这种性质称为液体的压缩性；当液体承受压力后，体积要缩小，压力撤出后也能恢复原状，这种性质称为液体的弹性。液体的压缩性大小用体积压缩系数或弹性系数表示。

体积压缩系数表示为：

$$\beta = -\frac{\dfrac{dV}{V}}{dp} \tag{1.1.9}$$

式中：β 为体积压缩系数，β 值越大，液体压缩性越大；"－"号表示压强增大，体积缩小，体积增量 dV 与压强增量 dp 符号相反，为了保证 β 是一个正数，前面冠以"－"号。

液体被压缩时，质量并没有改变，故：

$$dm = \rho dV + V d\rho = 0 \tag{1.1.10}$$

$$\frac{dV}{V} + \frac{d\rho}{\rho} = 0 \tag{1.1.11}$$

故体积压缩系数可表示为：

$$\beta = \frac{d\rho}{\rho dp} \tag{1.1.12}$$

式中：β 的单位为 cm^2/N 或 m^2/N。

体积弹性系数是体积压缩系数的倒数，即：

$$E = \frac{1}{\beta} \tag{1.1.13}$$

式中：E 的单位为 Pa 或 kPa。E 越大，液体越不容易压缩，$E \to \infty$ 表示液体绝对不可压缩。

液体按压缩性可分为不可压缩液体和可压缩液体两大类。不可压缩液体只是真实液体的一种近似模型。

在通常温度和压力下，水的体积弹性系数可近似地采用 $2.0 \times 10^6 kN/m^2$，也就是说每增加一个大气压，水的体积相对缩小只有 1/20000。因此，除一些特殊的水力现象外（如水击、水中爆炸等），在绝大多数的实际工程中，均可把水视为不可压缩液体。

特殊问题必须考虑液体压缩性，例如，电站出现事故，突然关闭电站进水阀门，则进水管中压力突然升高,液体受到压缩,产生的弹性力对运动的影响不能忽视。

1.1.1.4 表面张力

液体自由表面上的每个质点,因为邻近质点分子引力的作用,被拉向液体的内部。液体的自由表面好像一张绷紧的薄膜,沿表面的切线方向有拉力产生,这种拉力称为表面张力。表面张力是液体的特有性质,表面张力不仅在液体与气体接触面上产生,而且液体与固体、液体与液体间接触面上也产生。但表面张力仅在液体表面存在,液体内部并不存在,所以它是一种局部的受力现象。

表面张力常用表面张力系数 σ 来度量。表面张力系数是指在自由面上单位长度的表面张力,单位为 N/m。不同液体的 σ 值是不同的,同一种液体则随温度的升高而减少。由于数值不大,一般在水利工程中常被忽略。但在研究非饱和带的水分运动时,表面张力则是一个重要因素。

水的温度对它的密度、黏滞系数、体积弹性系数、体积压缩系数和表面张力系数均有影响,详见表 1.1.2。

表 1.1.2　　　　　　　　　不同温度下纯水的物理特征

t (℃)	ρ (kg/m³)	$\eta \times 10^{-3}$ (Pa·s)	$\upsilon \times 10^{-6}$ (m²/s)	σ (N/m)	$E \times 10^6$ (kPa)
0	999.9	1.781	1.785	0.0756	2.02
4	1000.0	1.567	1.567	0.075	2.05
10	999.7	1.307	1.306	0.0742	2.1
15	999.1	1.139	1.139	0.0735	2.15
20	998.2	1.002	1.003	0.0728	2.18
25	997.0	0.890	0.893	0.0720	2.22
30	995.7	0.798	0.800	0.0712	2.25
40	992.2	0.653	0.658	0.0696	2.28
50	988.0	0.547	0.553	0.0679	2.29
60	983.2	0.466	0.474	0.0662	2.28
70	977.8	0.404	0.413	0.0644	2.25
80	971.8	0.354	0.364	0.0626	2.20
90	965.3	0.315	0.326	0.0608	2.14
100	958.4	0.282	0.294	0.0589	2.07

注　t—水温;ρ—密度;η—动力黏滞系数;υ—运动黏滞系数;σ—表面张力;E—体积弹性系数。

1.1.2 连续介质的假设和理想液体的概念

1.1.2.1 连续介质的假设

在水力学中,假设液体是连续介质。实际上液体是由大量分子所组成,分子间是不连续的,分子间空隙的尺度远大于分子本身。每个分子无休止地做不规则的运动,相互之间经常碰撞,交换着动量和能量。因此,从微观上看,无论在空间上或时间上液体都呈现出不均匀性、离散性和随机性。在标准状态下,1cm³ 体积的水中约含有 3.3×10^{22} 个水分子，相邻分子间距约为 3.1×10^{-8} cm。可见，分子间的距离相当微小，而在很小的体积中，包含了大量的分子。在一般工程问题中所研究的液体空间比分子尺寸远大得多，而且要解决的工程问题是液体大量分子微观运动的物理量统计平均的结果，即宏观特性。但在宏观上，在人们的肉眼和仪器测量所及的范围内，液体却显示出均匀性、连续性和确定性。这是因为个别分子的行为不影响大量分子统计平均后所得的宏观物理量。水力学不关心各个分子的微观运动，只研究大量分子的集合——分子团所显示的特征，因而可以采用连续介质的假设。

连续介质假设 真实液体所占据的空间可近似看作是由"液体质点"连续地、无空隙地充满着。在每一个空间点每个时刻都有确定的物理量（如密度、速度等），它们都是空间坐标和时间的连续函数。

连续介质模型是根据科学的研究目的而提出的，它是对液体的物质结构的一种简化，与人们的感观相一致，这个概念的引入也是非常自然的。实践证明，在连续介质这一假说的条件下得到的结论具有足够的精度，完全能够满足工程实际的要求。今后对于水力学问题的研究，一般都是建立在连续介质假说的基础之上的。只有某些特殊的水力学问题除外，例如掺气水流、空化空穴现象等，因为液体的连续性遭到破坏，所以连续介质模型不再适用。

1.1.2.2 理想液体的概念

实际液体除具有惯性、万有引力特性之外，还存在着黏滞性、可压缩性和表面张力，这些特性均会对液体运动产生不同程度的影响。而对大多数实际工程，考虑液体的黏滞性后，将使液体运动的理论分析变得十分复杂，因此为使分析简化，在水力学中引入了理想液体的概念，即假定水是不可压缩、没有黏滞性、没有表面张力的连续介质。

由前面讨论已知，实际液体的压缩性和膨胀性很小，表面张力也很小，与理论液体没有很大差别，因而有没有考虑黏滞性是理想液体和实际液体的最主要差别。所以，按照理想液体所得出的液体运动结论，应用到实际液体时，必须通过实验对没有考虑黏性所引起的偏差进行修正。这也是水力学研究的基本方法。

1.1.3 作用于液体上的力

研究液体的运动，应首先研究作用于液体上的力。从力的物理性质来看，有重力、惯性力、黏滞力、弹性力、摩擦力、表面张力等；按力的作用特点分，有表面力和质量力两大类。

1.1.3.1 质量力

质量力是指作用于液体每一部分质量上，其大小和液体的质量成正比的力。例如，重力、惯性力等。在均质液体中，质量和体积是成正比的，所以，质量力又称为体积力。质量力除用总作用力表示外，也常用单位质量力度量。单位质量力是指作用在单位质量液体上的质量力。若一质量为 m 的均质液体，作用于其上的总质量力为 $\vec{F}$，则单位质量力 $\vec{f}$ 为：

$$\vec{f}=\frac{\vec{F}}{m} \qquad(1.1.14)$$

设 $\vec{F}$ 在 3 个坐标轴方向的分力为 F_x、F_y、F_z，则有：

$$\vec{F} = F_x \vec{i} + F_y \vec{j} + F_z \vec{k} \qquad (1.1.15)$$

各项除以 m：

$$\frac{\vec{F}}{m} = \frac{F_x}{m}\vec{i} + \frac{F_y}{m}\vec{j} + \frac{F_z}{m}\vec{k} \qquad (1.1.16)$$

则有：

$$\vec{f} = f_x \vec{i} + f_y \vec{j} + f_z \vec{k} \qquad (1.1.17)$$

式中：f_x、f_y、f_z 分别为单位质量力在 3 个坐标轴上的分量。

单位质量力的单位与加速度相同，对于只有重力作用的液体，单位质量力在各坐标轴上的分力为：$f_x = f_y = 0$，$f_z = -g$。

1.1.3.2　表面力

表面力是作用在液体表面上的力。它的大小与受力的表面面积成正比，故也称面积力。它与液体本身的质量无关。这类力有液体的压力、运动液体的内摩阻力、固体对液体的摩擦力和压力等。

一般，作用于液体某一面积上的表面力与该面的法线有一夹角，故可分解为与受力面相切的切向分力和与受力面垂直的法向分力两种。沿液体表面内法线方向的分力为压力。

根据液体的连续介质假说，无论是压应力还是切应力，都是连续分布在液体的表面上，即都为连续可微函数。设液体的受力面积为 ΔA，所受的压力为 ΔP、切力为 ΔT，则其压应力 p 和切应力 τ 可用下式表示：

$$p = \lim_{\Delta A \to 0} \frac{\Delta P}{\Delta A} = \frac{\mathrm{d}P}{\mathrm{d}A} \qquad (1.1.18)$$

$$\tau = \lim_{\Delta A \to 0} \frac{\Delta T}{\Delta A} = \frac{\mathrm{d}T}{\mathrm{d}A} \qquad (1.1.19)$$

式中：压应力和切应力的单位均为 N/m^2 或 kN/m^2，N/m^2 亦称帕斯卡，简称帕（Pa），kN/m^2 简称 kPa。

1.2　水静力学理论基础

水静力学的任务是研究液体平衡的规律及其实际应用。

液体的平衡状态有两种：一种是相对于地球没有运动的静止状态；一种是相对静止状态，即液体对于容器没有相对运动。处于相对静止或相对平衡的液体，可以整体相对于地球有运动，如沿直线作等加速运动或等角速旋转运动容器内的液体。

处于平衡状态的液体，其黏滞性不起作用，切向力等于零，实际液体和理想液体没有区别。所以，水静力学中所得出的结论，无论对实际液体还是理想液体都是适用的。

1.2.1　静水压强及其特性

1.2.1.1　静水压强的概念

静止液体作用在每单位受压面积上的压力称为静水压强。在静止液体中任取一脱离体（图 1.2.1），设脱离体表面有一微小面积 ΔA，作用在该微小面积上 ΔA 上的水压力为 ΔP，则 ΔA 面上单位面积所受的平均静水压力为：

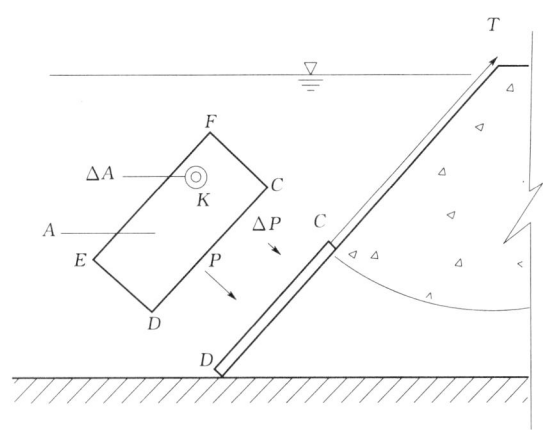

图 1.2.1 静水压强图示

$$\bar{P}=\frac{\Delta P}{\Delta A} \tag{1.2.1}$$

根据极限的定义，当 ΔA 无限缩小趋于 K 点时，K 点的静水压强为：

$$p=\lim_{\Delta A \to 0}\frac{\Delta P}{\Delta A}=\frac{\mathrm{d}P}{\mathrm{d}A} \tag{1.2.2}$$

静水压强即为压应力，其单位与压应力或切应力的单位相同。在水力学中规定，压强取正值。压强 p 的单位为帕斯卡（Pa）。

1.2.1.2 静水压强的特征

静水压强有两个特性：

(1) 静水压强的方向是垂直压向作用面的，即它的方向和内法线的方向一致。

液体在切应力作用下会产生变形，从而引起液体质点间的相对运动，破坏液体的平衡。因此液体处于平衡状态时，切应力等于零。考虑到液体也不能承受拉力，所以静水压强只能垂直并指向其作用面。

(2) 任一点处的静水压强的大小与受力面的方向无关，即该点处各个方向上的静水压强值的大小都相等。

该特性表明，作为连续介质的平衡液体内，任一点的静水压强仅是空间坐标的函数有关，而与受压面方向无关，即有

$$p=p(x, y, z) \tag{1.2.3}$$

1.2.2 液体平衡微分方程及其积分

1.2.2.1 液体平衡微分方程

液体平衡微分方程式，是表征液体处于平衡状态时作用于液体上各种力之间的关系式。

设想在平衡液体中分割出一块微小平行六面体 $ABCDA'B'C'D'$（图 1.2.2），其边长分别为 $\mathrm{d}x, \mathrm{d}y, \mathrm{d}z$，形心点在 $M(x, y, z)$，该六面体应在所有表面力和质量力的作用下处于平衡。现分别讨论其所受的力。

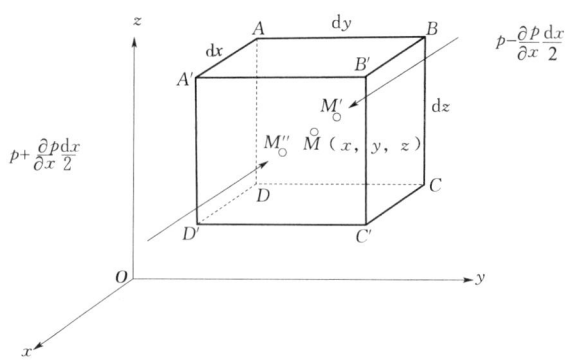

图 1.2.2 微小六面体受力简图

作用于六面体的表面力，为周围液体对六面体各表面上所作用的静水压力。若平行六面体的形心点 M 处静水压强为 p，由于静水压强是空间坐标的连续函数，$ABCD$ 面形心点 $M'\left(x-\dfrac{\mathrm{d}x}{2}, y, z\right)$ 处的静水压强可按泰勒级数表示，忽略高阶微量后为 $\left(p-\dfrac{\partial p}{\partial x}\dfrac{\mathrm{d}x}{2}\right)$；对 $A'B'C'D'$ 面形心点 $M''\left(x+\dfrac{\mathrm{d}x}{2}, y, z\right)$ 处的静水压强可表达为 $\left(p+\dfrac{\partial p}{\partial x}\dfrac{\mathrm{d}x}{2}\right)$。在微分面上可认为各点静水压强相等，因而作用在 $ABCD$ 及 $A'B'C'D'$ 面上的静水压力各为 $\left(p-\dfrac{\partial p}{\partial x}\dfrac{\mathrm{d}x}{2}\right)\mathrm{d}y\mathrm{d}z$ 及 $\left(p+\dfrac{\partial p}{\partial x}\dfrac{\mathrm{d}x}{2}\right)\mathrm{d}y\mathrm{d}z$。对其他各表面上的静水压力可用同样方法求得。

令 f_x, f_y, f_z 分别表示作用于微分六面体上单位质量力在 x, y, z 轴上的投影，若六面体内的液体平均密度为 ρ，则总质量力在 3 个坐标轴的投影分别为 $\rho f_x \mathrm{d}x\mathrm{d}y\mathrm{d}z$，$\rho f_y \mathrm{d}x\mathrm{d}y\mathrm{d}z$，$\rho f_z \mathrm{d}x\mathrm{d}y\mathrm{d}z$。

当六面体处于平衡状态时，所有作用于六面体上的力，在三个坐标轴方向投影的和应等于零。在 x 方向有：

$$\left(p-\dfrac{\partial p}{\partial x}\dfrac{\mathrm{d}x}{2}\right)\mathrm{d}y\mathrm{d}z - \left(p+\dfrac{\partial p}{\partial x}\dfrac{\mathrm{d}x}{2}\right)\mathrm{d}y\mathrm{d}z + \rho f_x \mathrm{d}x\mathrm{d}y\mathrm{d}z = 0 \quad (1.2.4)$$

以 $\rho \mathrm{d}x\mathrm{d}y\mathrm{d}z$ 除式（1.2.4）各项并化简后为：

$$\dfrac{\partial p}{\partial x} = \rho f_x \quad (1.2.5)$$

同理，对于 y, z 方向可推出类似结果，从而得到微分方程组：

$$\left.\begin{aligned}\dfrac{\partial p}{\partial x} &= \rho f_x \\ \dfrac{\partial p}{\partial y} &= \rho f_y \\ \dfrac{\partial p}{\partial z} &= \rho f_z\end{aligned}\right\} \quad (1.2.6)$$

式（1.2.6）是瑞士学者欧拉（Euler）于 1775 年首先推导出来的，故又称欧拉平衡微分方程式。该式的物理意义为：平衡液体中，静水压强沿某一方向的变化率与该方向单位体积上的质量力相等。

液体平衡微分方程的积分是将式（1.2.6）中各式乘以 dx，dy，dz 然后相加得：

$$\frac{\partial p}{\partial x}dx+\frac{\partial p}{\partial y}dy+\frac{\partial p}{\partial z}dz=\rho(f_x dx+f_y dy+f_z dz) \tag{1.2.7}$$

因为 $p=p(x,y,z)$，故上式左端为函数 p 的全微分 dp。于是式（1.2.7）可写作：

$$dp=\rho(f_x dx+f_y dy+f_z dz) \tag{1.2.8}$$

式（1.2.8）是不可压缩均质液体平衡微分方程式的另一种表达形式。

下面我们根据液体平衡微分方程式来研究液体在平衡状态下作用于液体上的质量力应当具有的性质。现对式（1.2.6）中的前两式分别对 y 和 x 取偏导数：

$$\left.\begin{array}{l}\dfrac{\partial^2 p}{\partial y \partial x}=\dfrac{\partial(\rho f_x)}{\partial y}\\[2mm]\dfrac{\partial^2 p}{\partial x \partial y}=\dfrac{\partial(\rho f_y)}{\partial x}\end{array}\right\} \tag{1.2.9}$$

对不可压缩均质液体，$\rho=$常数，故上面等式可写作：

$$\left.\begin{array}{l}\dfrac{\partial^2 p}{\partial y \partial x}=\rho\dfrac{\partial f_x}{\partial y}\\[2mm]\dfrac{\partial^2 p}{\partial x \partial y}=\rho\dfrac{\partial f_y}{\partial x}\end{array}\right\} \tag{1.2.10}$$

因函数的二次偏导数与取导的先后次序无关，故：

$$\frac{\partial f_x}{\partial y}=\frac{\partial f_y}{\partial x} \tag{1.2.11}$$

同理，对式（1.2.6）中的第2、3式及第1、2式分别作类似的数学处理，并综合其结果为

$$\left.\begin{array}{l}\dfrac{\partial f_x}{\partial y}=\dfrac{\partial f_y}{\partial x}\\[2mm]\dfrac{\partial f_y}{\partial z}=\dfrac{\partial f_z}{\partial y}\\[2mm]\dfrac{\partial f_z}{\partial x}=\dfrac{\partial f_x}{\partial z}\end{array}\right\} \tag{1.2.12}$$

上式表明，作用于平衡液体上的质量力应满足式（1.2.12）的关系。由理论力学知，当质量力满足式（1.2.12）时，必然存在一个仅与坐标有关的势函数 $\varphi(x,y,z)$，并且函数 φ 对 x,y,z 的偏导数等于单位质量力在 x,y,z 坐标方向的投影，即：

$$\left.\begin{array}{l}f_x=\dfrac{\partial \varphi}{\partial x}\\[2mm]f_y=\dfrac{\partial \varphi}{\partial y}\\[2mm]f_z=\dfrac{\partial \varphi}{\partial z}\end{array}\right\} \tag{1.2.13}$$

而势函数的全微分 $d\varphi$，应等于单位质量力在空间移动 ds 距离所作的功，即：

$$d\varphi=\frac{\partial \varphi}{\partial x}dx+\frac{\partial \varphi}{\partial y}dy+\frac{\partial \varphi}{\partial z}dz$$

$$= (f_x \mathrm{d}x + f_y \mathrm{d}y + f_z \mathrm{d}z) \tag{1.2.14}$$

具有式（1.2.14）关系的力则称为有势力（或保守力），有势力所作的功与路径无关，而只与起点及终点的坐标有关。重力、惯性力都属于有势力。势函数存在的场称为势场。

上述讨论表明：作用在液体上的质量力必须是有势力，液体才能保持平衡。

比较式（1.2.8）及式（1.2.14），可得出液体平衡微分方程式的另一种表达式：

$$\mathrm{d}p = \rho \left(\frac{\partial \varphi}{\partial x} \mathrm{d}x + \frac{\partial \varphi}{\partial y} \mathrm{d}y + \frac{\partial \varphi}{\partial z} \mathrm{d}z \right) \tag{1.2.15}$$

或：

$$\mathrm{d}p = \rho \mathrm{d}\varphi \tag{1.2.16}$$

对式（1.2.16）积分可得：

$$p = \rho \varphi + C \tag{1.2.17}$$

式（1.2.17）中积分常数 C，可由已知条件确定。如果已知平衡液体边界上（或液体内）某点的压强为 p_0、φ_0，则积分常数 $C = p_0 - \rho \varphi_0$。代入式（1.2.17）变为：

$$p = p_0 + \rho(\varphi - \varphi_0) \tag{1.2.18}$$

前面已经提到，势函数 φ 仅为空间坐标的函数，所以，$(\varphi - \varphi_0)$ 也仅是空间坐标的函数而与 p_0 无关。故由式（1.2.18）可得出结论：平衡液体中，边界上的压强 p_0 将等值地传递到液体内的所有点上；即当 p_0 增大或减小时，液体内任意点的压强也相应地增大或减小同样数值。这就是物理学中著名的巴斯加原理。

1.2.2.2 等压面

液体静水压强 p 是空间点坐标 (x, y, z) 的连续函数。在充满平衡液体的空间里，各点的静水压强都有一定的数值。静止液体中凡压强相等的各点连接起来组成的面（平面或曲面）称为等压面。

等压面具有两个重要的性质：

(1) 在平衡液体中等压面即是等势面。根据等压面的定义可知，在等压面上 p 是常数，因而 $\mathrm{d}p = 0$。由于液体的密度 $\rho \neq 0$，于是从式（1.2.8）可得等压面的微分方程为：

$$f_x \mathrm{d}x + f_y \mathrm{d}y + f_z \mathrm{d}z = 0 \tag{1.2.19}$$

在静止液体的自由表面上各点的压强均为 101325Pa（一个大气压），故 $\mathrm{d}p = 0$，自由表面为等压面。因为等压面上 $\mathrm{d}p = 0$，故有 $\mathrm{d}\varphi = 0$，所以平衡液体中等压面也就是等势面。

(2) 等压面与质量力正交。式（1.2.15）中，$\mathrm{d}x$、$\mathrm{d}y$、$\mathrm{d}z$ 表示等压面上任意微小位移 $\mathrm{d}s$ 沿 3 个坐标轴的分量，f_x，f_y，f_z 表示单位质量力 f 沿坐标轴的 3 个分量。故式（1.2.19）可改写成：

$$f \cdot \mathrm{d}s = 0 \tag{1.2.20}$$

由场论可知，二矢量的数量积为零，表示两矢量正交（垂直），而 $\mathrm{d}s$ 是沿等压面任意选取的，故表明等压面与质量力正交。由此可知，作用于静止液体上任一点的质量力必须垂直于通过该点的等压面。这就是等压面的重要性质。

等压面概念在应用时应注意，它必须是相连通的同种液体。例如在图 1.2.3（a）中水平面 1—1 不是等压面，但 2—2 平面为等压面；图 1.2.3（b）中 3—3，4—4 平面都不是等压面，读者试考虑其理由何在。

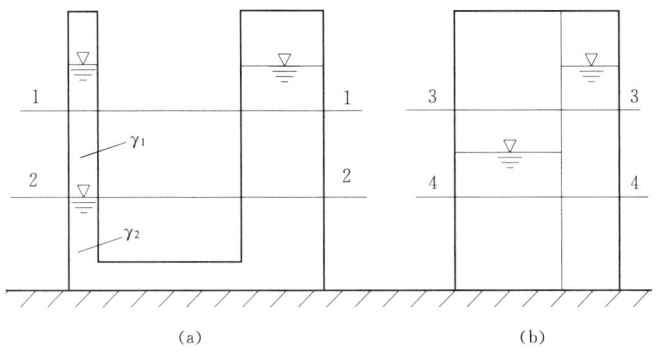

(a)   (b)

图 1.2.3　等压面与非等压面

1.2.3　重力作用下的液体平衡

1.2.3.1　水静力学基本方程

在实际工程中，作用于平衡液体上的质量力常常只有重力，即所谓静止液体。

若把直角坐标系的 z 轴取在铅垂方向（图 1.2.4），则质量力只在 z 轴方向有分力，即 $f_x=f_y=0$，$f_z=-g$，以之代入平衡微分方程式（1.2.8），则有：

$$dp=\rho(f_x dx+f_y dy+f_z dz)=-\rho g\,dz \quad (1.2.21)$$

均质液体中 ρ 为常数，以 γ 代替 ρg，积分得：

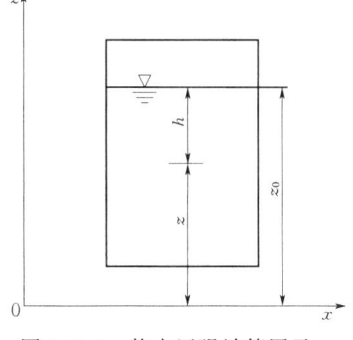

图 1.2.4　静水压强计算图示

$$z+\frac{p}{\gamma}=C \quad (1.2.22)$$

式中的积分常数 C 由边界条件确定，在自由面上将 $z=z_0$，$p=p_0$ 代入式（1.2.22），即可得出静止液体中任意点的静水压强计算公式：

$$p=p_0+\gamma(z_0-z) \quad (1.2.23)$$

或：

$$p=p_0+\gamma h \quad (1.2.24)$$

式中：$h=z_0-z$ 表示该点在自由面以下的液柱高度。

式（1.2.24）就是计算静水压强的基本公式。它表明，静止液体内任意点的静水压强由两部分组成：一部分是自由面上的气体压强 p_0（当自由面与大气相通时，$p_0=p_a$，p_a 为当地大气压强），另一部分是 γh，相当于单位面积上高度为 h 的水柱重量。

从式（1.2.24）可以看出，位于同一深度 h 的各点具有相同的压强值。说明在重力作用下静止液体的等压面是水平面，它与重力加速度的方向垂直。

1.2.3.2　绝对压强、相对压强和负压

在实际计算中，不同情况下采用不同的基准来度量压强，即所谓绝对压强与相对压强。

(1) 绝对压强。以设想没有大气存在的绝对真空状态作为零点计量的压强，称为绝对压强。以符号 p' 表示。

(2) 相对压强。把当地大气压作为零点计量的压强，称为相对压强，以 p 表示。如果把一个压力表放在大气中，指针读数为零，那么用这一压力表所测的压强值，则为相对压强。

(3) 绝对压强和相对压强的关系。绝对压强和相对压强是按两种不同基准（即零点）计量压强，它们之间相差一个当地大气压强值，两者的关系可表示为：

$$p = p' - p_a \tag{1.2.25}$$

水利工程中，一般的自由表面都是开敞于大气中，自由面上的气体压强等于当地大气压强，即 $p_0 = p_a$。因而静止液体内任意点的相对压强为：

$$p = (p_a + \gamma h) - p_a = \gamma h \tag{1.2.26}$$

相对压强与绝对压强的关系如图 1.2.5 所示。相对压强可正可负，如某点的绝对压强大于当地大气压，则相对压强取正值，如图 1.2.5 中的 A 点。反之，则相对压强取负值，称为负压，在工程上称为"真空"，如图 1.2.5 中的 B 点。包气带中的地下水压强常为负值。式（1.2.26）可变换形式如下：

$$h = \frac{p}{\gamma} \tag{1.2.27}$$

因为容重 γ 一般变化不大，可当作常数看待，故液柱高度 h 就反映了压强的大小。因此，压强的大小也可用水柱高度表示。一个标准大气压相当于 10.33m 水柱高度。

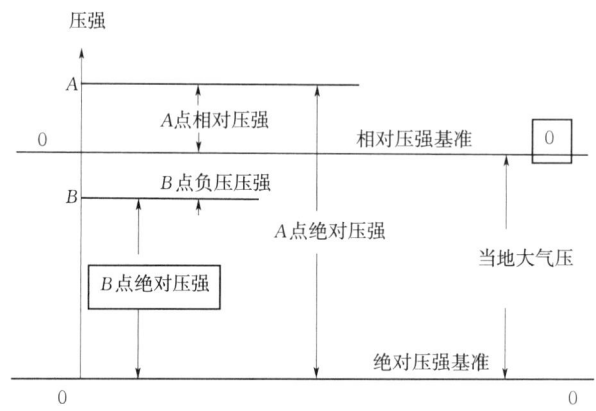

图 1.2.5 压强表示法

(4) 真空及真空度。绝对压强总是正值，而相对压强则可能是正值，也可能是负值。当液体中某点的绝对压强小于当地大气压强 p_a，即其相对压强为负值时，则称该点存在真空。真空的大小常用真空度 p_k 表示。真空度是指该点绝对压强小于当地大气压强的数值，即：

$$p_k = p_a - p' \tag{1.2.28}$$

可见，有真空存在的点，其相对压强与真空度绝对值相等，相对压强为负值，真空度为正值。故真空也称负压。

1.2.3.3 位置水头、压强水头和测管水头

重力作用下的液体平衡方程式（1.2.22）又可写作：

$$z + \frac{p}{\gamma} = C_1 \tag{1.2.29}$$

式（1.2.29）表明，在重力作用下，静止液体中无论哪一点的 $\left(z + \dfrac{p}{\gamma}\right)$ 总是一个常数，z 具有 $[L]$ 的量纲，$\dfrac{p}{\gamma}$ 的量纲为 $\dfrac{[L^{-1}T^{-2}M]}{[L^{-2}T^{-2}M]} = [L]$，表明二者都可用长度的单位表示。

图 1.2.6 表示开口容器和密闭容器中测压管的水头。如取 0—0 作为基准面，则从测压管液面到基准面的高度由两部分组成：z 表示该点位置到基准面的高度，称为位置水头；$\dfrac{p}{\gamma}$ 表示该点压强的液柱高度，称为压强水头。两者之和 $z + \dfrac{p}{\gamma}$ 称为测压管水头，简称测管水头。位置水头 z 表示单位重力液体从某一基准面算起所具有的位置势能，简称位能。显然，基准面位置不同，位能 z 也不相同。压强水头 $\dfrac{p}{\gamma}$ 表示单位重力液体从一个大气压起算所具有的压强势能，简称压能。压能是一种潜在的势能。如果在某点安置测压管，在压能作用下，液面会上升 $\dfrac{p}{\gamma}$ 的高度。单位重力液体所增加的位置势能 $\dfrac{p}{\gamma}$ 就是由原来的压能转变而来的。式（1.2.29）表明，静止液体中，各点的测管水头都是相等的。

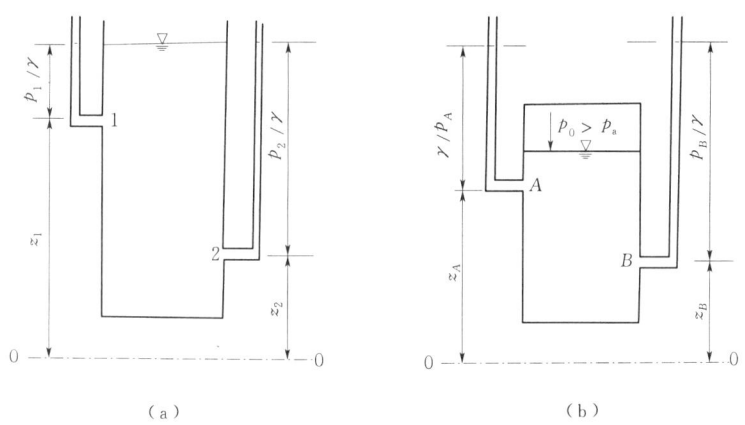

（a）　　　　　　　　　　（b）

图 1.2.6　位置水头、压强水头和测管水头

1.3　水动力学理论基础

流动是液体最基本的特征。在自然界中经常遇到的是运动状态的液体，静止的液体只是一种特殊的存在形式。

1.3.1　描述流体运动的两种方法

研究流体的运动有两种观点和方法，即拉格朗日法（Lagrange 法）和欧拉法（Euler 法）。

1.3.1.1　拉格朗日法

Lagrange 法着眼于流体质点，描述流体质点的运动过程，即质点的位置随时间变化

的规律（图 1.3.1）。

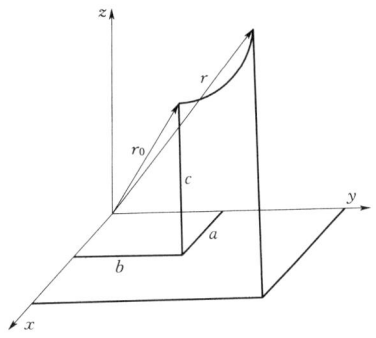

图 1.3.1　拉格朗日——随流体
质点运动的空间参照系

如果所有质点的运动规律清楚了，就搞清了整个流体的运动状况。因此，Lagrange 法首先要区分不同的流体质点。设在初始时刻 $t=t_0$ 在选定的坐标系中流体质点的坐标为 (a, b, c)。不同的质点有不同的 (a, b, c) 数值，则这个起始坐标 (a, b, c) 就可以作为该质点的标志，称为 Lagrange 变量。而任何时刻 t，任何质点的空间位置 (x, y, z) 都看成是自变量 (a, b, c) 和时间的函数，则有：

$$\left.\begin{aligned} x &= x(a,b,c,t) \\ y &= y(a,b,c,t) \\ z &= z(a,b,c,t) \end{aligned}\right\} \quad (1.3.1)$$

在式（1.3.1）中，对某一特定质点而言，(a, b, c) 为常数。（1.3.1）式代表流体质点任意时刻所处的位置，描述了该质点的运动规律。

对式（1.3.1）取偏导数，可得任一流体质点任意时刻的速度：

$$\left.\begin{aligned} v_x &= \frac{\partial x}{\partial t} = \frac{\partial x(a,b,c,t)}{\partial t} \\ v_y &= \frac{\partial y}{\partial t} = \frac{\partial y(a,b,c,t)}{\partial t} \\ v_z &= \frac{\partial z}{\partial t} = \frac{\partial z(a,b,c,t)}{\partial t} \end{aligned}\right\} \quad (1.3.2)$$

同理，加速度为式（1.3.2）对时间 t 的偏导数：

$$\left.\begin{aligned} a_x &= \frac{\partial v_x}{\partial t} = \frac{\partial^2 x(a,b,c,t)}{\partial t^2} \\ a_y &= \frac{\partial v_y}{\partial t} = \frac{\partial^2 y(a,b,c,t)}{\partial t^2} \\ a_z &= \frac{\partial v_z}{\partial t} = \frac{\partial^2 z(a,b,c,t)}{\partial t^2} \end{aligned}\right\} \quad (1.3.3)$$

Lagrange 法的物理概念比较清楚。但用这个方法分析水流运动，数学上较难。在工程上通常仅关心流动空间中的液流运动状况，所以在水力学中，除个别问题外，一般不采用 Lagrange 法进行液流计算。

1.3.1.2　欧拉法

Euler 法的着眼点不是流体质点，而是空间点，从空间的每一点出发描述流体运动的过程（图 1.3.2）。

如果每一点的流体运动都已知道，则整个流体运动状况也就清楚了。因为不同时刻将有不同的流体质点经过空间某一固定点，从固定点的角度无法了解经过它的流体质点从前和今后的运动状况。所以 Euler 法是一种

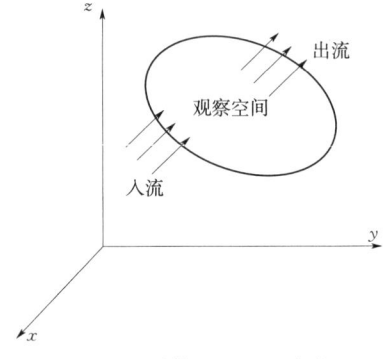

图 1.3.2　欧拉法——固定的
空间参照系

流场法。各运动要素是空间点的坐标（x，y，z）和时间 t 的函数。空间点的坐标（x，y，z）也称 Euler 变数。在此处作为自变数。例如流速场 v 和压强场 p 均为（x，y，z）和 t 的函数，则有：

$$v = v(x,y,z,t) \tag{1.3.4}$$

$$p = p(x,y,z,t) \tag{1.3.5}$$

流速场 v 在 3 个坐标轴的分量为：

$$\left.\begin{aligned} v_x &= v_x(x,y,z,t) \\ v_y &= v_y(x,y,z,t) \\ v_z &= v_z(x,y,z,t) \end{aligned}\right\} \tag{1.3.6}$$

压强场和密度场也均为（x，y，z）和 t 的函数。

采用欧拉法描述液体运动时的加速度，由于流速本身是多元函数，故可表示为：

$$\frac{\mathrm{d}v_x}{\mathrm{d}t} = \frac{\partial v_x}{\partial t} + \frac{\partial v_x}{\partial x} \cdot \frac{\mathrm{d}x}{\mathrm{d}t} + \frac{\partial v_x}{\partial y} \cdot \frac{\mathrm{d}y}{\mathrm{d}t} + \frac{\partial v_x}{\partial z} \cdot \frac{\mathrm{d}z}{\mathrm{d}t} \tag{1.3.7}$$

即：

$$\frac{\mathrm{d}v_x}{\mathrm{d}t} = \frac{\partial v_x}{\partial t} + v_x \frac{\partial v_x}{\partial x} + v_y \frac{\partial v_x}{\partial y} + v_z \frac{\partial v_x}{\partial z} \tag{1.3.8}$$

同理可得：

$$\left.\begin{aligned} \frac{\mathrm{d}v_y}{\mathrm{d}t} &= \frac{\partial v_y}{\partial t} + v_x \frac{\partial v_y}{\partial x} + v_y \frac{\partial v_y}{\partial y} + v_x \frac{\partial v_y}{\partial z} \\ \frac{\mathrm{d}v_z}{\mathrm{d}t} &= \frac{\partial v_z}{\partial t} + v_x \frac{\partial v_z}{\partial x} + v_y \frac{\partial v_z}{\partial y} + v_z \frac{\partial v_z}{\partial z} \end{aligned}\right\} \tag{1.3.9}$$

式（1.3.9）中等号右侧第一项 $\frac{\partial v_x}{\partial t}$、$\frac{\partial v_y}{\partial t}$、$\frac{\partial v_z}{\partial t}$ 表示固定空间点因时间变化而发生的加速度，称为当地加速度；等号右侧的其他三项表示固定时刻因空间位置变化而形成的加速度，称为迁移加速度。当地加速度是因时间推移出现的速度变化，又称时变加速度，例如，当河水上涨时，河水中任一点的速度将随时变化；迁移加速度是因空间点位置不同而造成的液体速度变化，也称位变加速度，例如水流流经直径变化的管道时，其流速将因位置不同而发生变化。

1.3.2 液体运动的基本概念

1.3.2.1 流线、迹线

迹线是单个液体质点在某一时段内的运动轨迹线；流线是在某一瞬时的空间流场中，表示该瞬时各质点流动方向的曲线，流线上所有各点在该瞬时的流速矢量都和该流线相切。

根据上述流线的概念，可以得出流线具有以下几个基本特性。

（1）恒定流时，流线的形状和位置不随时间而改变。因为整个流场内各点流速向量均不随时间而改变，显然，不同时刻的流线的形状和位置应是固定不变的。

（2）恒定流时液体质点运动的迹线与流线相重合。因为流线上任一点的切线方同即为该点的流速方向，流线形状的位置固定不变，液体质点沿流线运动，因此质点运动的迹线与流线重合。

(3) 流线不能相交或转折。如果流线相交或转折，那么在交点或转折处必然存在两个切线方向，即一个液体质点在同一时刻具有两个流动方向，这显然不可能。因此，流线只能是互不相交的光滑曲线。

1.3.2.2 元流、总流、过水断面

在流动区域设想有一条微小的封闭曲线，通过这条曲线上的每一个点都可以引出一条流线，这些流线组成一个封闭的管状曲面，称为流管，如图1.3.3所示。流管是由一族流线所围成的，在流动中的作用就像是管壁，液体沿着流管流动，即不会从流管内部穿越到外部，也不会从流管外部穿越到内部。

当封闭曲线所包围的面积无限小时，充满微小流管内的液流称为元流，其极限情况为流线。当封闭曲线所包围的面积具有一定尺寸时，充满流管内的液流称为总流。总流是无数元流的总和。

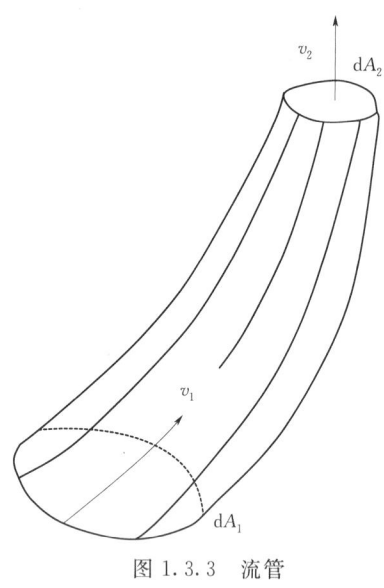

图1.3.3 流管

与元流或总流中所有流线相正交的截面称为过水断面。元流过水断面的面积为无限小，故元流过水断面上各点的运动要素值可认为是相同的。总流过水断面的面积具有一定大小，故总流过水断面上各点的运动要素值一般是不相同的。

1.3.2.3 流量及断面平均流速

(1) 流量。

单位时间内通过某一过水断面的液体体积，称为流量，以 Q 表示，单位为 m^3/s。通过微小过水断面面积 dA 上的流速为 v，而过水断面与流速矢量正交，所以通过微小面积 dA 的流量为：

$$dQ = vdA \tag{1.3.10}$$

通过总流过水断面面积 A 的流量 Q 等于无限多个元流流量之和，即：

$$Q = \int_Q dQ = \int_A vdA \tag{1.3.11}$$

(2) 断面平均流速。

式 (1.3.11) 利用点流速计算总流的流量是很复杂的，需要确定流速在总流过水断面上的分布。实际工程中，为了计算方便，引进断面平均流速 $\bar{v}$ 来代替点流速 v，则积分式 (1.3.11) 得：

$$Q = \int_A vdA = \bar{v}A \tag{1.3.12}$$

这就是说，假定总流过水断面上流速按 $\bar{v}$ 值均匀分布，由此算得的流量 $\bar{v}A$ 应等于实际流量 Q。式 (1.3.12) 称为流量公式，流速为：

$$\bar{v} = \frac{Q}{A} \tag{1.3.13}$$

1.3.3 流体运动的分类

1.3.3.1 恒定流与非恒定流

水力学中把表征液体运动状态的各种物理量（如流速、流向、加速度、动水压强等）称为水流的运动要素。按水流运动要素是否随时间变化，将水流分为恒定流和非恒定流两类：所有水流运动要素均不随时间变化的液流，称为恒定流（或称稳定流）；水流任一运动要素随时间变化的液流称为非恒定流（或称非稳定流）。

1.3.3.2 均匀流与非均匀流

如果总流的流线族为彼此平行的直线，这种流动称为均匀流，否则称为非均匀流。

在非均匀流中，如果总流的流线族接近于彼此平行的直线，这种流动称为渐变流，否则称为急变流（图1.3.4）。

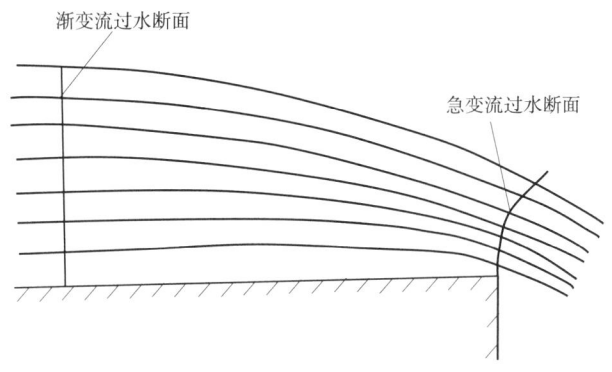

图 1.3.4 渐变流和急变流

渐变流是工程上常见的流动情况，它和急变流之间并没有严格的定量界限，由于各流线间夹角很小，在渐变流中可忽略惯性力的影响。渐变流概念的引入，对简化一维流动的分析起了很重要的作用。

1.3.3.3 有压流与无压流

凡过水断面的部分周线为自由表面的液流称为无压流。凡过水断面的全部周线均与固体壁面相接触的液流称为有压流。根据运动要素值是否随时间而改变的情况，无压流与有压流均可能为恒定流或非恒定流。根据过水断面的方向和形状是否沿流程改变的情况，无压流与有压流均可能为均匀流、渐变流或急变流。

1.3.4 液体运动连续性方程

液体的连续性方程是质量守恒定律在连续介质中的一种表现形式。

先考虑元流的情况。取一流管如图1.3.3所示。因为四周都被流线所围，无水流质点通过，只有两端的过水断面有质点流进流出。在 dt 时间内，从上游断面流入的质量为 $\rho_1 v_1 dA_1 dt$，从下游断面流出的质量为 $\rho_2 v_2 dA_2 dt$。因为是稳定流，密度 ρ_1、ρ_2 不随时间变化。根据质量守恒定律，流入流出的液体质量必然相等，又考虑液体不可压缩，$\rho_1 = \rho_2$，故可得：

$$dQ = v_1 dA_1 = v_2 dA_2 = 常数 \tag{1.3.14}$$

即通过流管的流量为常数。

式 (1.3.14) 可推广到总流的情况：

$$Q = \bar{v}_1 A_1 = \bar{v}_2 A_2 \tag{1.3.15}$$

移项后得：

$$\frac{\bar{v}_2}{\bar{v}_1} = \frac{A_1}{A_2} \tag{1.3.16}$$

这就是稳定总流的连续性方程。它表明：总流各断面所通过的流量都是相同的；总流各过水断面上的断面平均流速 $\bar{v}$ 则和断面面积 A 成反比关系变化，即 A 增大时 $\bar{v}$ 减小，A 减小时 $\bar{v}$ 增大，A 不变时 $\bar{v}$ 亦不变。

总流连续性方程适用于连续的不可压缩液体作恒定流的情况。由于没有涉及作用于液体上的力，因此，对理想液体和实际液体的各种流动状态都适用。这一关系在地下水稳定流动中也有重要意义。

1.3.5 恒定流总能量方程

水流必须遵守自然界物质运动的最基本规律，除了遵守质量守恒定律外，还必须遵守能量的守恒与转化定律。水流的能量方程就是后一定律在水流运动中的具体表现。

1.3.5.1 理想液体元流能量方程

在理想液体恒定流中取一元流，并截取 1-1 及 2-2 断面之间的 ds 流段来研究（图1.3.5）。流段 ds 可看作横断面积为 dA 的柱体，它沿着流轴 s 方向而运动。

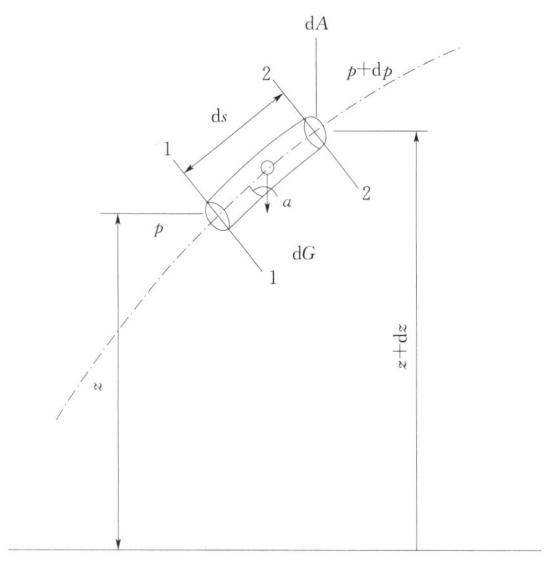

图 1.3.5 元流能量方程式分析图示

根据牛顿第二定律，作用在 ds 流段上的外力沿 s 方向的合力，应等于该流段质量 $\frac{\gamma}{g}\mathrm{d}A\mathrm{d}s$ 与其加速度 $\frac{\mathrm{d}v}{\mathrm{d}t}$ 的乘积。

作用在微分流段上沿 s 方向的外力有：过水断面 1-1 及 2-2 上的动水压力；重力沿 s 方向的分力 $\mathrm{d}G \cdot \cos\alpha = \gamma\mathrm{d}A\mathrm{d}s\cos\alpha$。流段侧壁上的动水压力在 s 方向没有分力，侧壁上的摩擦力为零（理想液体）。令在 1-1 断面上动水压强为 p，其动水压力为 $p\mathrm{d}A$；2-2

断面上的动水压强为 $(p+\mathrm{d}p)$，其动水压力为 $(p+\mathrm{d}p)\mathrm{d}A$。若以 0—0 为基准面，断面 1—1 及 2—2 的形心点距基准面高分别为 z 及 $z+\mathrm{d}z$，则 $\cos\alpha=\dfrac{\mathrm{d}z}{\mathrm{d}s}$，故重力沿 s 方向的分力为 $\gamma\mathrm{d}A\mathrm{d}s\dfrac{\mathrm{d}z}{\mathrm{d}s}=\gamma\mathrm{d}A\mathrm{d}z$。

对微分流段沿 s 方向应用牛顿第二定律则有：

$$p\mathrm{d}A-(p+\mathrm{d}p)\mathrm{d}A-\gamma\mathrm{d}A\mathrm{d}z=\frac{\gamma}{g}\mathrm{d}A\mathrm{d}s\frac{\mathrm{d}v}{\mathrm{d}t} \tag{1.3.17}$$

对恒定一元流，$v=v(s)$，故：

$$\frac{\mathrm{d}v}{\mathrm{d}t}=\frac{\mathrm{d}v}{\mathrm{d}s}\frac{\mathrm{d}s}{\mathrm{d}t}=v\frac{\mathrm{d}v}{\mathrm{d}s}=\frac{\mathrm{d}}{\mathrm{d}s}\left(\frac{v^2}{2}\right) \tag{1.3.18}$$

将式 (1.3.18) 代入式 (1.3.17) 简化后可得：

$$\frac{\mathrm{d}}{\mathrm{d}s}\left(z+\frac{p}{\gamma}+\frac{v^2}{2g}\right)=0 \tag{1.3.19}$$

将上式沿流程 s 积分，则有：

$$z+\frac{p}{\gamma}+\frac{v^2}{2g}=C \tag{1.3.20}$$

对元流上任意两个过水断面可写成：

$$z_1+\frac{p_1}{\gamma}+\frac{v_1^2}{2g}=z_2+\frac{p_2}{\gamma}+\frac{v_2^2}{2g} \tag{1.3.21}$$

式中：z 为位置水头，代表单位重量液体的位置势能，简称单位位能；$\dfrac{p}{\gamma}$ 为压强水头或单位重量液体的压力势能，简称单位压能；$z+\dfrac{p}{\gamma}$ 为测压管水头或单位重量液体的总势能，简称单位总势能；$\dfrac{v^2}{2g}$ 为流速水头。因有 $\dfrac{v^2}{2g}=\dfrac{\frac{1}{2}mv^2}{mg}$，故又称为单位重量液体所具有的动能，简称为单位动能。

式 (1.3.21) 称为恒定流不可压缩理想液体元流能量方程。又称为恒定流不可压缩理想液体元流伯诺里（Bernoulli）方程，简称理想液体元流能量方程或伯诺里方程。

令：

$$H=z+\frac{p}{\gamma}+\frac{v^2}{2g} \tag{1.3.22}$$

式中：H 为计算点处液体的总水头，或单位重量液体所具有的全部机械能。

式 (1.3.21) 表明：在不可压缩理想液体恒定流情况下，元流内不同的过水断面上，单位重量液体所具有的机械能保持相等（守恒）。

1.3.5.2 实际液体元流能量方程

由于实际液体存在着黏滞性，在流动过程中，要消耗一部分能量用于克服内摩擦力而做功，液体的机械能要沿流程而减少，对机械能来说即存在着能量损失。因此，就实际液体而言，总是：

$$z_1 + \frac{p_1}{\gamma} + \frac{v_1^2}{2g} > z_2 + \frac{p_2}{\gamma} + \frac{v_2^2}{2g} \tag{1.3.23}$$

令单位重量液体从断面 1—1 流至断面 2—2 所损失的能量为 h'_ω，则能量方程应写为：

$$z_1 + \frac{p_1}{\gamma} + \frac{v_1^2}{2g} = z_2 + \frac{p_2}{\gamma} + \frac{v_2^2}{2g} + h'_\omega \tag{1.3.24}$$

式（1.3.24）为恒定流不可压缩实际液体元流的能量方程式。

1.3.5.3 实际液体总流能量方程

单位时间内通过元流的液体重力为 $\gamma \mathrm{d}Q$，故单位时间内元流 1、2 两断面间的能量关系可写为：

$$\left(z_1 + \frac{p_1}{\gamma} + \frac{v_1^2}{2g}\right)\gamma \mathrm{d}Q = \left(z_2 + \frac{p_2}{\gamma} + \frac{v_2^2}{2g}\right)\gamma \mathrm{d}Q + h'_\omega \gamma \mathrm{d}Q \tag{1.3.25}$$

将 $\mathrm{d}Q = v_1 \mathrm{d}A_1 = v_2 \mathrm{d}A_2$ 代入上式，并对整个总流断面进行积分：

$$\int_{A_1}\left(z_1 + \frac{p_1}{\gamma} + \frac{v_1^2}{2g}\right)\gamma v_1 \mathrm{d}A_1 = \int_{A_2}\left(z_2 + \frac{p_2}{\gamma} + \frac{v_2^2}{2g}\right)\gamma v_2 \mathrm{d}A_2 + \int_Q h'_\omega \gamma \mathrm{d}Q \tag{1.3.26}$$

上式可改写为：

$$\int_{A_1}\left(z_1 + \frac{p_1}{\gamma}\right)v_1 \mathrm{d}A_1 + \int_{A_1}\frac{v_1^3}{2g}\mathrm{d}A_1 = \int_{A_2}\left(z_2 + \frac{p_2}{\gamma}\right)v_2 \mathrm{d}A_2 + \int_{A_2}\frac{v_2^3}{2g}\mathrm{d}A_2 + \int_Q h'_\omega \mathrm{d}Q$$
$$\tag{1.3.27}$$

由于通常不知道 p、v 等运动要素在过水断面上的具体分布，故无法用数学函数表达并进行积分，因此对式（1.3.27）中的 3 种类型积分式分别作如下处理。

（1）关于 $\int_A\left(z + \frac{p}{\gamma}\right)v\mathrm{d}A$ 的积分。若限制所选的过水断面 1 和 2 都符合均匀流或渐变流条件，根据前述推导，则有：

$$\int_A\left(z + \frac{p}{\gamma}\right)v\mathrm{d}A = \left(z + \frac{p}{\gamma}\right)\int_A v\mathrm{d}A = \left(z + \frac{p}{\gamma}\right)Q \tag{1.3.28}$$

（2）关于 $\int_A v^3 \mathrm{d}A$ 的积分。设总流过水断面上各点的流速 v 与断面平均流速 $\bar{v}$ 的差值 $\Delta v = v - \bar{v}$（Δv 有正有负），则：

$$\int_A v^3 \mathrm{d}A = \int_A (\bar{v} + \Delta v)^3 \mathrm{d}A = \int_A [\bar{v}^3 + 3\bar{v}^2(\Delta v) + 3\bar{v}(\Delta v)^2 + (\Delta v)^3]\mathrm{d}A$$
$$= \bar{v}^3 A + 3\bar{v}^2\int_A \Delta v \mathrm{d}A + 3\bar{v}\int_A (\Delta v)^2 \mathrm{d}A + \int_A (\Delta v)^3 \mathrm{d}A \tag{1.3.29}$$

根据平均值的数学性质，$\int_A \Delta v \mathrm{d}A = 0$，并忽略不计 $(\Delta v)^3$ 的积分项，则上式可写为：

$$\int_A v^3 \mathrm{d}A = \bar{v}^3 A + 3\bar{v}\int_A (\Delta v)^2 \mathrm{d}A = \alpha \bar{v}^3 A = \alpha \bar{v}^2 Q \tag{1.3.30}$$

由于 $\int_A (\Delta v)^2 \mathrm{d}A$ 总是正值，故 $\alpha \geqslant 1$，称为动能修正系数。过水断面上流速呈均匀分布时，流速 v 处处等于 $\bar{v}$，故 $\Delta v = 0$，$\alpha = 1$；流速 v 在断面上的分布越不均匀，$\int_A (\Delta v)^2 \mathrm{d}A$ 项就越大，α 值也越大。对渐变流断面，一般 α 取 $1.05 \sim 1.10$，故在比

较粗略的计算中，也可近似取 $\alpha = 1$。

（3）关于 $\int_Q h'_\omega \mathrm{d}Q$ 的积分。

h'_ω 为元流的水头损失，其在总流上的平均值用 h_ω 表示，则：

$$\int_Q h'_\omega \mathrm{d}Q = h_\omega Q \tag{1.3.31}$$

以上讨论了3种类型积分式的积分方法，现汇总代入式（1.3.27），可得：

$$z_1 + \frac{p_1}{\gamma} + \frac{\alpha_1 \overline{v}_1^2}{2g} = z_2 + \frac{p_2}{\gamma} + \frac{\alpha_2 \overline{v}_2^2}{2g} + h_\omega \tag{1.3.32}$$

这就是实际液体总流的能量方程式。

总流能量方程中每一项的能量意义类似于元流能量方程中的对应项。$\left(z + \dfrac{p}{\gamma}\right)$ 表示过水断面上单位重量液体具有的势能，$\dfrac{\alpha \overline{v}^2}{2g}$ 表示过水断面上单位重量液体具有的平均动能，h_ω 表示在1、2两过水断面之间单位重量液体的平均水头损失。

1.3.5.4　恒定总流能量方程的图示

在总流中任意选取两个过水断面，该两断面上液流所具有的总水头若为 H_1 和 H_2，则：

$$H_1 = H_2 + h_\omega \tag{1.3.33}$$

对于理想液体，由于没有水头损失，$h_\omega = 0$，则 $H_1 = H_2$，即在不计能量损失情况下，总流中任何过水断面上总水头保持不变。

为了形象地反映总流中各种能量的变化规律，可以把能量方程用图形描绘出来。因为单位重量液体所具有的各种机械能都具有长度的量纲，因此可用水头为纵坐标，按一定的比例尺沿流程把过水断面的 z、$\dfrac{p}{\gamma}$ 及 $\dfrac{\alpha \overline{v}^2}{2g}$ 分别绘于图上（图1.3.6）。

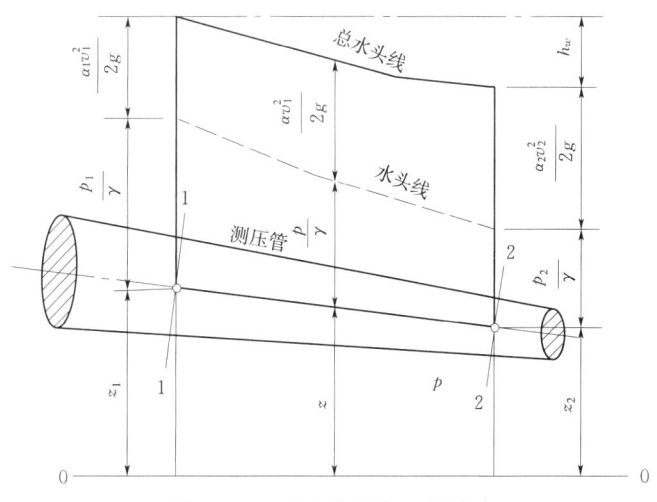

图 1.3.6　总流能量方程式图示

z 值在总流过水断面上各点是变化的，一般选取断面形心点的 z 值来标绘，相应的 $\frac{p}{\gamma}$ 亦选用形心点动水压强来标绘。把各断面的 $\left(z+\frac{p}{\gamma}\right)$ 值对应的点连接起来可以得到一条测压管水头线，如图 1.3.6 中虚线所示，把各断面 $H=z+\frac{p}{\gamma}+\frac{\alpha \bar{v}^2}{2g}$ 描出的点连接起来可以得到一条总水头线，如图 1.3.6 中实线所示，任意两断面之间的总水头线的降低值，即为该两断面间的水头损失 h_ω。

实际液体在流动过程中，其总机械能是沿流程逐渐减少的，因此，总水头线不再是水平线。每单位长度流程内的水头损失（也就是总水头线的坡度）称为水力坡度 J，即：

$$J = \frac{\mathrm{d}h_\omega}{\mathrm{d}l} = -\frac{\mathrm{d}H}{\mathrm{d}l} \tag{1.3.34}$$

由于 h_ω 是沿流程累加的一个正值，故水力坡度 J 也总是正值，$\frac{\mathrm{d}H}{\mathrm{d}l}$ 则必定是负值。

前面已指出，测压管水头线沿流程是可升可降的，每单位长度流程内测压管水头 H_p 的减小值，称为测压管坡度 J_p，它是一个可正可负的值。即：

$$J_p = -\frac{\mathrm{d}H_p}{\mathrm{d}l} = -\frac{\mathrm{d}}{\mathrm{d}l}\left(z+\frac{p}{\gamma}\right) \tag{1.3.35}$$

1.3.5.5　应用总流能量方程式的条件

（1）在解决大量水力学实际问题中，总流能量方程是应用最广的基本方程。从推导该式的过程可知，它的适用条件如下：

1）恒定流。

2）液体不可压缩。

3）作用在液体上的质量力只有重力。

4）所选取的两个计算过水断面，必须符合均匀流或渐变流条件（两计算断面之间则允许存在急变流）。

5）两个计算断面之间没有机械能的输入或输出。如果两个计算断面之间装有水泵或水轮机等水力机械时，能量方程应改写为如下更一般的形式：

$$z_1 + \frac{p_1}{\gamma} + \frac{\alpha_1 \bar{v}_1^2}{2g} + \Delta H = z_2 + \frac{p_2}{\gamma} + \frac{\alpha_2 \bar{v}_2^2}{2g} + h_\omega \tag{1.3.36}$$

式中：ΔH 为水力机械与单位重量液体交换的机械能。对于机械能输入（如水泵），ΔH 取正值；对于机械能输出（如水轮机），ΔH 取负值。

6）两个计算断面之间没有流量的汇入或分出。如果总流在两个计算断面之间有叉道，如图 1.3.7 中所示，则应分别列写能量方程：

$$\left. \begin{array}{l} z_1 + \dfrac{p_1}{\gamma} + \dfrac{\alpha_1 \bar{v}_1^2}{2g} + \Delta H = z_2 + \dfrac{p_2}{\gamma} + \dfrac{\alpha_2 \bar{v}_2^2}{2g} + h_{\omega \cdot 1-2} \\ z_1 + \dfrac{p_1}{\gamma} + \dfrac{\alpha_1 \bar{v}_1^2}{2g} + \Delta H = z_3 + \dfrac{p_3}{\gamma} + \dfrac{\alpha_3 \bar{v}_3^2}{2g} + h_{\omega \cdot 1-3} \end{array} \right\} \tag{1.3.37}$$

连续性方程则变为：

$$Q_1 = Q_2 + Q_3 \tag{1.3.38}$$

式（1.3.37）中的 $h_{\omega \cdot 1-2}$ 表示流向断面 2 的单位重量液体在 1—2 流段内产生的水头损失，$h_{\omega \cdot 1-3}$ 表示流向断面 3 的单位重量液体在 1—3 流段内产生的水头损失。

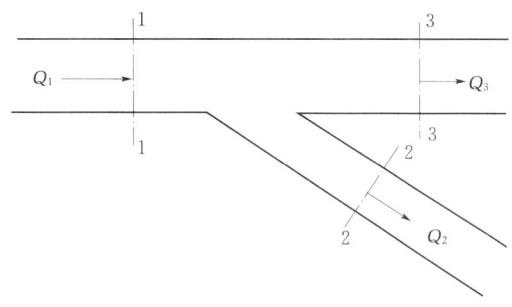

图 1.3.7 流量的分汇

（2）为了在应用能量方程时使计算简便和不致发生错误，应注意以下几点：

1）基准面的选择是可以任意的，但在计算不同断面的位置水头 z 值时，必须选取同一基准面。

2）能量方程中 $\dfrac{p}{\gamma}$ 一项，可以用相对压强，也可以用绝对压强，但对同一问题必须采用相同的标准。

3）在计算过水断面的测压管水头 $z+\dfrac{p}{\gamma}$ 值时，可以选取过水断面上任意点来计算，因为在渐变流的同一断面上任何点的 $z+\dfrac{p}{\gamma}$ 值均相等，具体选择哪一点，以计算方便为宜。一般情况下，对于管流一般选取管轴中心点；对于明渠多选在自由表面上或渠底处。

4）不同过水断面上的动能修正系数 α_1 和 α_2 严格讲来是不相等的，且不等于 1，但在实用上对渐变流大多数情况下可令 $\alpha_1 \approx \alpha_2 \approx 1$；仅在某些特殊情况下，$\alpha$ 值需根据具体情况酌定。

1.4 水流阻力及水头损失

1.4.1 基本概念

液体黏性及惯性对流动产生的阻力，称为水流阻力。为克服水流阻力做功而消耗的单位能量，称为水头损失，在能量方程中用 h_ω 表示。水流阻力有两类，如图 1.4.1 所示，其一是液体内摩擦力（又称黏性力），它与液体流动的路程成正比，称为沿程阻力。其二是局部边界条件急剧改变（例如过水断面突然扩大、缩小或有闸阀等）引起流速或流速分布沿程突变所产生的阻力，称为局部阻力。只有沿程阻力的水流仅发生在均匀流中，沿程阻力造成的水头损失，称为沿程水头损失，以 h_f 表示；局部阻力造成的水头损失，称为局部水头损失，以 h_j 表示。

通常认为，两类水头损失是互不干扰且各自独立作用的，因此两类水头损失可分别计算而后叠加求和，并称之为水头损失叠加原理，即：

$$h_w = \sum h_f + \sum h_j \tag{1.4.1}$$

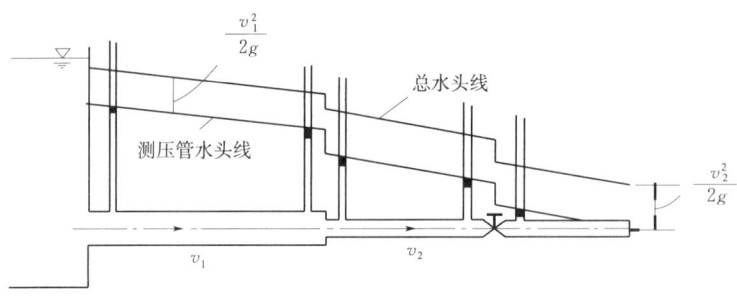

图 1.4.1 水头损失分类

1.4.2 液体运动的两种形态

由于黏滞性的存在使实际液体的流动具有两种不同的形态。雷诺（Reynolds）通过试验揭示了这两种流态的不同本质。下面介绍雷诺（Reynolds）实验。

1.4.2.1 Reynolds 实验

Reynolds 装置如图 1.4.2 所示。在水箱的侧壁安装一根带喇叭形进口的玻璃管，管的下游处有一阀门 e，喇叭口处有一针形小管 A，与贮有颜色水的小水箱连接，可向玻璃管内注入颜色水。

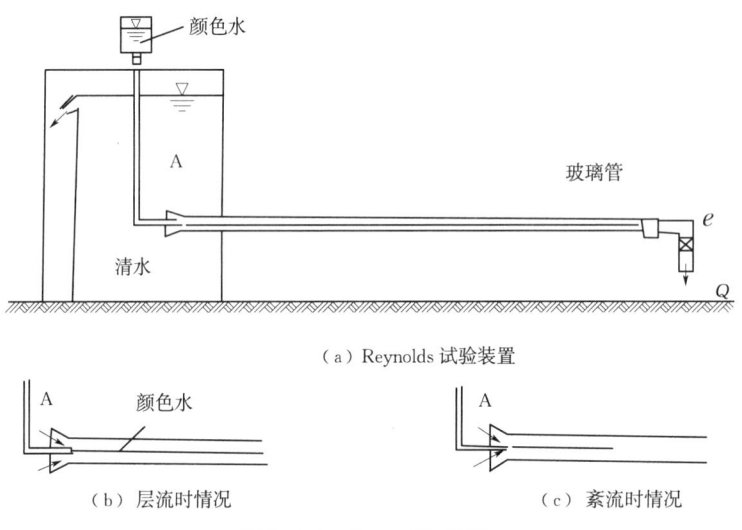

图 1.4.2 Reynolds 实验

试验时，保持水箱的水位固定，管内水流是稳定流。轻微打开出水阀门，使水箱中的水经玻璃管流出。同时，开启颜色水箱的开关，使颜色水随水箱中的清水进入玻璃管。这时可以看到玻璃管中出现一条固定而清晰的着色直线，不与周围清水掺混［图 1.4.2 (b)］。如果逐渐开大阀门 e，玻璃管中水的流速也随着增大；当流速达到某一数值后，着色直线开始加粗、弯曲、波状摆动、呈现紊乱状态，最后与清水完全掺混［图 1.4.2 (c)］。

试验说明：同一种液体在同一管道内流动，因流速不同形成两种性质不同的流态。

流速较小时，液体质点作有条不紊的线状运动，彼此不相掺混。这种流态叫做层流。流速较大时，液体质点的运动轨迹曲折混乱，互相掺混。这种流态叫做紊流。上述实验改用任何其他的实际流体在任何形状的边界范围内流动，都可以发现这两种流态。因此，可以得出如下的结论：任何实际流体的流动都具有两种流态，即层流和紊流。

若以相反的程序进行实验。使玻璃管内的流速由大到小。紊流发生后，逐渐关小出水阀门，流态将从紊流转变为层流。但可以发现，由紊流转变成层流时的平均流速比由层流转变为紊流时的平均流速要小。

1.4.2.2 流态的判别

流态转变时，圆管中水流的断面平均流速称为临界流速。由层流转变到紊流时的流速叫上临界流速 v'_c，从紊流转变到层流时的流速叫下临界流速 v_c。上临界流速大于下临界流速。如果用不同管径的玻璃管进行 Reynolds 实验，发现临界流速不同。管径越大临界流速越小。这使得难以用临界流速来判别流态。

临界流速不仅与管径有关，而且和液体的密度及黏滞性有关。它们之间的关系为：

$$v_c = c \frac{\eta}{\rho d} \tag{1.4.2}$$

式中：d 为管子直径；c 为比例常数。上式也可写成下列形式：

$$c = \frac{v_c d}{\upsilon} \tag{1.4.3}$$

式中：c 为一无量纲的常数。不管玻璃管的直径和流速如何，流态转变时的 c 值为一固定常数，称为临界 Reynolds 数 Re_c。与上临界流速相应有上临界 Reynolds 数 Re'_c，与下临界流速相应的有下临界 Reynolds 数 Re_c。所以可以用 Reynolds 数作为判别流态的标准，即：

$$Re = \frac{\upsilon d}{\upsilon} \tag{1.4.4}$$

如果算出的 Reynolds 数小于临界 Reynolds 数，即 Re 小于 Re_c，流态为层流；否则为紊流。但是上临界 Reynolds 数和下临界 Reynolds 数不同。下临界 Reynolds 数比较稳定。上临界 Reynolds 数的数值不一致，与试验时的水流扰动情况有关。因此，采用下临界 Reynolds 数作为判别流态的标准。

例如对于圆管流动，根据大量实验资料知道，下临界雷诺数 $Re_c \approx 2300$，是一个相当稳定的数值，而上临界雷诺数 Re'_c 却是一个不稳定的数值，它与进入管道之前流体的平静程度及外界扰动条件有关。由实验得圆管有压流的上临界雷诺数 Re'_c 可达 12000~40000。

（1）圆管流动的流态判别。对于圆管流动，$Re = \frac{\upsilon d}{\upsilon}$。若 $Re < Re_c = 2300$，流动为层流；$Re > Re_c = 2300$，流动为紊流。

（2）非圆管流动的流态判别。这里引入水力半径的概念，水力半径是过水断面面积 A 与湿周 χ（断面上液体与固体边界所接触的周线长）（图1.4.3）的比值，即 $R = \frac{A}{\chi}$，此时雷诺数记为：

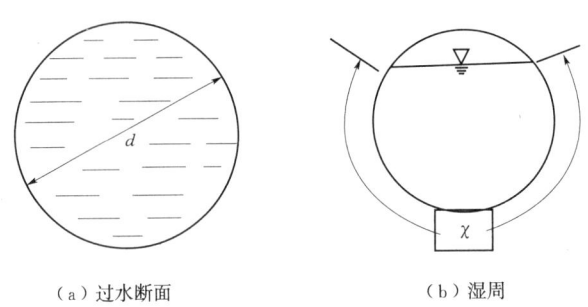

（a）过水断面　　　　（b）湿周

图 1.4.3　过水断面与湿周

$$Re = \frac{vR}{\upsilon} \tag{1.4.5}$$

根据实验结果，临界雷诺数 $Re_c = \frac{vR}{\upsilon} = 575$，当 $Re > Re_c = 575$ 时流动为紊流。

明渠流动的雷诺数一般都相当大，多属于紊流，通常不进行流态判别。

（3）不同流态时的水头损失。不同流态时，能量损失的规律不同。为了找出沿程水头损失 Δh 和断面平面流速之间的关系，可在 Reynolds 实验的玻璃管上取两断面 1—1 和断面 2—2 安装测压管。据式（1.3.32），当试验时管径大小不变，$\overline{v}_1 = \overline{v}_2$ 及 $\alpha'_1 = \alpha'_2$ 时，有：

$$\left(z_1 + \frac{p_1}{\gamma}\right) - \left(z_2 + \frac{p_2}{\gamma}\right) = h_f \tag{1.4.6}$$

逐步打开阀门 e，改变平均流速 $\overline{v}_1$ 的数值并读出相应的水头损失 h_f。然后在双对数纸上作图，横坐标代表 $\lg \overline{v}$，纵坐标代表 $\lg h_f$。流速较小时，试验点落在一条 45°角的斜线上（图 1.4.4 中的 AE 段），说明层流时 h_f 与 $\overline{v}$ 的一次方成正比。当流速增大到达 B 点，水头损失突然增加，相当于层流到紊流的转换点。此时的流速为上临界流速。流速继续增大到达图中的 CD 段，试验点落在斜率为 m 的直线段上，表明 h_f 与 v^m 成正比。指数值 m=1.75～2.0。如果紊流充分发展，m=2，即水头损失与流速的平方成正比。然后按相反的方向逐步关小阀门，流速由大变小，到达 C 点时水流开始从紊流向层流过渡，到达 E 点时完全变成层流。E 点的流速为下临界流速。EC 段为层流与紊流之间的过渡区。

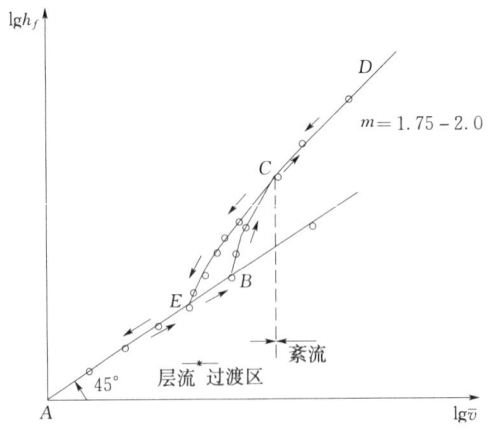

图 1.4.4　沿程水头损失和平均流速的关系

1.4.3 沿程水头损失计算

1.4.3.1 均匀流基本方程

对于均匀流，只有沿程水头损失问题，下面学习建立沿程水头损失计算公式的理论分析方法。

如图 1.4.5 所示，沿均匀流段取隔离体 1—2，设其过水面积 $A_1 = A_2 = A$，流程长度为 l，湿周为 χ，流段轴线与铅垂线的夹角为 α，两断面中心处高程为 z_1、z_2，压强为 p_1、p_2，隔离体边壁处摩擦切应力为 τ_0，所受重力为 G，两断面平均流速为 $\bar{v}_1 = \bar{v}_2 = \bar{v}$，且动量修正系数 $\alpha'_1 = \alpha'_2 = 1$。

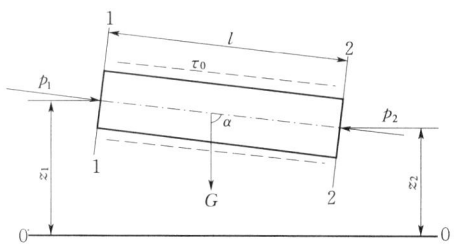

图 1.4.5 均匀流沿程水头损失分析图示

沿流向进行受力分析，有：

$$P_1 + G\cos\alpha - P_2 - \tau_0 \chi l = 0 \tag{1.4.7}$$

因 $P_1 = p_1 A$；$P_2 = p_2 A$，则上式可写为：

$$(p_1 - p_2)A + \gamma A l \cos\alpha - \tau_0 \chi l = 0 \tag{1.4.8}$$

又 $\cos\alpha = \dfrac{z_1 - z_2}{l}$，以 γA 除上式各项，得：

$$\left(z_1 + \frac{p_1}{\gamma}\right) - \left(z_2 + \frac{p_2}{\gamma}\right) = \frac{\tau_0 \chi l}{\gamma A} = \frac{\tau_0 l}{\gamma R} \tag{1.4.9}$$

由于在均匀流中：

$$h_f = \left(z_1 + \frac{p_1}{\gamma}\right) - \left(z_2 + \frac{p_2}{\gamma}\right) \tag{1.4.10}$$

则：

$$\left.\begin{array}{l} h_f = \dfrac{\tau_0}{\gamma}\dfrac{l}{R} \\ \tau_0 = \gamma R J \end{array}\right\} \tag{1.4.11a}$$

对圆管均匀流，有：

$$\left.\begin{array}{l} h_f = \dfrac{\tau_0}{\gamma}\dfrac{l}{r_0/2} \\ \tau_0 = \gamma \dfrac{r_0}{2} J \end{array}\right\} \tag{1.4.11b}$$

式中：J 为水力坡度；γ 为水的容重。

式（1.4.11）称为均匀流基本方程。它表征了沿程水头损失与水流阻力的关系；它适用于有压流与无压流，也适用于层流与紊流。

若取流段内任意圆柱体作隔离体，设其表面切应力为 τ，圆柱体半径为 r，则公式（1.4.11b）可改写成：

$$\tau = \gamma \frac{r}{2} J \tag{1.4.12}$$

而：

$$\tau_0 = \gamma \frac{r_0}{2} J \tag{1.4.13}$$

故有：

$$\frac{\tau}{\tau_0} = \frac{r}{r_0} \tag{1.4.14}$$

由式（1.4.14）可知，圆管均匀流的过水断面上，切应力呈直线分布。当 $r = r_0$（管壁处）时，$\tau = \tau_0 = \tau_{max}$；当 $r = 0$ 时（管轴线处），$\tau = 0$。

1.4.3.2 沿程水头损失计算通用公式

根据均匀流基本方程，h_f 是由于 τ_0 的存在而产生的。液流的摩擦切应力 τ_0，从物理性质上分析，与下列一些因素有关：流速 v、水力半径 R、固体壁面的粗糙凸起高度 Δ（称绝对粗糙度）、液体密度 ρ 及动力黏滞系数 η。以上各因素的作用，综合表示为以下的单项指数关系式：

$$\tau_0 = K v^a R^b \rho^c \eta^d \Delta^e \tag{1.4.15}$$

式中：K 为无量纲系数；a、b、c、d、e 为未知指数。根据物理方程应当在量纲关系上和谐一致的原理，可列出上式中各物理量的量纲关系式：

$$[ML^{-1}T^{-2}] = [LT^{-1}]^a [L]^b [ML^{-3}]^c [ML^{-1}T^{-1}]^d [L]^e \tag{1.4.16}$$

对质量量纲 M、长度量纲 L 及时间量纲 T 列出平衡关系：

$$\begin{cases} M: 1 = c + d \\ L: -1 = a + b - 3c - d + e \\ T: 2 = a + d \end{cases}$$

由以上三式可解得：

$$a = 2 - d,\ b = -d - e,\ c = 1 - d$$

于是：

$$\tau_0 = K v^{2-d} R^{-d-e} \rho^{1-d} \eta^d \Delta^e \tag{1.4.17}$$

或：

$$\tau_0 = K \left(\frac{vR\rho}{\eta}\right)^{-d} \left(\frac{\Delta}{R}\right)^e \rho v^2 \tag{1.4.18}$$

若表示为：

$$\tau_0 = \frac{\lambda}{8} \rho v^2 \tag{1.4.19}$$

则式中：

$$\lambda = f\left(Re, \frac{\Delta}{R}\right) \tag{1.4.20}$$

λ 称为沿程阻力系数。将式（1.4.19）代入均匀流基本方程式（1.4.11），可得：

$$h_f = \lambda \frac{l}{4R} \frac{v^2}{2g} \quad (1.4.21)$$

对于圆管，$4R = d$，故可写作：

$$h_f = \lambda \frac{l}{d} \frac{v^2}{2g} \quad (1.4.22)$$

式中：λ 为沿程阻力系数。

式（1.4.22）称为达西（Darcy）—魏兹巴赫（Weisbach）公式，它是沿程水头损失计算的通用公式，对于层流和紊流均适用，也适用于有压流或无压流计算。

1.4.4 圆管中的层流运动

圆管中的层流运动也称为哈根泊肃叶（Hagen—Poseuille）流动。

1.4.4.1 过流断面上的流速分布

图1.4.6所示的圆管中的液体作均匀流动时，可视为许多圆筒形的流层一层套着一层以一定的相对速度向前滑动，它们间的轴线与管轴重合。圆筒层表层的切应力由牛顿内摩擦定律确定。因圆筒层的流速 v 随半径 r 的增大而减小，即 $\dfrac{\mathrm{d}v}{\mathrm{d}r}$ 为负值，因此牛顿内摩擦定律应用于圆管层流运动时可写作为：

$$\tau = \eta \frac{\mathrm{d}v}{\mathrm{d}n} = -\eta \frac{\mathrm{d}v}{\mathrm{d}r} \quad (1.4.23)$$

另外，圆管均匀流在半径 r 处的切应力也可用均匀流方程（1.4.12）表示，即：

$$\tau = \gamma \frac{r}{2} J \quad (1.4.24)$$

由上面两式得：

$$\tau = -\eta \frac{\mathrm{d}v}{\mathrm{d}r} = \gamma \frac{r}{2} J \quad (1.4.25)$$

变换得到：

$$\mathrm{d}v = -\frac{\gamma}{2} \frac{J}{\eta} r \mathrm{d}r \quad (1.4.26)$$

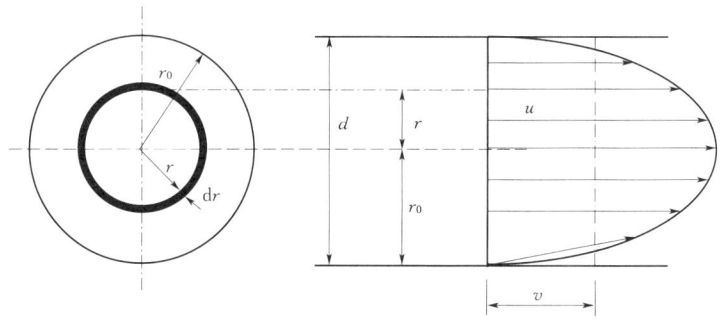

图1.4.6 圆管层流运动

由于水力坡度 J 对均匀流中各元流来说都是相等的，对式（1.4.26）进行积分得：

$$v = -\frac{\gamma J}{4\eta} r^2 + C \quad (1.4.27)$$

式中：C为积分常数。

由于液体的黏滞性，紧贴固体壁面的液体黏附在管壁上，即当 $r = r_0$ 时，$v = 0$。故：

$$C = \frac{\gamma J}{4\eta} r_0^2 \tag{1.4.28}$$

将C代入式（1.4.27）得：

$$v = \frac{\gamma J}{4\eta}(r_0^2 - r^2) \tag{1.4.29}$$

式（1.4.29）说明圆管层流动过流断面上流速分布是一个旋转抛物面，这是圆管层流流动的重要特征之一。

处于管轴线上的液体受管壁影响最小，因而流速最大。由式（1.4.29），当 $r = 0$ 时则有：

$$v_{\max} = \frac{\gamma J}{4\eta} r_0^2 \tag{1.4.30}$$

1.4.4.2 断面平均流速

因为流量 $Q = \int_A v \mathrm{d}A = \bar{v} A$，选取宽 $\mathrm{d}r$ 的环形断面为微元面，$\mathrm{d}A = 2\pi r \mathrm{d}r$，可得圆管层流运动的断面平均流速：

$$\bar{v} = \frac{Q}{A} = \frac{\int_A v\mathrm{d}A}{A} = \frac{1}{\pi r_0^2}\int_0^{r_0} \frac{\gamma J}{4\eta}(r_0^2 - r^2) 2\pi r \mathrm{d} = \frac{\gamma J}{8\eta} r_0^2 \tag{1.4.31}$$

比较式（1.4.30）与式（1.4.31），得：

$$\bar{v} = \frac{1}{2} v_{\max} \tag{1.4.32}$$

即圆管层流时过流断面平均流速为最大流速的一半。

1.4.4.3 水头损失

在圆管均匀流中，只有沿程水头损失，没有局部水头损失。由式（1.4.31）有：

$$\bar{v} = \frac{\gamma J}{8\eta} r_0^2 = \frac{\gamma h_f}{8\eta l} r_0^2 \tag{1.4.33}$$

因此：

$$h_f = \frac{8\eta l}{\gamma r_0^2} \bar{v} \tag{1.4.34}$$

式（1.4.34）说明圆管层流沿程水头损失与断面平均流速成正比，这与雷诺实验的结果是一致的。

将 $\gamma = \rho g$，$r_0 = \dfrac{d}{2}$，$Re = \dfrac{\bar{v}\rho d}{\eta}$ 代入式（1.4.34），得：

$$h_f = \frac{8\eta l}{\gamma r_0^2}\bar{v} = \frac{8\eta l}{\rho g \dfrac{d^2}{4}}\bar{v}\frac{2\bar{v}}{2\bar{v}} = \frac{64}{\dfrac{\rho \bar{v}d}{\eta}}\frac{l}{d}\frac{\bar{v}^2}{2g} = \frac{64}{Re}\frac{l}{d}\frac{\bar{v}^2}{2g} \tag{1.4.35}$$

将式（1.4.35）与式（1.4.22）对比，得：

$$\lambda = \frac{64}{Re} \tag{1.4.36}$$

式（1.4.36）说明圆管层流的沿程阻力系数与雷诺数成反比。

思 考 题 与 习 题

1.1 习题 1.1 图一洒水车，以 0.98m/s^2 的等加速度向前行驶，设以水面中心点为原点，建立 xoz 坐标系，若自由表面压强 $p_0 = 98\text{kPa}$，车壁某点 A 的坐标为 $x = -1.5\text{m}$，$z = -1.0\text{m}$，试求（1）A 点的压强；（2）自由表面与水平面的夹角 θ。

1.2 习题 1.2 图为一封闭水箱，自由面上气体压强 p_0 为 85 kN/m^2，求液面下淹没深度 h 为 1m 处点 C 的绝对静水压强、相对静水压强和真空度。

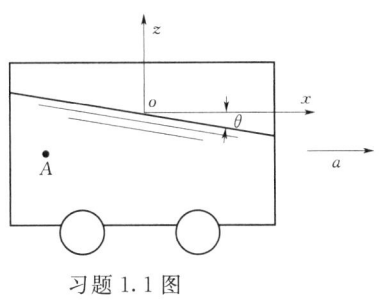

习题 1.1 图

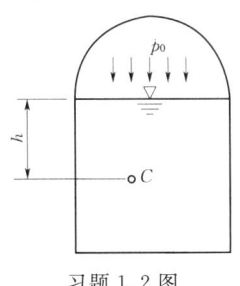

习题 1.2 图

1.3 习题 1.3 图为一开口水箱，自由表面上的当地大气压强为 98kN/m^2，在水箱右下侧连接一根封闭的测压管，今用抽气机将管中气体抽净（即为绝对真空），求测压管水面比水箱水面高出的 h 值为多少？

1.4 已知习题 1.4 图中输水管各段的直径为 $d_1 = 2.5\text{cm}$，$d_2 = 5\text{cm}$，$d_3 = 10\text{cm}$，求流量 $Q = 4 \times 10^{-3}\text{m/s}$ 时各管段的断面平均流速。

1.5 某段自来水管，其管径 $d = 100\text{mm}$，管中流速 $v = 1.0\text{m/s}$，水的温度为 10℃，已知 10℃ 时水的运动黏性系数 $v = 0.131\text{cm}^2/\text{s}$，试判别管中水流形态。

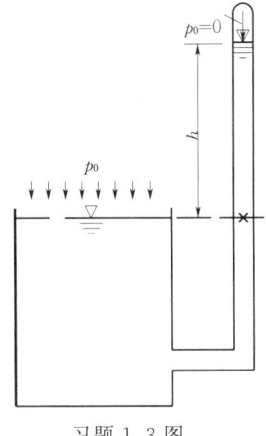

习题 1.3 图

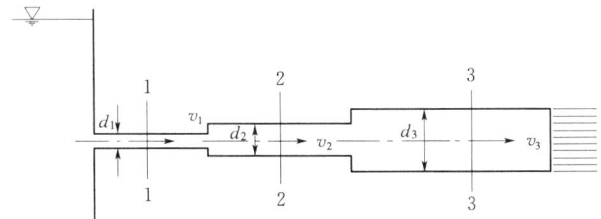

习题 1.4 图

1.6 某低速送风管道，直径 $d = 200\text{mm}$，风速 $v = 3.0\text{m/s}$，空气温度是 30℃（30℃时空气的运动黏性系数 $v = 16.6 \times 10^{-6}\text{m}^2/\text{s}$）。
（1）试判别风道内气体的流态；
（2）该风道的临界流速是多少。

1.7 设有运动黏性系数 $v = 120\text{m}^2/\text{s}$ 的油在直径为 $d = 300\text{mm}$ 的圆管中流动，流量 $Q = 0.03\text{m}^3/\text{s}$，求流经管长 $l = 30\text{m}$ 时的水头损失。

第 2 章 地下水渗流力学基础

地下水渗流力学的主要目的是解决渗流问题，所谓渗流问题是地下水在岩土体的孔隙中运动的问题，地下水渗流和水在河渠、管道中的流动是不同的。要了解地下水的渗流，必须要了解岩土体的渗透特性以及地下水在岩土孔隙中流动的规律。

2.1 地下水和多孔介质的压缩性

2.1.1 地下水在多孔介质中的运动

在地下水渗流力学中，把具有孔隙的岩石称为多孔介质。含有孔隙水的岩层，如砂层或疏松砂岩等称为孔隙介质。含裂隙水的岩石，如裂隙发育的石英岩、花岗岩等称为裂隙介质。广义地说，可以把孔隙介质、裂隙介质和某些岩溶不十分发育的由石灰岩和白云岩组成的介质都称为多孔介质。从渗流的角度来定义，需规定从介质一侧到另一侧有若干连续通道在整个介质中有广泛的分布。

在多孔介质中，固、液、气三相都可能存在，固相称为骨架；气相的空气主要存在于非饱和带中；液相的地下水可能以吸着水、薄膜水、毛管水和重力水等多种形式存在。吸着水和薄膜水的运动属于专门课题，本教材不涉及。本书主要研究重力水的运动。

地下水在多孔介质中的运动非常复杂，大致可归纳为两类：一类为地下水沿多孔介质的孔隙或遍布于介质中的裂隙运动，即地下水在广义的多孔介质中的运动。另一类为地下水沿大裂隙和管道的流动，如岩溶区的地下暗河或地下水沿巨大的张开裂隙的流动。这种运动的特点是水流集中，且在相当大的范围内只有一个或几个大裂隙和管道，流量大，水流孤立，一般和别的裂隙或管道联系不密切。在这种情况下，人们关心的是在这种单个裂隙或管道中的地下水运动的计算。本书仅关注第一类地下水运动。

2.1.2 地下水和多孔介质的性质

研究地下水在多孔介质中的运动，有必要先对水和多孔介质的基本性质作些了解。关于水的动力性质，在水力学基础中已经谈过，这里只介绍水的状态方程和多孔介质的一些性质。

2.1.2.1 地下水的状态方程

在水力学基础中曾提到，在等温条件下，水的压缩系数为：

$$\beta = -\frac{1}{V}\frac{\mathrm{d}V}{\mathrm{d}p} \tag{2.1.1}$$

设初始压强 p_0 时，水的体积为 V_0，当压强变到 p 时，体积变为 V，由上式得：

$$\int_{V_0}^{V}\frac{\mathrm{d}V}{V} = -\beta\int_{p_0}^{p}\mathrm{d}p \tag{2.1.2}$$

积分得：

$$\frac{V}{V_0} = e^{-\beta(p-p_0)} \tag{2.1.3}$$

改写上式，便得如下的状态方程：

$$V = V_0 e^{-\beta(p-p_0)} \tag{2.1.4}$$

同理可得：

$$\rho = \rho_0 e^{\beta(p-p_0)} \tag{2.1.5}$$

将式（2.1.4）和式（2.1.5）中的指数项用 Taylor 级数展开，当压强变化不大时，因 $\beta(p-p_0)$ 数值小，可以忽略级数的高次项，得到如下的状态方程的近似表达式：

$$V = V_0[1 - \beta(p-p_0)] \tag{2.1.6}$$

和：

$$\rho = \rho_0[1 + \beta(p-p_0)] \tag{2.1.7}$$

此外，还可导出密度变化和压强变化之间的关系式。因为密度 ρ 和液体体积 V 的乘积为常数，故有：

$$d(\rho V) = \rho dV + V d\rho = 0 \tag{2.1.8}$$

由此得：

$$d\rho = -\rho \frac{dV}{V} = \rho\beta dp \tag{2.1.9}$$

2.1.2.2 多孔介质的性质

（1）多孔介质的孔隙性。多孔介质的孔隙率是指孔隙体积和多孔介质总体积之比。这里的孔隙体积 V_V 是指孔隙的总体积，不管这些孔隙是否对地下水运动有意义。但从地下水运动的角度来看，只有那些相互连通的孔隙才是有意义的。对于细粒土，如一些黏性土，因为颗粒表面的结合水占据了相当一部分孔隙空间，所以对地下水运动有效的孔隙要比总孔隙少。我们把互相连通的、不为结合水所占据的那一部分孔隙称为有效孔隙。有效孔隙体积与多孔介质总体积之比称为有效孔隙率 n_e，即：

$$n_e = \frac{(V_V)_e}{V_b} \tag{2.1.10}$$

式中：$(V_V)_e$ 为有效孔隙体积；V_b 为多孔介质的总体积。在本书以后的叙述中，孔隙率都是指有效孔隙率。

还有一种特殊类型的孔隙，称为死端孔隙。它有一端与其他孔隙连通，另一端是封闭的（图 2.1.1），其中的地下水是相对停滞的。从地下水运动的角度来说，这种孔隙是无效的。但其中的水在疏干时能排出，对于排水来说是有效的。因此，严格来说，研究地下水运动时所指的有效孔隙率和研究排水时所指的有效孔隙率（即给水度）是不完全相同的。

（2）多孔介质的压缩性。在天然条件下，一定深度处的多孔介质，要受到上覆岩层荷重的压力。设作用在该介质表面的压强为 δ，如果压强 δ 增加，要引起多孔介质的压缩。和水的压缩系数 β 类似，多孔介质压缩系数 α 的表达式为：

$$\alpha = -\frac{1}{V_b}\frac{dV_b}{d\delta} \tag{2.1.11}$$

式中：$V_b = V_s + V_v$ 为多孔介质中所取单元体的总体积；V_s 是单元体中固体骨架体积；而 V_V 为其中的孔隙体积，故：

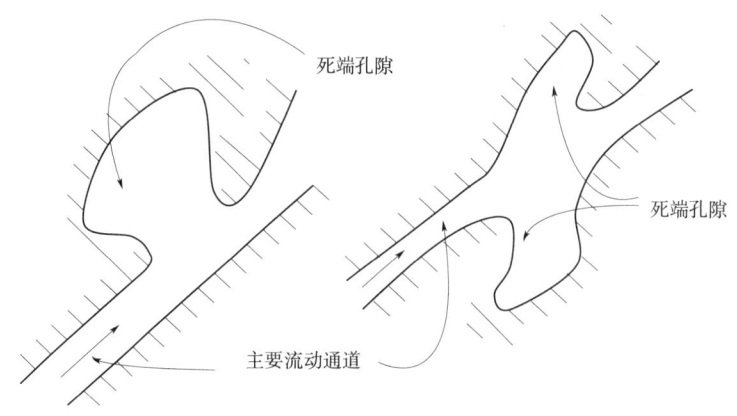

图 2.1.1 死端孔隙示意图（据 J.Bear）

$$\frac{\mathrm{d}V_b}{\mathrm{d}\delta} = \frac{\mathrm{d}V_s}{\mathrm{d}\delta} + \frac{\mathrm{d}V_V}{\mathrm{d}\delta} \tag{2.1.12}$$

而：

$$\left.\begin{array}{l} V_s = (1-n)V_b \\ V_V = nV_b \end{array}\right\} \tag{2.1.13}$$

将式（2.1.12）和式（2.1.13）代入式（2.1.11）中，有：

$$\alpha = -\frac{1}{V_b}\frac{\mathrm{d}V_s}{\mathrm{d}\delta} - \frac{1}{V_b}\frac{\mathrm{d}V_V}{\mathrm{d}\delta} = -\frac{1-n}{V_s}\frac{\mathrm{d}V_s}{\mathrm{d}\delta} - \frac{n}{V_V}\frac{\mathrm{d}V_V}{\mathrm{d}\delta} \tag{2.1.14}$$

令，$\alpha_s = -\frac{1}{V_s}\frac{\mathrm{d}V_s}{\mathrm{d}\delta}$，称为多孔介质固体颗粒压缩系数，表示固体颗粒本身的压缩性；$\alpha_p = -\frac{1}{V_V}\frac{\mathrm{d}V_V}{\mathrm{d}\delta}$，称为孔隙压缩系数，表示孔隙的压缩性，则：

$$\alpha = (1-n)\alpha_s + n\alpha_p \tag{2.1.15}$$

固体骨架本身的压缩性要比孔隙的压缩性小得多，即$(1-n)\alpha_s \ll \alpha$，故有：

$$\alpha \approx n\alpha_p \tag{2.1.16}$$

2.2 含水层的储水特性

2.2.1 承压含水层的储水特性

下面考虑一下实际承压含水层的受力情况。为简化讨论，假设含水砂层的颗粒之间没有黏聚力。在含水层中切一水平的横截面，面积为 A。在这个面积中，有 λA 为颗粒与颗粒相接触的面积，$(1-\lambda)A$ 为水和水相接触的面积（图 2.2.1）。

若设 $A=1$，按 Terzaghi 的观点，作用在该平面上的上覆荷重分别由颗粒（固体骨架）和水共同承担，即：

$$\sigma = \lambda\sigma_s + (1+\lambda)p \tag{2.2.1}$$

式中：σ 为上覆荷重引起的总应力；σ_s 为作用在固体颗粒上的粒间应力；p 为水的压强。

Terzaghi 令 $\lambda\sigma_s=\sigma'$，称为有效应力。因为实际上 λ 值非常小，$(1-\lambda)p\approx p$，于是式（2.2.1）变为：

$$\sigma=\sigma'+p \tag{2.2.2}$$

根据 Newton 第三定律，作用力和反作用力相等。在天然状态下，上覆荷重与颗粒的反作用力及水压力相平衡。如在承压含水层中抽水，水头下降 ΔH，即水的反作用力减少了 $\gamma\Delta H=\rho g\Delta H$，但上覆荷重不变，于是有：

$$\sigma=(\sigma'+\gamma\Delta H)+(p-\gamma\Delta H) \tag{2.2.3}$$

即，作用于固体骨架上的力增加了 $\gamma\Delta H$。

作用于骨架上力的增加会引起含水层的压缩，而水压力的减少将导致水的膨胀。含水层本来就充满了水，骨架的压缩和水的膨胀都会引起水从含水层中释出，前者就像用手挤压充满了水的海绵会挤出水一样。

在含水层压缩过程中，可以认为固体颗粒体积的压缩可以忽略不计，即 $(1-n)V_b=$ 常数。故有：

$$dV_s=d[(1-n)V_b]=dV_b-ndV_b-V_bn=0 \tag{2.2.4}$$

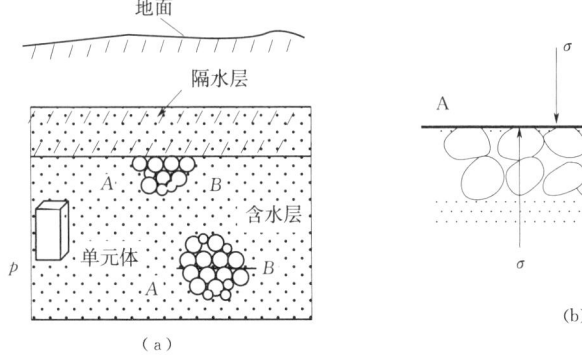

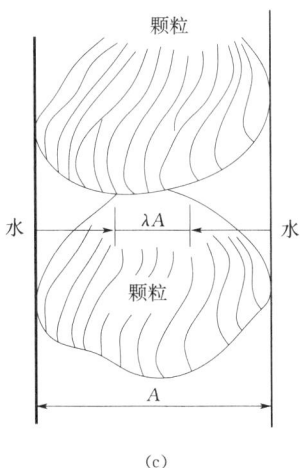

图 2.2.1　一个可压缩的承压含水层（据 J.Bear）

$$\frac{dV_b}{V_b}=\frac{dn}{1-n} \tag{2.2.5}$$

含水层压缩时侧向受到限制，只有垂直方向上有压缩，故 $V_b = A\Delta z$

$$\frac{\mathrm{d}V_b}{V_b} = \frac{\mathrm{d}(\Delta z)}{\Delta z} \tag{2.2.6}$$

将式（2.1.11）代入，并考虑到有效应力的变化 $\mathrm{d}\sigma'$ 和水的压强变化 $\mathrm{d}p$ 大小相等，方向相反，故有：

$$\frac{\mathrm{d}V_b}{V_b} = \frac{\mathrm{d}(\Delta z)}{\Delta z} = \frac{\mathrm{d}n}{1-n} = -\alpha \mathrm{d}\sigma' = \alpha \mathrm{d}p \tag{2.2.7}$$

得：

$$\mathrm{d}(\Delta z) = \Delta z \alpha \mathrm{d}p \tag{2.2.8}$$

$$\mathrm{d}n = (1-n)\alpha \mathrm{d}p \tag{2.2.9}$$

式（2.2.8）、式（2.2.9）展示了垂直方向厚度变化或孔隙率变化和水的压强变化之间的关系。

为了讨论水头降低时含水层释出水的特征，我们取面积为 $1\mathrm{m}^2$、厚度为 $1\mathrm{m}$（即体积为 $1\mathrm{m}^3$）的含水层，考察当水头下降 $1\mathrm{m}$ 时释放的水量。此时，有效应力增加了 $\gamma\Delta H = \rho g \times 1 = \rho g$。由介质压缩系数的定义可知，相应的含水层的体积变化为：

$$-\mathrm{d}V_b = \alpha V_b \mathrm{d}p = \alpha \rho g \tag{2.2.10}$$

负号表示体积减小。同时水压强变化了 $-\gamma\Delta H = -\rho g$，由水的体积压缩系数的定义可知，相应的水体积的变化为：

$$\mathrm{d}V = -\beta V \mathrm{d}p = -\beta n(-\rho g) = n\beta\rho g \tag{2.2.11}$$

正号表示水体积的膨胀。二者之和表示面积为 1 个单位、厚度为 1 个单位的含水层，当水头降低 1 个单位时所能释出的水量，用符号 μ_s 表示，即：

$$\mu_s = -\mathrm{d}V_b + \mathrm{d}V = \alpha\rho g + n\beta\rho g = \rho g(\alpha + n\beta) \tag{2.2.12}$$

式中：μ_s 称为贮水率或释水率，其量纲为 $[L^{-1}]$。

上述由于水头降低引起的含水层释水现象称为弹性释水。相反，当水头升高时，会发生弹性贮存过程。贮水率或释水率的物理意义如图 2.2.2 所示。

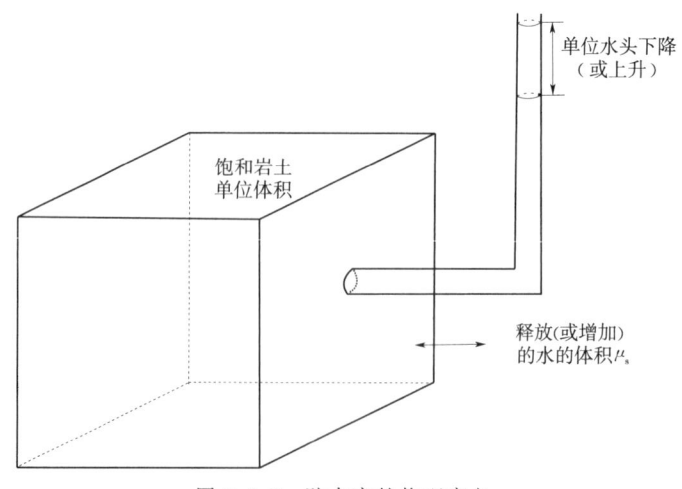

图 2.2.2 贮水率的物理意义

把贮水率乘上含水层厚度 M，称为贮水系数或释水系数，即 $\mu^* = \mu_s M$。它表示在面积为 1 个单位、厚度为含水层全厚度 M 的含水层柱体中，当水头改变 1 个单位时弹性释放或贮存的水量，无量纲。贮水系数或释水系数的物理意义如图 2.2.3 所示。

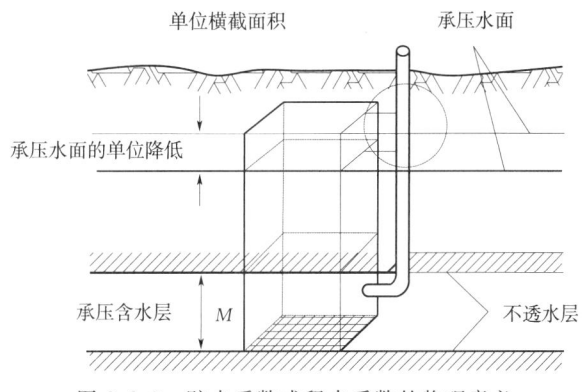

图 2.2.3 贮水系数或释水系数的物理意义

贮水系数 μ^* 和贮水率 μ_s 都是表示含水层弹性释水能力的参数，在地下水渗流力学计算中具有重要的意义。对于承压含水层，只要水头不降低到隔水顶板以下，水头降低只引起含水层的弹性释水，可用贮水系数 μ^* 表示这种释水的能力。

2.2.2 潜水含水层的储水特性

对于潜水含水层，当水头下降时，可引起两部分水的排出。在上部潜水面下降部位引起重力排水，用给水度 μ 表示重力排水的能力 [图 2.2.4 (a)]；在下部饱水部分则引起弹性释水，用贮水率 μ_s 表示这一部分的释水能力 [图 2.2.4 (b)]。

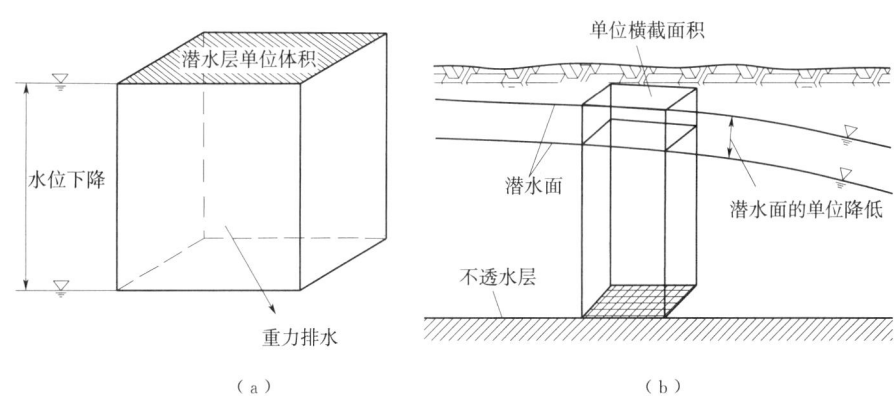

（a）　　　　　　　　　　　　（b）

图 2.2.4 潜水层给水度的物理意义

某些文献指出，大部分承压含水层的贮水系数在 $10^{-3} \sim 10^{-5}$ 之间（Marsily 认为，大约在 $5 \times 10^{-2} \sim 10^{-5}$ 之间）。潜水含水层的给水度值一般为 0.05～0.25。砂质潜水含水层贮水率的数量级是 10^{-7}cm^{-1}。由此可知，潜水含水层的重力释水量要比弹性释水量大几个数量级。因此，在某些潜水计算中，可忽略弹性释水量，只考虑重力释水量。

必须区别弹性释水和重力排水的不同特点。潜水含水层被疏干时，大部分水是在重力作用下排出的。因疏干不仅限于水位变动带，故给水度值不仅与这个带的岩性有关，而且还与包气带排水部分的岩性有关。承压含水层则是减压造成的弹性释放,故贮水系数值应与整个含水层和水的弹性性质有关。一般假设弹性释放是在瞬时完成的,并假设μ^*不随时间变化。潜水含水层的重力疏干则不同,地下水位下降所引起的水量释放有一个过程。当含水层水位下降较快时,由于饱水带中水分的运动滞后于地下水位的降落速度,因而被疏干部分所含的水不是随着地下水位的下降同时排出的。在较短的时间内,从土层中释放出的水量远小于土层被疏干后全部释放的水量,存在着滞后疏干现象,即随着排水时间的长短不同,测出的给水度值也不同。当水位急剧下降时,上述现象更为明显。给水度为时间的函数。排水时间越长,给水度越大,并逐渐趋近于一个固定值(图 2.2.5)。一般教科书上所指的给水度就是指重力排水结束时所测得的给水度值。在实际工作中,由于排水时间不够长,测出的给水度值往往小于书本上所给出的值。

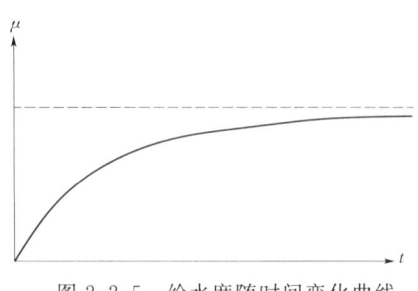

图 2.2.5 给水度随时间变化曲线

2.3 地下水渗流基本概念

2.3.1 渗流的概念

前面谈到,地下水是沿着一些形状不一、大小各异、弯弯曲曲的通道流动的,如图 2.3.1(a)所示。因此,研究个别孔隙或裂隙中地下水的运动很困难,实际上也无此必要。因此,人们不去直接研究单个地下水质点的运动特征,而研究具有平均性质的渗透规律。

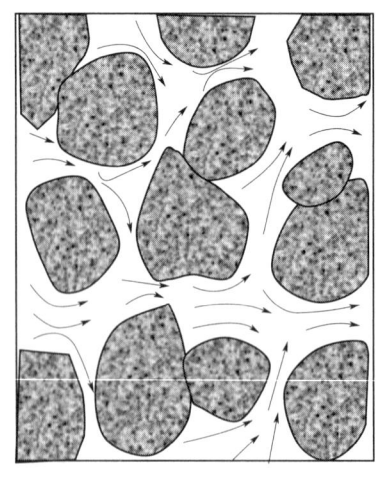
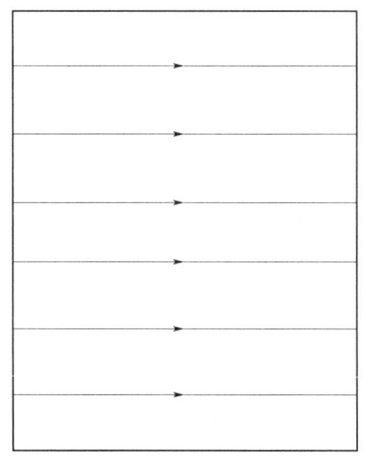

(a)实际渗透　　　　　　　　　　(b)假想渗流

图 2.3.1 岩石中的地下水流

实际的地下水流仅存在于孔隙空间。为了便于研究,我们用一种假想水流来代替真实的地下水流。这种假想水流的性质(如密度、黏滞性等)和真实地下水相同;但它充满了既包括含水层孔隙的空间，也包括岩石颗粒所占据的空间。同时，假设这种假想水流运动时，在任意岩石体积内所受的阻力等于真实水流所受的阻力；通过任一断面的流量及任一点的压力或水头均和实际水流相同。这种假想水流称为渗流。假想水流所占据的空间区域称为渗流区或渗流场。显然，渗流区包括空隙和岩石颗粒所占据的全部空间[图2.3.1（b）]。

这样做的优点是可以把实际上并不处处连续的水流当作连续水流来研究，以便有可能利用现有水力学和流体力学的成果。研究时，既避开了研究个别空隙中液体质点运动的困难，而得到的流量、阻力和水头等，又和实际水流相同，满足了实际需要。

如上所述，在渗流研究中，要牵涉到某一点的物理量，如某一点的孔隙率、压力、水头等。对于一个真实的连续水流，如河水，某一点的压力、水头、速度等的物理含义很明确。但对多孔介质则不然。例如孔隙率 n，如果在固体骨架上，显然 $n=0$；而在孔隙中，则 $n=1$，就变得不连续了。为了对多孔介质中地下水运动作连续性近似，引进了"典型单元体"（简写为 REV）的概念。仍以孔隙率作为例子，设 a 为多孔介质中的一个数学点，它可能落在孔隙中，也可能落在固体骨架上。以 a 为中心，任取一体积 V_i，求出其孔隙率 n_i，当所取体积 V_i 大小不同时，孔隙率 n_i 的值可能有变化；以 p 点为中心取一系列不同大小的体积 V_i（$i=1, 2, \cdots, N$），相应地得到一系列的孔隙率 n_i（$i=1, 2, \cdots, N$）。作 n_i 和 V_i 的关系曲线，如图 2.3.2 所示。

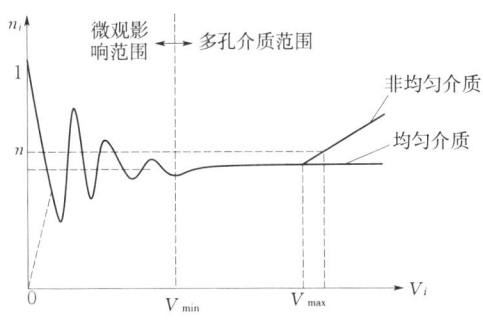

图 2.3.2 孔隙率随体积变化曲线（据 J. Bear）

从图 2.3.2 中可以看出，当 V_i 小于某一数值 $V_{\min}$（该值大致接近于单个孔隙的大小）时，孔隙率 n_i 值突然出现大的波动，而且波动愈来愈大；当 V_i 趋近于零时，孔隙率或为 1，或为零。当体积 V_i 增大到某一个值 $V_{\max}$ 时，若多孔介质为非均质的，则孔隙率 n_i 会发生明显变化。但当体积 V_i 大小在 $V_{\min}$ 和 $V_{\max}$ 之间时，孔隙率 n_i 值的波动消失，只有由 a 点周围孔隙大小的随机分布所引起的小振幅波动。我们把该范围内的体积称为"典型单元体积"，记为 V_0（$V_{\min}<V_0<V_{\max}$）。将以 p 为中心的典型单元体的孔隙率，定义为 p 点的孔隙率。同理，p 点的其他物理量，无论是标量还是矢量，也用以 p 点为中心的典型单元体内该物理量的平均值来定义。

2.3.2 渗流速度

先讨论一般的情况。前面已提到，渗流是充满整个岩石截面的假想水流。在垂直于渗流方向取的一个岩石截面，称为过水断面。这里的过水断面的概念与水力学中过水断面的概念是有差别的。地下水的过水断面是整个岩石截面，既包括空隙面积也包括固体颗粒所占据的面积。当渗流平行流动时，过水断面为平面，弯曲流动时则为曲面（图2.3.3）。

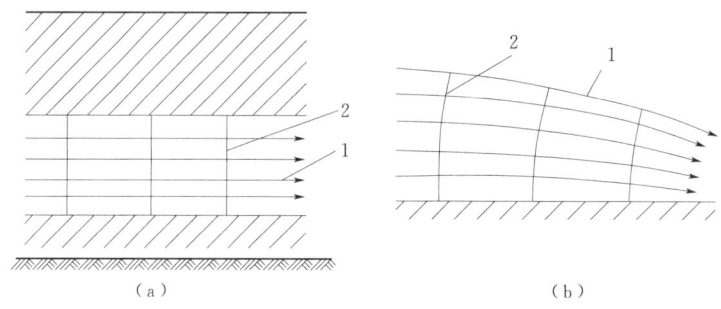

图 2.3.3 渗流过水断面
1—渗流方向（流线）；2—过水断面

设通过过水断面 A 的渗流量为 Q，则渗透速度为：

$$v = \frac{Q}{A} \tag{2.3.1}$$

渗流速度代表渗流在过水断面上的平均流速。它不代表任何真实水流的速度，只是一种假想速度。假设整个过水断面都被水充满时，地下水就以这种速度流动。实际上，地下水仅仅在孔隙中流动。在孔隙中的不同地点，地下水运动的方向和速度都可能不同，平均速度 $\bar{v}$ 称为实际平均流速。渗流速度 v 和地下水的实际平均流速 $\bar{v}$ 之间有下列关系：

$$v = n\bar{v} \tag{2.3.2}$$

式中：n 为含水层的孔隙率。和通常的流速相似，渗流速度 v 也是一个矢量。

仅仅这样定义渗流速度是不够的。我们还要知道某一点 a 的渗流速度。某一点 a 的渗流速度就是以 a 点为中心的典型单元体积（REV）的平均渗流速度矢量。设 REV 的体积为 ΔV_0，其中的孔隙体积为 $(\Delta V_V)_0$。在孔隙中的不同地点，流速矢量 u 是不同的，将流速矢量 u 在全部孔隙体积 $(\Delta V_V)_0$ 中求积分，再除以典型单元体积 ΔV_0，即为渗流速度，即：

$$v = \frac{1}{\Delta V_0} \int_{(\Delta V_V)_0} \boldsymbol{u} \mathrm{d}V_v \tag{2.3.3}$$

因为实际平均流速 $\bar{v}$ 为：

$$\bar{v} = \frac{1}{(\Delta V_V)_0} \int_{(\Delta V_V)_0} \boldsymbol{u} \mathrm{d}V_V \tag{2.3.4}$$

故：

$$v = \frac{(\Delta V_V)_0}{\Delta V_0} \frac{1}{(\Delta V_V)_0} \int_{(\Delta V_V)_0} \boldsymbol{u} \mathrm{d}V_V = n\bar{v} \tag{2.3.5}$$

说明在微观情况下，式（2.3.2）仍然成立。

2.3.3 地下水的水头和水力坡度

2.3.3.1 地下水的水头

在第 1 章中我们已经讨论了水头的概念。测压管水头为：

$$H_n = z + \frac{p}{\gamma} \tag{2.3.6}$$

总水头为测压管水头和流速水头之和，即：

$$H = z + \frac{p}{\gamma} + \frac{v^2}{2g} \tag{2.3.7}$$

因自然界中地下水的运动很缓慢，流速水头很小，可以忽略不计。例如，当地下水流速 $v=1\text{cm/s}=864\text{m/d}$ 时（这对地下水来说已经是很快的运动速度了），流速水头仅仅为 0.0005cm 左右，比测压管水头小几个数量级，显然可以忽略不计。因此，在地下水运动计算中，可以认为总水头 H 等于测压管水头 H_n，即：

$$H \approx H_n = z + \frac{p}{\gamma} = z + \frac{p}{\rho g} \tag{2.3.8}$$

在本书以后的叙述中，不再对二者加以区别，统称水头，用 H 表示。

水头 H 的绝对值的大小，随所选取的基准面的不同而不同。显然，当选取的基准面不同时，有不同的位置水头 z 值，因而测压管水头也就不同。

2.3.3.2 等水头面和水力坡度

地下水具有黏滞性，在运动过程中能量不断消耗，反映为水头沿流程不断减小。因而在渗流场中各点的水头并不都是相同的。我们把渗流场内水头值相同的各点连成一个面，称为等水头面。它可以是平面或曲面。等水头面上任意一条线上的水头都是相等的。通常将等水头面与某一平面的交线，称为等水头线。等水头面（线）在渗流场中是连续的，并且不同数值的等水头面（线）不会相交。

渗流场中各点水头一般是不等的，可表示为 $H=H(x,y,z,t)$，它构成一个标量场。由场论可知，标量场可构成一个梯度场。梯度的大小为 $\left|\dfrac{dH}{dn}\right|$，方向为沿着等水头面的法线，即水头变化率最大的方向。正向为指向水头增高的方向。在地下水渗流力学中，把大小等于梯度值，方向沿着等水头面的法线指向水头降低方向的矢量称为水力梯度，用 J 表示，即：

$$\vec{J} = -\frac{dH}{dn}\vec{n} \tag{2.3.9}$$

式中：$\vec{n}$ 为法线方向单位矢量。矢量 J 在空间直角坐标系中的 3 个分量为：

$$\left.\begin{array}{l} J_x = -\dfrac{\partial H}{\partial x} \\ J_y = -\dfrac{\partial H}{\partial y} \\ J_z = -\dfrac{\partial H}{\partial z} \end{array}\right\} \tag{2.3.10}$$

2.3.4 渗流作用力

渗流在土粒骨架孔隙中流动，对于土体和土粒骨架的稳定性将发生破坏作用。如图

2.3.4 所示，渗流作用在颗粒表面的力一般可概括为二：即垂直于颗粒周界表面的水压力和与颗粒表面相切的水流摩阻力。显然，这两个力经过对颗粒表面进行积分都可用一个向量代表，如图 2.3.4（c）中 f_p^0 与 f_f^0；这两个力的合力 f^0 可称为渗流作用力，该力作用到每个颗粒上的大小和方向各有不同。如果考虑体积为 V 的土体，则可将其中各土粒所受的力几何相加 $\sum f^0$ 再除以 V 即得单位体积土体中固相颗粒所受的渗流作用力，即：

$$f = \frac{\sum f^0}{V} \tag{2.3.11}$$

这个总的单位渗流作用力是渗流力学中的一个基本问题。这个力的大小可以从连续介质渗流理论中考虑力的多边形加以确定，并可据以计算分析土体的稳定性。当然也可由式（2.3.11）中的 f^0 来研究个别颗粒的稳定性。

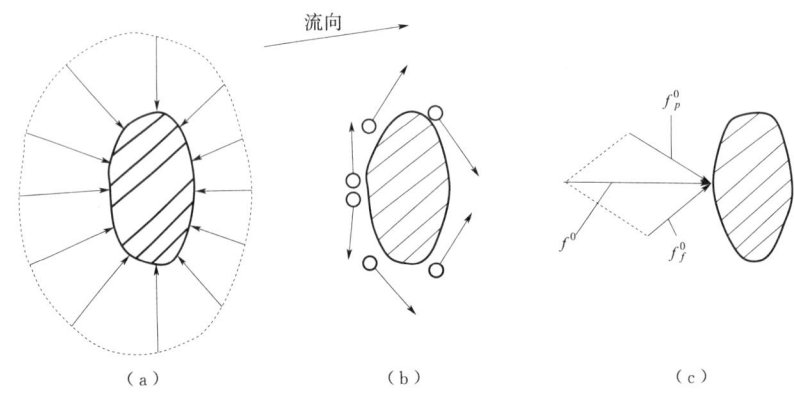

图 2.3.4 颗粒上的渗流作用力

2.3.4.1 静水压力与浮力

土粒淹没于水中，由于静水压力作用的结果受到浮力作用，致使土粒的重量减轻。同样对于土体，只要土的孔隙彼此连通并全部充满水时，由于各点孔隙水压力的存在，全部土体也将受到浮力，且等于各土粒受浮力的累加总和，此即铅直向上的举力。按照阿基米德原理，单位体积土体中的土粒所受浮力或上举力应为固相土粒同体积的水重，即：

$$F = (1-n)\gamma \tag{2.3.12}$$

式中：n 为土体的孔隙率（$n = V_v/V$，V_v 为孔隙体积，V 为总体积）；γ 为水的容重。显然，此时的单位土体的有效重量就是土体的潜水重或浮容重 γ_1'；如果以固相土粒的容重 γ_s 表示时，则应为土粒的实有重量减去土粒所受的浮力，即：

$$\gamma_1' = (1-n)\gamma_s - (1-n)\gamma = (1-n)(\gamma_s - \gamma) \tag{2.3.13}$$

式中：$(\gamma_s - \gamma)$ 就是土粒的浮容重 γ_s'；也可用土的干容重 γ_d 表示为 $\gamma_s' = \gamma_d - (1-n)\gamma$；或用土的孔隙比 e [$e = V_v/V_s$，V_s 为土粒体积。$n = e/(1+e)$] 表示为 $\gamma_1' = \dfrac{\gamma_s - \gamma}{1+e}$。

如果我们不从孔隙水压力作用于土粒考虑问题，而从整块土体表面水压力考虑问题时，也可得与上式相同的结果。

这里所说的浮重或潜水重，因为它直接由土粒接触点传递压力，完全作用在土体骨架上而影响骨架土粒的结构变形,故称为有效应力。另一部分压力为静止状态下的孔隙水压力,它只是借土粒间孔隙中的水传递压力,而与土粒间的接触情况或孔隙率以及土壤的剪应力等的力学性质不发生影响,因此太沙基称这种水的荷重为中性压力。在不发生流动的静止状态,不管土体潜水的深浅如何,土粒间的结构不受影响,即不发生任何变形。因此,与此相应的概念,在饱和土中某剖面上任一点的总应力也可认为是由土粒间传递的有效应力与孔隙水传递的中性应力两部分所组成。

2.3.4.2 驱动水压力与渗透力

当饱和土体内发生渗流位势或测压管水面的水头差时,水就通过土粒间的孔隙流动,这种促使流动的水头可称为驱动水压力或超静水压力。

(1) 图 2.3.5 所示为在渗流场中沿流线方向任取的一个单元土柱的微分体,长为 dS,截面积为 dA,体积孔隙率为 n。现在研究在土粒互相点接触情况下该土柱中孔隙水流沿流线方向所受的各力如下。

1) 土柱两端孔隙截面上的孔隙水压力(表面力),其差为 $-\mathrm{d}pn\mathrm{d}A$,因 $h=\dfrac{p}{\gamma}+z$,$\mathrm{d}p=\gamma(\mathrm{d}h-\mathrm{d}z)$,故得:

$$-\mathrm{d}pn\mathrm{d}A = \gamma(-\mathrm{d}h+\mathrm{d}z)n\mathrm{d}A \quad (2.3.14)$$

2) 土柱中孔隙水流的自重在流线方向的分力:

$$-\gamma n\mathrm{d}A\mathrm{d}S\dfrac{\mathrm{d}z}{\mathrm{d}S} \quad (2.3.15)$$

3) 渗流所遭遇的阻力,即土粒骨架对孔隙水流的阻力,其反力也就是水流作用于土粒骨架的渗透力,它将均匀分布于土体内,设 f_s 为单位体积土体内的孔隙水流所受到的阻力,则该土柱中水流受到沿流线方向的总阻力为:

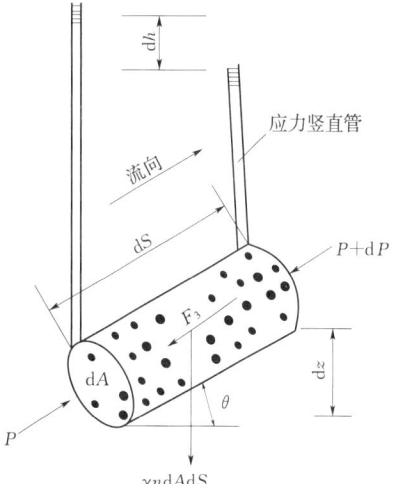

图 2.3.5 单位渗透力的推导

$$F_s = -f_s\mathrm{d}A\mathrm{d}S \quad (2.3.16)$$

(2) 此外,研究水土之间的作用力,尚须考虑土粒受水压再传给孔隙水流的两个反力。

1) 土柱两端土粒截面上的水压力,其压差为:

$$-\mathrm{d}p(1-n)\mathrm{d}A = \gamma(-\mathrm{d}h+\mathrm{d}z)(1-n)\mathrm{d}A \quad (2.3.17)$$

2) 土柱所受静水浮力的反力沿流线方向的分力:

$$-\gamma(1-n)\mathrm{d}A\mathrm{d}S\dfrac{\mathrm{d}z}{\mathrm{d}S} \quad (2.3.18)$$

略去水流的惯性力,写以上各力的平衡式,则得单位体积土体沿流线方向所受的渗透力或单位渗透力为:

$$f_s = -\gamma\dfrac{\mathrm{d}h}{\mathrm{d}S} = \gamma J \quad (2.3.19)$$

如果我们不像上面那样分析土柱中的孔隙水流,而从土柱整体来研究这个渗透力问题时，其结果相同。此时我们只考虑驱动水头 dh，并把它作为土柱两端面整个面积上的不平衡压差，也就是认为渗透力是由于沿流线方向的驱动水头或势能水头的降落所造成的，即 $pdA-(p+dp)dA$，因为 $p=\gamma h$，则有：

$$\gamma h dA - \gamma(h+dh)dA = -\gamma dh dA \tag{2.3.20}$$

单位体积土体沿流线方向所受的渗透力则为：

$$f_s = -\gamma \frac{dh dA}{dA dS} = -\gamma \frac{dh}{dS} = \gamma J \tag{2.3.21}$$

式（2.3.21）为太沙基和普日列夫斯基分别给出的，是一种体积力，普遍作用到渗流场中的所有土粒上，即作用到固相的土骨架边壁。

以上所述渗流作用力的两个分力，静水压力与驱动水压力（或超静水压力），都是孔隙水所传递的，所以统称为孔隙水压力，它们密切关系着土体的渗透稳定性，对于渗透变形研究有重要意义。虽然静水压力所产生的浮力不直接破坏土体，但是能使土体有效重量减轻，削减了抵抗破坏的力，因而也是一个消极的破坏力。至于驱动水压力或超静水压力所产生的渗透力或渗流冲刷力，则是一个积极的破坏力，它与水力梯度成正比。

2.4 地下水运动特征分类

表征渗流运动特征的物理量称为渗流的运动要素。主要有渗流量 Q，渗流速度 v，压强 p，水头 H 等。按照这些运动要素和时间的关系，可把地下水的运动分为稳定运动和非稳定运动。必须指出，地下水不断地得到补给、排泄，严格地说来，运动都是非稳定的。稳定运动只是一种暂时的平衡状态。

为了便于对地下水运动进行研究，可以用不同的标准对地下水运动特征进行分类。根据地下水运动方向（即渗透流速矢量的方向）与空间坐标轴的关系，可把地下水分为一维运动，二维运动和三维运动。

当地下水沿一个方向流动时，把这个方向取作坐标轴，因而地下水的渗透流速只有沿这一坐标轴的方向有分速度，其余坐标轴方向的分速度均为零。这类运动称为地下水的一维运动，如等厚的承压含水层中的地下水运动（图 2.4.1）。一维运动也称单向运动。

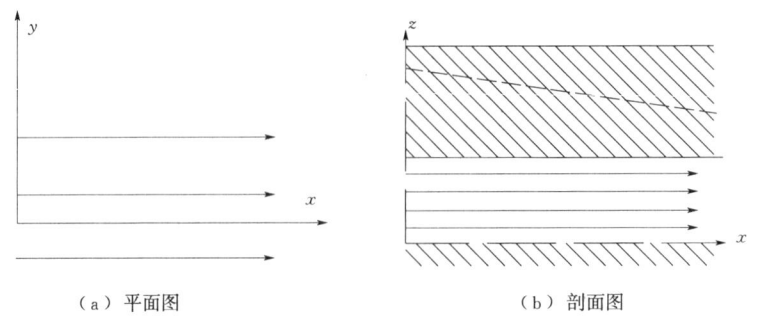

（a）平面图　　　　　　　　（b）剖面图

图 2.4.1　承压水的一维流动

如果地下水的渗透流速沿两个坐标轴方向都有分速度，仅仅一个坐标轴方向的分速度为零，则称为地下水的二维运动，如图 2.4.2 所示的渠道向河流渗漏时的地下水运动。此时，河、渠几乎平行，而且很长。垂直渠、河方向发生渗漏，因而沿 y 轴方向的分速度等于零。直角坐标系的二维运动也称平面流动。因为此时的地下水流动是平行于某一垂直平面或水平平面进行的，计算时只要沿垂直于该平面的方向（图 2.4.2 上为 y 轴方向）取单位宽度即可。单位宽度的渗流量称为单宽流量 q。显然，总流量 Q 等于单宽流量 q 乘上宽度 B，即：

$$Q = qB \tag{2.4.1}$$

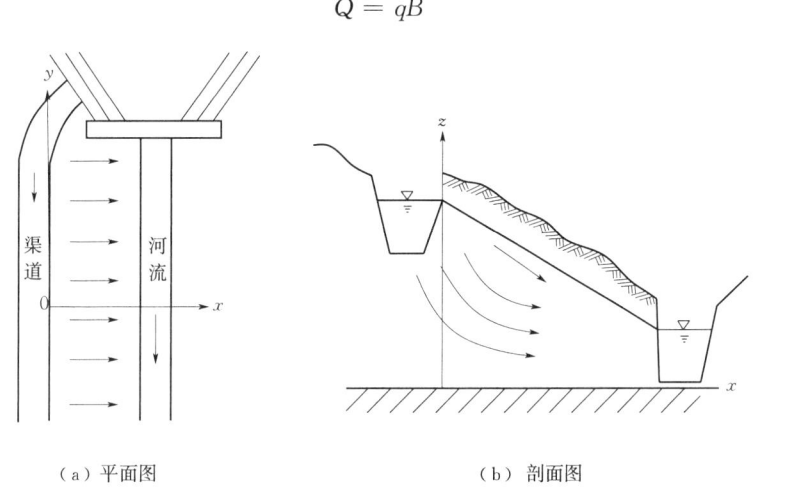

（a）平面图　　　　　　（b）剖面图

图 2.4.2　渠道向河流渗漏的地下水二维流动

如果地下水的渗透流速沿空间三个坐标轴的分量均不等于零，则称为地下水的三维运动，多数的地下水运动都是三维运动，也称空间流动，如图 2.4.3 所示为河弯处的潜水运动。

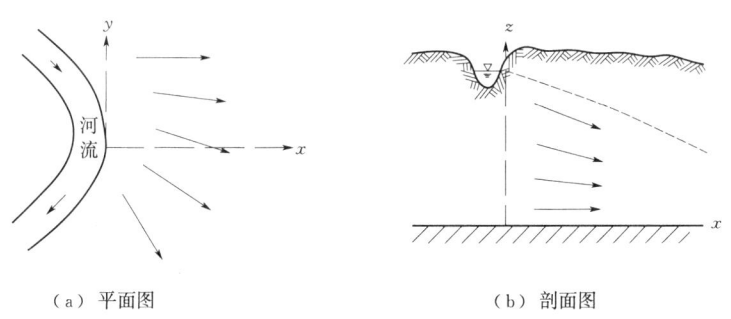

（a）平面图　　　　　　（b）剖面图

图 2.4.3　河弯处潜水的三维运动

地下水运动的维数，和所选取的坐标系有关。例如在轴对称条件下，如选用直角坐标系（x，y，z 坐标系），则为三维运动。如选用柱坐标系（r，θ，z 坐标系）则变为二维运动（图 2.4.4）。

地下水的运动状态可以分为两种：层流和紊流（图 2.4.5）。

判别地下水流态的方法有多种，但常用的还是用 Reynolds 数来判别，不同研究者导

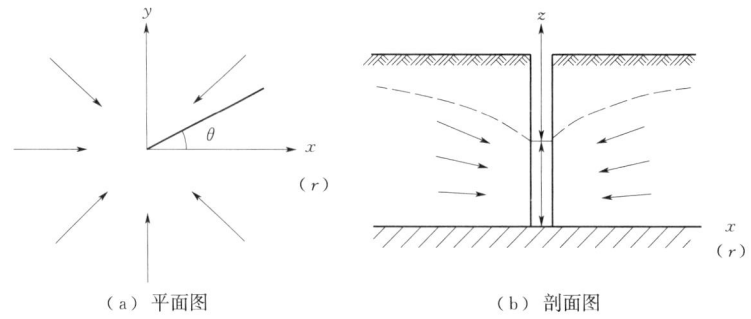

(a) 平面图　　　　　　　　(b) 剖面图

图 2.4.4　均质各向同性含水层中潜水井抽水时的地下水运动

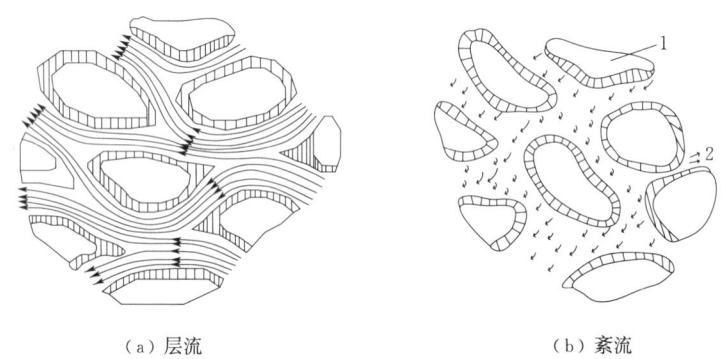

(a) 层流　　　　　　　　(b) 紊流

图 2.4.5　孔隙岩石中地下水的层流和紊流

1—固体颗粒；2—水（箭头表示水流运动方向）

出的 Reynolds 数的表达式不同。

最常用的为：

$$R_e = \frac{\rho_w v d}{\eta} \tag{2.4.2}$$

式中：v 为地下水的渗流速度，cm/s；d 为含水层颗粒的平均粒径，cm；η 为地下水的动力黏滞系数，g/(s·cm)。如果求得的 Reynolds 数小于临界 Reynolds 数，则地下水处于层流状态；若大于临界 Reynolds 数则为紊流状态。对于地下水，用实验方法求临界 Reynolds 数比较困难，不同研究者的结果也不尽相同。有些研究者求得的该值为150～300。

2.5　渗流基本定律

2.5.1　达西（Darcy）定律及其适用范围

1856 年，法国的 H. Darcy 在装满砂的圆筒中进行实验（图 2.5.1），得到如下关系式：

$$Q = KA \frac{H_1 - H_2}{l} \tag{2.5.1}$$

式中：Q 为渗流量；H_1，H_2 为通过砂样前后的水头；l 为砂样沿水流方向的长度；A 为

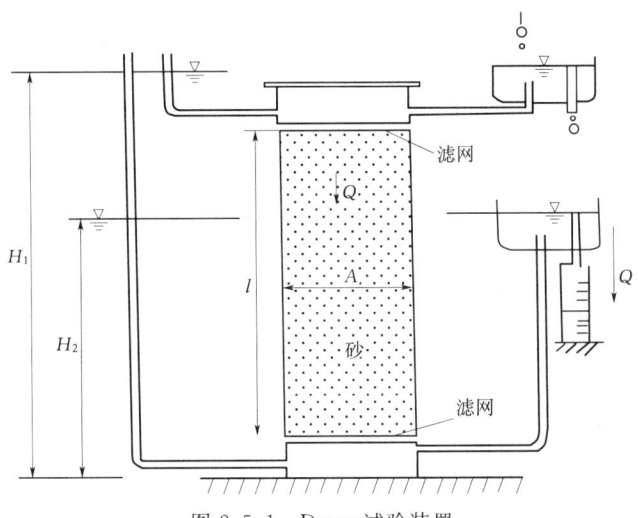

图 2.5.1 Darcy 试验装置

试验圆筒的横截面积，包括砂粒和孔隙两部分面积在内；K 为比例系数，称为渗透系数。

上式中的 $\dfrac{H_1-H_2}{l}$，即水力梯度 J。故可改写为：

$$v=\dfrac{Q}{A}=KJ \tag{2.5.2}$$

上述两个关系式称为 Darcy 定律。它指出渗流速度 v 与水力梯度 J 呈线性关系，故又称线性渗透定律。

在 Darcy 实验中，地下水做一维的均匀运动，即渗流速度和水力梯度的大小和方向沿流程不变。我们把它推广到更一般的三维情况，写出 Darcy 定律的微分形式：

$$v=KJ=-K\dfrac{dH}{dS} \tag{2.5.3}$$

式中：$-\dfrac{dH}{dS}$ 为水力梯度。在直角坐标系中，如以 v_x、v_y、v_z 表示沿 3 个坐标轴方向的渗流速度分量，则有：

$$\left.\begin{array}{l}v_x=-K\dfrac{\partial H}{\partial x}\\[4pt] v_y=-K\dfrac{\partial H}{\partial y}\\[4pt] v_z=-K\dfrac{\partial H}{\partial z}\end{array}\right\} \tag{2.5.4}$$

知道水头函数 $H(x,y,z)$，就可由式（2.5.4）算出渗流区中任一点的渗流速度矢量 v：

$$v=v_x i+v_y j+v_z k \tag{2.5.5}$$

式中：i、j、k 为 3 个坐标轴上的单位矢量。它给出了渗流速度场与水头场之间的关系。

Darcy 定律有一定的适用范围。超出这个范围，地下水的运动不再符合 Darcy 定律。

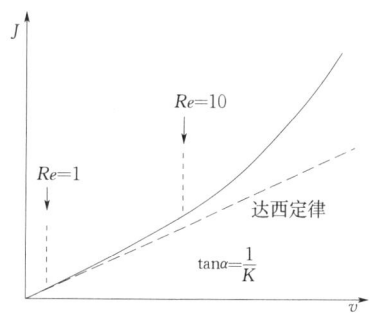

图 2.5.2 渗透速度和水力坡度的实验关系（据 J. Bear）

我们先讨论 Darcy 定律适用的上限。如果作渗流速度 v 和水力梯度 J 的关系曲线，如图 2.5.2 所示，若符合 Darcy 定律则为直线，直线的斜率为渗透系数的倒数。但图上的曲线表明，只有当按式（2.4.2）计算得的 Reynolds 数不超过 1～10 时，地下水的运动才符合 Darcy 定律。

应该注意的是，在上一节中我们提到层流的临界 Reynolds 数为 150～300，它比上述 Reynolds 数的数值要大，即层流范围大，但适用 Darcy 定律的范围小，在两者之间为由层流向紊流转变的过渡带。一般用惯性力的影响来解释这一现象。由于地下水沿着弯弯曲曲的途径运动，并且在不断地改变它的运动速度、加速度和流动方向，这种变动有时很剧烈，因而产生惯性力的影响，使水流的运动不服从 Darcy 定律。地下水流动方向和流速变化取决于孔隙或裂隙通道在空间的弯曲率以及通道横断面积的变化情况。当地下水运动速度较小时，这些惯性力的影响是不大的，有时是微不足道的。这时由液体黏滞性产生的摩擦阻力对水流运动的影响远远超过惯性力对它的影响，黏滞力占优势，液体运动服从 Darcy 定律。随着运动速度的加快，惯性力也相应地增大了。当惯性力占优势的时候，由于惯性力与速度的平方成正比，Darcy 定律就不再适用了，而这时地下水的运动仍然属于层流运动。因此，不要把这种偏离 Darcy 定律的情况和层流向紊流的转变等同起来。

因此，当渗流速度由低到高时，可把多孔介质中的地下水运动状态分为 3 种情况（图 2.5.3）：

（1）当地下水低速度运动时，即 Reynolds 数小于 1 到 10 之间的某个值时，为黏滞力占优势的层流运动，适用 Darcy 定律。

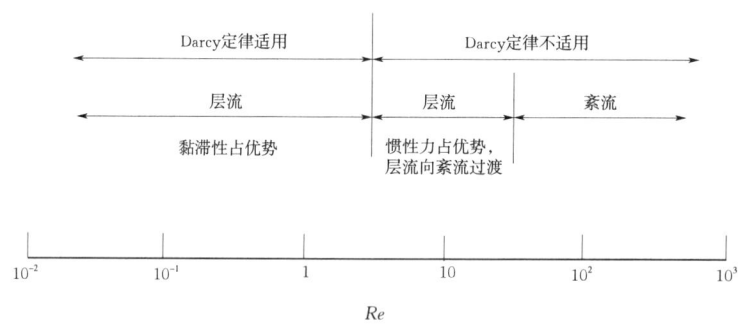

图 2.5.3 多孔介质中的水流状态

（2）随着流速的增大，当 Reynolds 数大致在 1 到 100 之间时，为一过渡带，由黏滞力占优势的层流运动转变为惯性力占优势的层流运动再转变为紊流运动。

（3）高 Reynolds 数时为紊流运动。

即使这样，绝大多数的天然地下水运动仍服从 Darcy 定律。例如，当地下水通过平均粒径 $d=0.5$mm 的粗砂层，水温为 15℃ 时，运动黏滞度 $v=0.1$m²/d；当 Reynolds 数 $Re=1$ 时，代入式（2.4.2）有：

$$v = 1 \times \frac{0.1\mathrm{m}^2/\mathrm{d}}{0.0005\mathrm{m}} = 200(\mathrm{m/d})$$

这表明，在粗砂中，当渗流速度 $v < 200\mathrm{m/d}$ 时，服从 Darcy 定律。在天然状况下，若取粗砂的渗透系数 $K = 100\mathrm{m/d}$，水力梯度 $J = \frac{1}{500}$，结合 Darcy 定律，给出天然状态下的地下水渗流速度为：

$$v = KJ = 100 \times \frac{1}{500} = 0.2(\mathrm{m/d})$$

远小于 200m/d。显然，在多数情况下粗砂中的地下水运动是服从 Darcy 定律的。

有些学者讨论了 Darcy 定律的下限问题。对于某些黏性土，渗流速度和水力梯度的关系如图 2.5.4 的曲线所示，即存在一个起始水力梯度 J_0，当实际水力梯度小于起始水力梯度 J_0 时，几乎不发生流动。

2.5.2 渗透系数、渗透率和导水系数

渗透系数 K，也称水力传导系数，是一个重要的水文地质参数。根据式（2.5.2），当水力梯度 $J = 1$ 时，渗透系数在数值上等于渗流速度。因为水力梯度无量纲，所以渗透系数具有速度的量纲，即渗透系数的单位

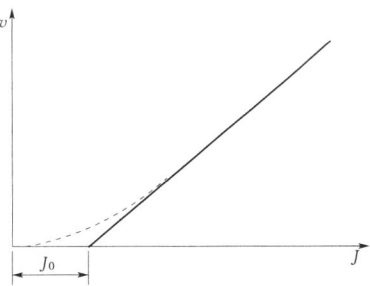

图 2.5.4 起始水力坡度（据 J.Bear）

和渗流速度的单位相同，常用 cm/s 或 m/d 表示。渗透系数不仅取决于岩石的性质（如粒度、成分、颗粒排列、充填状况、空隙性质及其发育程度等），而且与渗透液体的物理性质（容重、黏滞性等）有关。理论分析表明，空隙大小对 K 值起主要作用，这就在理论上说明了为什么颗粒越粗，透水性越好。如果在同一套装置中对同一块土样分别用水和油来做渗透试验，在同样的压差作用下，得到的水的流量要大于油的流量，即水的渗透系数要大于油的渗透系数。这说明，对同一岩层而言，不同的液体具有不同的渗透系数。考虑到渗透液体性质的不同，Darcy 定律有如下形式：

$$v = -\frac{k\rho g}{\eta}\frac{\mathrm{d}H}{\mathrm{d}S} \tag{2.5.6}$$

式中：ρ 为液体的密度；g 为重力加速度；η 为动力黏滞系数；$H = z + \frac{p}{\gamma}$，对于水就是水头；k 为表征岩层渗透性能的常数，称为渗透率或内在渗透率。k 仅取决于岩石的性质，而与液体的性质无关。

比较式（2.5.3）和式（2.5.6），可求出渗透系数和渗透率之间的关系为：

$$K = \frac{\rho g}{\eta}k = \frac{g}{\upsilon}k \tag{2.5.7}$$

由上式可导出渗透率的量纲：

$$k = \frac{K\upsilon}{g} = \frac{[LT^{-1}][L^2T^{-1}]}{[LT^{-2}]} = [L^2] \tag{2.5.8}$$

通常采用的单位是 cm^2 或 D（Darcy）。D 是这样定义的：在液体的动力黏度为 0.001Pa·s，压强差为 101325Pa 的情况下，通过面积为 $1\mathrm{cm}^2$、长度为 1cm 岩样的流量为 $1\mathrm{cm}^3/\mathrm{s}$ 时，岩样的渗透率为 1D。D 和 cm^2 这两个单位之间的关系：

$$1D = 9.8697 \times 10^{-9} \text{cm}^2$$

在某些情况下，采用 cD（10^{-2}D）或 mD（10^{-3}D）作为渗透率的单位。

在一般情况下，地下水的容重和黏滞性改变不大，可以把渗透系数近似当作表示透水性的岩层常数。但当水温和水的矿化度急剧改变时，如热水、卤水的运动，容重和黏滞性改变的影响就不能忽略了。

近年来研究证实，渗透系数值和试验范围（如抽水试验的影响范围）有关，随着它的增大而增大。这种现象称为尺度效应。因而渗透系数是尺度 x 的函数，$K=K(x)$。这就不难解释用长时间大降深群孔抽水试验求得的渗透系数值较用短时间小降深抽水试验求得的渗透系数值大的原因了。抽水试验持续时间越长，影响范围越大，因而在一定范围内，渗透系数值会随着抽水持续时间的增长而增大。

渗透系数 K 虽然能说明岩层的透水性，但它不能单独说明含水层的出水能力。一个渗透系数较大的含水层，如果厚度非常小，它的出水能力也是有限的，开采价值不大。为此，就引出了导水系数的概念。下面考虑通过厚度为 M 的承压含水层的地下水运动，如沿流向取 x 轴（图 2.5.5）。

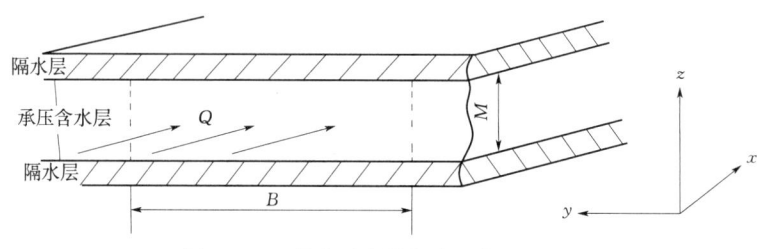

图 2.5.5 导水系数的概念（据 J.Bear）

根据 Darcy 定律：

$$\left. \begin{array}{l} Q = KMBJ \\ q = \dfrac{Q}{B} = KMJ = TJ \end{array} \right\} \quad (2.5.9)$$

上式中的 $T=KM$，称为导水系数，是又一个水文地质参数。其量纲是（$L^2 T^{-1}$），单位常用 m^2/d。它的物理含义是水力梯度等于 1 时，通过整个含水层厚度上的单宽流量。导水系数的概念仅适用于二维的地下水流动，对于三维流动是没有意义的。

2.5.3 非线性运动方程

对于 Reynolds 数大于 1~10 的流动，还没有一个被普遍接受的非线性运动方程。比较常用的是 P.Forchheimer 公式：

$$J = av + bv^2 \quad (2.5.10)$$

或：

$$J = av + bv^m \quad 1.6 \leqslant m \leqslant 2 \quad (2.5.11)$$

式中：a 和 b 为由实验确定的常数。当 $a=0$ 时，式（2.5.10）变为：

$$v = K_c J^{\frac{1}{2}} \quad (2.5.12)$$

称为 Chezy 公式，它和计算河渠水流的 Chezy 公式类似，表明渗流速度与水力梯度

的 $\frac{1}{2}$ 次方成正比，K_c 为该情况下的渗透系数。

自然界的地下水运动多数服从 Darcy 定律，大于临界 Reynolds 数的流动很少出现，仅在喀斯特岩层中或井壁及泉水出口处附近可能见到。

2.5.4 岩层透水特征分类

根据岩层透水性随空间坐标的变化情况，可把岩层分为均质的和非均质的两类。如果在渗流场中，所有点都具有相同的渗透系数，则称该岩层是均质的，否则为非均质的。渗透系数 $K=K(x,y,z)$ 为坐标的函数。自然界中绝对均质的岩层是没有的，均质与非均质只是相对而言。

非均质岩层有两种类型：一类透水性是渐变的，如山前洪积扇，由山口至平原，K 逐渐变小。另一类透水性是突变的，如在砂层中夹有一些小的黏土透镜体。

根据岩层透水性和渗流方向的关系，可以分为各向同性和各向异性两类。如果渗流场中某一点的渗透系数不取决于方向，即不管渗流方向如何都具有相同的渗透系数，则介质是各向同性的；否则是各向异性的。当然，各向同性和各向异性也是相对而言的。某些扁平形状的细粒沉积物，水平方向的渗透系数常较垂直方向大。在基岩区，构造断裂常有方向性，沿裂隙方向渗透系数较大。

必须注意，不要把均质与非均质的概念和各向同性与各向异性的概念混淆起来。前者是岩层透水性和空间坐标的关系，后者是指岩层透水性和水流方向的关系。均质岩层也可以是各向异性的，如某些黄土，垂直方向的渗透系数大于水平方向的渗透系数，因而是各向异性的。而不同点上相同方向的渗透系数又是相等的，因而是均质的。图 2.5.6 用椭圆表示渗流场中 A 点和 B 点的渗透系数，两椭圆形状完全相同，表示同一方向有相同的渗透系数。类似地，也有非均质各向同性介质。

因此，若同时考虑岩层透水性随空间坐标的变化、岩层透水性和渗流方向的关系，岩层的透水特征可分为四类，即：①均质各向同性；②均质各向异性；③非均质各向同性；④非均质各向异性。

2.5.5 渗透系数张量

在各向同性介质中，渗透系数值和渗流方向无关，是一个标量。因而，水力梯度和渗流方向是一致的。渗流速度矢量可以用式（2.5.4）来表达。即使对于非均质各向同性介质中的三维流动来说，式（2.5.4）依然成立。

各向异性介质的情况就大不相同了。渗透系数值和渗流方向有关，渗透系数不再是标量，水力梯度和渗流的方向一般是不一致的（图 2.5.7）。因此，渗流

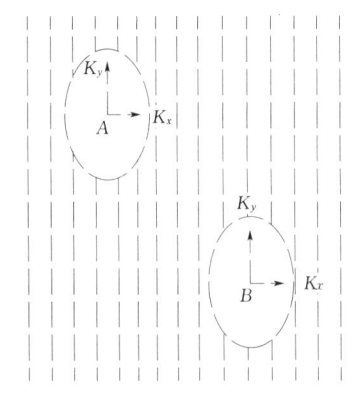

图 2.5.6 均质各向异性介质渗透系数图
（表示与 xy 平面平行的示意剖面图，
A、B 点的 K_y 值也是相等的）

速度和水力梯度之间的关系也就不能简单地用式（2.5.4）来表示了。由于渗流方向对空间 3 个任意选取的、相互垂直的坐标平面来说，可以是任意的，因此，无法简单地用坐标轴上的 3 个分量来定义空间一个点上的渗透系数，必须像表示空间一个点上的应力那样，

采用双下标格式。用它的9个分量来表示。

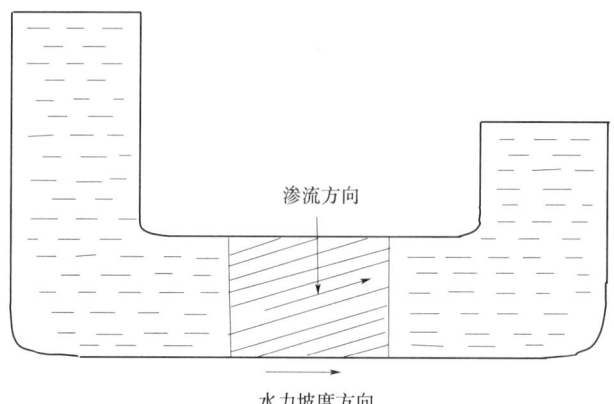

图2.5.7 水力坡度方向和渗流方向不一致示意图（据 J. Bear）

所采用的双下标格式的含意和应力分量的含意是一致的。在各向异性介质中，渗流速度相应地应表示为：

$$\left.\begin{array}{l} v_x = -K_{xx}\dfrac{\partial H}{\partial x} - K_{xy}\dfrac{\partial H}{\partial y} - K_{xz}\dfrac{\partial H}{\partial z} \\ v_y = -K_{yx}\dfrac{\partial H}{\partial x} - K_{yy}\dfrac{\partial H}{\partial y} - K_{yz}\dfrac{\partial H}{\partial z} \\ v_z = -K_{zx}\dfrac{\partial H}{\partial x} - K_{zy}\dfrac{\partial H}{\partial y} - K_{zz}\dfrac{\partial H}{\partial z} \end{array}\right\} \quad (2.5.13)$$

由此可以看出，9个分量K_{xx}，K_{xy}，…，K_{zz}决定了三维空间中渗透系数张量。在二维空间中，则由它的4个分量所决定，通常把它们写成下列形式：

$$K = \begin{bmatrix} K_{xx} & K_{xy} & K_{xz} \\ K_{yx} & K_{yy} & K_{yz} \\ K_{zx} & K_{zy} & K_{zz} \end{bmatrix} \quad (2.5.14)$$

或：

$$K = \begin{bmatrix} K_{xx} & K_{xy} \\ K_{yx} & K_{yy} \end{bmatrix} \quad (2.5.15)$$

因此，式（2.5.13）可以写成下列更紧凑的形式：

$$v = K \cdot J \quad (2.5.16)$$

渗透系数张量是对称张量，即：

$$\left.\begin{array}{l} K_{xy} = K_{yx} \\ K_{xz} = K_{zx} \\ K_{yz} = K_{zy} \end{array}\right\} \quad (2.5.17)$$

所以只有6个独立的分量，在二维情况下只有3个不同的分量。

研究各向异性介质发现，虽然总的说来，在各向异性介质中的水力梯度和渗流速度的方向是不一致的，但在3个方向上两者是平行的，而且这3个方向是相互正交的。这3个方向称为主方向。沿主方向测得的渗透系数称为主渗透系数或主值，分别以K_1，K_2和K_3表示之。如果所采用的 Descartes 坐标系的 3 个轴分别和渗透系数张量的主方向平行，则有：

$$\left.\begin{array}{l}K_{xx}=K_1\\K_{yy}=K_2\\K_{zz}=K_3\end{array}\right\} \quad (2.5.18)$$

此时，渗透系数张量 K 是个对角阵，即：

$$K=\begin{bmatrix}K_1 & 0 & 0\\0 & K_2 & 0\\0 & 0 & K_3\end{bmatrix} \quad (2.5.19)$$

2.5.6 突变界面的水流折射

在透水性突变的界面上，如水流斜向通过界面，则会发生折射。这一现象是由界面上水流连续性条件引起的。设介质Ⅰ的渗透系数为 K_1，介质Ⅱ渗透系数为 K_2，界面上某一点附近的渗流速度和水头在两介质中的值依次为 v_1、v_2 和 H_1、H_2，如图 2.5.8 所示。

位于界面上的任一点都应满足如下的条件：

$$\begin{cases}H_1=H_2\\v_{1n}=v_{2n}\end{cases} \quad (2.5.20)$$

式中：v_{1n}，v_{2n} 分别为 v_1 和 v_2 的法向分速度。由图 2.5.8 的几何关系可明显地看出：

$$\left.\begin{array}{l}\tan\theta_1=\dfrac{v_{1\tau}}{v_{1n}}\\\tan\theta_2=\dfrac{v_{2\tau}}{v_{2n}}\end{array}\right\} \quad (2.5.21)$$

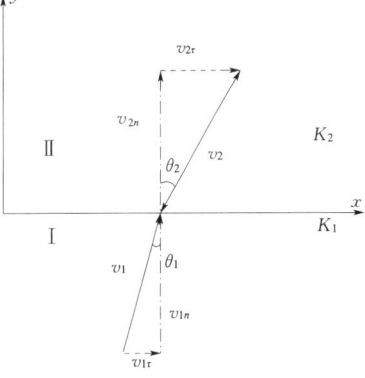

图 2.5.8 渗透水流的折射图

则：

$$\frac{\tan\theta_1}{\tan\theta_2}=\frac{v_{1\tau}}{v_{2\tau}}=\frac{-K_1\dfrac{\partial H_1}{\partial x}}{-K_2\dfrac{\partial H_2}{\partial x}} \quad (2.5.22)$$

式中：θ_1、θ_2 为分界面法线与两侧流线的夹角；$v_{1\tau}$、$v_{2\tau}$ 为 v_1、v_2 的切向分速度。

因为 $H_1=H_2$，故 $\dfrac{\partial H_1}{\partial x}=\dfrac{\partial H_2}{\partial x}$，则得：

$$\frac{\tan\theta_1}{\tan\theta_2}=\frac{K_1}{K_2} \quad (2.5.23)$$

上式为渗透水流折射时必须满足的方程（折射定律）。

由式（2.5.23）可得出下列几点结论：

(1) 当 $K_1=K_2$，则 $\theta_1=\theta_2$。表示在均质岩层中不发生折射。

(2) 当 $K_1\neq K_2$，而且 K_1、K_2 均不等于 0 时，如 $\theta_1=0°$，则 θ_2 亦为 $0°$，表明水流垂直通过界面时不发生折射。

(3) 当 $K_1 \neq K_2$，而且 K_1，K_2 均为有限值时，如 $\theta_1 = 90°$，则 θ 亦应为 90°，表明水流平行于界面时不发生折射。

(4) 当水流斜向通过界面时，介质的渗透系数 K 值愈大，θ 角也愈大，流线也愈靠近界面。两介质的 K 值相差愈大，θ_1 和 θ_2 的差别也愈大，流线通过界面后的偏移程度也愈大。

2.5.7 层状岩层的等效渗透系数

在自然界中很常见的非均质岩层多是由许多透水性各不相同的薄层相互交替组成的层状岩层。每一单层的厚度比其延伸长度小得多（图 2.5.9）。其平行于层面的渗透系数 K_p 和垂直于层面的渗透系数 K_v 不等。

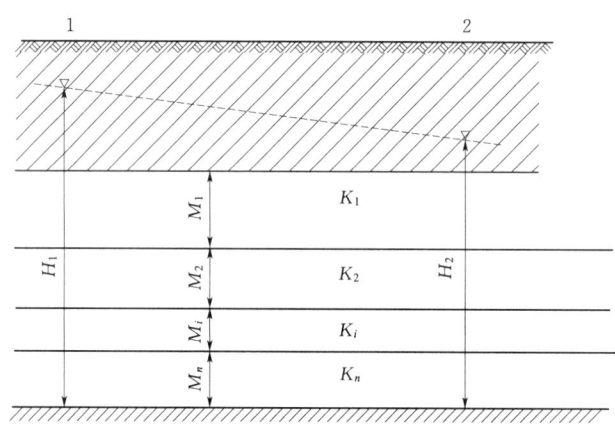

图 2.5.9 层状岩层中平行于层面的渗流

当每一分层的渗透系数 K_i 和厚度 M_i 已知时，可求出 K_p 和 K_v。当水流平行于层面时（图 2.5.9），通过层状含水层的总的单宽流量 q 等于各分层的单宽流量之和，总厚度 M 等于各分层厚度之和。对于每一分层而言，水力梯度 J 均为 $\Delta H/l$。因此，每一分层的单宽流量为：

$$q_i = K_i M_i \frac{\Delta H}{l} \tag{2.5.24}$$

总的单宽流量为：

$$q = \sum_{i=1}^{n} q_i = \sum K_i M_i \frac{\Delta H}{l} = \frac{\Delta H}{l} \sum_{i=1}^{n} T_i \tag{2.5.25}$$

如果我们用一等效的均质含水层代替层状岩层，显然等效层的厚度等于层状岩层的总厚度，并且在同一水力坡度 $\Delta H/l$ 作用下应当有相同的流量 q，因而有：

$$q = K_p M \frac{\Delta H}{l} \tag{2.5.26}$$

由此得：

$$K_p M \frac{\Delta H}{l} = \sum_{i=1}^{n} K_i M_i \frac{\Delta H}{l} \tag{2.5.27}$$

因而求得平行层面方向的等效渗透系数为：

$$K_p = \frac{\sum_{i=1}^{n} K_i M_i}{\sum_{i=1}^{n} M_i} \tag{2.5.28}$$

等效导水系数为：

$$T_p = \sum_{i=1}^{n} T_i = \sum_{i=1}^{n} K_i M_i \tag{2.5.29}$$

类似地，如果渗透系数在垂直方向变化，且没有明显的分层界线，而是逐渐连续过渡的，即：

$$K = K(z) \tag{2.5.30}$$

则：

$$\begin{cases} K_p = \dfrac{1}{M} \int_0^M K(z) \mathrm{d}z \\ T_p = \int_0^M K(z) \mathrm{d}z \end{cases} \tag{2.5.31}$$

下面考虑水流方向垂直于岩层层面的情况（图 2.5.10）。该情况下通过各分层的流量相同，即：

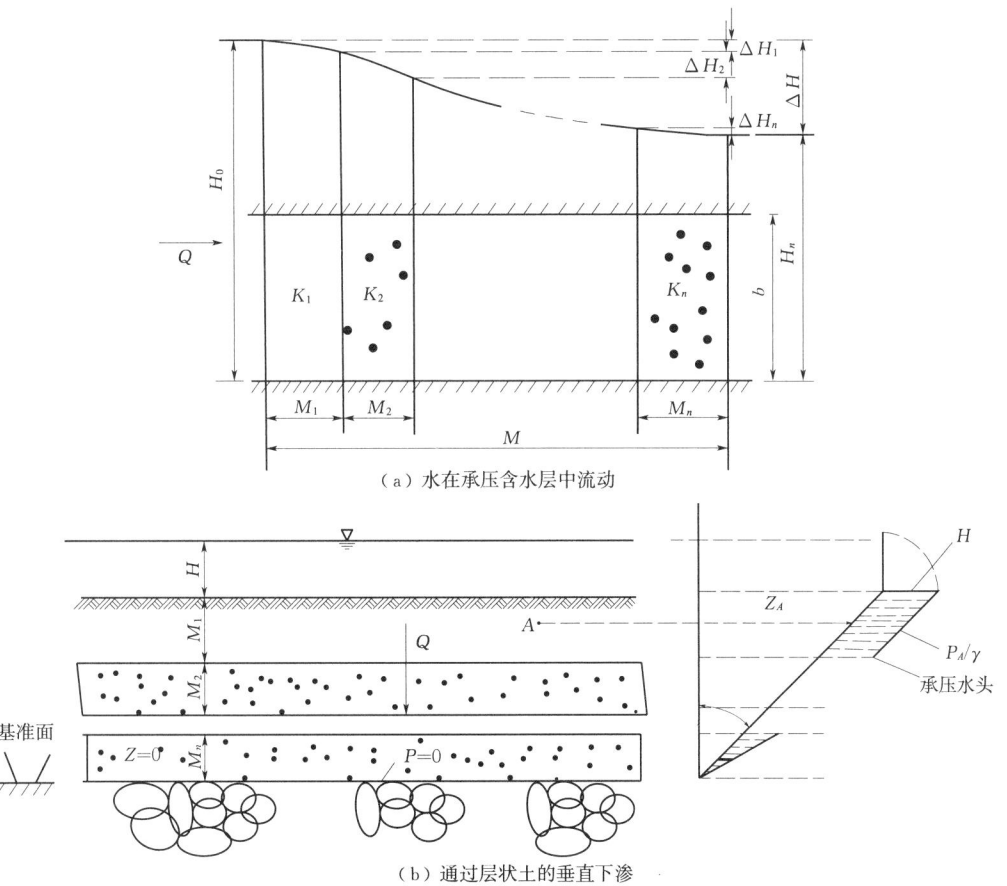

图 2.5.10 层状岩层中垂直于层面的渗流

$$q_1 = q_2 = \cdots = q_i = \cdots = q_n = q \tag{2.5.32}$$

但水头降落和水力梯度不同,总的水头降落 ΔH 等于各分层水头降落 ΔH_i 之和。因此,对每一层都有:

$$\begin{cases} q = K_i b \dfrac{\Delta H_i}{M_i} \\ \Delta H_i = \dfrac{M_i q}{K_i b} \end{cases} \tag{2.5.33}$$

用类似方法可得垂直于层面方向的等效渗透系数为:

$$K_v = \dfrac{\sum\limits_{i=1}^{n} M_i}{\sum\limits_{i=1}^{n} \dfrac{M_i}{K_i}} \tag{2.5.34}$$

由式(2.5.34)可以发现一个有趣的现象:垂直于层面的等效渗透系数主要取决于渗透系数最小,即阻力最大的分层。如有一层 $K_i=0$,为不透水层,则 $K_v=0$。

平行层面的等效渗透系数 K_p 总是大于垂直于层面的等效渗透系数 K_v。

2.6 流网及其应用

2.6.1 流网的性质

2.6.1.1 势函数和流函数

首先讨论势函数 φ,由达西定律得:

$$v_x = -K \dfrac{\partial H}{\partial x}, \ v_y = -K \dfrac{\partial H}{\partial y} \tag{2.6.1}$$

因为 $H = z + \dfrac{p}{\gamma}$。$z$ 表示单位质量液体的位置势能,$\dfrac{p}{\gamma}$ 为单位重量液体的压强势能。为了方便,引进一个新的标量,即势函数:

$$\varphi = -KH = -K(z + \dfrac{p}{\gamma}) \tag{2.6.2}$$

达西定律又可以写成:

$$v_x = \dfrac{\partial \varphi}{\partial x}, \ v_y = \dfrac{\partial \varphi}{\partial y} \tag{2.6.3}$$

势函数 φ 在一般情况下是时间和空间坐标的函数,$\varphi = \varphi(t,x,y)$。但是对于稳定流或者是某一瞬时的非稳定流来说,它只是空间坐标的函数,$\varphi = \varphi(x,y)$。由数学知识知,势函数满足 Laplace 方程:

$$\dfrac{\partial^2 \varphi}{\partial x^2} + \dfrac{\partial^2 \varphi}{\partial y^2} = 0 \tag{2.6.4}$$

由上式在一定边界条件下积分可得一系列的等势线。即:

$$\varphi(x,y) = 常数 \tag{2.6.5}$$

由一系列相同 φ 的等势线组成的面又称等势面。

在渗流力学中流线的概念和水力学中概念是一样的。流线是在渗流场中一根处处和渗流速度矢量相切的曲线，流函数 ψ 决定流线的形状。因此，流线簇就代表渗流区内每一点的水流方向。根据上述定义，显然没有水流穿过流线。现在我们来研究描述流线的方程式。为此，在任一流线上取任意两点 $M(x,y)$ 和 $M'(x+\mathrm{d}x,y+\mathrm{d}y)$。$M$ 点的渗流速度矢量为 v，它与它的两个分量 v_x、v_y 构成一个三角形 MAB。自 M' 点作垂线 $M'b$，并延长至 a（图 2.6.1）。当 M 和 M' 无限逼近时，弧线 MM' 可用切线 Ma 来代替，故有 $Mb=\mathrm{d}x$，$ab=\mathrm{d}y$。因为 $\triangle MAB$ 与 $\triangle Mab$ 相似，所以：

$$\frac{\mathrm{d}x}{v_x}=\frac{\mathrm{d}y}{v_y} \qquad (2.6.6)$$

即：

$$v_x\mathrm{d}y - v_y\mathrm{d}x = 0 \qquad (2.6.7)$$

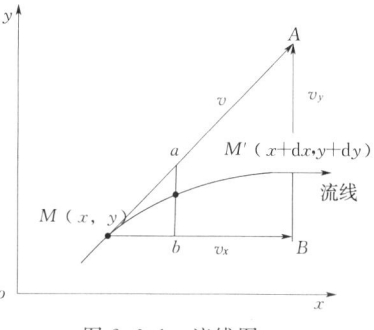

图 2.6.1 流线图

M 和 M' 是任意流线上任选的两点。因此，上式对流线上的任一点都是正确的，可以把它看成是流线的方程，用它来描述流线。

式（2.6.6）无论对各向同性和各向异性介质都是适用的。在各向异性介质中，如果选取的坐标轴（直角坐标系）的方向分别与渗透系数的主方向一致，则式（2.6.6）变为：

$$\frac{\mathrm{d}x}{K_{xx}\frac{\partial H}{\partial x}}=\frac{\mathrm{d}y}{K_{yy}\frac{\partial H}{\partial y}} \qquad (2.6.8)$$

对于各向同性介质，则式中的 $K_{xx}=K_{yy}=K$。

另外，设有二元函数 $\psi(x,y)$，其全微分为：

$$\mathrm{d}\psi=\frac{\partial\psi}{\partial x}\mathrm{d}x+\frac{\partial\psi}{\partial y}\mathrm{d}y \qquad (2.6.9)$$

如果取这样一种函数，使：

$$v_x=\frac{\partial\psi}{\partial y} \qquad (2.6.10)$$

$$v_y=-\frac{\partial\psi}{\partial x} \qquad (2.6.11)$$

由式（2.6.7）得：

$$\mathrm{d}\psi=\frac{\partial\psi}{\partial x}\mathrm{d}x+\frac{\partial\psi}{\partial y}\mathrm{d}y=v_x\mathrm{d}y-v_y\mathrm{d}x=0 \qquad (2.6.12)$$

积分得：

$$\psi = 常数 \qquad (2.6.13)$$

由此可得到函数 ψ 为常数的结论，表明沿同一流线，函数 ψ 为常数，不同的流线则有不同的函数值。因此，称函数 ψ 为流函数，量纲为 L^2T^{-1}。由许多相同 ψ 值的流线所组成的面又称为流面。为了阐明它的物理意义，在无限接近的两条流线 ψ 和（$\psi+\mathrm{d}\psi$）上，沿某等水头线取两个点 $a(x,y)$ 和 $b(x+\mathrm{d}x,y+\mathrm{d}y)$。自 a 和 b 分别做垂线和水平线，相交于 c（图 2.6.2）。显然，通过流线 ψ 和（$\psi+\mathrm{d}\psi$）间的单宽流量 $\mathrm{d}q$ 可以看成是通过 ac 和 bc 的流量的代数和。将渗流速度也相应地分解为 v_x 和 v_y，因此：

$$dq = v_x ac + v_y bc \tag{2.6.14}$$

但 $ac = dy, bc = -dx$ ，故：

$$dq = v_x dy - v_y dx \tag{2.6.15}$$

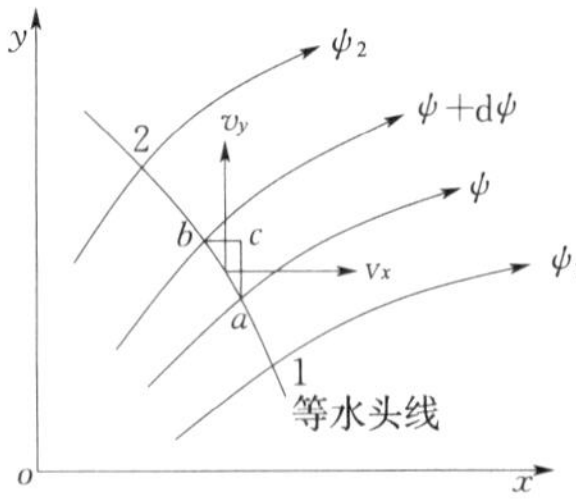

把式（2.6.10）、式（2.6.11）代入上式，并考虑式（2.6.12）有：

$$dq = \frac{\partial \psi}{\partial y} dy + \frac{\partial \psi}{\partial x} dx = d\psi \tag{2.6.16}$$

将式（2.6.16）在 ψ_1 和 ψ_2 的范围内积分，得：

$$q = \int_{\psi_1}^{\psi_2} d\psi = \psi_2 - \psi_1 \tag{2.6.17}$$

图 2.6.2 流函数与流量的关系

由此可知，在平面运动中，两流线间的单宽流量等于和这两条流线相应的流函数之差。在同一流线上，$d\psi = 0$，$q = 0$，$\psi = $ 常数。

由达西定律有：

$$v_x = \frac{\partial \varphi}{\partial x} = \frac{\partial \psi}{\partial y} \tag{2.6.18}$$

$$v_y = \frac{\partial \varphi}{\partial y} = -\frac{\partial \psi}{\partial x} \tag{2.6.19}$$

将式（2.6.18）对 y 求导，式（2.6.19）对 x 求导，得：

$$\frac{\partial^2 \varphi}{\partial x^2} + \frac{\partial^2 \varphi}{\partial y^2} = 0 \tag{2.6.20}$$

因为求导数的结果和求导的次序无关，因而有：

$$\frac{\partial^2 \psi}{\partial x^2} + \frac{\partial^2 \psi}{\partial y^2} = 0 \tag{2.6.21}$$

说明在均质各向同性介质中，势函数和流函数均满足 Laplace 方程。

2.6.1.2 流网的性质

等势线与流线是互相正交的，可用下述方法加以证明。

如图 2.6.3 所示为渗流场中局部的等势线和流线，其中 x、y 分别为水平坐标和垂直坐标，A 点为等势线与流线的一个交点，假定 s 为 A 点处流线的切线方向，n 为 A 点处流线的法线方向，切线 s 与水平线的夹角为 α，法线与水平线的夹角为 γ。

在流线上，A 点处的斜率为：

$$\tan\alpha = \left[\frac{dy}{dx}\right]_\psi = \frac{v_y}{v_x} \tag{2.6.22}$$

在等势线上，势函数为一常量，故沿等势线势函数的增量应为零，即：

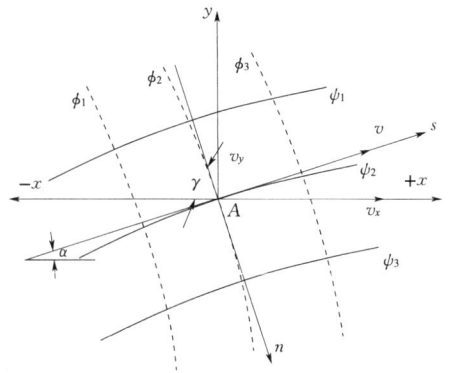

图 2.6.3 渗流场中局部的等势线和流线

$$d\varphi = \frac{\partial \varphi}{\partial x} dx + \frac{\partial \varphi}{\partial y} dy = 0 \tag{2.6.23}$$

由此得 A 点处等势线的斜率为：

$$\tan\gamma = \left[\frac{\mathrm{d}y}{-\mathrm{d}x}\right]_\varphi = \frac{\frac{\partial \varphi}{\partial x}}{\frac{\partial \varphi}{\partial y}} = \frac{v_x}{v_y} \quad (2.6.24)$$

由式（2.6.22）和式（2.6.24）可知：

$$\left[\frac{\mathrm{d}y}{\mathrm{d}x}\right]_\psi = \frac{1}{\left[\frac{\mathrm{d}y}{-\mathrm{d}x}\right]_\varphi} \quad (2.6.25)$$

即：

$$\tan\alpha = \frac{1}{\tan\gamma} \quad (2.6.26)$$

或：

$$\tan\alpha \cdot \tan\gamma = 1 \quad (2.6.27)$$

由上述结果可知，在 A 点处流线与等势线的斜率互为倒数，故证明流线与等势线是互相正交的。同样，若将 s 线和 n 线延长与水平线相交，并从 A 点作垂线，形成两个直角三角形，在其中任一个三角形中，$\alpha+\gamma$ 必然等于 $90°$，这也证明流线与等势线是正交的。

流线和等势线互相正交所形成的网状图形，称为流网图，如图 2.6.4 所示为一闸门地基中的流网图。在流网图中，如果等势线之间势函数的差值相等，而流线之间流函数的差值也相等，则流网网格的长宽比保持不变。反之，如果流网图中每个网格的边长比为一个常数，则相邻两条等势线之间势函数的差值相等，相邻两条流线之间的差值也相等。

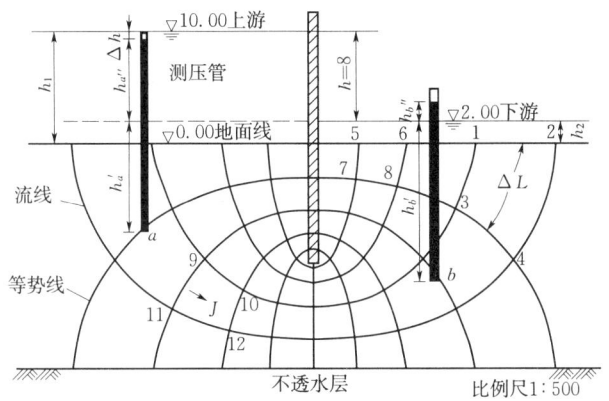

图 2.6.4　闸门地基的流网图

在均质的各向同性的土体中，流网图中的网格可以绘制成扭曲长方形的，也可以绘制成扭曲正方形的，但为了绘图方便起见，常将网格绘制成扭曲正方形的。但在非均质土体中，流网图的网格形状是随土的性质的变化而变化的。

2.6.2　流网图的应用

在任一流网图（图 2.6.5）中，若上下游边界处的等势线的势能分别为 φ_1 和 φ_n，则两边界线范围内的总势能为 $(\varphi_1 - \varphi_n)$。若两边界等势线范围内等势线的间隔数为 n，则每一网格内势能的损失值为：

$$\Delta\varphi = \frac{\varphi_1 - \varphi_n}{n} \quad (2.6.28)$$

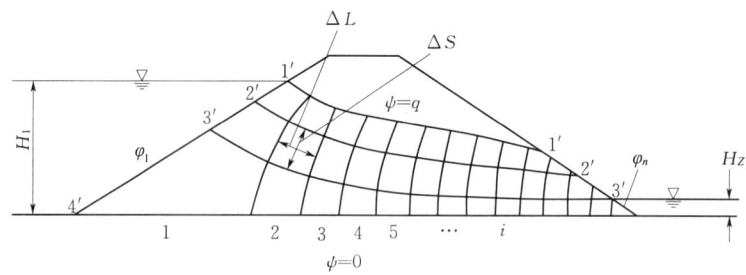

图 2.6.5 流网图的应用

对于从上游至下游方向,间隔数为 i 的网格,渗流从上游边界流至此网格所损失的势能为:

$$\varphi_{hi} = \varphi_1 - \varphi_i \quad (2.6.29)$$

式中:φ_i 为间隔数为 i 的网格中心处的势能。

因此,也可近似地取其为:

$$\varphi_{hi} = i\Delta\varphi \quad (2.6.30)$$

而 i 网格剩余的势能为:

$$\varphi_{si} = \varphi_i - \varphi_n = (n-i)\Delta\varphi \quad (2.6.31)$$

根据 Darcy 定律,任一网格中的渗流流速为:

$$v = -K\frac{\partial H}{\partial L} = \frac{\partial \varphi}{\partial L} \quad (2.6.32)$$

当网格划分得很小时,上式可写成下列形式:

$$v = \frac{\Delta\varphi}{\Delta L} \quad (2.6.33)$$

或:

$$v = -K\frac{\Delta H}{\Delta L} \quad (2.6.34)$$

式中:ΔL 为计算网格中心处的流线长度;$\Delta\varphi$ 为计算网格的势能损失;ΔH 为计算网格的水头损失。

网格中的平均水力梯度为:

$$J = -\frac{\Delta H}{\Delta L} \quad (2.6.35)$$

2.6.2.1 渗流量的计算

若有如图 2.6.6 所示的渗流面 AB,其水平投影长度为 CB,垂直投影长度为 AC。设通过 AC 面的渗流量为 Q_{AC},通过 CB 面的渗流量为 Q_{CB},通过 AB 面的渗流量为 Q_{AB},则通过 AC 面的渗流量 Q_{AC} 可按下式计算:

$$Q_{AC} = \int_{y_A}^{y_C} v_x dy = \int_{y_A}^{y_C} \frac{\partial \psi}{\partial y} dy = \psi_C - \psi_A \quad (2.6.36)$$

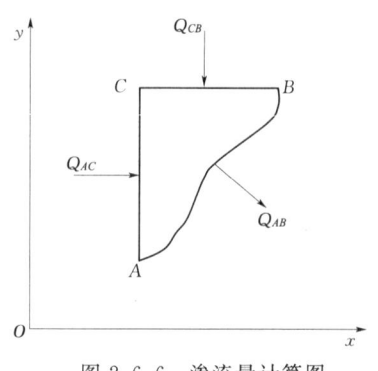

图 2.6.6 渗流量计算图

通过 CB 面的渗流量 Q_{CB} 则为：

$$Q_{CB} = -\int_{x_C}^{x_B} v_y dx = \int_{x_C}^{x_B} \frac{\partial \psi}{\partial x} dx = \psi_B - \psi_C \tag{2.6.37}$$

而通过 AB 面的渗流量 Q_{AB} 即等于通过 AC 面的渗流量 Q_{AC} 和通过 CB 面的渗流量 Q_{CB} 之和，即：

$$Q_{AB} = Q_{AC} + Q_{CB} = \psi_C - \psi_A + \psi_B - \psi_C = \psi_B - \psi_A \tag{2.6.38}$$

由式（2.6.38）可知，当 AB 两点为渗流场中的两个固定点时，通过 A、B 两点之间任意渗流面的渗流量均等于 $\psi_B - \psi_A$，与 A、B 两点之间渗流面的形状无关。

[**例 2.6.1**] 图 2.6.4 中，已知地基的渗透系数为 10m/d，网格 1、2、3、4 的平均渗径长度为 8m，5、6、7、8 的平均渗径长度为 3m，9、10、11、12 的平均渗径长度为 5m。计算①以上三个网格处的平均水力梯度；②以上三个网格处的平均流速。

解 这里仅给出网格 9、10、11、12 的情况，其他两个由读者自己完成。

①相邻等势线间的水头损失为：

$$\Delta h = \frac{h}{10} = \frac{8}{10} = 0.8(\text{m})$$

平均水力梯度：

$$J = \frac{\Delta h}{\Delta L} = \frac{0.8}{5} = 0.16$$

②平均流速：

$$v = KJ = 10 \times 0.16 = 1.6(\text{m/d})$$

2.6.2.2 渗流压力的计算

利用流网可以确定流场中任一土体单元所受的渗透力，如图 2.6.7 所示为土坝坝坡稳定计算时作用在垂直土条 $abcd$ 上的各力。因为作用在土条上的渗透力 F_s 应与土条周边水压力 P 加上土条所受浮力相等。水压力 P 由流网的等势线确定，在均质土坝中等势线分布较均匀时，则可近似用土条角点的水头以直线变化计算，如图 2.6.7（a）所示。这样由渗流作用力构成的多边形，如图 2.6.7（b）所示，就可确定渗透力 F_s，此法可称为周边的表面水压力法。

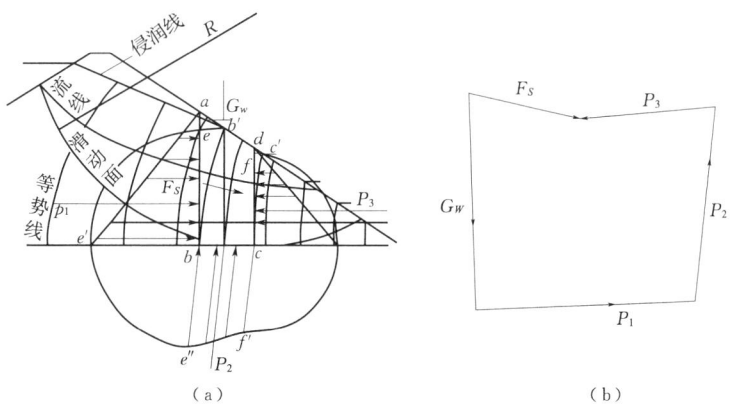

图 2.6.7 流网确定渗透力的图示

在图 2.6.7 中，要确定自由水面线以下垂直面 ab 和 dc，以及倾斜面 bc 上的渗透孔隙压力。由于 a、d 两点为渗流的自由表面，故这两点的孔隙压力为零。若通过 b 点的等势

线为 bb'，因此作用在 b 点的孔隙压力即等于等势线 bb' 在 b 点处的水头压力，可从等势线 bb' 与自由水面线的交点 b' 作水平线与垂直 ab 相交于 e 点，以 b 点为圆心，以 be 为半径，作圆弧分别与通过 b 点所作的水平线相交于 e' 点，与通过 b 点所作的 bc 面的法线相交于 e'' 点，则作用于 b 点的孔隙压力即等于 be' 长度或 be'' 长度的水头压力。同理，可得 c 点的孔隙压力等于 cf 线段长度的水头压力。作用在垂直面 ab 和 dc，以及 bc 面上其他各点处的渗透孔隙压力，也可按上述方法根据通过各该点的等势线来确定。但是，在一般土石坝稳定计算中，当确定作用在土条侧面和底面上的渗透孔隙压力时，常近似地将 ab、bc 和 cd 面上的渗透孔隙压力按直线分布，如图 2.6.7（a）所示。

第二种方法为水力梯度法，即直接由流网计算土体单元的平均水力梯度 J，再按照土体单元的体积算出渗透力的大小 $F_s = \gamma J V$；力的方向和位置可按流网分布近似确定。此法的工作量比表面水压力小得多，对于图 2.6.5 的情况两法计算结果相差约有 7%。

思 考 题 与 习 题

2.1 写出下列压缩系数的表达式，并说明其含义：
(1) 水的压缩系数；
(2) 多孔介质的压缩系数、多孔介质固体颗粒压缩系数、多孔介质孔隙压缩系数。

2.2 什么是贮水率，其物理意义是什么？什么是贮水系数，其物理意义又是什么？弹性释水的物理意义实质是什么？和重力疏干排水有何区别？

2.3 渗流和渗透有何区别，从流量、水头、过水断面、流速大小和水流运动方向等方面列表表示之。

2.4 什么是渗透系数、渗透率、导水系数？其物理意义分别是什么？

2.5 写出层状岩层的水平等效渗透系数 Kp 和垂直等效渗透系数 Kv，并证明 $Kp > Kv$。

2.6 流网为什么只在稳定流问题中才有实际意义？

2.7 如图 2.5.1 所示的铅直圆筒，筒内装满了粒径为 0.5mm 的砂子，已知砂柱体长度 $l=120$cm，横截面积为 200cm²，孔隙率为 0.36，渗透系数为 20m/d，温度为 10℃ 的水从圆筒内流过，当进水口与出水口之间的水头差为 120cm 时，试求：
(1) 达西定律能否适用？
(2) 沿圆筒轴向的水力梯度 J；
(3) 总流量 Q；
(4) 渗流速度 v；
(5) 实际平均流速 $\bar{v}$。

2.8 如习题 2.8 图所示的各向同性层状含水层，上部为均质潜水含水层（K_2），下部为非均质承压含水层（K、K_1、K），其间有一薄层的隔水层，试求：当渗透系数 $K = K_2 \ne K_1$ 时上下层的单宽流量 q_2 和 q_1。

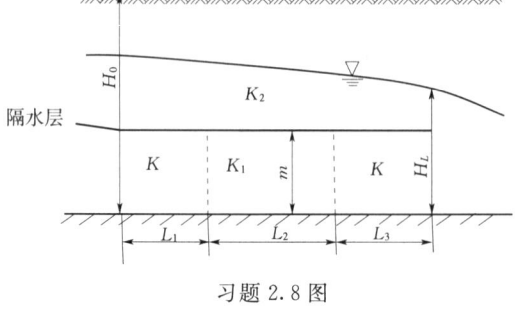

习题 2.8 图

第3章 地下水渗流微分方程

在了解了地下水运动的基本规律之后，如何在工程中进行运用，并解决实际问题是地下水渗流力学的主要内容，而实际工程问题的研究离不开理论分析与计算。

3.1 渗流连续性方程

在渗流场中，各点渗流速度的大小、方向都可能不同。为了反映一般情况下液体运动中的质量守恒关系，就需要在三维空间建立以微分方程形式表达的连续性方程。设在充满液体的渗流区内，以 $p(x,y,z)$ 点为中心取一无限小的平行六面体（其各边长度分别为 Δx，Δy，Δz，且和坐标轴平行）作为均衡单元体（图3.1.1）。

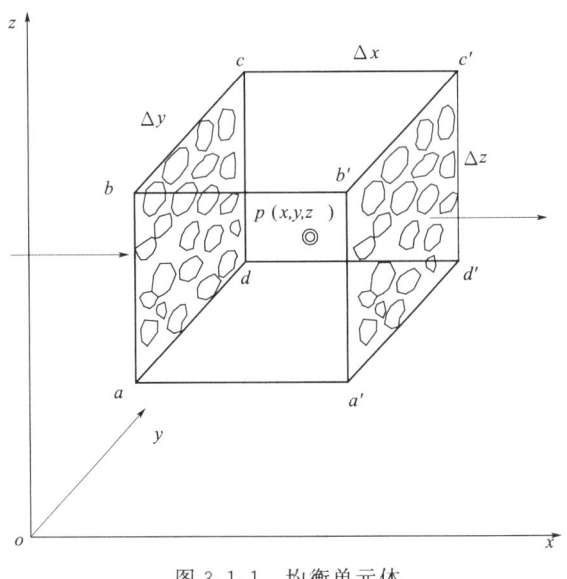

图 3.1.1 均衡单元体

如 $p(x,y,z)$ 点沿坐标轴方向的渗流速度分量为 v_x、v_y、v_z，液体密度为 ρ，则单位时间内通过垂直于坐标轴方向单位面积的水流质量分别为 ρv_x，ρv_y，ρv_z。那么，通过 $abcd$ 面中点 $p_1\left(x-\dfrac{\Delta x}{2},y,z\right)$ 的单位时间、单位面积的水流质量 ρv_{x_1} 可利用 Taylor 级数求得：

$$\begin{aligned}\rho v_{x_1} &= \rho v_x\left(x-\frac{\Delta x}{2},y,z\right) \\ &= \rho v_x(x,y,z)+\frac{\partial(\rho v_x)}{\partial x}\left(-\frac{\Delta x}{2}\right)+ \\ &\quad \frac{1}{2!}\frac{\partial^2(\rho v_x)}{\partial x^2}\left(-\frac{\Delta x}{2}\right)^2+\cdots+\frac{1}{n!}\frac{\partial^n(\rho v_x)}{\partial x^n}\left(-\frac{\Delta x}{2}\right)^n+\cdots\end{aligned} \quad (3.1.1)$$

略去二阶导数以上的高次项，于是在 Δt 时间内由 $abcd$ 面流入单元体的质量为：

$$\rho v_{x_1} \Delta y \Delta z \Delta t = \left[\rho v_x - \frac{1}{2}\frac{\partial(\rho v_x)}{\partial x}\Delta x\right]\Delta y \Delta z \Delta t \tag{3.1.2}$$

同理，可求出通过右侧 $a'b'c'd'$ 面流出的质量为：

$$\rho v_{x_2} \Delta y \Delta z \Delta t = \left[\rho v_x + \frac{1}{2}\frac{\partial(\rho v_x)}{\partial x}\Delta x\right]\Delta y \Delta z \Delta t \tag{3.1.3}$$

因此，沿 x 轴方向流入和流出单元体的质量差为：

$$\left\{\left[\rho v_x - \frac{1}{2}\frac{\partial(\rho v_x)}{\partial x}\Delta x\right]\Delta y \Delta z - \left[\rho v_x + \frac{1}{2}\frac{\partial(\rho v_x)}{\partial x}\Delta x\right]\Delta y \Delta z\right\}\Delta t = -\frac{\partial(\rho v_x)}{\partial x}\Delta x \Delta y \Delta z \Delta t \tag{3.1.4}$$

同理，可以写出沿 y 轴方向和沿 z 轴方向流入和流出这个单元体的液体质量差，分别为：

$$-\frac{\partial(\rho v_y)}{\partial y}\Delta x \Delta y \Delta z \Delta t \text{ 和 } -\frac{\partial(\rho v_z)}{\partial z}\Delta x \Delta y \Delta z \Delta t$$

因此，在 Δt 时间内，流入与流出这个单元体的总质量差为：

$$-\left[\frac{\partial(\rho v_x)}{\partial x} + \frac{\partial(\rho v_y)}{\partial y} + \frac{\partial(\rho v_z)}{\partial z}\right]\Delta x \Delta y \Delta z \Delta t \tag{3.1.5}$$

在均衡单元体内，液体所占的体积为 $n\Delta x \Delta y \Delta z$，其中 n 为孔隙率。相应的，单元体内的液体质量为 $\rho n \Delta x \Delta y \Delta z$。因此，在 Δt 时间内，单元体内液体质量的变化量为：

$$\frac{\partial}{\partial t}[\rho n \Delta x \Delta y \Delta z]\Delta t \tag{3.1.6}$$

单元体内液体质量的变化是由流入与流出这个单元体的液体质量差造成的。在连续流条件下（渗流区充满液体等），根据质量守恒定律，两者应该相等。因此：

$$-\left[\frac{\partial(\rho v_x)}{\partial x} + \frac{\partial(\rho v_y)}{\partial y} + \frac{\partial(\rho v_z)}{\partial z}\right]\Delta x \Delta y \Delta z = \frac{\partial}{\partial t}[\rho n \Delta x \Delta y \Delta z] \tag{3.1.7}$$

式（3.1.7）称为渗流的连续性方程。它表达了渗流区内任何一个"局部"所必须满足的质量守恒定律。式（3.1.7）右端项的计算比较困难。具体应用时，为了简化计算，往往做一些假设，如假设只有垂直方向上有压缩（或膨胀）或将 Δx、Δy、Δz 都视为常量等。如把地下水看成是不可压缩的均质液体，$\rho=$常数；同时，假设含水层骨架不被压缩，这时 n 和 Δx，Δy，Δz 都保持不变，方程式（3.1.7）右端项等于零，于是有：

$$\frac{\partial v_x}{\partial x} + \frac{\partial v_y}{\partial y} + \frac{\partial v_z}{\partial z} = 0 \tag{3.1.8}$$

此式表明，在同一时间内，流入单元体的水体积等于流出的水体积，即体积守恒。当地下水的流动是稳定流时，也可以得到相同的结果，即式（3.1.8）。

在各向同性土体的情况下，根据达西定律可得：

$$v_x = -K\frac{\partial H}{\partial x} \tag{3.1.9}$$

$$v_y = -K\frac{\partial H}{\partial y} \tag{3.1.10}$$

$$v_z = -K\frac{\partial H}{\partial z} \tag{3.1.11}$$

式中：K 为单元土体的渗透系数；H 为计算点处的总水头，即 $H=\dfrac{p}{\rho g}+z$；p 为单元土体中心处的水压力；ρ 为流体的密度；g 为重力加速度；z 为单元土体中心处的位置水头。

将式（3.1.9）～式（3.1.11）代入式（3.1.8），则渗流的连续性方程变为：

$$\frac{\partial^2 H}{\partial x^2}+\frac{\partial^2 H}{\partial y^2}+\frac{\partial^2 H}{\partial z^2}=0 \tag{3.1.12}$$

式（3.1.12）表示三维无旋流的流态。

在二维平面问题的情况下，式（3.1.12）变为：

$$\frac{\partial^2 H}{\partial x^2}+\frac{\partial^2 H}{\partial y^2}=0 \tag{3.1.13}$$

连续性方程是研究地下水运动的基本方程。各种研究地下水运动的微分方程都是根据连续性方程和反映动量守恒定律的方程（如 Darcy 定律）建立起来的。即使有时为了简化起见，不直接采用式（3.1.7）或式（3.1.8），但在建立有关关系式时，也必须应用能反映质量守恒原理的另一种形式的连续性方程来代替。

3.2 承压水运动微分方程

由于对于区域性地下水运动，含水层厚度与地下水水平流动方向的长度相比是很小的，可以假设，地下水流动主要是沿水平面方向进行，垂直流速可以忽略，只考虑垂向压缩。于是，只有水的密度 ρ、孔隙率 n 和单元体高度 Δz 3 个量随压力而变化，则式（3.1.7）的右端可改写成：

$$\frac{\partial}{\partial t}[\rho n \Delta x \Delta y \Delta z]=\left[n\rho\frac{\partial(\Delta z)}{\partial t}+\rho\Delta z\frac{\partial n}{\partial t}+n\Delta z\frac{\partial \rho}{\partial t}\right]\Delta x \Delta y \tag{3.2.1}$$

把式（2.1.9）、式（2.2.8）和式（2.2.9）入上式，化简得：

$$\frac{\partial}{\partial t}[\rho n \Delta x \Delta y \Delta z]=\left[n\rho\Delta z\alpha\frac{\partial p}{\partial t}+\rho\Delta z(1-n)\alpha\frac{\partial p}{\partial t}+n\Delta z\rho\beta\frac{\partial p}{\partial t}\right]\Delta x \Delta y$$

$$=\rho(\alpha+n\beta)\frac{\partial p}{\partial t}\Delta x \Delta y \Delta z \tag{3.2.2}$$

于是连续性方程式（3.1.7）变为：

$$-\left[\frac{\partial(\rho v_x)}{\partial x}+\frac{\partial(\rho v_y)}{\partial y}+\frac{\partial(\rho v_z)}{\partial z}\right]\Delta x \Delta y \Delta z=\rho(\alpha+n\beta)\frac{\partial p}{\partial t}\Delta x \Delta y \Delta z \tag{3.2.3}$$

因为水头 $H=z+\dfrac{p}{\gamma}$，故有：

$$\frac{\partial p}{\partial t}=\rho g\frac{\partial H}{\partial t}+Hg\frac{\partial \rho}{\partial t}-zg\frac{\partial \rho}{\partial t}=\rho g\frac{\partial H}{\partial t}+(H-z)g\frac{\partial \rho}{\partial t} \tag{3.2.4}$$

或：

$$\frac{\partial p}{\partial t}=\rho g\frac{\partial H}{\partial t}+\frac{p}{\rho}\frac{\partial \rho}{\partial t} \tag{3.2.5}$$

将式（2.1.9）代入上式得：

$$\frac{\partial p}{\partial t} = \frac{\rho g}{1-\beta p} \frac{\partial H}{\partial t} \tag{3.2.6}$$

因为水的压缩性很小，$1-\beta p \approx 1$，所以，

$$\frac{\partial p}{\partial t} \approx \rho g \frac{\partial H}{\partial t} \tag{3.2.7}$$

将式（3.2.7）代入式（3.2.3），得：

$$\left[-\rho \left(\frac{\partial v_x}{\partial x} + \frac{\partial v_y}{\partial y} + \frac{\partial v_z}{\partial z} \right) - \left(v_x \frac{\partial \rho}{\partial x} + v_y \frac{\partial \rho}{\partial y} + v_z \frac{\partial \rho}{\partial z} \right) \right] \Delta x \Delta y \Delta z$$
$$= \rho^2 g (\alpha + n\beta) \frac{\partial H}{\partial t} \Delta x \Delta y \Delta z \tag{3.2.8}$$

上式中，左端第二个括弧项比第一个括弧项要小得多。因此，我们假设左端第二个括弧项所代表的 ρ 的空间变化远小于右端项中所包含的 ρ 的局部的、瞬时的变化，即：

$$v \cdot \mathrm{grad}\rho \ll n\Delta z \frac{\partial \rho}{\partial t}$$

因而可以忽略不计，于是（3.2.8）式变为：

$$-\left(\frac{\partial v_x}{\partial x} + \frac{\partial v_y}{\partial y} + \frac{\partial v_z}{\partial z} \right) \Delta x \Delta y \Delta z = \rho g (\alpha + n\beta) \frac{\partial H}{\partial t} \Delta x \Delta y \Delta z \tag{3.2.9}$$

同时，根据 Darcy 定律在各向同性介质中，有：

$$v_x = -K \frac{\partial H}{\partial x}, v_y = -K \frac{\partial H}{\partial y}, v_z = -K \frac{\partial H}{\partial z} \tag{3.2.10}$$

将式（3.2.10）代入式（3.2.9），得：

$$\left[\frac{\partial}{\partial x} \left(K \frac{\partial H}{\partial x} \right) + \frac{\partial}{\partial y} \left(K \frac{\partial H}{\partial y} \right) + \frac{\partial}{\partial z} \left(K \frac{\partial H}{\partial z} \right) \right] \Delta x \Delta y \Delta z = \rho g (\alpha + n\beta) \frac{\partial H}{\partial t} \Delta x \Delta y \Delta z \tag{3.2.11}$$

根据贮水率的定义，上式可改写为：

$$\left[\frac{\partial}{\partial x} \left(K \frac{\partial H}{\partial x} \right) + \frac{\partial}{\partial y} \left(K \frac{\partial H}{\partial y} \right) + \frac{\partial}{\partial z} \left(K \frac{\partial H}{\partial z} \right) \right] \Delta x \Delta y \Delta z = \mu_s \frac{\partial H}{\partial t} \Delta x \Delta y \Delta z \tag{3.2.12}$$

上式有明确的物理意义。等式左端表示单位时间内流入和流出单元体的水量差；右端表示该时间段内单元体弹性释放（或贮存）的水量。因为单元体没有其他流入或流出水的"源"或"汇"，水量差只可能来自弹性释水（或贮存），等式显然成立。整理上式，得：

$$\frac{\partial}{\partial x} \left(K \frac{\partial H}{\partial x} \right) + \frac{\partial}{\partial y} \left(K \frac{\partial H}{\partial y} \right) + \frac{\partial}{\partial z} \left(K \frac{\partial H}{\partial z} \right) = \mu_s \frac{\partial H}{\partial t} \tag{3.2.13}$$

对于均质各向同性的含水层来说，还可进一步简化为：

$$\frac{\partial^2 H}{\partial x^2} + \frac{\partial^2 H}{\partial y^2} + \frac{\partial^2 H}{\partial z^2} = \frac{\mu_s}{K} \frac{\partial H}{\partial t} \tag{3.2.14}$$

在二维流的情况下，也可用 μ^* 和 T 来表示，于是式（3.2.13）可写成下列形式：

$$\frac{\partial}{\partial x} \left(T \frac{\partial H}{\partial x} \right) + \frac{\partial}{\partial y} \left(T \frac{\partial H}{\partial y} \right) = \mu^* \frac{\partial H}{\partial t} \tag{3.2.15}$$

上述方程就是承压水非稳定运动的基本微分方程和它的几个常见的特例。在推导过程中，从实用观点出发，除了已经谈到的假设外，还假设：①水流服从 Darcy 定律；②K 不因 $\rho=\rho(p)$ 的变化而改变；③μ_s 和 K 也不受 n 变化（由于骨架变形）的影响。

如果化为柱坐标，则式（3.2.14）变为：

$$\frac{1}{r}\frac{\partial}{\partial r}\left(r\frac{\partial H}{\partial r}\right)+\frac{1}{r^2}\frac{\partial^2 H}{\partial \theta^2}+\frac{\partial^2 H}{\partial z^2}=\frac{\mu_s}{K}\frac{\partial H}{\partial t} \tag{3.2.16}$$

该基本微分方程是研究承压含水层中地下水运动的基础。它反映了承压含水层中地下水运动的质量守恒关系，表明单位时间内流入、流出单位体积含水层的水量差等于同一时间内单位体积含水层弹性释放（或弹性贮存）的水量。它还通过应用 Darcy 定律反映了地下水运动中的能量守恒与转化关系。可见，基本微分方程表达了渗流区中任何一个"局部"都必须满足质量守恒和能量守恒定律。这一结论也适用于下面将要提到的基本微分方程。

有这些概念就可以灵活地把基本微分方程应用于解决实际问题。虽然方程中没有考虑抽水、注水及越流补给等的影响，但要考虑也不难。既然方程的左端代表单位时间内从各个方向流入单位体积含水层水量的总和，因此只要在建立连续性方程时加一项来表示这些交换水量即可。其结果是在式（3.2.13）、式（3.2.14）、式（3.2.15）、式（3.2.16）等的左端加一项 W，通常称为源汇项，它是位置和时间的函数。当垂向有水流出（包括抽水）时，W 为负值，表示汇；当垂向有水流入（包括注水）含水层时，W 为正，表示源。但要注意，对于三维问题，W 表示单位时间从单位体积含水层流入或流出的水量；对于二维问题，W 表示单位时间在垂向从单位面积含水层中流入或流出的水量。如由式（3.2.13）得：

$$\frac{\partial}{\partial x}\left(K\frac{\partial H}{\partial x}\right)+\frac{\partial}{\partial y}\left(K\frac{\partial H}{\partial y}\right)+\frac{\partial}{\partial z}\left(K\frac{\partial H}{\partial z}\right)+W=\mu_s\frac{\partial H}{\partial t} \tag{3.2.17}$$

由式（3.2.15）得：

$$\frac{\partial}{\partial x}\left(T\frac{\partial H}{\partial x}\right)+\frac{\partial}{\partial y}\left(T\frac{\partial H}{\partial y}\right)+W=\mu^*\frac{\partial H}{\partial t} \tag{3.2.18}$$

有些文献中，令 $a=\dfrac{T}{\mu^*}$，称其为压力传导系数（导压系数）。于是对二维情况下的均质各向同性含水层来说，有：

$$\frac{\partial^2 H}{\partial x^2}+\frac{\partial^2 H}{\partial y^2}=\frac{1}{a}\frac{\partial H}{\partial t} \tag{3.2.19}$$

地下水总是在不断地发展、变化着，在自然界一般不存在稳定流。所谓稳定只是在有限时间段内的一种暂时平衡现象。当地下水变化极其缓慢时，可近似地看作是一种相对的稳定状态。因此，地下水稳定运动，可以看成是地下水非稳定运动的特例。只要把非稳定运动方程右端的 $\dfrac{\partial H}{\partial t}$ 项等于零，就可以得到相应的稳定运动方程。对于一般的非均质各向同性含水层来说，由式（3.2.13）可得：

$$\frac{\partial}{\partial x}\left(K\frac{\partial H}{\partial x}\right)+\frac{\partial}{\partial y}\left(K\frac{\partial H}{\partial y}\right)+\frac{\partial}{\partial z}\left(K\frac{\partial H}{\partial z}\right)=0 \tag{3.2.20}$$

对于均质各向同性的含水层来说,由式(3.2.14)可得:

$$\frac{\partial^2 H}{\partial x^2} + \frac{\partial^2 H}{\partial y^2} + \frac{\partial^2 H}{\partial z^2} = 0 \tag{3.2.21}$$

上式也称 Laplace 方程。稳定运动方程的右端都等于零,意味着同一时间内流入单元体的水量等于流出的水量。这个结论不仅适用于承压含水层,也适用于潜水含水层和越流含水层。

3.3 半承压水运动微分方程

在自然界中有不少这样的情况,承压含水层上、下的岩层并不是绝对隔水的,其中一个或者上下两个可能都是弱透水层。在这种情况下含水层就可能通过弱透水层和相邻含水层发生水力联系,但它还是承压的,因此,称它为半承压含水层。当这个含水层和相邻含水层间存在着水头差时,地下水便会从高水头含水层通过弱透水层流向低水头含水层。对指定含水层来说,可能流入也可能流出该含水层。这种现象就称为越流。因此,半承压含水层也称为越流含水层。在含水层中抽水,人为地造成水头降低后,这种现象就更容易发生,上部(或下部)水层中的地下水通过越流补给这个含水层。这种情况在我国东部平原地区和内陆盆地,山前平原中比较普遍。

弱透水层的渗透系数 K_1 通常比主含水层的渗透系数 K 小得多。当 K/K_1 很大时,可以近似地认为水基本上是垂直地通过弱透水层,折射 90°后在主承压含水层中基本上是水平地流动的。经用有限单元法对这个假设进行研究后,发现当主含水层的渗透系数比弱透水层的渗透系数大两个以上数量级时,这个假定所引起的误差一般小于 5%。实际上,含水层的渗透系数常常比相邻的弱透水层的渗透系数高出三个数量级,所以上述假设是允许的。在这种情况下,主含水层中的水流可近似地作二维流问题来处理,水头看做是整个含水层厚度上水头的平均值,即:

$$\overline{H} = \overline{H}(x,y,t) = \frac{1}{M}\int_0^M H(x,y,z,t)\mathrm{d}z \tag{3.3.1}$$

为简化起见,在以后叙述中略去 H 上方的横杠。同时假设和主含水层释放的水及相邻含水层的越流量相比,弱透水层本身释放的水量小到可以忽略不计。

图 3.3.1 表示一个非均质各向同性越流含水层中的地下水流。厚度为 M 的承压含水层上、下各有一个厚度为 m_1 和 m_2、渗透系数为 K_1 和 K_2 的弱透水层。弱透水层的外面又分别上覆、下伏有潜水含水层或承压含水层。由于物理实质是相同的,上述结果也适用于水流方向相反的越流情况。

由图 3.3.2 所示的均衡单元体,根据水均衡原理可以写出下列形式的连续性方程:

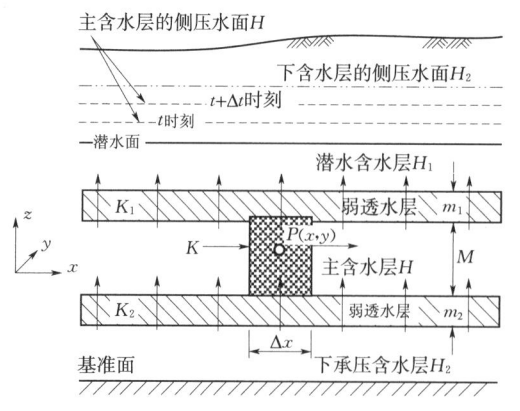

图 3.3.1 半承压含水层中的水流

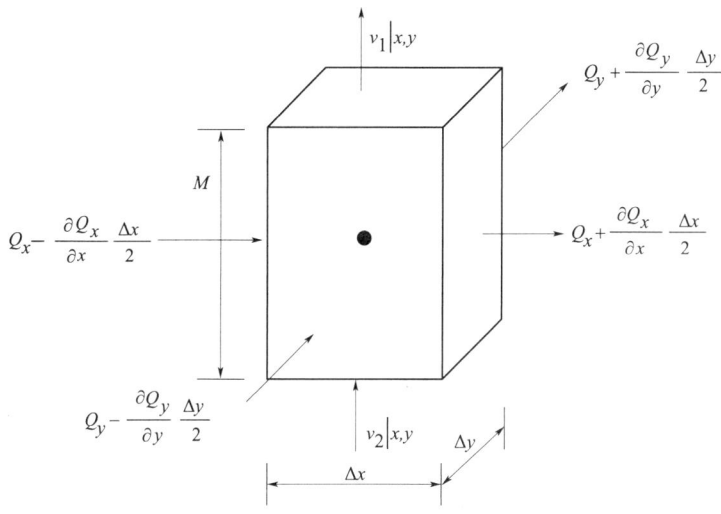

图 3.3.2 半承压含水层中的均衡单元体

$$\left[\left(Q_x-\frac{\partial Q_x}{\partial x}\frac{\Delta x}{2}\right)-\left(Q_x+\frac{\partial Q_x}{\partial x}\frac{\Delta x}{2}\right)\right]\Delta t+\left[\left(Q_y-\frac{\partial Q_y}{\partial y}\frac{\Delta y}{2}\right)-\left(Q_y+\frac{\partial Q_y}{\partial y}\frac{\Delta y}{2}\right)\right]\Delta t+$$
$$(v_2-v_1)\Delta x\Delta y\Delta t=\mu^*\frac{\partial H}{\partial t}\Delta x\Delta y\Delta t \tag{3.3.2}$$

式中：v_1，v_2 分别为通过上部和下部弱透水层的垂直越流速率或越流强度，即：

$$\left.\begin{array}{l} v_1=-K_1\dfrac{\partial H_1}{\partial z}=K_1\dfrac{H-H_1}{m_1} \\ v_2=-K_2\dfrac{\partial H_2}{\partial z}=K_2\dfrac{H_2-H}{m_2} \end{array}\right\} \tag{3.3.3}$$

式中：$H_1(x,y,t)$、$H_2(x,y,t)$ 分别为上含水层（图 3.3.1 中为潜水含水层）和下含水层（图 3.3.1 中为下承压含水层）中的水头，如以 T 表示主含水层的导水系数，则：

$$\left.\begin{array}{l} Q_x=-T\dfrac{\partial H}{\partial x}\Delta y \\ Q_y=-T\dfrac{\partial H}{\partial y}\Delta x \end{array}\right\} \tag{3.3.4}$$

把式（3.3.4）代入式（3.3.2），并在式的两端分别除以 $\Delta x\Delta y\Delta t$，同时令 Δx、Δy、$\Delta t\to 0$，则有：

$$\frac{\partial}{\partial x}\left(T\frac{\partial H}{\partial x}\right)+\frac{\partial}{\partial y}\left(T\frac{\partial H}{\partial y}\right)+K_1\frac{H_1-H}{m_1}+K_2\frac{H_2-H}{m_2}=\mu^*\frac{\partial H}{\partial t} \tag{3.3.5}$$

这就是不考虑弱透水层弹性释水条件下非均质各向同性越流含水层中非稳定运动的基本微分方程。

对于均质各向同性介质来说，有：

$$\frac{\partial^2 H}{\partial x^2}+\frac{\partial^2 H}{\partial y^2}+\frac{K_1}{Tm_1}(H_1-H)+\frac{K_2}{Tm_2}(H_2-H)=\frac{\mu^*}{T}\frac{\partial H}{\partial t} \tag{3.3.6}$$

或：

$$\frac{\partial^2 H}{\partial x^2} + \frac{\partial^2 H}{\partial y^2} + \frac{H_1 - H}{B_1^2} + \frac{H_2 - H}{B_2^2} = \frac{\mu^*}{T}\frac{\partial H}{\partial t} \quad (3.3.7)$$

其中：

$$\left.\begin{array}{l} B_1 = \sqrt{\dfrac{Tm_1}{K_1}} \\ B_2 = \sqrt{\dfrac{Tm_2}{K_2}} \end{array}\right\} \quad (3.3.8)$$

式中：B_1，B_2 分别称为上、下两个弱透水层的越流因素。

越流因素 B 是在有越流情况下进行水文地质计算时用到的一个参数。量纲是 $[L]$。弱透水层的渗透性越小，厚度越大，越流量越小。自然界中越流因素的值变化很大，可以从只有几米这样一个很小的值到几千米。对于一个完全隔水的覆盖层来说，B 为无穷大。

3.4 潜水运动微分方程

3.4.1 裘布依（Dupuit）假设

潜水面不是水平的，含水层中存在着垂向上的流速分量。潜水面又是渗流区的边界，随时间变化，它的位置在问题解出以前是未知的。为了较方便地求解，就引出了 Dupuit 假设。

Dupuit 于 1863 年根据潜水面的坡度对大多数地下水流而言是很小的这一事实，提出了如下假设（图 3.4.1）：对潜水面（在垂直的二维平面 xz 平面内）上任意一点 p 有：

$$J = -\frac{\mathrm{d}H}{\mathrm{d}s} = -\frac{\mathrm{d}z}{\mathrm{d}s} = \sin\theta \quad (3.4.1)$$

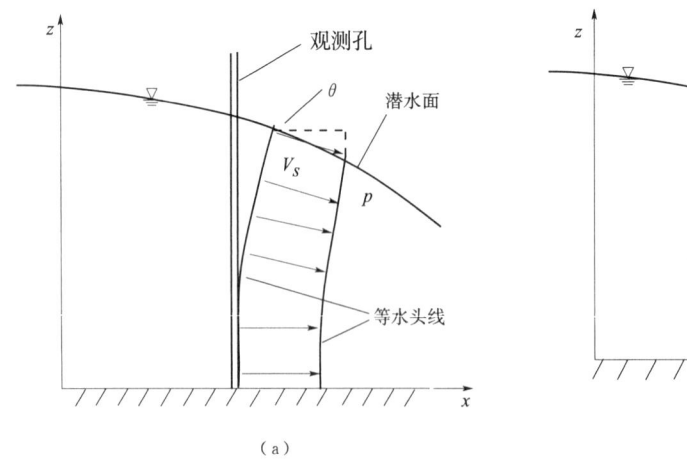
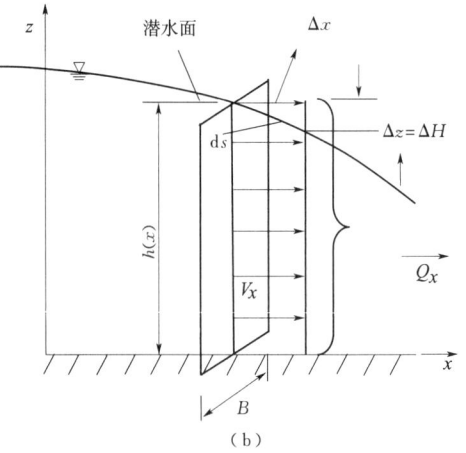

图 3.4.1 Dupuit 假设

该点的渗流速度方向与潜水面相切，其大小，根据 Darcy 定律有：

$$v_s = KJ = K\sin\theta \quad (3.4.2)$$

由于坡角 θ 很小，可以用 $\tan\theta$ 代替 $\sin\theta$。这个 θ 很小的假设，意味着假设潜水面比较平缓，等水头面铅直，水流基本上水平，可忽略渗流速度的垂直分量 v_z，$H(x, z)$ 可近似地用 $H(x)$ 代替。这么一来，铅直剖面上各点的水头就变成相等的了；或者说，水头不随深度而变化，同一铅直剖面上各点的水力梯度和渗透速度都相等，渗流速度可以表示为：

$$\begin{cases} v_x = -K\dfrac{\mathrm{d}H}{\mathrm{d}x} \\ H = H(x) \end{cases} \tag{3.4.3}$$

相应地，通过宽度为 B 的铅直平面（在此假设下可近似地看成是过水断面）的流量为：

$$\begin{cases} Q_x = -KhB\dfrac{\mathrm{d}H}{\mathrm{d}x} \\ H = H(x) \end{cases} \tag{3.4.4}$$

式中：Q_x 为 x 方向的流量；h 为潜水含水层厚度，在隔水层水平的情况下，$h=H$。

对于更一般的情况，$H=H(x, y)$，则有：

$$\begin{cases} v_x = -K\dfrac{\mathrm{d}H}{\mathrm{d}x} \\ v_y = -K\dfrac{\mathrm{d}H}{\mathrm{d}y} \\ H = H(x, y) \end{cases} \tag{3.4.5}$$

和：

$$\begin{cases} Q_x = -KhB\dfrac{\mathrm{d}H}{\mathrm{d}x} \\ Q_y = -KhB\dfrac{\mathrm{d}H}{\mathrm{d}y} \end{cases} \tag{3.4.6}$$

Dupuit 假设在 θ 不大的情况下是合理的，很有用。它减少自变量 z，从而简化了计算。

引入 Dupuit 假设后，会产生多大误差，显然是人们关心的一个问题。经验算，应用 Dupuit 假设，相当于在流量公式中以 $\dfrac{h^2}{2}$ 代替 $h\bar{H}-\dfrac{H^2}{2}$，由此引起的误差为：

$$\begin{cases} 0 < \dfrac{\dfrac{h^2}{2} - \left[h\bar{H}-\dfrac{H^2}{2}\right]}{\dfrac{h^2}{2}} < \dfrac{i^2}{1+i^2} \\ i = \dfrac{\mathrm{d}h}{\mathrm{d}x} \end{cases} \tag{3.4.7}$$

故只要 $i^2 \ll 1$（这里 i 是潜水面坡度），产生的误差是很小的。

Dupuit 的假设忽略了渗流速度的垂直分量 v_z，故在 v_z 大的地段就不能采用，例如在有入渗的潜水分水岭地段［图 3.4.2（a）］、渗出面附近［图 3.4.2（b）］和垂直的隔水边界附近［图 3.4.2（c）］。

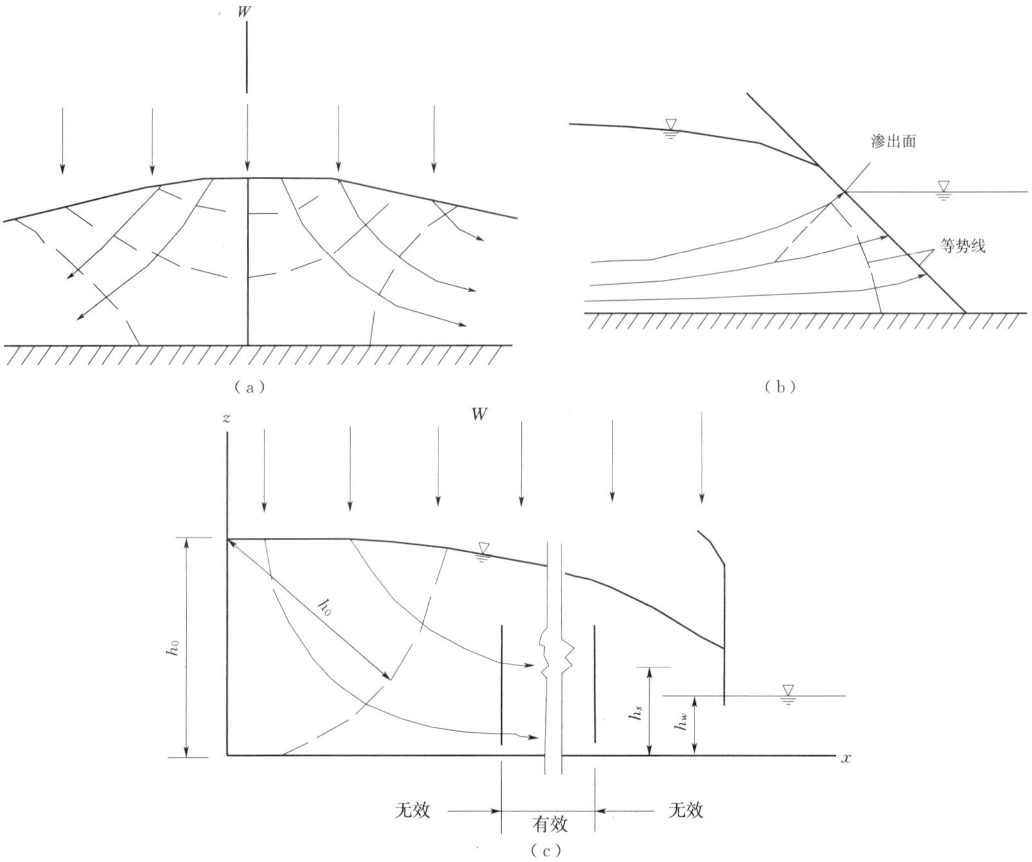

（a）　　　　　　　　　　　　　（b）

（c）

图 3.4.2　Dupuit 假设无效的地区（据 J. Bear）

3.4.2　布西涅斯克（Boussinesq）方程

根据 Dupuit 假设，可以建立有关潜水含水层中地下水流的方程。潜水面是个自由面，相对压强 $p=0$。因此，对整个含水层来说，可以不考虑水的压缩性。

先考虑一维问题。取平行于 xoz 平面的单位宽度进行研究。在渗流场内取一土体（图 3.4.3）。它的上界面是潜水面，下界面为隔水底板，左右为两个相距 Δx 的垂直断面。引起小土体内水量变化的因素，除从上断面流入的流量 $q-\dfrac{\partial q}{\partial t}\dfrac{\Delta x}{2}$ 和下断面流出的流量 $q+\dfrac{\partial q}{\partial t}\dfrac{\Delta x}{2}$ 外，还有由大气降水入渗补给或由潜水蒸发构成的垂向的水量交换。设单位时间、单位面积上垂向补给含水层的水量为 W（入渗补给或其他人工补给取正值，蒸发等取负值）。在 Δt 时间内，从上游流入和由下游流出的水量差，根据 Dupuit 假设为：

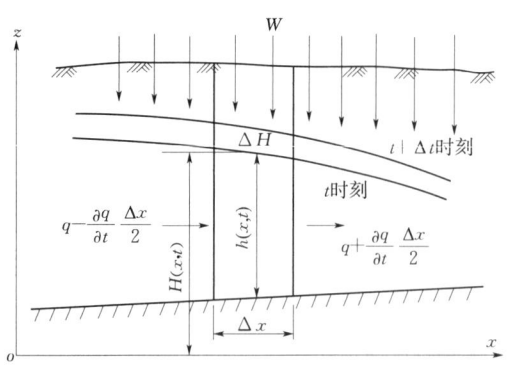

图 3.4.3　潜水的非稳定运动

$$\left(q - \frac{\partial q}{\partial x}\frac{\Delta x}{2}\right)\Delta t - \left(q + \frac{\partial q}{\partial x}\frac{\Delta x}{2}\right)\Delta t = -\frac{\partial q}{\partial x}\Delta x \Delta t = -\frac{\partial (v_x h)}{\partial x}\Delta x \Delta t \quad (3.4.8)$$

在 Δt 时间内，垂直方向的补给量为 $W\Delta x\Delta t$。因此，Δt 时间内小土体中水量总的变化为：

$$\left[-\frac{\partial (v_x h)}{\partial x} + W\right]\Delta x \Delta t$$

小土体内水量的变化必然会引起潜水面的升降。设潜水面变化的速率为 $\frac{\partial H}{\partial t}$，则在 Δt 时间内，由于潜水面变化而引起的小土体内水体积的增量为：$\mu \frac{\partial H}{\partial t}\Delta x \Delta t$。

当潜水面上升时 μ 为饱和差，下降时为给水度，此时忽略了水和固体骨架弹性贮存的变化。

由于假设水是不可压缩的，根据连续性原理，这两个增量应相等，即：

$$\left[-\frac{\partial (v_x h)}{\partial x} + W\right]\Delta x \Delta t = \mu \frac{\partial H}{\partial t}\Delta x \Delta t \quad (3.4.9)$$

将式（3.4.3）代入上式，得：

$$\frac{\partial}{\partial x}\left(h\frac{\partial H}{\partial x}\right) + \frac{W}{K} = \frac{\mu}{K}\frac{\partial H}{\partial t} \quad (3.4.10)$$

上式为有入渗补给的潜水含水层中地下水非稳定运动的基本方程（沿 x 方向的一维运动），通常称为 Boussinesq 方程。在二维运动情况下，可用类似方法导出相应的方程为：

$$\frac{\partial}{\partial x}\left(h\frac{\partial H}{\partial x}\right) + \frac{\partial}{\partial y}\left(h\frac{\partial H}{\partial y}\right) + \frac{W}{K} = \frac{\mu}{K}\frac{\partial H}{\partial t} \quad (3.4.11)$$

当隔水层水平时，上式中 $h=H$。

对于非均质含水层，Boussinesq 方程有如下形式：

$$\frac{\partial}{\partial x}\left(Kh\frac{\partial H}{\partial x}\right) + \frac{\partial}{\partial y}\left(Kh\frac{\partial H}{\partial y}\right) + W = \mu \frac{\partial H}{\partial t} \quad (3.4.12)$$

Boussinesq 方程是研究潜水运动的基本微分方程。方程中的含水层厚度 h 也是个未知数，因此，它是一个二阶非线性偏微分方程。除某些个别情况能找到几个特解外，一般没有解析解。为了求解，往往近似地把它转化为线性方程后求解，目前广泛采用的是数值法。

应注意，推导方程时应用了 Dupuit 假设，忽略了弹性贮存；取的小土体是一个包括整个含水层厚度在内的土柱，与推导承压水非稳定运动方程时取的无限小的单元体不同。因此，应用 Boussinesq 方程得到的 $H(x, y, t)$ 只代表该点整个含水层厚度上平均水头的近似值，不能用它来计算同一垂直剖面上不同点的水头变化。对某些无压渗流问题，如排水沟降低地下水位及土坝渗流等是不适用的，应采用不用 Dupuit 假设的一般形式的方程：

$$\frac{\partial}{\partial x}\left(K\frac{\partial H}{\partial x}\right) + \frac{\partial}{\partial y}\left(K\frac{\partial H}{\partial y}\right) + \frac{\partial}{\partial z}\left(K\frac{\partial H}{\partial z}\right) = \mu_s \frac{\partial H}{\partial t} \quad (3.4.13)$$

对各向异性介质，如把坐标轴取得与各向异性的主方向一致，则有：

$$\frac{\partial}{\partial x}\left(K_{xx}\frac{\partial H}{\partial x}\right)+\frac{\partial}{\partial y}\left(K_{yy}\frac{\partial H}{\partial y}\right)+\frac{\partial}{\partial z}\left(K_{zz}\frac{\partial H}{\partial z}\right)=\mu_s\frac{\partial H}{\partial t} \quad (3.4.14)$$

对无压渗流来说，它的弹性释水与潜水面下降疏干出来的水量相比，是微不足道的。因此，有时干脆把式（3.4.13）和式（3.4.14）的右端项以零代替，认为无压渗流区内水头应满足方程：

$$\frac{\partial}{\partial x}\left(K\frac{\partial H}{\partial x}\right)+\frac{\partial}{\partial y}\left(K\frac{\partial H}{\partial y}\right)+\frac{\partial}{\partial z}\left(K\frac{\partial H}{\partial z}\right)=0 \quad (3.4.15)$$

或：

$$\frac{\partial}{\partial x}\left(K_{xx}\frac{\partial H}{\partial x}\right)+\frac{\partial}{\partial y}\left(K_{yy}\frac{\partial H}{\partial y}\right)+\frac{\partial}{\partial z}\left(K_{zz}\frac{\partial H}{\partial z}\right)=0 \quad (3.4.16)$$

注意，这时相当于假设固体骨架是不可压缩的，$\mu_s=0$，同时一开始曾假设忽略水的压缩性，即 $\rho=$ 常数，故右端项为零。

这些方程与承压含水层中水头应满足的方程没有什么不同。方程右端采用的是贮水率 μ_s 而不是给水度或饱和差 μ。其原因是为了计算渗流区内任一点的水头，必须从渗流区内部取一个无限小的单元体来考虑。对这样的单元体来说，因位于渗流区内部，考虑其贮存量的变化时只能是弹性释水而不是疏干排水，因而推导出的无压水非稳定运动方程和承压水非稳定运动方程就没有什么不同了。在这种情况下，地下水非稳定流动的特征则由边界条件反映。如潜水面升降所引起的水量变化可以作为边界条件来处理。因为潜水面是渗流区的上部边界，潜水面升降所引起的水量变化可以作为一种补给水源（水位上升时取负值），用第二类边界条件来处理，其具体处理方法将在本章定解条件一节中予以阐述。式（3.4.13）或式（3.4.14）与以后将要谈到的潜水面应满足的边界条件结合起来，便可求解一般的无压渗流问题（当然，还要结合反映渗流区具体情况的其他定解条件）。

对潜水位变化很小的情况，和承压水流一样，可以看成是稳定运动。潜水稳定运动的方程式，当不存在入渗和蒸发时，由式（3.4.12）和式（3.4.11），令右端项为零，得：

$$\frac{\partial}{\partial x}\left(Kh\frac{\partial H}{\partial x}\right)+\frac{\partial}{\partial y}\left(Kh\frac{\partial H}{\partial y}\right)=0 \quad (3.4.17)$$

$$\frac{\partial}{\partial x}\left(h\frac{\partial H}{\partial x}\right)+\frac{\partial}{\partial y}\left(h\frac{\partial H}{\partial y}\right)=0 \quad (3.4.18)$$

在有些文献中，把式（3.2.15）和式（3.4.12）写成一个统一的表达式：

$$\frac{\partial}{\partial x}\left(F\frac{\partial H}{\partial x}\right)+\frac{\partial}{\partial y}\left(F\frac{\partial H}{\partial y}\right)+W=E\frac{\partial H}{\partial t} \quad (3.4.19)$$

式中：

$$F=\begin{cases} T=KM, & \text{在承压含水层区} \\ Kh=K(H-z), & \text{在潜水含水层区} \end{cases}$$

$$E=\begin{cases} \mu^*, & \text{在承压含水层区} \\ \mu, & \text{在潜水含水层区} \end{cases}$$

z 为含水层底板标高。

3.5 定 解 条 件

从前面几节可以看出，不同类型的地下水流用不同形式的偏微分方程描述；同一形式的偏微分方程又代表着整个一大类地下水流的运动规律。例如，均质各向同性无越流承压含水层中地下水的稳定渗流都用一个 Laplace 方程描述。但由于补给、径流、排泄条件的差异，以及边界性质、边界形状的不同，不同含水层中水头的分布却毫无共同之处。如用它来研究地下水向井的运动和坝下渗流，两者的水头分布是不会相同的。非稳定渗流问题的情况也是相似的。由于方程本身并不包含反映渗流区特定条件的信息，所以每个方程有无数个可能的解，每一个解对应于一个特定渗流区中的水流情况。

为了从大量可能解中求得和所研究特定问题相对应的唯一的特解，就需要提供偏微分方程本身所没有包括的一些补充信息。它们是：

(1) 方程中有关参数的值。方程中总是包含一些表示含水层水文地质特征的参数，如导水系数 T、贮水系数 μ^* 等。有时还包含表示含水层所受天然或人为影响的源汇项 W。只有当这些参数在所研究的渗流区中的实际数值被确定后，方程本身才算确定。

(2) 渗流区的范围和形状（边界有时是无限的，有时部分是未知的）。一个偏微分方程，只有规定了它所定义的区域（即渗流区）后，才能谈得上对它的求解。

(3) 边界条件，即渗透区边界所处的条件，用来表示水头 H（或渗流量 q）在渗流区边界上所应满足的条件，也就是渗流区内水流与其周围环境相互制约的关系。

(4) 初始条件。非稳定渗流问题，除了需要列出边界条件外，还要列出初始条件。所谓初始条件就是在某一选定的初始时刻（$t=0$）渗流区内水头 H 的分布情况。

边界条件和初始条件合称定解条件。求解非稳定渗流问题要同时列出边界条件和初始条件；求解稳定渗流问题只要列出边界条件就够了。一个或一组数学方程与其定解条件加在一起，构成一个描述某实际问题的数学模型。前者用来刻画研究区地下水的流动规律，后者用来表明所研究实际问题的特定条件，两者缺一不可。我们用这样的模型来再现一个实际水流系统。给定了方程或方程组和相应定解条件的数学物理问题又称定解问题。因此，所求的某个渗流问题的解，必然是这样的函数：一方面要适合该渗流区地下水运动的偏微分方程（或方程组），另一方面又要满足该渗流区的边界条件和初始条件。

如以 D 表示所考虑的渗流区，在三维空间中它是由光滑或分片光滑的曲面 S 所围成的一个立体；在二维空间中，它是由光滑或分段光滑的曲线 Γ 所围成的一个平面。除了由封闭曲线、曲面所围成的有限区域外，有时还可能碰到在某个方向或各个方向上可以把所考虑的渗流区视为无限延伸的区域的情况。

下面我们分别介绍地下水流问题中定解条件的类型。

3.5.1 边界条件

地下水流问题中碰到的边界条件有下列几种类型。

3.5.1.1 第一类边界条件（Dirichlet 条件）

如果在某一部分边界（设为 S_1 或 Γ_1）上，各点在每一时刻的水头都是已知的，则这部分边界就称为第一类边界或给定水头的边界，表示为：

$$\begin{cases} H(x,y,z,t)|_{s_1} = f_1(x,y,z,t) \\ (x,y,z) \in S_1 \end{cases} \quad (3.5.1)$$

或：

$$\begin{cases} H(x,y,t)|_{\Gamma_1} = f_2(x,y,t) \\ (x,y) \in \Gamma_1 \end{cases} \quad (3.5.2)$$

式中：$H(x,y,z,t)$ 和 $H(x,y,t)$ 分别表示在三维和二维条件下边界段 S_1 和 Γ_1 上点 (x,y,z) 和 (x,y) 在 t 时刻的水头；$f_1(x,y,z,t)$ 和 $f_2(x,y,t)$ 分别是 S_1 和 Γ_1 上的已知函数。

可以作为第一类边界条件来处理的情况不少，例如当河流或湖泊切割含水层，两者有直接水力联系时，这部分边界就可以作为第一类边界处理。此时，水头 f_1 和 f_2 是一个由湖水位的统计资料得到的关于 t 的函数。但要注意，某些河、湖底部及两侧沉积有一些粉砂、亚黏土和黏土，使地下水和地表水的直接水力联系受阻，就不能作为第一类边界条件来处理。区域内部的抽水井或疏干巷道也可以作为给定水头的内边界来处理。此时，水头通常是按某种要求事先给定。

注意，给定水头边界不一定是定水头边界。上面介绍的都只是给定水头的边界。所谓定水头边界，意味着函数 f_1 和 f_2 不随时间而变化。当区域内部的水头比它低时，它就供给水，要多少有多少。当区域内部的水头比它高时，它吸收水，需要它吸收多少就吸收多少。在自然界，这种情况很少见。就是附近有河流、湖泊，也不一定能处理为定水头边界，还要视河流、湖泊与地下水水力联系的情况，以及这些地表水体本身的径流特征而定。在没有充分依据的情况下，千万不要随意把某段边界确定为定水头边界，以免造成很大误差。

3.5.1.2 第二类边界条件（Neumann 条件）

当知道某一部分边界（设为 S_2 或 Γ_2）单位面积（二维空间为单位宽度）上流入（流出时用负值）的流量 q 时，称为第二类边界或给定流量的边界。相应的边界条件表示为：

$$\begin{cases} K \dfrac{\partial H}{\partial n} \bigg|_{s_2} = q_1(x,y,z,t) \\ (x,y,t) \in s_2 \end{cases} \quad (3.5.3)$$

或：

$$\begin{cases} T \dfrac{\partial H}{\partial n} \bigg|_{\Gamma_2} = q_2(x,y,t) \\ (x,y) \in \Gamma_2 \end{cases} \quad (3.5.4)$$

式中：n 为边界 S_2 或 Γ_2 的外法线方向；q_1 和 q_2 则为已知函数，分别表示 S_2 上单位面积和 Γ_2 上单位宽度的侧向补给量。

最常见的这类边界就是隔水边界，此时侧向补给量 $q=0$。在介质各向同性的条件下，上面两个表达式都可简化为：

$$\frac{\partial H}{\partial n} = 0 \qquad (3.5.5)$$

边界条件式（3.5.5）还可用在下列场合：①地下分水岭；②流线。

抽水井或注水井也可以作为内边界来处理。取井壁 Γ_w 为边界，根据 Darcy 定律有：

$$2\pi rT \frac{\partial H}{\partial r} = Q(x,y,t) \qquad (3.5.6)$$

式中：r 为径向距离；Q 为抽水井流量（$Q<0$，为注水井流量）。

由于此时外法线方向 n 指向井心，故上式可改写为下列形式：

$$T \frac{\partial H}{\partial n}\bigg|_{\Gamma w} = -\frac{Q}{2\pi r_w} \qquad (3.5.7)$$

式中：r_w 为井的半径。

3.5.1.3　第三类边界条件

若某段边界 S_3 或 Γ_3 上 H 和 $\frac{\partial H}{\partial n}$ 的线性组合已知，即：

$$\frac{\partial H}{\partial n} + aH = b \qquad (3.5.8)$$

式中：a，b 为已知函数，这种类型的边界条件称为第三类边界条件或混合边界条件。

（1）边界条件举例1：边界的性质和边界距抽水井的距离对计算结果有很大影响，具体选用时必须慎重。在实际工作中，必须用相当多的勘探工作量查明边界的性质，以便正确地确定边界条件。

以不考虑入渗补给的地下水向井中的稳定运动（图3.5.1）为例，来具体说明它的边界条件。在图3.5.1所示的渗流区中，水头 H 在各边界上必须适合的条件如下。

在上游边界 C_1 上，水头均假设等于 H_0，所以有边界条件：

$$H\big|_{C_1} = H_0 \qquad (3.5.9)$$

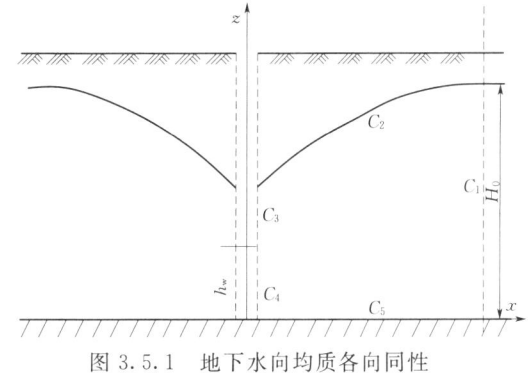

图3.5.1　地下水向均质各向同性介质中水井的稳定运动

浸润曲线 C_2 上，压强等于大气压强，测压管高度等于零，C_2 上任何一点的水头 H 应等于该点的纵坐标 z：

$$H\big|_{C_2} = z \qquad (3.5.10)$$

同时，浸润曲线又是一条流线，所以有边界条件：

$$\frac{\partial H}{\partial n}\bigg|_{C_2} = 0 \qquad (3.5.11)$$

渗出面 C_3 上，压强也等于大气压强，故有：

$$H\big|_{C_3} = z \qquad (3.5.12)$$

井壁 C_4 上，边界条件为：

$$H\big|_{C_4} = h_w \tag{3.5.13}$$

隔水边界 C_5 上，边界条件为：

$$\frac{\partial H}{\partial n}\bigg|_{C_5} = 0 \tag{3.5.14}$$

对于非稳定渗流问题，情况相似只是边界条件中有关值都是时间的函数而已。

(2) 边界条件举例 2：如图 3.5.2 所示的孔隙水二维稳态流动模型，边界条件为：

$H = H_1$, $(x, z) \in AB$ （H_1 为设定的稳定上游水头）

$H = H_2$, $(x, z) \in DE$ （H_2 为设定的稳定下游水头）

$H = z$, $(x, z) \in CD$ （CD 为坝体外渗面）

$\dfrac{\partial H}{\partial z} = 0$, $(x, z) \in AE$ （设坝体底面 AE 不透水）

$H = z$, $(x, z) \in BC$ （BC 为孔隙水自由面）

$\dfrac{\partial H}{\partial z} = 0$, $(x, z) \in BC$ （n 为孔隙水自由面 BC 的法线方向）

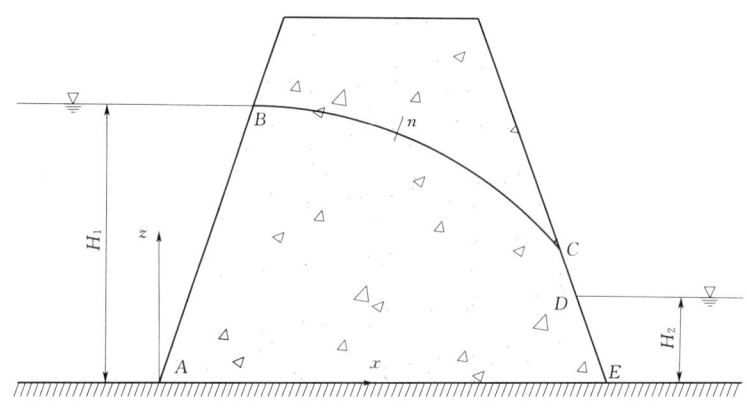

图 3.5.2　均质土坝二维稳定渗流模型

3.5.2　初始条件

所谓初始条件，就是给定某一选定时刻（通常表示为 $t = 0$）渗流区内各点的水头值，即：

$$\begin{cases} H(x,y,z,t)\big|_{t=0} = H_0(x,y,z) \\ (x,y,z) \in D \end{cases} \tag{3.5.15}$$

或：

$$\begin{cases} H(x,y,t)\big|_{t=0} = H'_0(x,y) \\ (x,y) \in D \end{cases} \tag{3.5.16}$$

式中：H_0，H_0' 为渗流区 D 上的已知函数。

初始条件对计算结果的影响，将随着计算时间的延长逐渐减弱。可以根据需要，任意选择某一个瞬时作为初始时刻，不一定是实际开始抽水的时刻，也不要把初始状态理解为地下水没有开采以前的状态。

3.6 描述地下水运动的数学模型及其解法

3.6.1 地下水流问题的数学模型

要确定一个地下水流问题的数学模型，只有在查明地质、水文地质条件的基础上才有可能。但天然地质体一般比较复杂，且处于不停的变动之中。为了便于解决问题，必须忽略一些和研究问题无关或关系不大的因素，使问题简化。这种对地质、水文地质条件加以概化后所得到的是天然地质体的一个物理模型。再从这个物理模型出发，用简洁的数学语言，即一组数学关系式来刻画它的数量关系和空间形式，从而反映所研究地质体的地质、水文地质条件和地下水运动的基本特征，达到复制或再现一个实际水流系统基本状态的目的。这样建立的一种数学结构便是数学模型，这个过程通常称为建立模型。

数学模型有两类。如果数学关系式中含有一个或多个随机变量的模型称为随机模型。如果数学模型中各变量之间有严格确定的关系，则称为确定性模型。本书主要讨论后者。

（1）用确定性模型来描述实际地下水流时，如前述，必须具备下列条件：

1）有一个（或一组）能描述这类地下水运动规律的偏微分方程；同时，确定了相应渗流区的范围、形状和方程中出现的各种参数值。

2）给出了相应的定解条件。

但问题到此并没有完结，因为这时我们对通过上述步骤建立的模型是否能确实代表所研究的地质体还没有把握；模型中出现的参数这时一般也不能确切给出。因此，必须对所建立的模型进行检验，即把模型预测的结果与通过抽水试验或其他试验对含水层施加某种影响后所得到的实际观测结果或一个地区地下水动态长期观测资料进行比较，看两者是否一致。若不一致，就要对模型进行校正，即修正条件1）和2），直至满意地拟合为止。这一步骤称为识别模型或校正模型。

经过校正后的模型，能代表所研究的地质体，或者说是实际水流系统的复制品了，因而可以根据需要，用这个模型进行计算或预测，例如预测矿床疏干时的涌水量及地下水污染情况预测等。

（2）模拟实际问题的数学模型还应满足下列基本条件：

1）解（即满足上述条件1）和2）的解）是存在的（存在性）；

2）解是唯一的（唯一性）；

3）这个解对原始数据是连续依赖的（稳定性）。

要求所提问题的解存在和唯一是不言而喻的。第三个条件，即稳定性的要求，意味着当参数或定解条件发生微小变化时，所引起的解的变化也是很微小的。只有有了这条保证，当参数和定解条件的数据有某些误差时，所求得的解才能仍然接近于真解；否则，解是不可信的，并应该认为此时的数学模型是有毛病的。在实际工作中，原始数据有某种误差,在所难免,所以这个条件很重要。满足上述三个条件的问题称为适定问题,只要有一条不满足就是不适定问题。

下面我们通过几个例子来说明如何用数学模型来描述地下水流问题。

[例 3.6.1] 研究区的地质情况如图 3.6.1 所示。设 $W(x, y, t)$ 代表单位时间、单位面积上的垂向补给量,$P(x, y, t)$ 为计划开采区单位面积上的抽水流量,试写出它的数学模型。

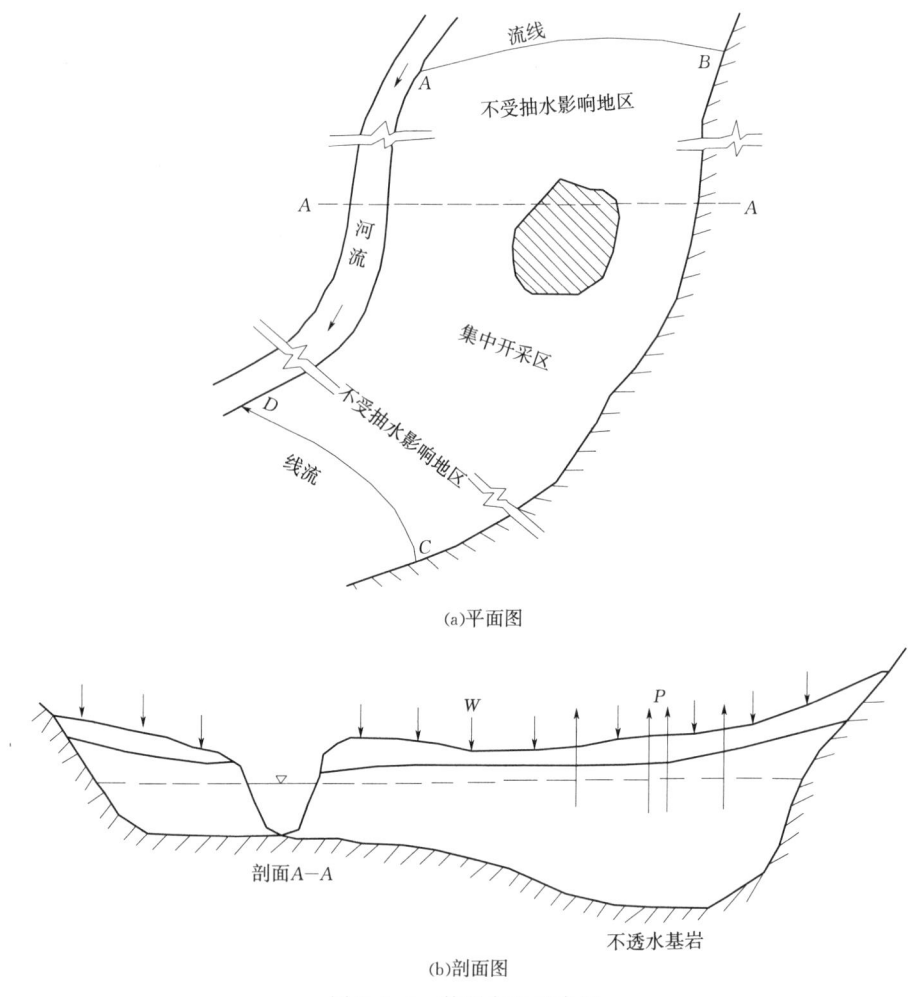

图 3.6.1 某研究区示意图

边界 BC 为天然隔水边界。河流切割整个含水层,两者有密切的水力联系。因此,边界 AD 可以作第一类边界处理。另外,有两个方向没有天然边界,含水层延伸很远,如何处理?

一种办法是在远离开采区的、实际上不受该区抽水影响的地段人为地划定一条边界。在该地段根据有关资料选择由若干个有动态观测资料的钻孔组成的连线或选择一条等水头线或流线作为边界。在图 3.6.1 中,以两条流线(BA 和 CD)作为边界。这时计算区就由 ABCDA 所围的区域组成。边界 BA 和 CD 是在假设那里实际上不受抽水影响的前提下人为划定的。显然，这个假设是否有效还要经过检验。另一种方法是在计算结束后把边界移向更远的地方，重复进行计算。如水位降深事实上不怎么受影响，则边界选择是合理的；否则，应把边界移到更远离开采区的地方，直至边界附近水头没有明显影响为止。

根据给出的条件描述这一潜水流的方程应是式（3.4.12）。渗流区是 ABCDA，记为 D。边界 BA 和 CD 相当于隔水边界。数学模型如下：

$$\left.\begin{array}{l}\frac{\partial}{\partial x}\left[K(H-z)\frac{\partial H}{\partial x}\right]+\frac{\partial}{\partial y}\left[K(H-z)\frac{\partial H}{\partial y}\right]+W-P=\mu\frac{\partial H}{\partial t};(x,y)\in D, t\geqslant 0\\ H(x,y,0)=H_0(x,y);(x,y)\in D\\ H(x,y,t)=f(x,y,t);\text{在 AD 上}\\ \frac{\partial H}{\partial n}=0;\text{在 AB, BC 和 CD 上}\end{array}\right\}$$

(3.6.1)

式中：H_0，f 为已知函数；f 为不同时刻的河水位；$z(x,y)$ 为隔水层标高。

[**例 3.6.2**]　　有的河流，由于河底有一弱透水层，河水与地下水没有直接的水力联系，只是通过弱透水层越流补给地下水。这段河流就不能作为第一类边界处理，应作越流项处理。如其他情况假设与上例相似，则方程式应改写为：

$$\frac{\partial}{\partial x}\left[K(H-z)\frac{\partial H}{\partial x}\right]+\frac{\partial}{\partial y}\left[K(H-z)\frac{\partial H}{\partial y}\right]+\frac{K_z}{m_z}(H_z-H)+W-P=\mu\frac{\partial H}{\partial t}$$

(3.6.2)

如抽水按式（3.5.7）处理，则去掉式（3.6.2）左端 P 这一项，另加边界条件：

$$K(H-z)\frac{\partial H}{\partial n}\bigg|_{\Gamma_{w_j}}=-\frac{Q_j}{2\pi r_{w_j}}(j=1,2,\cdots,n)$$

(3.6.3)

式中：K_z 和 m_z 分别为河底弱透水层的垂向渗透系数和厚度；H_z 为作越流项处理的河流的水位，均为已知值；r_{w_j} 和 Q_j 分别为第 j 口井的半径和流量；n 为井数。

有了数学模型后，如果给定含水层的水文地质参数（T，μ 等）和定解条件，就可以求解水头 H。这类问题常称为正问题或水头预报问题。如果根据动态观测资料或抽水试验资料反过来确定水文地质参数，那么这一类问题就是前者的逆问题或反求参数问题（有关地下水渗流的反分析方法将在第 9 章中讲解）。

3.6.2　地下水流问题的解法

对于正问题通常有 3 种解法：①解析法；②数值法；③模拟法。

3.6.2.1　解析法

用解析方法求解数学问题可以得到解的解析表达式，通常称为解析解或精确解。应用解析表达式可以给出所求未知量 H 在各种参数值的情况下渗流区中任何一点上的值（非稳定渗流问题给出的还是任意时刻的值）。有了这种表达式后，一般用起来比较简便。因此，在可能条件下应尽量利用这种方法。但是，这种方法有很大的局限性，只适用于含水层几何形状规则、方程式简单、边界条件单一的情况。例如均质各向同性、等厚的含水层。渗流区是圆形、矩形或者无限的，只有定水头边界或隔水边界等。实际问题往往复杂得多，如含水层边界形状不规则，厚度变化，非均质和各向异性，多种边界条件同时存在等，这些问题一般都找不到它的解析解，不得不应用别的方法去求它的近似解

（有关解析法的应用将在第 6 章中讲解）。

3.6.2.2 数值法

用数值方法求得的解称为数值解。它是一种近似解。用数值法求解一般都要借助于计算机。它是求解大型地下水流问题的主要方法。这种方法的要点是把整个渗流区分割成若干个形状规则的小块（称为单元）。这些小块，可以近似地看成是均质的，因而很容易建立起描述各个单元地下水流动的关系式。把本来是形状不规则的、非均质问题转化为容易计算的形状规则的、均质问题。各个单元可以根据需要选择合适的水文地质参数，单元形状也可以不同。把所有单元合在一起就能表现出渗流区域在几何上的不规则形状和在水文地质上的非均质性，代表原来的渗流区。单元划分多少，根据计算结果的精度要求可以任意选择。要求精度高，剖分的单元就要多一些，相应的计算工作量也要大一些。对于非稳定渗流问题，还要把整个计算时间段划分为许多时段，它们的集合就是原来所要研究的时间段。划分多少个时段，也和单元的划分一样，可以视需要选择。这时所建立的是描述某时段每个单元地下水流动的关系式。

然后通过某种方式把这些关系式集合起来，加上定解条件便成为一个方程组，求解这个方程组便可得到该时段原问题的解。这个时段解决了，按划分的时段，一个时段一个时段地算下去，直到把划分的时段全部算完为止。这样未知量（通常是水头或降深）随时间和空间变化的过程就模拟出来了。

因此，这种方法的特点是把全体分割成很多部分，然后再由部分到全体（称为离散化）。用这种方法所求得的解只是渗流区中离散点（如各单元的公共顶点或单元的中心点）上未知量满足某种精度要求的近似值。它不能像解析法那样能给出未知量在渗流区中任何一点在任意时刻的值。

数值法可以很方便地处理解析法难以解决的困难。事实上，它对任何复杂的地下水流问题都能给出有足够精度的解，适用于水文地质的很多领域，如水量计算、水质模拟等。常用的数值法有有限差分法和有限单元法等（有关数值法的计算分析方法及应用将在第 8 章中讲解）。

3.6.2.3 模拟法

利用其他物理现象（如电流）和水流的相似性，在实验室用模拟实验的方法求解（有关模拟法的基本原理及应用将在第 8 章中讲解）。

思 考 题 与 习 题

3.1 基本微分方程中没有包含水的密度，为什么说它表示了质量守恒定律？

3.2 推导渗流的连续性方程、承压水运动的基本微分方程、半承压水运动的基本微分方程、潜水运动的基本微分方程（选做其二）。

3.3 为什么初始时刻可以任意选定，不一定选用地下水的原始状态？

3.4 为什么可以根据具体条件任意用一个区作为计算区，它的周界就作为边界？

3.5 如果选用天然边界作为计算区边界，有什么优越性？

3.6 边界上的泉一般作为什么边界条件？如在开采过程中泉水可能被疏干，还能作为边界吗？

3.7 为什么一定要有识别（校正）模型这个阶段？直接用野外试验所得的参数值和边界条件建立模型，不经过上述阶段行不行？

3.8 下图所示为均质、各向同性的潜水含水层，地下水流为平面非稳定流，且与河水有直接的水力联系。已知渗流区内的 A 区为稻田区，其灌溉水的补给强度 W（m/d）；B 区为开采区，其开采强度为 ε（m/d），在 A、B 区的右侧有 3 口分散的开采井，其开采量分别为 Q_1、Q_2 和 Q_3（m³/d）。区内其他地方均没有垂直方向的水量交换，试写出该地区地下水运动的数学模型。

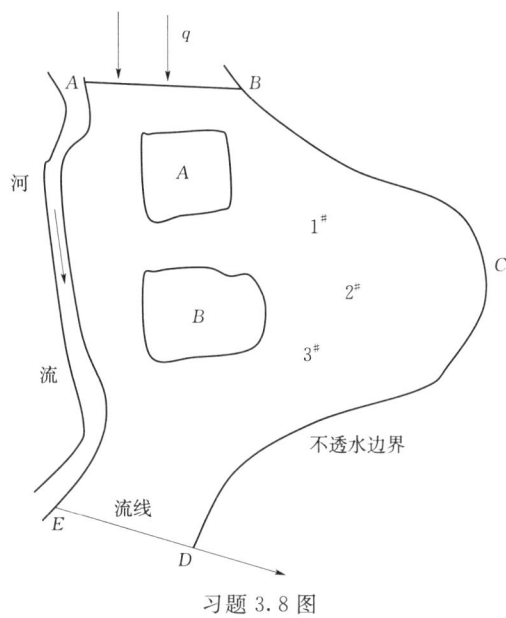

习题 3.8 图

第4章 河渠地下水渗流理论

在介绍地下水渗流力学基本概念、基础理论的基础上,结合实际工程问题建立地下水渗流理论。本章介绍河渠地下水渗流理论。河渠是最常见的水工建筑,河渠的渗流问题也是普遍关注的问题,研究河渠附近地下水运动规律,对地下水资源评价、人工排水和灌溉等具有重要意义。

4.1 承压含水层

4.1.1 隔水底板水平的承压水运动

均质、等厚的承压含水层,若存在两条互相平行且切穿含水层的河流或渠道,当水位稳定足够时间后,地下水可形成稳定流动。如果河渠岸坡陡峭,那么可以将河渠岸坡等效为垂直边坡,这时该含水层地下水的流线是一系列平行的直线,即一维流动,两河之间的水头线是一条下降的直线,见图4.1.1。对于定水头条件下的一维的地下水稳定渗流,其连续性方程退化为常微分方程,设图中两河(即河1、河2)之间的距离为 l,河1的水位为 H_1,河2的水位为 H_2($H_1 > H_2$),且以隔水底板所在的水平面为零势面,那么根据前文中所述的地下水运动微分方程在这里可以简化为:

$$\begin{cases} \dfrac{d^2 H}{dx^2} = 0 \\ H|_{x=0} = H_1 \\ H|_{x=l} = H_2 \end{cases} \quad (4.1.1)$$

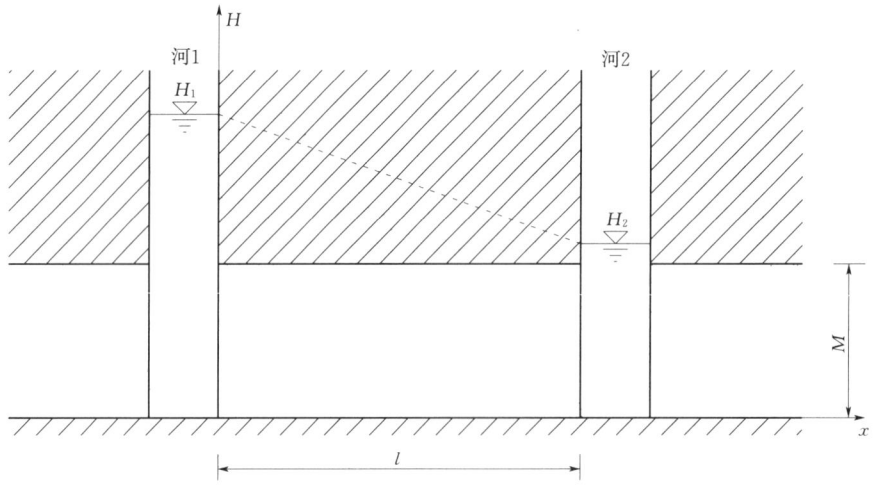

图 4.1.1 隔水底板水平的承压水稳定运动

对上式进行两次不定积分，并将边界条件代入，可以得到模型的解，即：

$$H = H_1 - \frac{H_1 - H_2}{l}x \tag{4.1.2}$$

式（4.1.2）即是承压含水层地下水一维稳定流的水头线方程。从上式可以看出，承压条件下两平行河渠间的水头线是一条直线，直线的斜率和上、下游水头差与河渠间距有关，水头 H 的分布与渗透系数 K 无关。

在进行河渠渗流的分析时，河渠之间的补给量是研究的重要问题，为求任意断面的流量 Q，根据达西定律：

$$Q = KAJ = -KMB \frac{\mathrm{d}H}{\mathrm{d}x} \tag{4.1.3}$$

式中：K 为渗透系数；A 为过流断面的面积；M 为含水层的厚度；B 为过流断面的宽度。

从而单宽流量可以写为：

$$q = -KM \frac{\mathrm{d}H}{\mathrm{d}x} \tag{4.1.4}$$

根据式（4.1.2）可以得到水力梯度的表达式为：

$$J = -\frac{\mathrm{d}H}{\mathrm{d}x} = \frac{H_1 - H_2}{l} \tag{4.1.5}$$

代入式（4.1.4）中可得单宽流量的表达式为：

$$q = KM \frac{H_1 - H_2}{l} \tag{4.1.6}$$

4.1.2 隔水底板倾斜的承压水运动

上述结果是在隔水底板为水平的条件下解得的，如果底板为倾斜的平面，倾角（即与水平面的夹角）为 α，但倾斜的角度不是很大，那么含水层内的地下水运动依然可以近似为一维渗流。设 $x=0$ 处的含水层厚度为 M_1，$x=l$ 处的含水层厚度为 M_2（$M_1 > M_2$，如图 4.1.2 所示），那么含水层厚度的方程为：

$$M(x) = M_1 - \frac{M_1 - M_2}{l}x \tag{4.1.7}$$

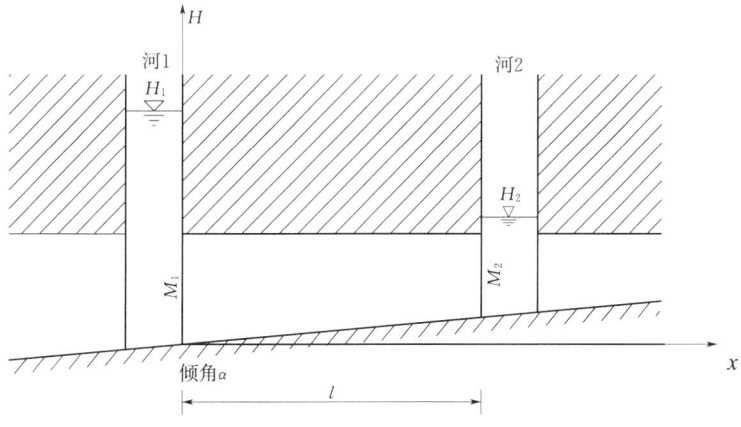

图 4.1.2 隔水底板倾斜的承压水稳定运动

由于含水层厚度是变化的，渗流的连续性方程可以写成如下形式：

$$\begin{cases} \dfrac{d\left[M(x)\dfrac{dH}{dx}\right]}{dx} = 0 \\ H\mid_{x=0} = H_1 \\ H\mid_{x=l} = H_2 \end{cases} \quad (4.1.8)$$

采用不定积分对模型进行求解，即：

$$\frac{dH}{dx} = \frac{C_1}{M(x)} \quad (4.1.9)$$

将含水层厚度 $M(x)$ 的表达式代入，再求一次不定积分，得：

$$H = -\frac{C_1 l}{M_1 - M_2}\ln\left(M_1 - \frac{M_1 - M_2}{l}x\right) + C_2 \quad (4.1.10)$$

将边界条件代入上式中，即可以求出水头沿程变化的表达式：

$$H = \frac{H_1 - H_2}{\ln M_1 - \ln M_2}\ln\left(M_1 - \frac{M_1 - M_2}{l}x\right) + \frac{H_2\ln M_1 - H_1\ln M_2}{\ln M_1 - \ln M_2} \quad (4.1.11)$$

任一断面上的单宽流量为：

$$q = -KM\frac{dH}{dx} = \frac{K(M_1 - M_2)(H_1 - H_2)}{l(\ln M_1 - \ln M_2)} \quad (4.1.12)$$

4.1.3 算例

如图4.1.2所示的承压含水层中，含水层的渗透系数为 10^{-5} m/s，两河间距 l 为20m，河1水位为10m，河2水位为5m，河1处含水层厚度 $M_1=4$m，河2处含水层厚度 $M_2=3$m，即隔水底板的倾角：

$$\alpha = \arctan\frac{M_1 - M_2}{l} = 2.86°$$

将以上各参数代入式（4.1.11），得到水头沿程变化方程为：

$$\begin{aligned} H &= \frac{10-5}{\ln 4 - \ln 3}\ln\left(4 - \frac{4-3}{20}x\right) + \frac{5\ln 4 - 10\ln 3}{\ln 4 - \ln 3} \\ &= 17.38\ln(4 - 0.05x) - 14.09 \end{aligned} \quad (4.1.13)$$

任一断面上的单宽流量为：

$$q = \frac{10^{-5} \times (4-3) \times (10-5)}{20 \times (\ln 4 - \ln 3)} = 8.7 \times 10^{-6} (\text{m}^3/\text{s})$$

如果河2处含水层厚度 $M_2=1$m，而其他条件保持不变，那么隔水底板的倾角：

$$\alpha = \arctan\frac{M_1 - M_2}{l} = 8.53°$$

将以上各参数代入式（4.1.11），得到水头沿程变化方程为：

$$\begin{aligned} H &= \frac{10-5}{\ln 4 - \ln 1}\ln\left(4 - \frac{4-1}{20}x\right) + \frac{5\ln 4 - 10\ln 1}{\ln 4 - \ln 1} \\ &= 3.61\ln(4 - 0.15x) + 5 \end{aligned} \quad (4.1.14)$$

任一断面上的单宽流量为：

$$q = \frac{10^{-5} \times (4-1) \times (10-5)}{20 \times (\ln 4 - \ln 1)} = 5.4 \times 10^{-6} (\text{m}^3/\text{s})$$

在推导式（4.1.11）时，假定了地下水在含水层中依然是一维流动，即在含水层垂直方向上水头大小相等，为了验证这一假定的适应情况，利用数值模拟方法对上述算例进行求解。图4.1.3～图4.1.6为上述两种倾斜底板条件下承压水运动的有限元模拟结果。可以看出，在倾斜底板条件下，靠近含水层底板的位置，等水头线出现了弯曲，而且随着底板倾角的增加，这种弯曲现象更加明显；同时，通过对流速的分析可以看出，在含水层顶部的流速分布基本呈水平状态，而在底部也出现了流速方向沿着底板的倾斜。

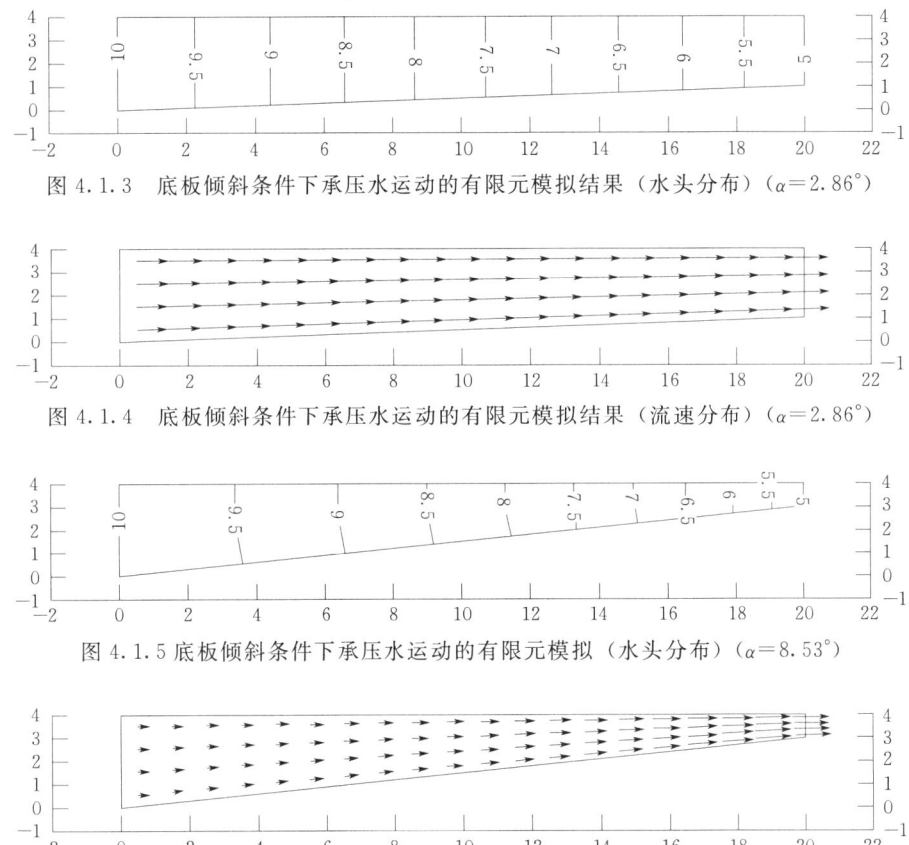

图4.1.3 底板倾斜条件下承压水运动的有限元模拟结果（水头分布）（$\alpha=2.86°$）

图4.1.4 底板倾斜条件下承压水运动的有限元模拟结果（流速分布）（$\alpha=2.86°$）

图4.1.5 底板倾斜条件下承压水运动的有限元模拟（水头分布）（$\alpha=8.53°$）

图4.1.6 底板倾斜条件下承压水运动的有限元模拟（流速分布）（$\alpha=8.53°$）

图4.1.7为利用式（4.1.11）得到的水头沿程分布与有限元模拟结果之间的对比，可以看出，随着底板倾斜角度的增加，沿程分布曲线越来越偏离直线，但式（4.1.11）与有限元模拟的结果非常的吻合；同时，有限元模拟得到的断面流量分别为$8.68\times10^{-6}\,\mathrm{m^3/s}$以及$5.38\times10^{-6}\,\mathrm{m^3/s}$，与式（4.1.12）的计算结果非常接近，说明用式（4.1.12）计算的结果具有很高的精确度，即对计算底板倾斜的承压地下水运动是适用的。

通过以上的对比与分析可以看出，式（4.1.11）计算底板倾斜承压含水层地下水运动的精确度很高，但与数值模拟的计算结果相比，存在有以下方面的差别：首先是水头的分布。根据假定，在垂直方向上水头的分布是相等的，即式（4.1.11）得到的等水头线是垂直分布的，而数值模拟的结果在底板附近的等水头线有一定的弯曲；其次是流速的分布。由于式（4.1.11）得到的等水头线是垂直分布的，因此得到的流速方向是水平

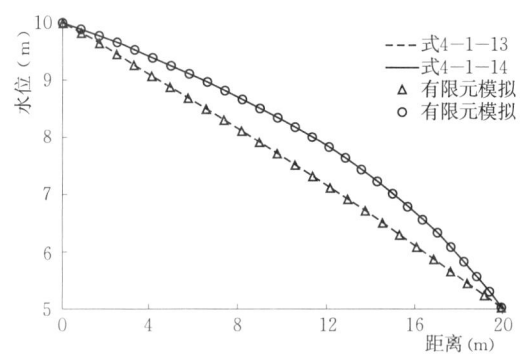

图 4.1.7 解析法与数值法得到的水头分布对比

分布的;而数值模拟得到的流速方向在底板附近流速有着明显的倾斜。无论是等水头线的弯曲还是流速方向的倾斜,都随隔水底板倾斜角度的增加变得越来越明显,因此,式(4.1.11)在计算倾斜角度较大的承压含水层地下水运动时,其计算误差也会较大,一般认为当底板倾斜角度小于20°时是适用的。

4.2 无入渗潜水含水层

4.2.1 隔水底板水平的潜水运动

这里所讨论的隔水底板水平且平面上流线平行的潜水含水层中地下水运动,其条件除了将等厚的承压含水层改为倾角为0的潜水层之外,其他都与上节相同。这时的潜水面已不是平面,而是如图4.2.1所示的上凸曲线。此时,水力坡度沿流向不再是常量,而是沿流向增大。显然,此条件下属于剖面二维流动 $\left(v_z = -K\dfrac{\partial H}{\partial z} \neq 0\right)$。这种条件下过水断面已不是平面而是曲面。

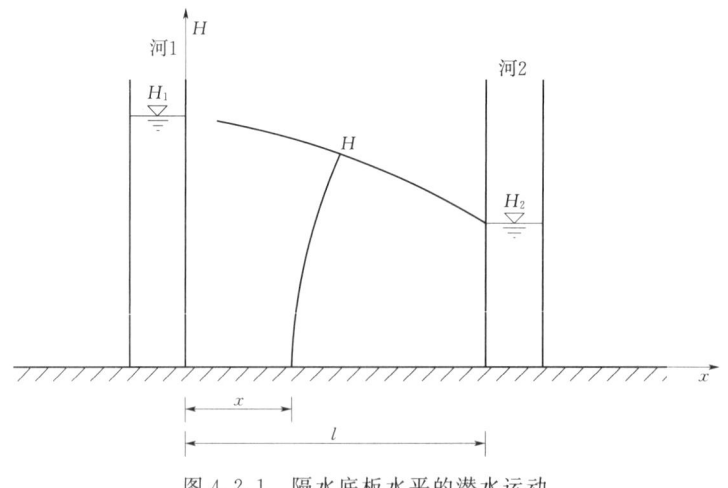

图 4.2.1 隔水底板水平的潜水运动

可见,水力梯度J不但沿流向变化,而且沿过水断面也不同,这给解析解带来了困难。

但如果允许引入 Dupuit 假定而忽略垂向分流速 $\left(\text{即令} \dfrac{\partial H}{\partial z} \approx 0\right)$，将铅垂面视为等水头面，则可把二维流问题降为一维流问题处理。此时，我们可以引进裘布依微分方程式：

$$q = -KH\dfrac{\mathrm{d}H}{\mathrm{d}x} \tag{4.2.1}$$

式中：$-\dfrac{\mathrm{d}H}{\mathrm{d}x}$ 为断面的水力梯度，它沿流向是变量。

对式（4.2.1）可以采用简便的定积分法求解。首先分离变量：

$$\dfrac{q}{K}\mathrm{d}x = -H\mathrm{d}H \tag{4.2.2}$$

由已知潜水位的断面 1 到已知潜水位的断面 2 作积分，即 x 由 $0 \to l$，H 由 $H_1 \to H_2$，得：

$$\int_0^l \dfrac{q}{K}\mathrm{d}x = \int_{H_1}^{H_2} -H\mathrm{d}H \tag{4.2.3}$$

对于均质土体，渗透系数 K 为常数，在无入渗、无蒸发条件下的稳定流动中，各断面的单宽流量相等，即 $q = C$（C 为常数），则：

$$\dfrac{q}{K}\int_0^l \mathrm{d}x = -\int_{H_1}^{H_2} H\mathrm{d}H \tag{4.2.4}$$

对等式两边求定积分，得：

$$q = \dfrac{K}{2l}(H_1^2 - H_2^2) \tag{4.2.5}$$

或：

$$q = K\dfrac{H_1 + H_2}{2}\dfrac{H_1 - H_2}{l} \tag{4.2.6}$$

同样采用改变积分限的方法求任意断面的水位值，即为式（4.2.4）中的积分，x 由 $0 \to x$，H 由 $H_1 \to H$，得：

$$\dfrac{q}{K}\int_0^x \mathrm{d}x = -\int_{H_1}^{H} H\mathrm{d}H \tag{4.2.7}$$

整理得：

$$\dfrac{q}{K}x = \dfrac{1}{2}(H_1^2 - H^2) \tag{4.2.8}$$

将式（4.2.5）代入上式，整理得：

$$H^2 = H_1^2 - (H_1^2 - H_2^2)\dfrac{x}{l} \tag{4.2.9}$$

或：

$$H = \sqrt{H_1^2 - (H_1^2 - H_2^2)\dfrac{x}{l}} \tag{4.2.10}$$

式中，只有 H 和 x 是变量。因此，给定一个 x 值，就可得到一个相应的 H 值，可在 $x \sim H$ 直角坐标系上得到一个点，计算一定的点数，它的连线就是该水流的水头线（潜水含水层中也称浸润线）。

由式（4.2.9），可知此水头线的特点：

（1）它是以 x 轴为对称轴的抛物线（上半支的一部分）；

(2) 它与渗透系数 K 值的大小无关。

式（4.2.9）是基于裘布依微分方程和水均衡原理直接通过定积分获得的解。我们也可以从布西涅斯克微分方程和它的定解条件构成的数学模型出发获得解，即：

$$\begin{cases} \dfrac{\mathrm{d}\left[H\dfrac{\mathrm{d}H}{\mathrm{d}x}\right]}{\mathrm{d}x} = 0 \\ H\mid_{x=0} = H_1 \\ H\mid_{x=l} = H_2 \end{cases} \tag{4.2.11}$$

即：

$$\begin{cases} \dfrac{\mathrm{d}}{\mathrm{d}x}\left[\dfrac{\mathrm{d}\left(\dfrac{H^2}{2}\right)}{\mathrm{d}x}\right] = 0 \\ H\mid_{x=0} = H_1 \\ H\mid_{x=l} = H_2 \end{cases} \tag{4.2.12}$$

将微分方程两次积分后得：

$$\dfrac{H^2}{2} = C_1 x + C_2 \tag{4.2.13}$$

C_1、C_2 由式（4.2.12）所示的边界条件，代入式（4.2.13）求 C_1、C_2 值，而最终也可得到式（4.2.9）。

4.2.2 隔水底板倾斜的潜水运动

隔水底板向上游倾斜且倾角较小的均质潜水含水层，若渗流宽度不变，则渗流厚度沿流向变小，水头线是曲线（见图 4.2.2）。从剖面上的流线分析，水流有水平和垂直两方向的分流速，属于剖面二维流。若允许引进裘布依假定，忽略垂向分流速，则水流可简化为一维流动计算。

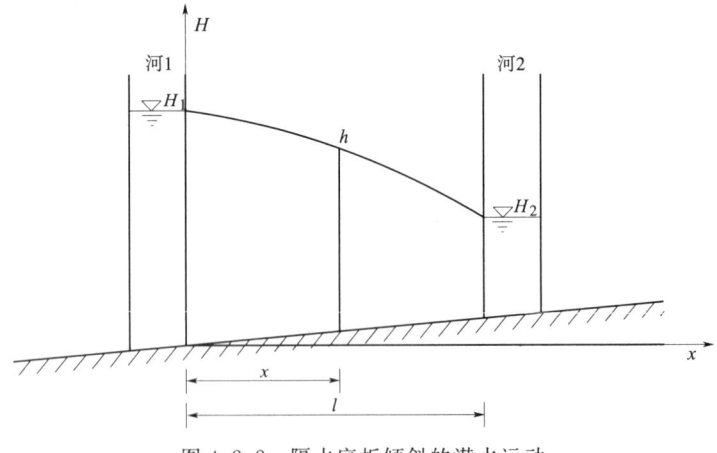

图 4.2.2 隔水底板倾斜的潜水运动

沿水平面方向取 x 轴，它和底板夹角为 α。零势面取在河 1 底面。当 α 的角度较小时，仍假定地下水运动符合裘布依假定。渗流长度可以用河渠间距 l 来近似表示，水力梯

度表示为 $-\dfrac{\mathrm{d}H}{\mathrm{d}x}$，仍采用积分法来求解。

根据裘布依微分方程：

$$q = -Kh\dfrac{\mathrm{d}H}{\mathrm{d}x} \tag{4.2.14}$$

分离变量后，由断面 1 至断面 2 积分：

$$\int_0^l \dfrac{q}{K}\dfrac{1}{h}\mathrm{d}x = \int_{H_1}^{H_2} -\mathrm{d}H \tag{4.2.15}$$

式中：h 为 x 的函数，即 $h = h(x)$，所以不能提到积分号前，且 h 与 x 之间的函数关系未知，无法积分。于是，根据积分中值定理近似求解，令：

$$\int_0^l \dfrac{1}{h}\mathrm{d}x = \dfrac{l}{h_m} \tag{4.2.16}$$

h_m 为 1、2 断面之间渗流的平均厚度，数值介于 h_1 与 h_2 之间，可得：

$$H_1 - H_2 = \dfrac{q}{K}\dfrac{l}{h_m} \tag{4.2.17}$$

移项后得：

$$q = Kh_m\dfrac{H_1 - H_2}{l} \tag{4.2.18}$$

近似取 $h_m = \dfrac{h_1 + h_2}{2}$，于是得到流量方程为：

$$q = K\dfrac{h_1 + h_2}{2}\dfrac{H_1 - H_2}{l} \tag{4.2.19}$$

下面讨论水头线方程：1～2 渗流段的流量公式为：

$$q_1 = K\dfrac{h_1 + h_2}{2}\dfrac{H_1 - H_2}{l} \tag{4.2.20}$$

1～x 渗流段的流量公式为：

$$q_2 = K\dfrac{h_1 + h}{2}\dfrac{H_1 - H}{x} \tag{4.2.21}$$

式中：x 为任意断面与 1 断面间的距离；h 和 H 为相应于距离 x 处断面上含水层厚度和水头值，依水均衡原理：

$$q_1 = q_2 \tag{4.2.22}$$

则：

$$K\dfrac{h_1 + h_2}{2}\dfrac{H_1 - H_2}{l} = K\dfrac{h_1 + h}{2}\dfrac{H_1 - H}{x} \tag{4.2.23}$$

式（4.2.23）中，h 和 H 均为未知，无法直接求得。根据：

$$h = H - z \tag{4.2.24}$$

代入式（4.2.24）得到水头线方程为：

$$\dfrac{(h_1 + h_2)(H_1 - H_2)}{l} = \dfrac{[h_1 + (H - z)](H_1 - H)}{x} \tag{4.2.25}$$

式中：z 为 x 断面的底板标高，即：

$$z = z_1 + \frac{z_2 - z_1}{l}x \tag{4.2.26}$$

z_1、z_2分别为1、2断面底板标高。这样，由式（4.2.25）可求得任意点的水头值，从而得到相应的水头线。由方程可看出水头线形状和渗透系数K无关。

4.3 均匀稳定入渗的潜水含水层

有渗入补给或蒸发排泄的潜水含水层在自然界中普遍存在，通常用入渗强度来描写入渗量。入渗强度W是指单位水平面积、单位时间内入渗补给地下水的水量，量纲为$[L^3/L^2 \cdot T]$，即$[L/T]$。

与上述问题相同，假定在稳定入渗条件下，两条水位不变的平行河渠完全地切割均质的潜水含水层，含水层的隔水底板水平；入渗强度在空间上分布均匀，在时间上稳定，即$W=C$（常数）；因此该流场属于剖面二维稳定流。与无入渗条件下的潜水渗流不同，由于入渗补给的结果，该渗流区可能形成地下水的分水岭。通过分水岭作分流线，左侧排向河1，右侧排向河2，如图4.3.1所示。从流线特征可知，它属于x、z方向均有分流速的剖面二维流动。

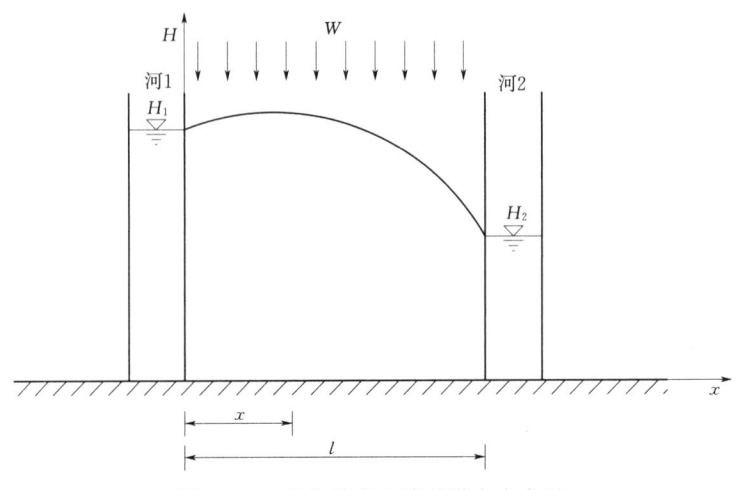

图4.3.1 均匀稳定入渗的潜水含水层

4.3.1 流量方程

由于存在入渗补给的渗流问题，通过各铅垂断面的流量不再相等，即$q(x) \neq C$，我们可以用水均衡方法来建立流量方程。

首先取坐标系：河1边界为垂向H轴，向上为正；沿水平隔水底板取为x轴，向右为正，现规定向右的流量为正值（与x轴向一致），向左的流量为负值。规定有入渗补给时，$W>0$，蒸发排泄，$W<0$。

然后，建立河1至任意断面x间的水均衡方程，如图4.3.2所示。

若x断面取在地下分水岭的左侧（$x<a$，a是地下分水岭的x坐标），则有：

$$|q_1| = |q| + Wx \tag{4.3.1}$$

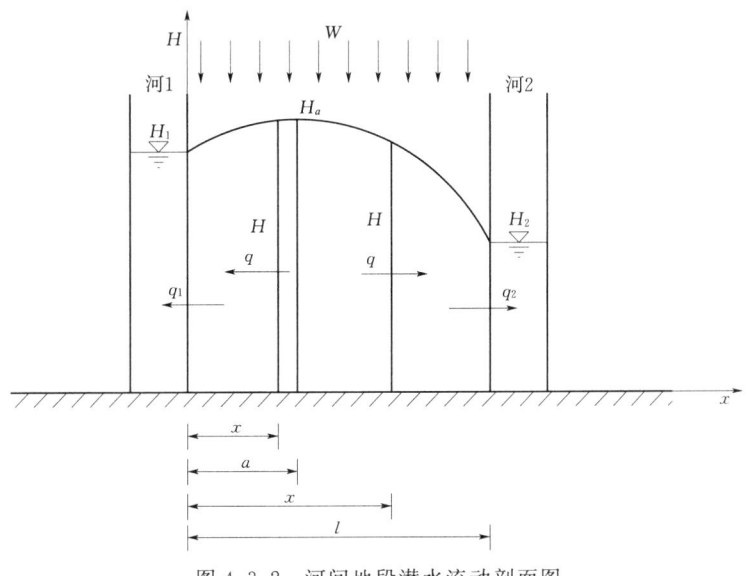

图 4.3.2 河间地段潜水流动剖面图

这时,$q_1<0$ 和 $q<0$,即:

$$-q_1 = -q + Wx \tag{4.3.2}$$

得:

$$q = q_1 + Wx \tag{4.3.3}$$

若 x 断面取在地下分水岭的右侧($x>a$),这时 $q_1<0$ 和 $q>0$,即:

$$-q_1 + q = Wx \tag{4.3.4}$$

式(4.3.4)与式(4.3.3)是相同的,这说明,只要按上述规定选择各均衡要素的正负号,不管 x 断面取在何处,均衡方程的形式都由式(4.3.3)表示。

若引入裘布依假定(此条件下并非处处满足裘布依假定),即:

$$q = -KH\frac{dH}{dx} \tag{4.3.5}$$

代入式(4.3.3),有:

$$-KH\frac{dH}{dx} = q_1 + Wx \tag{4.3.6}$$

分离变量后,由断面 1 至断面 x 作定积分,即:

$$\int_{H_1}^{H} -H dH = \int_0^x \frac{q_1}{K} dx + \int_0^x \frac{W}{K} x \, dx \tag{4.3.7}$$

得:

$$\frac{1}{2}(H_1^2 - H^2) = \frac{q_1}{K}x + \frac{W}{2K}x^2 \tag{4.3.8}$$

当 $x=l$ 时,$H=H_2$,上式可改写为:

$$\frac{1}{2}(H_1^2 - H_2^2) = \frac{q_1}{K}l + \frac{W}{2K}l^2 \tag{4.3.9}$$

可得断面 l 的单宽流量方程:

$$q_1 = K\frac{H_1^2 - H_2^2}{2l} - \frac{Wl}{2} \qquad (4.3.10)$$

将此式代入式（4.3.3），可得任意断面 x 的单宽流量方程：

$$q = K\frac{H_1^2 - H_2^2}{2l} - \frac{Wl}{2} + Wx \qquad (4.3.11)$$

若 $x=l$ 时，则 $q=q_2$，将此关系代入上式得断面 2 的单宽流量方程：

$$q_2 = K\frac{H_1^2 - H_2^2}{2l} + \frac{Wl}{2} \qquad (4.3.12)$$

现在就河 1 断面的流量 q_1 式（4.3.10）进行讨论。

(1) 当 $W=0$ 时，式（4.3.10）变成：

$$q_1 = K\frac{H_1^2 - H_2^2}{2l} \qquad (4.3.13)$$

式（4.3.13）就是前文讨论的无入渗补给潜水剖面二维稳定流动的式（4.2.5），此时河间地段呈单向流动。当 $H_1 > H_2$ 时，$q_1 > 0$，水向右侧河 2 流动；反之，当 $H_1 < H_2$ 时，$q_1 < 0$，水向左侧河 1 流动。

(2) 当 $W>0$，且 $H_1 = H_2$ 时，由式（4.3.10）得 $q_1 = -\frac{Wl}{2}$，即断面 1 的水向左侧流动；由式（4.3.12）得 $q_2 = \frac{Wl}{2}$，断面 2 的水向右侧流动。这说明河间地段存在分水岭，分水岭处于地段的中心，向两侧河流的排泄量相等，各为补给量的一半 $\left(\frac{Wl}{2}\right)$。

(3) 当 $W>0$，且 $H_1 > H_2$ 时，则式（4.3.10）右端的第一项 $K\frac{H_1^2 - H_2^2}{2l} > 0$，此时存在 3 种情况：① 当 $K\frac{H_1^2 - H_2^2}{2l} < \frac{Wl}{2}$ 时，$q_1 < 0$，地下水向河 1 排泄，说明河间地段存在分水岭；② $K\frac{H_1^2 - H_2^2}{2l} = \frac{Wl}{2}$ 时，$q_1 = 0$，说明分水岭刚好在河 1 断面处；③ 当 $K\frac{H_1^2 - H_2^2}{2l} > \frac{Wl}{2}$ 时，$q_1 > 0$，$x=0$ 断面处的地下水向右流，河 1 的河水补给地下水，即不存在分水岭。

4.3.2 水头线（浸润线）方程

将式（4.3.10）代入式（4.3.8），可得到水头线方程为：

$$H^2 = H_1^2 - (H_1^2 - H_2^2)\frac{x}{l} + \frac{W}{K}(l-x)x \qquad (4.3.14)$$

或：

$$H = \sqrt{H_1^2 - (H_1^2 - H_2^2)\frac{x}{l} + \frac{W}{K}(l-x)x} \qquad (4.3.15)$$

对水头线方程讨论如下：

(1) 均匀稳定渗入（$W>0$）的条件下，水头线是椭圆曲线的上半支，蒸发条件（$W<0$）时，它是双曲线方程；若 $W=0$ 时，式（4.3.15）就变成式（4.3.14）所示的抛物线方程。

(2) 有渗入与无渗入水头线方程相比较，前者多一项 $\frac{W}{K}(l-x)x$，为正值（当 $W>0$

时）。所以，在同一断面位置上，有渗入条件下比无渗入时的水位高。只有当 $x=0$ 或 $x=l$ 时，$\frac{W}{K}(l-x)x=0$，即河 1 和河 2 处的水位保持不变，这是由边界条件所规定的。由 $\frac{W}{K}(l-x)x$ 对 x 求一阶、二阶导数可知，当 $x=l/2$ 时有极大值，表明河间地段的中间断面水位抬高最大。

（3）由式（4.3.14）可知，水头线与渗透系数 K 的大小有关。若 K 值小，由于入渗引起的水位抬高值则大；反之则小。

（4）可用式（4.3.14）确定排水渠的间距，当两渠（沟）水位 $H_1=H_2$ 时，式（4.3.14）变成为：

$$H=\sqrt{H_1^2+\frac{W}{K}(l-x)x} \tag{4.3.16}$$

该式对 x 求导可以得出，在 $x=l/2$ 处 H 为极大值，说明分水岭在两渠的中间，以 H_a 表示分水岭处的地下水位，则得：

$$H_a=\sqrt{H_1^2+\frac{W}{K}\frac{l^2}{4}} \tag{4.3.17}$$

若两渠水位已定，可以根据当地土质情况以不发生土地盐渍化为准，预先确定渠间允许的最高水位 H_a，然后可利用式（4.3.17）求排水渠的间距：

$$l=2\sqrt{\frac{K}{W}(H_a^2-H_1^2)} \tag{4.3.18}$$

4.3.3 地下分水岭位置的确定

由于在地下分水岭处的断面（$x=a$）的水力坡度为零，因此可以通过流量 $q=0$ 的条件来确定分水岭的位置 a。依式（4.3.11）可以写成：

$$K\frac{H_1^2-H_2^2}{2l}-\frac{Wl}{2}+Wa=0 \tag{4.3.19}$$

则分水岭离河 1 断面的距离 a 的公式为：

$$a=\frac{l}{2}-K\frac{H_1^2-H_2^2}{2Wl} \tag{4.3.20}$$

下面讨论式（4.3.20）在水利工程中的某些应用。

（1）判断水库是否会发生渗漏。通常可以根据河间地段是否存在地下分水岭来判断修建的水库（河 1）是否向邻河（河 2）渗漏。当 $H_1=H_2$ 时，$a=l/2$，分水岭在两河的中心。当 $H_1>H_2$ 且 $\frac{l}{2}>K\frac{H_1^2-H_2^2}{2Wl}$ 时，则 $l/2>a>0$，分水岭偏向水位高的一方；而若 $\frac{l}{2}<K\frac{H_1^2-H_2^2}{2Wl}$，则 $a<0$，说明河间地段的分水岭已消失，即水库向邻河渗漏。

（2）指导野外调查工作。根据式（4.3.20）可知水库向邻河渗漏与哪些因素有关，以指导野外调查工作。

1）K 愈大，愈易渗漏。调查时，水库要避开喀斯特发育带、构造破碎带或古河道发育带。

2）渗流途径 l 小，即两河之间间距短易渗漏。调查时要避免将库址选在分水岭过于狭窄的地带。

3) 入渗补给量 W 愈小，愈易渗漏。在干旱地选址时，要避开存在透水性差的覆盖层。

4) 邻河水位愈低（H_2 愈小），愈易渗漏。选址时应注意选在邻河水位高的地段。

4.3.4 入渗强度 W 的计算

在实际工作中欲求得入渗强度比较困难。若条件允许，我们可以根据得到的水头线方程，即式（4.3.15），整理得到：

$$W = K\left[\frac{H_1^2 - H_2^2}{(l-x)l} + \frac{H^2 - H_2^2}{(l-x)x}\right] \tag{4.3.21}$$

若已知河间地段任意断面的水位值 H 和岩层的渗透系数 K，就可利用式（4.3.21）求入渗强度 W 值；假如未知渗透系数值，则可求得 W/K 值，即：

$$\frac{W}{K} = \frac{H_1^2 - H_2^2}{(l-x)l} + \frac{H^2 - H_2^2}{(l-x)x} \tag{4.3.22}$$

利用上式求得 W/K，代入式（4.3.20）求出 a 值，可用以判断水库是否会渗漏。

需要说明的是，有渗入补给的河间地段潜水剖面二维流问题并不能处处满足裘布依假定。例如在地下分水岭处的竖直面十分接近流面或者就是流面，当然就不可能将其假定为等水头面。因此，地下水分水岭附近不满足裘布依假定。另外，在地下水排入河流的河床壁面上，在河水位之上存在出渗面，这里的等水头面往往比较弯曲，也不能满足裘布依假定。研究表明，只有当离河边界和分水岭（可视为隔水边界）的水平距离大于 1.5~2.0 倍含水层厚度处的垂直面，才可近似表示为等水头面。

4.3.5 算例

如图 4.3.2 所示的潜水层中，土体厚度为 15m，饱和渗透系数 K 为 10^{-5} m/s，两河间距 l 为 20m，河 1 水位为 10m，河 2 水位为 5m。求解：入渗强度分别为 $W=0$、$W=4\times10^{-6}$ m/s、$W=10^{-6}$ m/s、$W=-4\times10^{-6}$ m/s 时的水头分布及补给量。

解：

（1）当入渗强度 $W=0$ 时，为无入渗潜水含水层中的河渠间地下水运动。根据式（4.1.20）及式（4.1.22）得：

$$q = K\frac{H_1 + H_2}{2}\frac{H_1 - H_2}{l} = 10^{-5} \times \frac{10+5}{2} \times \frac{10-5}{20}$$

$$= 1.875 \times 10^{-5} (\text{m}^3/\text{s})$$

$$H^2 = 100 - 3.75x \tag{4.3.23}$$

（2）当入渗强度 $W=4\times10^{-6}$ m/s 时，根据式（4.3.10）和式（4.3.12），可得河 1 与河 2 断面处的渗流量分别为：

$$q_1 = 10^{-5} \times \frac{10^2 - 5^2}{2 \times 20} - \frac{4 \times 10^{-6} \times 20}{2} = -2.125 \times 10^{-5}(\text{m}^3/\text{s})$$

$$q_2 = 10^{-5} \times \frac{10^2 - 5^2}{2 \times 20} + \frac{4 \times 10^{-6} \times 20}{2} = 5.875 \times 10^{-5}(\text{m}^3/\text{s})$$

$q_1 < 0$，说明在河 1 断面处地下水向河 1 补给；$q_2 > 0$，说明在河 2 断面处地下水入河 2 补给。

根据式（4.3.14），可得水头线的方程为：

$$H^2 = 100 - 3.75x + 0.4 \times (20-x)x \qquad (4.3.24)$$

根据式（4.3.20），可得分水岭的位置为：

$$a = \frac{20}{2} - 10^{-5} \times \frac{10^2 - 5^2}{2 \times 4 \times 10^{-6} \times 20} = 5.31(\text{m})$$

即分水岭距河 1 断面的距离为 5.31m，更靠近河 1。

（3）当入渗强度 $W=10^{-6}$m/s 时，根据式（4.3.10）和式（4.3.12），可得河 1 与河 2 断面处的渗流量分别为：

$$q_1 = 10^{-5} \times \frac{10^2 - 5^2}{2 \times 20} - \frac{10^{-6} \times 20}{2} = 0.875 \times 10^{-5} (\text{m}^3/\text{s})$$

$$q_2 = 10^{-5} \times \frac{10^2 - 5^2}{2 \times 20} + \frac{10^{-6} \times 20}{2} = 2.875 \times 10^{-5} (\text{m}^3/\text{s})$$

$q_1>0$，说明在河 1 断面处河 1 向地下水补给；$q_2>0$，说明在河 2 断面处地下水向河 2 补给。

根据式（4.3.14），可得水头线的方程为：

$$H^2 = 100 - 3.75x + 0.1 \times (20-x)x \qquad (4.3.25)$$

根据式（4.3.20），可得分水岭的位置为：

$$a = \frac{20}{2} - 10^{-5} \times \frac{10^2 - 5^2}{2 \times 10^{-6} \times 20} = -8.75(\text{m})$$

从上式得 $a<0$，即地层中不存在分水岭。

（4）当入渗强度 $W=-4\times 10^{-6}$m/s 时，$W<0$ 为地下水向空气蒸发。根据式（4.3.10）和式（4.3.12），可得河 1 与河 2 断面处的渗流量分别为：

$$q_1 = 10^{-5} \times \frac{10^2 - 5^2}{2 \times 20} + \frac{4 \times 10^{-6} \times 20}{2} = 5.875 \times 10^{-5} (\text{m}^3/\text{s})$$

$$q_2 = 10^{-5} \times \frac{10^2 - 5^2}{2 \times 20} - \frac{4 \times 10^{-6} \times 20}{2} = -2.125 \times 10^{-5} (\text{m}^3/\text{s})$$

$q_1>0$，说明在河 1 断面处河 1 向地下水补给；$q_2<0$，说明在河 2 断面处河 2 也向地下水补给。

根据式（4.3.14），可得水头线的方程为：

$$H^2 = 100 - 3.75x - 0.4 \times (20-x)x \qquad (4.3.26)$$

根据式（4.3.20），可得分水岭的位置为：

$$a = \frac{20}{2} + 10^{-5} \times \frac{10^2 - 5^2}{2 \times 4 \times 10^{-6} \times 20} = 14.69(\text{m})$$

从上式得分水岭距河 1 的距离为 14.69m，更靠近河 2。

根据式（4.3.23）、式（4.3.24）、式（4.3.25）与式（4.3.26），可得四种不同条件下的水头线分布如图 4.3.3 所示。从图中可以看出，当不存在入渗补给时，水头线接近直线；而随着入渗强度的增加，水头线逐渐变化为单调递减的曲线；当入渗强度增加到一定程度时，水头线出现极大值，且极大值出现位置更靠近水头高的一侧，即渗流场中出现了分水岭，地下水向两边河渠补给；而如果入渗补给强度为负值，即蒸发的情况，水头线可能形成下凹的曲线，且曲线具有极小值，极值出现位置靠近水头低的一侧，此时渗流场中同样存在分水岭，两边河渠同时补给地下水。

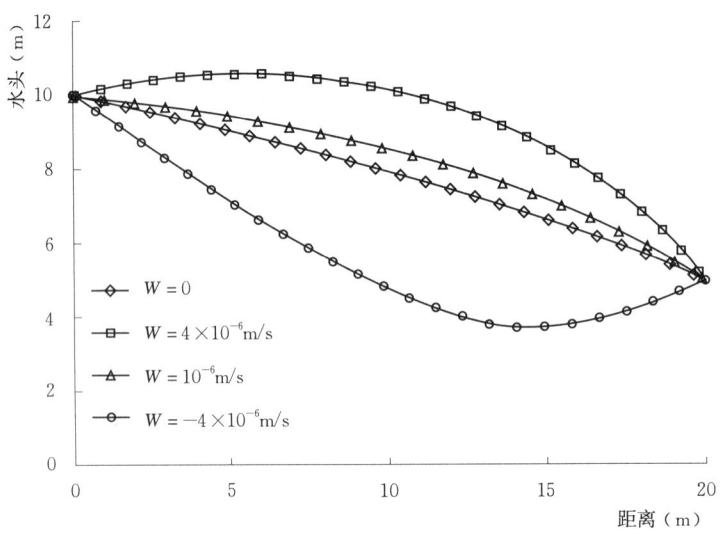

图 4.3.3 不同入渗强度条件下的水头线分布

4.4 河渠间的非稳定流

河渠水位的变化是影响两岸地下水动态的重要因素。在地表水和两岸潜水存在水力联系的情况下，当河水位（或库水位）高于两岸潜水位时，将补给地下水；当河水位低于附近地下水位时，河渠就成为地下水的排泄通道。因此，在地表水和两岸潜水存在水力联系的情况下，河水位（或库水位）的抬高，会引起潜水位相应的抬高，这种现象通常称为潜水回水。利用河渠地表水的侧渗作用来补充地下水，以达到灌溉农田的目的，叫河渠引渗或引渗回灌。研究潜水非稳定运动的规律，对地下水水位、流量进行动态预报，就有可能合理地进行灌溉，防止土壤盐碱化和沼泽化。因此，研究河渠附近的潜水运动规律，对地下水资源评价、人工回灌系统的规划设计、河道建闸蓄水对两岸地下水动态影响的预测、土壤盐碱化的预防和改良，以及在浅层地下水为咸水的地区如何进行排咸补淡等都有重要的意义。

4.4.1 河渠水位迅速上升（或下降）

研究时作了如下假设：

(1) 含水层均质，各向同性，位于水平隔水层上。上部入渗量可忽略不计，即设 $W=0$。河渠引渗后的潜水流可视为一维流。

(2) 潜水流的初始状态为稳定流，水位可用下式表示：

$$H_{x,0}^2 = H_{0,0}^2 - \frac{H_{0,0}^2 - H_{l,0}^2}{l}x \tag{4.4.1}$$

式中：$H_{x,0}$ 为 x 位置处在 $t=0$ 时刻的水位；$H_{0,0}$ 为 $x=0$ 位置处在 $t=0$ 时刻的水位；$H_{l,0}$ 为 $x=l$ 位置处在 $t=0$ 时刻的水位。

(3) 两侧河渠水位同时出现水位变化，河 1 水位自 $H_{1,0}$ 变化至 $H_{1,t}$，河 2 自 $H_{2,0}$ 变

化至 $H_{2,t}$（图 4.4.1）。

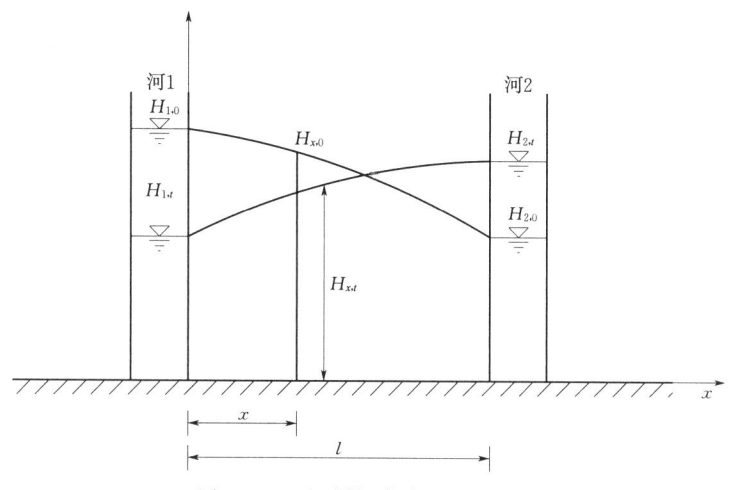

图 4.4.1　河渠间潜水的非稳定流

在上述情况下，地下水的运动仍可用布西涅斯克方程式来描述，只是 $W=0$，因此有：

$$\frac{\partial H}{\partial t} = \frac{K}{\mu} \frac{\partial}{\partial x}\left(H \frac{\partial H}{\partial x}\right) \qquad (4.4.2)$$

为了把上述方程线性化，在方程两端同时乘以潜水流厚度 H，则有：

$$H\frac{\partial H}{\partial t} = \frac{K}{\mu} H \frac{\partial}{\partial x}\left(H \frac{\partial H}{\partial x}\right) \qquad (4.4.3)$$

或：

$$\frac{\partial\left(\frac{H^2}{2}\right)}{\partial t} = \frac{KH}{\mu} \frac{\partial^2}{\partial x^2}\left(\frac{H^2}{2}\right) \qquad (4.4.4)$$

如令 $u = \frac{H^2}{2}$，则上式可改写为：

$$\frac{\partial u}{\partial t} = \frac{KH}{\mu} \frac{\partial^2 u}{\partial x^2} \qquad (4.4.5)$$

如潜水流厚度变化不大，可以近似地作为常数来看待，用其平均值 H_m 来代替，则上式可进一步改写为齐次的傅立叶方程：

$$\frac{\partial u}{\partial t} = a \frac{\partial^2 u}{\partial x^2} \qquad (4.4.6)$$

式中：

$$a = \frac{KH_m}{\mu} \qquad (4.4.7)$$

这是以 u 表示的线性方程。显然，只有当求解问题的初始条件和边界条件对于 u 也是线性的时候，问题本身才是以 u 表示的线性问题。

根据前面给出的假设，我们可以写出以 u 表示的定解条件如下：

$$\begin{cases} u(x,0) = \dfrac{1}{2}H_{1,0}^2 - \dfrac{H_{1,0}^2 - H_{2,0}^2}{2l}x \\ u(0,t) = \dfrac{1}{2}H_{1,t}^2 \\ u(l,t) = \dfrac{1}{2}H_{2,t}^2 \end{cases} \quad (4.4.8)$$

为了便于求解，取一新函数：

$$\begin{aligned} u'(x,t) &= u(x,t) - u(x,0) \\ &= \dfrac{1}{2}H^2(x,t) - \dfrac{1}{2}H^2(x,0) \end{aligned} \quad (4.4.9)$$

并把它代入式（4.4.6）和相应的定解条件，于是定解问题变为：

$$\begin{cases} \dfrac{\partial u'}{\partial t} = a\dfrac{\partial^2 u'}{\partial x^2}, u'(x,t) = \dfrac{1}{2}H^2(x,t) - \dfrac{1}{2}H^2(x,0) \\ u'(x,0) = 0 \\ u'(0,t) = \dfrac{1}{2}H_{1,t}^2 - \dfrac{1}{2}H_{1,0}^2 = \dfrac{1}{2}\Delta(H_{1,t}^2) \\ u'(l,t) = \dfrac{1}{2}H_{2,t}^2 - \dfrac{1}{2}H_{2,0}^2 = \dfrac{1}{2}\Delta(H_{2,t}^2) \end{cases} \quad (4.4.10)$$

通过有限傅立叶正弦变换，可求得上式模型的解：

$$u' = \dfrac{1}{2}\left[\dfrac{2}{\pi}\Delta(H_{1,t}^2)\sum_{n=1}^{\infty}\dfrac{1}{n}\sin\dfrac{n\pi}{l}x + \dfrac{2}{\pi}\Delta(H_{2,t}^2)\sum_{n=1}^{\infty}\dfrac{(-1)^{n+1}}{n}\sin\dfrac{n\pi}{l}x\right](1-e^{-\tfrac{n^2\pi^2}{l^2}at})$$

$$(4.4.11)$$

根据以下关系式：

$$\begin{cases} 1 - \dfrac{x}{l} = \dfrac{2}{\pi}\sum_{n=1}^{\infty}\dfrac{1}{n}\sin\dfrac{n\pi}{l}x \\ \dfrac{x}{l} = \dfrac{2}{\pi}\sum_{n=1}^{\infty}\dfrac{(-1)^{n+1}}{n}\sin\dfrac{n\pi}{l}x \end{cases} \quad (4.4.12)$$

以及式（4.4.9），并设：

$$\begin{cases} \bar{x} = \dfrac{x}{l} \\ \bar{t} = \dfrac{at}{l^2} \end{cases} \quad (4.4.13)$$

则式（4.4.11）转化为：

$$H_{x,t}^2 = H_{x,0}^2 + \Delta(H_{1,t}^2)\left[1 - \bar{x} - \dfrac{2}{\pi}\sum_{n=1}^{\infty}\dfrac{1}{n}\sin(n\pi\bar{x})e^{-n^2\pi^2\bar{t}}\right]$$

$$+ \Delta(H_{2,t}^2)\left[\bar{x} - \dfrac{2}{\pi}\sum_{n=1}^{\infty}\dfrac{(-1)^{n+1}}{n}\sin(n\pi\bar{x})e^{-n^2\pi^2\bar{t}}\right] \quad (4.4.14)$$

设：

$$\begin{cases} F(\bar{x},\bar{t}) = 1 - \bar{x} - \dfrac{2}{\pi}\sum_{n=1}^{\infty}\dfrac{1}{n}\sin(n\pi\bar{x})e^{-n^2\pi^2\bar{t}} \\ F'(\bar{x},\bar{t}) = \bar{x} - \dfrac{2}{\pi}\sum_{n=1}^{\infty}\dfrac{(-1)^{n+1}}{n}\sin(n\pi\bar{x})e^{-n^2\pi^2\bar{t}} \end{cases} \quad (4.4.15)$$

则式 (4.4.14) 可简化为：

$$H_{x,t}^2 = H_{x,0}^2 + \Delta(H_{1,t}^2)F(\bar{x},\bar{t}) + \Delta(H_{2,t}^2)F'(\bar{x},\bar{t}) \quad (4.4.16)$$

式中：$\bar{x} = \dfrac{x}{l}$ 为相对距离；$\bar{t} = \dfrac{at}{l^2}$ 为相对时间；$F(\bar{x},\bar{t})$ 为河渠水位函数，当 x 在 0～1 之间变化时，可查表 4.4.1；$F'(\bar{x},\bar{t})$ 的值可由式 $F'(\bar{x},\bar{t}) = F(1-\bar{x},\bar{t})$ 确定。

表 4.4.1　　　　　　　　　函数 $F(\bar{x},\bar{t})$ 数值表

$\bar{t}$ \ $\bar{x}$	0	0.1	0.2	0.3	0.4	0.5	0.6	0.7	0.8	0.9	1
0.02	1	0.6169	0.3174	0.1336	0.0457	0.0125	0.0027	0.0005	0.0001	0.0000	0
0.03	1	0.6803	0.4145	0.2212	0.1028	0.0417	0.0147	0.0014	0.0014	0.0004	0
0.04	1	0.7234	0.4795	0.2888	0.1537	0.0771	0.0339	0.0133	0.0047	0.0014	0
0.05	1	0.7519	0.5272	0.3427	0.2059	0.1138	0.0578	0.0269	0.0113	0.0039	0
0.075	1	0.7963	0.6056	0.4389	0.3017	0.1966	0.1210	0.0699	0.0370	0.0156	0
0.10	1	0.8230	0.6547	0.5022	0.3707	0.2628	0.1780	0.1139	0.0664	0.0303	0
0.15	1	0.8517	0.7141	0.5820	0.4617	0.3551	0.2646	0.1836	0.1157	0.0557	0
0.20	1	0.8726	0.7479	0.6283	0.5158	0.4116	0.3160	0.2286	0.1481	0.0727	0
0.30	1	0.8898	0.7809	0.6733	0.5686	0.4670	0.3687	0.2733	0.1806	0.0898	0
0.40	1	0.8990	0.7930	0.6900	0.5880	0.4880	0.3880	0.2900	0.1930	0.0960	0
0.50	1	0.8900	0.7969	0.6960	0.5960	0.4950	0.3950	0.2960	0.1980	0.1000	0
0.60	1	0.9000	0.8000	0.7000	0.6000	0.5000	0.4000	0.3000	0.2000	0.1000	0

式 (4.4.16) 为河渠水位迅速上升，然后保持不变时，计算河渠间任一断面任一时刻水位的公式。公式表明，它为 $\Delta(H_{0,t}^2)$ 乘上小于 1 的函数，故河渠间任一断面的水位变幅总是小于河渠的水位变幅。

取式 (4.4.16) 对 x 的导数，代入 $q = -KH\dfrac{dH}{dx}$ 中得：

$$q_{x,t} = q_{x,0} + \dfrac{K}{2l}[\Delta(H_{1,t}^2)G(\bar{x},\bar{t}) - \Delta(H_{2,t}^2)G'(\bar{x},\bar{t})] \quad (4.4.17)$$

式中：$q_{x,0}$ 为 x 断面处水位变化前单宽流量；$q_{x,t}$ 为 x 断面处水位变化后单宽流量；$G(\bar{x},\bar{t})$ 为河渠流量函数，其表达式如下，其值可查表 4.4.2。

$$G(\bar{x},\bar{t}) = 1 + 2\sum_{n=1}^{\infty}\cos(n\pi\bar{x})e^{-n^2\pi^2\bar{t}} \quad (4.4.18)$$

$$G'(\bar{x},\bar{t}) = G(1-\bar{x},\bar{t}) \quad (4.4.19)$$

表4.4.2　　　　　　　　　　　　函数 $G(\bar{x}, \bar{t})$ 数值表

$\bar{t}$ \ $\bar{x}$	0	0.1	0.2	0.3	0.4	0.5	0.6	0.7	0.8	0.9	1
0.01	5.6416	1.3939	2.0752	0.5906	0.1041	0.0109	0.0004	0.0000	0.0000	0.0000	0.0000
0.02	3.9894	3.5027	2.4197	1.2952	0.5399	0.1752	0.0444	0.0087	0.0013	0.0002	0.0000
0.04	2.8209	2.5600	2.1970	1.6073	1.0378	0.5913	0.3073	0.1320	0.0520	0.0193	0.0109
0.07	2.1324	2.0576	1.8466	1.5463	1.2044	0.8374	0.5915	0.3707	0.2294	0.1465	0.1199
0.10	1.7843	1.7403	1.6149	1.4260	1.1989	0.9614	0.7387	0.5502	0.4090	0.3221	0.2993
0.20	1.2786	1.2648	1.2250	1.1630	1.0853	0.9993	0.9135	0.8365	0.7755	0.7364	0.7229
0.30	1.1035	1.0985	1.0838	1.0609	1.0320	1.0000	0.9680	0.9391	0.9162	0.9015	0.8965
0.40	1.0386	1.0367	1.0312	1.0227	1.0119	1.0000	0.9881	0.9773	0.9688	0.9633	0.9604
0.50	1.0144	1.0137	1.0116	1.0085	1.0044	1.0000	0.9956	0.9915	0.9884	0.9863	0.9856
0.60	1.0054	1.0051	1.0043	1.0032	1.0017	1.0000	0.9983	0.9968	0.9957	0.9949	0.9946
0.70	1.0020	1.0019	1.0016	1.0012	1.0006	1.0000	0.9994	0.9988	0.9984	0.9981	0.9980
0.80	1.0007	1.0007	1.0006	1.0004	1.0002	1.0000	0.9998	0.9996	0.9994	0.9993	0.9993
1.00	1.0001	1.0001	1.0001	1.0000	1.0000	1.0000	1.0000	0.9999	0.9999	0.9999	0.9999
0.00	1.0000	1.0000	1.0000	1.0000	1.0000	1.0000	1.0000	1.0000	1.0000	1.0000	1.0000

式（4.4.17）表明，当河渠水位迅速上升，然后保持不变时，任意时刻任一断面的单宽流量与稳定流不同，它不仅随时间变化，且与坐标有关。虽然没有沿途的入渗补给，但因同一时刻在不同断面上有不同的水位变幅和流速，故不同断面的流量也是不同的。

将式（4.4.17）在 $0 \sim t$ 区间内积分得：

$$Q_{x,t} = q_{1,t} t + \frac{Kl}{2a}[\Delta(H_{1,t}^2) H(\bar{x}, \bar{t}) - \Delta(H_{2,t}^2) H'(\bar{x}, \bar{t})] \qquad (4.4.20)$$

式中：$Q_{x,t}$ 为从引渗开始经历时间 t 后任一断面的总单宽侧渗量（单位长度上河渠补给地下水的总量）；$H'(\bar{x}, \bar{t}) = H(1-\bar{x}, \bar{t})$；$H(\bar{x}, \bar{t})$ 的值可查表4.4.3。

表4.4.3　　　　　　　　　　　　函数 $H(\bar{x}, \bar{t})$ 数值表

$\bar{t}$ \ $\bar{x}$	0	0.1	0.2	0.3	0.4	0.5	0.6	0.7	0.8	0.9	1
0.01	0.1128	0.0399	0.0101	0.0017	0.0002	0.0000	0.0000	0.0000	0.0000	0.0000	0.0000
0.02	0.1516	0.0789	0.0233	0.0117	0.0034	0.0008	0.0000	0.0000	0.0000	0.0000	0.0000
0.04	0.2257	0.1396	0.0799	0.0419	0.0201	0.0087	0.0034	0.0012	0.0004	0.0001	0.0000
0.07	0.2985	0.2092	0.1402	0.0896	0.0546	0.0313	0.0173	0.0090	0.0045	0.0023	0.0017
0.10	0.3568	0.2657	0.1919	0.1343	0.0908	0.0513	0.0375	0.0230	0.0141	0.0094	0.0079
0.15	0.4371	0.3144	0.2660	0.2013	0.1492	0.1085	0.0777	0.0555	0.0406	0.0321	0.0293
0.20	0.5052	0.4416	0.3306	0.2618	0.2047	0.1583	0.2200	0.0949	0.0761	0.0651	0.0615
0.25	0.5661	0.4720	0.3894	0.3183	0.2581	0.2083	0.1686	0.1384	0.1172	0.1047	0.1005

续表

$\bar{t}$ \ $\bar{x}$	0	0.1	0.2	0.3	0.4	0.5	0.6	0.7	0.8	0.9	1
0.30	0.6228	0.5284	0.4449	0.3722	0.3101	0.2583	0.2166	0.1845	0.1618	0.1483	0.1482
0.40	0.7294	0.6346	0.5502	0.4760	0.4121	0.3583	0.3145	0.2806	0.2575	0.2420	0.2372
0.50	0.8319	0.7370	0.6528	0.5775	0.5129	0.4583	0.4138	0.3792	0.3545	0.3397	0.3348
0.60	0.9328	0.8378	0.7529	0.6780	0.6132	0.5582	0.5135	0.4786	0.4538	0.4388	0.4339
0.70	1.0331	0.9382	0.8532	0.7782	0.7133	0.6583	0.6134	0.5784	0.5534	0.5385	0.5335
0.80	1.1333	1.0383	0.9533	0.8783	0.8133	0.7583	0.7133	0.6784	0.6535	0.6384	0.6334
1.00	1.3333	1.2383	1.1533	1.0783	1.0383	0.9583	0.9133	0.8783	0.8533	0.8383	0.8333
1.50	1.8330	1.7380	1.6480	1.5750	1.5160	1.4580	1.4180	1.3800	1.3500	1.3360	1.3330
2.00	2.3330	2.2380	2.1480	2.0760	2.0160	1.9580	1.9190	1.8800	1.8580	1.8360	1.8330
∞	∞	∞	∞	∞	∞	∞	∞	∞	∞	∞	∞

4.4.2 河渠水位波动变化

河水位常有一定涨落，呈阶梯状变化或连续地变化。为简化起见，对后者常将变化曲线离散成阶梯状线段（图4.4.2）。

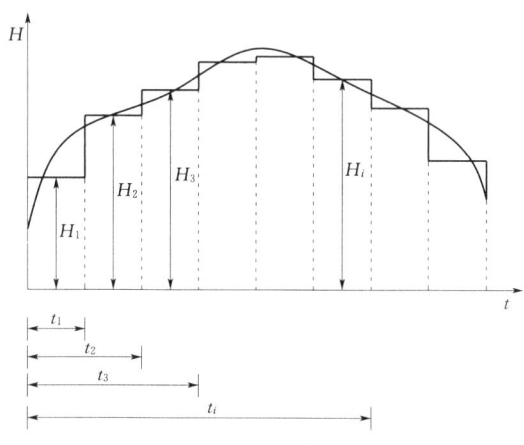

图 4.4.2 水位连续变化的离散化处理

为了计算方便，左右两河渠离散后的时段数应该相同，每一时段视为定水位，相邻时段之间变化仍看作瞬时回水，各时段回水之和便是整个变化过程。通过式（4.4.16）可以看出，$H_{0,x}^2 - H_{0,0}^2$ 为线性函数，因此，可以应用叠加原理得到水位连续变化条件下计算公式：

$$H_{x,t}^2 = H_{x,0}^2 + \sum_{i=1}^{n}\left[(H_{1,i}^2 - H_{1,i-1}^2)F(\bar{x},\bar{t}_{i-1}) + (H_{2,i}^2 - H_{2,i-1}^2)F'(\bar{x},\bar{t}_{i-1})\right]$$

（4.4.21）

同时得：

$$q_{x,t} = q_{x,0} + \sum_{i=1}^{n}\left[(H_{1,i}^2 - H_{1,i-1}^2)G(\bar{x},\bar{t}_{i-1}) + (H_{2,i}^2 - H_{2,i-1}^2)G'(\bar{x},\bar{t}_{i-1})\right]$$

（4.4.22）

式（4.4.21）和式（4.4.22）为将左右两河渠水位离散成同时段阶梯状变化时河渠间任一时刻任一断面上潜水水位和单宽流量的计算公式。

思 考 题 与 习 题

4.1 什么是入渗强度？其物理含义是什么？

4.2 什么是分水岭？分水岭的位置与哪些因素有关？

4.3 底板水平条件下，稳定河渠间地下水流动的水头线方程有何特点？

4.4 利用求解微分方程的方法分析定水头条件下隔水底板水平的潜水稳定运动，控制方程如下：

$$\frac{d\left[H\dfrac{dH}{dx}\right]}{dx}=0$$

4.5 在图 4.3.4 中，如果 $W<0$，讨论均匀入渗潜水向河渠稳定运动中流量方程与分水岭位置分布（左边界流量 q_1）。

4.6 如习题 4.6 图中的河间地块，已知左右河水位分别为 10m 和 8m。在距左河 100m 处设一个观测孔，孔中的水位为 10.9m，该含水层的渗透系数为 10m/d，两河间距为 1000m。观拟在左河修建一个水库，如果在入渗强度 W 不变的条件下，求水库不发生渗漏时的最高水位。

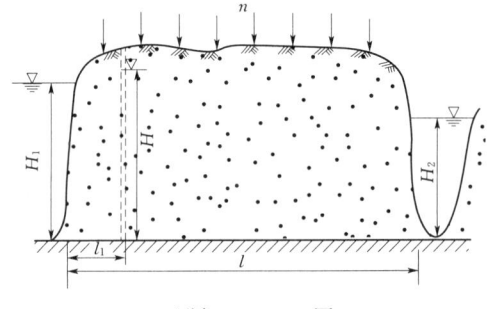

习题 4.6、4.7 图

4.7 如习题 4.7 图中，如果左侧河水已受污染，其水位用 H_1 表示，右侧河水没有受污染，水位用 H_2 表示：

(1) 已知河渠间含水层为均质、各向同性，渗透系数未知，在距左河 l_1 处的观测孔中，测得稳定水位 H，且 $H>H_1>H_2$。若入渗强度 W 不变，求不致污染地下水的左河最高水位。

(2) 若含水层两侧河水位不变，而含水层的渗透系数 K 已知，试求使左河河水不致污染地下水的最低入渗强度 W。

第5章 地下水井流理论

地下水向集水井渗流的问题在实际工程中最为常见，集水井附近地下水的运动受集水井的类型、出水量等因素影响。研究地下水井流理论对地下水资源开发、利用和环境保护等均具有重要意义。

5.1 井流的基本概念

5.1.1 集水建筑物的类型

在生活中或实际工程中，经常需要将周边的地下水汇集起来，比如地下工程中的排水设施、农田水利工程中的水井、水利工程中的减压井等，这些工程建筑称为集水建筑物。

集水建筑物形式多样，可根据不同的因素分类。按照集水建筑物的延伸方向，可以分为垂直集水建筑物、水平集水建筑物以及特殊排水建筑物。前者包括井和竖井等，统称为井，通常的井是近似圆柱形的且长度尺寸远大于直径的集水建筑物。常见的井包括水井、水文地质的观测孔以及基坑工程周边的降水井等。地下水向垂直集水建筑物的运动简称为"井流"。水平集水建筑物包括集水廊道、排水沟（渠）和暗沟等，统称为沟（渠），地下水向水平建筑物的流动简称为"沟流"。还有一些特殊的集水建筑物，排水的方向在水平与竖直方向都有，比如工程中用到的探坑、矿山等特殊工程中的大直径"井"、水利工程中的排水幕墙，这些在实际工程中没有统一的定义，研究人员与工程人员在计算分析的时候常常将这些集水建筑物近似等效为典型的集水建筑物进行考虑。

水井是最常见的集水建筑物，圆柱形的轴对称结构使水井在理论计算上以及工程应用中相对较为简单，所以本章主要针对水井问题进行讨论。要研究水井的工程性质或利用水井研究水文地质参数等其他工程上需要的参数，必须结合水井揭露的地层情况进行考虑。按照水井所揭露的地下水的类型，又可分为承压水井和潜水井。无论是承压水井还是潜水井，按照揭露含水层的程度和进水条件都可分为完整井和非完整井。完整井贯穿整个含水层，且建筑物的整个壁面都可以进水，否则为非完整型（图5.1.1）。值得注意的是，所谓揭露与贯穿指井的透水部位，例如工程上的一个水井即使在施工过程中通过了整个含水层，但是由于种种原因，井壁在含水层中只有部分透水，这样只能称为非完整井。另外，出于简化考虑，在本章中只考虑单一含水层情况，对于变直径的井也不予考虑。

5.1.2 水井及其附近的水位降深

水井的直径称之为井径，从一定井径的井中抽水时，井周围含水层的水会流入井中，井中和井附近的水头将降低，则此时该点的水头降低值称为水位降深。

$$s(x,y,t) = H_0(x,y,0) - H(x,y,t) \tag{5.1.1}$$

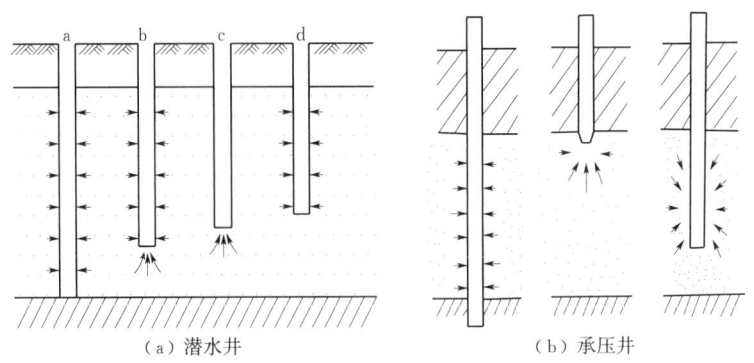

(a) 潜水井　　　　　　　　　　(b) 承压井

图 5.1.1　完整井和非完整井

式中：$H_0(x,y,0)$ 为某一点 (x,y) 处的初始水头；$H(x,y,t)$ 为抽水 t 时间后的水头。

显然井附近的不同坐标降深 s 是不尽相同的。井中心处降深最大，一般离井越远降深 s 越小，整个水头下降区呈漏斗状，称为降落漏斗。对于潜水井，降落漏斗在含水层内部扩展，如果没有其他补给源，降水井抽出的水量等于降落漏斗的体积乘上给水度 μ（不考虑重力排水的滞后）。对于承压水井，降落漏斗不在含水层内发展，即不产生含水层的疏干，而是形成承压水头的降深区。承压水井抽出的水量等于降落漏斗的体积乘上贮水系数 μ^*。也就是说，如无其他来源，潜水井抽出的水量相当于降落漏斗的含水层体积的重力疏干，而承压水井的水来自于因降深漏斗处的水头降低造成含水层的弹性释水，两者的物理实质是不同的。

如果含水层无限延伸，那么随着抽水时间的增加，降落漏斗不断向外扩散，若没有其他补给源，则不能到达稳定状态。只有在下列情况下才会有稳定运动：

（1）漏斗扩展到补给边界，直到补给量与水井抽水量相平衡时。

（2）由于含水层的水头降低引起越流，当进入含水层的越流量与水井抽水量相等时。

（3）含水层接受入渗补给，当降落漏斗范围内的入渗量等于水井抽水量时。

无限含水层虽然严格来说不可能出现稳定流，但可以证明降落漏斗扩散的速度将越来越慢，当抽水相当长时间以后，各观测点的水位降深的变化会变得足够小，小到在一个较短的时间间隔内观测不到明显的水位下降，这种情况称为似稳定状态。实际上此时还不是真正的稳定运动，如果延长观测的时间间隔，可以发现降深 s 仍在缓慢增加。

5.1.3　其他井流情况与相关的约定

除了抽水问题，向井中注水的情况实际上和抽水的情况一样，在计算与分析中可以同样利用抽水的相关理论。

除了特别提到的条件以外，在井流的理论分析中，一般都用了以下的假定：

（1）含水层中水流服从 Darcy 定律。

（2）在水头下降的瞬间水就释放出来。

（3）含水层是均质、各向同性、无限延伸的。

（4）含水层底部水平，承压含水层厚度是等厚的。

（5）抽水前的地下水面是水平的。

（6）忽略弱透水层的贮水性。

5.2 承压完整井的稳定渗流

5.2.1 承压水井的裘布依（Dupuit）公式

设在半径为 R 的圆形岛屿状的承压含水层中心设置一口完整井，如图 5.2.1 所示。岛屿边界上的水头 H_0 是固定不变的，和抽水前初始地下水头相同。如在井中抽水，井水位下降，周围的水流入井内，形成降落漏斗。随着抽水的不断持续，降落漏斗不断扩展以供给井的抽水量。这一阶段地下水的运动是非稳定的。当漏斗扩展到岛屿的边界时，岛屿周围的水补给地下水，知道补给量等于抽水量时，地下水的运动达到稳定状态。当符合上节提出的假设条件时，地下水运动有如下特点：

（1）流线为指向井中心的放射性直线，等水头面为以井为中心的同心圆柱面，等水头面和过水断面是一致的。

（2）通过距井轴不同距离的过水断面的流量处处相等，都等于水井流量 Q，即：

$$Q_{r1} = Q_{r2} = \cdots = Q$$

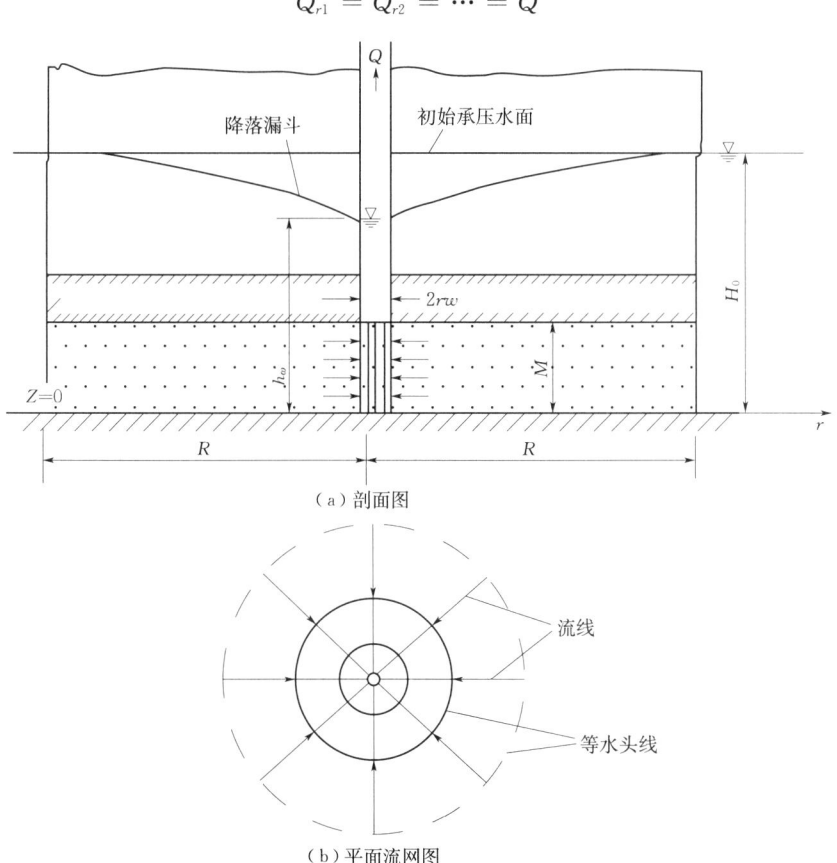

（a）剖面图

（b）平面流网图

图 5.2.1 处于岛屿中心的承压水井

根据上述情况可以推导出完整承压水井的稳定流计算公式。我们知道，稳定流时水头满足 Laplace 方程，即 $\dfrac{\partial^2 H}{\partial x^2} + \dfrac{\partial^2 H}{\partial y^2} + \dfrac{\partial^2 H}{\partial z^2} = 0$。计算井流时，把它化为柱坐标得到：

$$\frac{1}{r}\frac{\partial}{\partial r}\left(r\frac{\partial H}{\partial r}\right)+\frac{1}{r^2}\frac{\partial^2 H}{\partial \theta^2}+\frac{\partial^2 H}{\partial z^2}=0 \tag{5.2.1}$$

因为水流是水平的，z 轴方向的分速度等于 0，同时该情况下，水头对于井轴是对称的，和 θ 角无关，因而式（5.2.1）中的 $\frac{\partial^2 H}{\partial \theta^2}$ 和 $\frac{\partial^2 H}{\partial z^2}$ 均等于 0，可将式（5.2.1）化简为：

$$\frac{1}{r}\frac{\mathrm{d}}{\mathrm{d}r}\left(r\frac{\mathrm{d}H}{\mathrm{d}r}\right)=0 \tag{5.2.2}$$

边界条件为：

$$H = H_0 \qquad 当 r = R 时 \tag{5.2.3}$$

$$H = h_w \qquad 当 r = r_w 时 \tag{5.2.4}$$

对于有限含水层来说，$1/r$ 不等于 0，于是有：

$$\frac{\mathrm{d}}{\mathrm{d}r}\left(r\frac{\mathrm{d}H}{\mathrm{d}r}\right)=0 \text{，} r\frac{\mathrm{d}H}{\mathrm{d}r}=C_1 \tag{5.2.5}$$

为了确定积分常数 C_1，可从 Darcy 定律着手。因为通过任一过水断面的流量都等于水井的抽水量，有：

$$Q_r = 2\pi T r\frac{\mathrm{d}H}{\mathrm{d}r} = Q \tag{5.2.6}$$

因此：

$$r\frac{\mathrm{d}H}{\mathrm{d}r} = \frac{Q}{2\pi T} \qquad C_1 = \frac{Q}{2\pi T} \tag{5.2.7}$$

移项并积分：

$$\int \mathrm{d}H = \frac{Q}{2\pi T}\int \frac{\mathrm{d}r}{r}$$

$$H = \frac{Q}{2\pi T}\ln r + C_2 \tag{5.2.8}$$

将边界条件代入：

$$H_0 = \frac{Q}{2\pi T}\ln R + C_2 \tag{5.2.9}$$

$$h_w = \frac{Q}{2\pi T}\ln r_w + C_2 \tag{5.2.10}$$

两式相减，消去积分常数 C_2，经整理后得：

$$s_w = H_0 - h_w = \frac{Q}{2\pi T}\ln\frac{R}{r_w} \tag{5.2.11}$$

式中：s_w 为井水位降深；R 为影响半径，此处即圆形岛屿的半径。

把自然对数化为常用对数，式（5.2.11）可改写为：

$$Q = 2.73\frac{KMs_w}{\lg\frac{R}{r_w}} \tag{5.2.12}$$

式（5.2.11）和式（5.2.12）称为承压水井的裘布依公式。

5.2.2 承压水井的齐姆（Thiem）公式

在推导裘布依公式时，假设井在圆形岛屿的中心，这种条件在实际上是很难见到的，为了在实际工程中应用裘布依公式,可以考虑两种情况:第一种情况是含水层为侧向有补给源的有界含水层,但非圆形岛屿,经过一定时间的抽水以后,当补给量与水井抽水量相平衡时,地下水的运动也是稳定流。但此时流线和等水头面的形状可能和圆形岛屿有些不同,虽在井附近仍接近于放射状的直线和同心圆柱面,但在边界附近则受边界形状的制约。如果我们用一个引用影响半径 R_0 来代替裘布依公式中的圆形岛屿的半径 R,则有:

$$Q = 2.73 \frac{KMs_w}{\lg \frac{R_0}{r_w}} \tag{5.2.13}$$

则仍可用裘布依公式进行近似计算。此时的引用影响半径是一个假想的含水层半径。想象用这个半径切割出一个理想的圆柱状含水层,周边保持常水头 H_0。在这想象含水层中抽水的效果和实际含水层完全相同,即想象含水层与实际含水层降深相同时,流量完全相同。

第二种情况含水层为无限含水层,虽然这种情况下严格说来不可能出现稳定流,但在相当长的抽水时间以后,可以出现似稳定状态。如果在抽水井附近有两个观测孔,距井轴的距离分别为 r_1 和 r_2,水位降深分别为 s_1 和 s_2,用类似的方法进行推导,可求得:

$$s_1 - s_2 = \frac{Q}{2\pi T} \ln \frac{r_2}{r_1} \tag{5.2.14}$$

或:

$$Q = 2.73 \frac{KM(s_1 - s_2)}{\lg \frac{r_2}{r_1}} \tag{5.2.15}$$

式(5.2.14)和式(5.2.15)称为齐姆公式。齐姆公式和以后用非稳定流理论推导的长时间抽水以后的公式是完全一致的。同理,如只有一个观测孔,有:

$$s = \frac{Q}{2\pi T} \ln \frac{R_0}{r} \tag{5.2.16}$$

或:

$$s_w - s = \frac{Q}{2\pi T} \ln \frac{r}{r_w} \tag{5.2.17}$$

式中:s 为距抽水井 r 处的观测孔的水位降深。

联立方程式(5.2.11)和式(5.2.17),并把 $s = H_0 - H$ 代入,可得抽水井附近的水头方程(降落曲线方程):

$$H = h_w + (H_0 - h_w) \frac{\ln \frac{r}{r_w}}{\ln \frac{R}{r_w}} \tag{5.2.18}$$

5.3 承压含水层中的非稳定井流理论

在顶、底部完全隔水的承压含水层中,如果侧向边界离井很远,边界对研究区的水

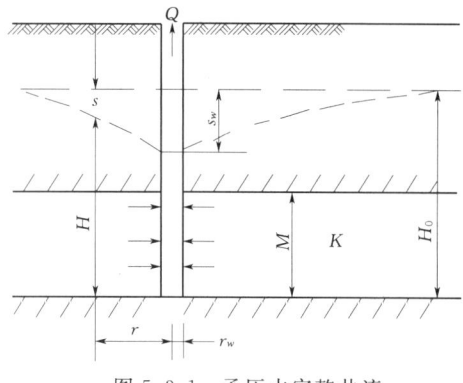

图 5.3.1 承压水完整井流

头分布没有明显影响时，可以把它看作是无外界补给的无限含水层（图 5.3.1）。

5.3.1 定流量抽水时的泰斯（Theis）公式

承压含水层中单个井定流量抽水的数学模型是在下列假设条件下建立起来的：

（1）含水层是均质各向同性、等厚、侧向无限延伸、产状水平的。

（2）抽水前天然状态下水力梯度为零。

（3）完整井定流量抽水，井径无限小。

（4）含水层中水流服从 Darcy 定律。

（5）水头下降引起的地下水从贮存量中的释放是瞬时完成的。

在上述假设条件下，抽水后将形成以井轴为对称轴的下降漏斗，将坐标原点放在含水层底板抽水井的井轴处，外轴为 Z 轴，如图 5.3.1 所示。我们知道地下水流向承压水完整井的运动为轴对称的平面径向流。这样的地下水非稳定运动，其水头 $H=f(r,t)$ 或降深 $s=f(r,t)$ 应满足下式：

$$\frac{\partial^2 s}{\partial r^2}+\frac{1}{r}\frac{\partial s}{\partial r}=\frac{\mu^*}{T}\frac{\partial s}{\partial t} \tag{5.3.1}$$

因为初始水头是水平的，即当 $t=0$ 时，在渗流区内任何一点的水头是常数，降深为零。在远离漏斗中心的地方，降深也为零，$\frac{\partial s}{\partial r}|_{r\to\infty}=0$。抽水井处根据 Darcy 定律，有 $\lim_{r\to 0}r\frac{\partial s}{\partial r}=-\frac{Q}{2\pi T}$，这样单井定流量的承压完整井流，可归纳为如下的数学模型：

$$\begin{cases} \frac{\partial^2 s}{\partial r^2}+\frac{1}{r}\frac{\partial s}{\partial r}=\frac{\mu^*}{T}\frac{\partial s}{\partial t} & t>0,0<r<\infty \\ s(r,0)=0, & 0<r<\infty \\ s(\infty,t)=0, & \frac{\partial s}{\partial r}|_{r\to\infty}=0 \quad t>0 \\ \lim_{r\to 0}r\frac{\partial s}{\partial r}=-\frac{Q}{2\pi T} & \end{cases} \tag{5.3.2}$$

由于 $s=H_0-H$，只要解出降深来，水头变化规律也就知道了，下边来研究如何求降深函数 $s(r,t)$。为此利用 Hankel 变换，记：

$$\bar{s}=\int_0^\infty rsJ_0(\beta r)\mathrm{d}r \tag{5.3.3}$$

式中：β 为参量；J_0 为第一类 Bessel 函数。

将式（5.3.2）中第一式两端同乘以 $rJ_0(\beta r)$，并在 $0\sim\infty$ 区间对 r 积分：

$$\int_0^\infty T\left(\frac{\partial^2 s}{\partial r^2}+\frac{1}{r}\frac{\partial s}{\partial r}\right)rJ_0(\beta r)\mathrm{d}r=\int_0^\infty \mu^*\frac{\partial s}{\partial t}rJ_0(\beta r)\mathrm{d}r$$

设导压系数 $a=\frac{T}{\mu^*}$，则有：

$$a\int_0^\infty \frac{1}{r}\frac{\partial}{\partial r}\left(r\frac{\partial s}{\partial r}\right)rJ_0(\beta r)\mathrm{d}r=\int_0^\infty \frac{\partial s}{\partial t}rJ_0(\beta r)\mathrm{d}r$$

方程式右端：
$$\int_0^\infty \frac{\partial s}{\partial t} r J_0(\beta r) \mathrm{d}r = \frac{\partial}{\partial t} \int_0^\infty s r J_0(\beta r) \mathrm{d}r = \frac{\mathrm{d}\bar{s}}{\mathrm{d}t}$$

方程式左端，利用分部积分，同时注意到边界条件，有：

$$a \int_0^\infty \frac{1}{r} \frac{\partial}{\partial r}\left(r \frac{\partial s}{\partial r}\right) r J_0(\beta r) \mathrm{d}r$$

$$= ar \frac{\partial s}{\partial r} J_0(\beta r) \Big|_0^\infty + a \int_0^\infty r \frac{\partial s}{\partial r} J_1(\beta r) \beta \mathrm{d}r$$

$$= \frac{aQ}{2\pi T} + a\beta s r J_1(\beta r) \Big|_0^\infty - a\beta \int_0^\infty s \mathrm{d}[r J_1(\beta r)]$$

$$= \frac{aQ}{2\pi T} - a\beta \int_0^\infty s \mathrm{d}[r J_1(\beta r)]$$

由于 Bessel 函数有下列性质：

$$\frac{\mathrm{d}}{\mathrm{d}x}[x J_1(x)] = x J_0(x)$$

于是 $\int_0^\infty s \mathrm{d}[r J_1(\beta r)] = \int_0^\infty s \beta r J_0(\beta r) \mathrm{d}r$，因此有：

$$a \int_0^\infty \frac{1}{r} \frac{\partial}{\partial r}\left(r \frac{\partial s}{\partial r}\right) r J_0(\beta r) \mathrm{d}r$$

$$= \frac{aQ}{2\pi T} - a\beta \int_0^\infty s \beta r J_0(\beta r) \mathrm{d}r$$

$$= \frac{aQ}{2\pi T} - a\beta^2 \bar{s} \tag{5.3.4}$$

所以上述定解问题，经过 Hankel 变化消去了变量 r，转变为常微分方程的初值问题，即：

$$\begin{cases} \dfrac{\mathrm{d}\bar{s}}{\mathrm{d}t} + a\beta^2 \bar{s} = \dfrac{aQ}{2\pi T} \\ \bar{s}\big|_{t=0} = 0 \end{cases} \tag{5.3.5}$$

其解为：

$$\bar{s} = \int_0^t \frac{aQ}{2\pi T} \mathrm{e}^{-a\beta^2(t-\tau)} \mathrm{d}\tau \tag{5.3.6}$$

再通过 Hankel 逆变化：

$$s = \int_0^\infty \bar{s} \beta J_0(\beta r) \mathrm{d}\beta \tag{5.3.7}$$

由 $\bar{s}$ 求 s，即：

$$s = \int_0^\infty \bar{s} \beta J_0(\beta r) \mathrm{d}\beta$$

$$= \int_0^\infty \left[\int_0^t \frac{aQ}{2\pi T} \mathrm{e}^{-a\beta^2(t-\tau)} \mathrm{d}\tau\right] \beta J_0(\beta r) \mathrm{d}\beta$$

$$= \frac{aQ}{2\pi T} \int_0^t \left[\int_0^\infty \mathrm{e}^{-a\beta^2(t-\tau)} \beta J_0(\beta r) \mathrm{d}\beta\right] \mathrm{d}\tau \tag{5.3.8}$$

先计算方括号内的积分，为此设：

$$F(r) = \int_0^\infty e^{-a\beta^2(t-\tau)} \beta J_0(\beta r) \mathrm{d}\beta \tag{5.3.9}$$

将式（5.3.9）对 r 求导，有：

$$\begin{aligned} F'(r) &= \int_0^\infty \beta e^{-a\beta^2(t-\tau)} \frac{\partial}{\partial r} J_0(\beta r) \mathrm{d}\beta \\ &= -\int_0^\infty \beta^2 e^{-a\beta^2(t-\tau)} J_1(\beta r) \mathrm{d}\beta \\ &= \int_0^\infty \beta J_1(\beta r) \mathrm{d}\left[e^{-a\beta^2(t-\tau)} \right] \frac{1}{2a(t-\tau)} \\ &= \frac{1}{2a(t-\tau)} \left\{ e^{-a\beta^2(t-\tau)} \beta J_1(\beta r) \Big|_0^\infty - \int_0^\infty e^{-a\beta^2(t-\tau)} \mathrm{d}[\beta J_1(\beta r)] \right\} \\ &= -\frac{1}{2a(t-\tau)} \int_0^\infty e^{-a\beta^2(t-\tau)} \beta r J_0(\beta r) \mathrm{d}\beta \end{aligned}$$

根据式（5.3.9），有：

$$F'(r) = -\frac{r}{2a(t-\tau)} F(r)$$

$$\frac{\mathrm{d}F(r)}{F(r)} = -\frac{r}{2a(t-\tau)} \mathrm{d}r$$

两边积分，得：

$$\ln F(r) = -\frac{r^2}{4a(t-\tau)} + C_1$$

令 $C_1 = \ln C$，则有：

$$\ln \frac{F(r)}{C} = -\frac{r^2}{4a(t-\tau)}$$

故：

$$F(r) = C e^{-\frac{r^2}{4a(t-\tau)}} \tag{5.3.10}$$

利用 $r = 0$ 时的 $F(r)$ 值，由式（5.3.10）可以确定 C 值：

$$\begin{aligned} F(0) &= \int_0^\infty e^{-a\beta^2(t-\tau)} \beta J_0(0) \mathrm{d}\beta = \int_0^\infty e^{-a\beta^2(t-\tau)} \beta \mathrm{d}\beta \\ &= -\frac{1}{2a(t-\tau)} \int_0^\infty e^{-a\beta^2(t-\tau)} \mathrm{d}[-a\beta^2(t-\tau)] = -\frac{1}{2a(t-\tau)} \end{aligned} \tag{5.3.11}$$

但由式（5.3.10），有：

$$F(0) = C$$

故：

$$C = \frac{1}{2a(t-\tau)}$$

$$F(r) = \frac{1}{2a(t-\tau)} e^{-\frac{r^2}{4a(t-\tau)}}$$

将上式代入式（5.3.8），有：

$$s = \frac{aQ}{2\pi T} \int_0^t \frac{1}{2a(t-\tau)} e^{-\frac{r^2}{4a(t-\tau)}} \mathrm{d}\tau \tag{5.3.12}$$

为了计算方便对式（5.3.12）进行变量代换，令：

$$y = \frac{r^2}{4a(t-\tau)}$$

$$d\tau = \frac{r^2}{4ay^2}dy$$

同时跟换积分上下限，当 $\tau = 0$ 时，$y = \frac{r^2}{4at}$

当 $\tau = t$ 时，$y = \infty$

于是：

$$s = \frac{Q}{4\pi T}\int_{\frac{r^2}{4at}}^{\infty}\frac{e^{-y}}{\frac{r^2}{4ay}}\frac{r^2}{4ay^2}dy \tag{5.3.13}$$

化简得：

$$s = \frac{Q}{4\pi T}\int_{u}^{\infty}\frac{e^{-y}}{y}dy \tag{5.3.14}$$

式中：

$$u = \frac{r^2}{4at} = \frac{r^2\mu^*}{4Tt}$$

在地下水渗流力学中，采用井函数 $W(u)$ 代替式（5.3.14）中的指数积分式：

$$W(u) = -E_i(-u) = \int_{u}^{\infty}\frac{e^{-y}}{y}dy \tag{5.3.15}$$

所以式（5.3.14）可写为：

$$s = \frac{Q}{4\pi T}W(u) \tag{5.3.16}$$

$$u = \frac{r^2\mu^*}{4Tt} \tag{5.3.17}$$

式中：s 为抽水影响范围内，任一点任一时刻的水位降深；Q 为抽水井的流量；T 为导水系数；t 为自抽水开始到计算时刻的时间；r 为计算点到抽水井的距离；μ^* 为含水层的贮水系数。

式（5.3.14）为无补给的承压水完整井定流量非稳定流计算公式，也就是著名的泰斯公式。

为了计算方便，通常将 $W(u)$ 展开成级数形式：

$$W(u) = \int_{u}^{\infty}\frac{1}{y}e^{-y}dy$$

$$= -0.577216 - \ln u + u - \sum_{n=2}^{\infty}(-1)^n\frac{u^n}{n\cdot n!} \tag{5.3.18}$$

并制成数值表（表5.3.1），只要求出 $u = \frac{r^2\mu^*}{4Tt}$ 值，就可以查出相应 $W(u)$ 值。反之亦然。

上式还可以写成：

$$W(u) = -0.577216 - \ln u + u - \sum_{n=2}^{\infty}(-1)^n\frac{u^n}{n\cdot n!}$$

$$= -\ln u - 0.577216 + \sum_{n=1}^{\infty}\frac{(-1)^{n+1}}{n\cdot n!}(u)^n \tag{5.3.19}$$

可见，随着 u 增大，$W(u)$ 是减小的，是一个类似对数函数的关系。

表 5.3.1 无越流含水层定流量井函数 $W(u)$ 的确定

u \ N	$N\times10^{-15}$	$N\times10^{-14}$	$N\times10^{-13}$	$N\times10^{-12}$	$N\times10^{-11}$	$N\times10^{-10}$	$N\times10^{-9}$	$N\times10^{-8}$	$N\times10^{-7}$	$N\times10^{-6}$	$N\times10^{-5}$	$N\times10^{-4}$	$N\times10^{-3}$	$N\times10^{-2}$	$N\times10^{-1}$	N
1.0	33.9616	31.6590	29.3564	27.0538	24.7512	22.4486	20.1460	17.8435	15.5409	13.2383	10.9357	8.6332	6.3315	4.0379	1.8229	0.2194
1.1	33.8663	31.5637	29.2611	26.9585	24.6559	22.3533	20.0507	17.7483	15.4458	13.1430	10.8404	8.5379	6.2363	3.9436	1.7371	0.1860
1.2	33.7792	31.4767	29.1741	26.8715	24.5689	22.2663	19.9037	17.6611	15.3685	13.0360	10.7534	8.4509	6.1494	3.8576	1.6593	0.1584
1.3	33.6092	31.3966	29.0940	26.7914	24.4889	22.1863	19.8837	17.5811	15.2785	12.9750	10.6734	8.3709	6.0695	3.7785	1.5889	0.1355
1.4	33.6251	31.3225	29.0190	26.7173	24.4147	22.1122	19.8096	17.5070	15.2044	12.9018	10.5993	8.2968	5.9955	3.7054	1.5241	0.1162
1.5	33.5551	31.2535	28.9509	26.6433	24.3458	22.0132	19.7406	17.4380	15.1354	12.8328	10.5303	8.2278	5.9266	3.6374	1.4645	0.1000
1.6	33.1916	31.1890	28.8864	26.5838	24.2812	21.9786	19.6760	17.3735	15.0709	12.7683	10.4657	8.1634	5.8621	3.5739	1.4092	0.08631
1.7	33.4309	31.1283	28.8258	26.5232	24.2206	21.9160	19.6154	17.3128	15.0103	12.7077	10.4061	8.1027	5.8016	3.5143	1.3578	0.07465
1.8	33.3738	31.0712	28.7686	26.4680	24.1631	21.8608	19.5583	17.2557	14.9531	12.6505	10.3479	8.0455	5.7446	3.4581	1.3089	0.06471
1.9	33.3197	31.0171	28.7145	26.4119	24.1094	21.8068	19.5042	17.2016	14.8980	12.5964	10.2939	7.9915	5.6906	3.4050	1.2649	0.05620
2.0	33.2684	30.9658	28.6632	26.3607	24.0581	21.7555	19.4529	17.1503	14.8477	12.5451	10.2426	7.9402	5.6391	3.3547	1.2227	0.04890
2.1	33.2196	30.9170	28.6145	26.3119	24.0093	21.7087	19.4041	17.1015	14.7989	12.4964	10.1938	7.8914	5.5907	3.3069	1.1829	0.04261
2.2	33.1731	30.8705	28.5679	26.2653	23.9628	21.6602	19.3576	17.0550	14.7524	12.4498	10.1473	7.8448	5.5443	3.2614	1.1454	0.03719
2.3	33.1285	30.8261	28.5235	26.2209	23.9183	21.6157	19.3131	17.0105	14.7080	12.4054	10.1028	7.8004	5.4999	3.2179	1.1099	0.03250
2.4	33.0861	30.7835	28.4809	26.1783	23.8758	21.5732	19.2706	16.9680	14.6654	12.3628	10.0603	7.7579	5.4575	3.1763	1.0762	0.02844
2.5	33.0453	30.7427	28.4401	26.1375	23.8319	21.5323	19.2298	16.9272	14.6245	12.3220	10.0194	7.7172	5.4107	3.1365	1.0443	0.02481
2.6	33.0060	30.7035	28.4009	26.0983	23.7957	21.4931	19.1905	16.8880	14.5854	12.2828	9.9802	7.6779	5.3776	3.0983	1.0139	0.02185
2.7	32.9683	30.6667	28.3633	26.0606	23.7580	21.4554	19.1628	16.8502	14.5476	12.2450	9.9425	7.6401	5.3400	3.0615	0.9849	0.01918
2.8	32.9313	30.6294	28.3268	26.0242	23.7216	21.4190	19.1164	16.8138	14.5113	12.2087	9.9061	7.6038	5.3037	3.0261	0.9573	0.01686
2.9	32.8968	30.5943	28.2917	25.9891	23.6865	21.3839	19.0813	16.7788	14.4762	12.1736	9.8710	7.5687	5.2687	2.9920	0.9309	0.01482
3.0	32.8629	30.5601	28.2578	25.9552	23.6526	21.3500	19.0471	16.7449	14.4423	12.1397	9.8371	7.5348	5.2349	2.9591	0.9057	0.01305
3.1	32.8302	30.5276	28.2250	25.9224	23.6198	21.3178	19.0146	16.7121	14.4005	12.1060	9.8043	7.5020	5.2022	2.9273	0.8816	0.01149
3.2	32.7984	40.4958	28.1932	25.8907	23.6880	21.2866	18.9829	16.6803	14.3777	12.0751	9.7726	7.4704	5.1706	2.8965	0.8583	0.01013
3.3	32.7676	30.4651	28.1625	25.8599	23.5573	21.2597	18.9521	16.6495	14.3470	12.0444	9.7418	7.4305	5.1399	2.8668	0.8361	0.008939
3.4	32.7378	30.4354	28.1326	25.8300	23.5274	21.2249	18.9223	16.6197	14.3171	12.0145	9.7120	7.4097	5.1102	2.8379	0.8147	0.007891
3.5	32.7088	30.4062	28.1096	25.8010	23.4985	21.1959	18.8933	16.5907	14.2881	11.9855	9.6830	7.3807	5.0813	2.8099	0.7942	0.006970
3.6	32.6806	30.378	28.0755	25.7729	23.4703	21.1677	18.8651	16.5625	14.2599	11.9574	9.6548	7.3525	5.0532	2.7827	0.7745	0.006160
3.7	32.6532	30.3506	28.0481	25.7455	23.4429	21.1403	18.8377	16.5351	14.2325	11.9300	9.6274	7.3252	5.0259	2.7563	0.7554	0.005448
3.8	32.6260	30.3210	28.0214	25.7188	23.4162	21.1106	18.8110	16.5085	14.2099	11.9033	9.6007	7.2985	4.9993	2.7306	0.7371	0.00482
3.9	32.6006	30.2980	27.9954	25.6928	23.3902	21.0877	18.7851	16.4825	14.1799	11.8773	9.5748	7.2725	4.9735	2.7056	0.7194	0.004267
4.0	32.5753	30.2727	27.9701	25.6675	23.3649	21.0623	18.7598	16.4572	14.1546	11.8520	9.5495	7.2472	4.9482	2.6813	1.7024	0.003779

续表

$u \backslash N$	$N \times 10^{-15}$	$N \times 10^{-14}$	$N \times 10^{-13}$	$N \times 10^{-12}$	$N \times 10^{-11}$	$N \times 10^{-10}$	$N \times 10^{-9}$	$N \times 10^{-8}$	$N \times 10^{-7}$	$N \times 10^{-6}$	$N \times 10^{-5}$	$N \times 10^{-4}$	$N \times 10^{-3}$	$N \times 10^{-2}$	$N \times 10^{-1}$	N
4.1	32.5506	30.2480	27.9454	25.6428	23.3402	21.0376	18.7351	16.4325	14.1299	11.8273	9.5248	7.2225	4.9236	2.6576	1.6859	0.003349
4.2	32.5265	30.2239	27.9213	25.6187	23.3161	21.0136	18.7110	16.4084	14.1058	11.8032	9.5007	7.1985	4.8997	2.6344	1.6700	0.002969
4.3	32.5029	30.2004	27.8978	25.5952	23.2926	20.9900	18.6874	16.3884	14.0823	11.7797	9.4771	7.1749	4.8762	2.6119	1.6546	0.002633
4.4	32.4800	30.1774	27.8748	25.5722	23.2696	20.9670	18.6644	16.3619	14.0593	11.7567	9.4541	7.1520	4.8533	2.5899	1.6397	0.002336
4.5	32.4575	30.1548	27.8523	25.5497	23.2471	20.9446	18.6420	16.3394	14.0368	11.7342	9.4317	7.1295	4.8310	2.5684	1.6253	0.002073
4.6	32.4355	30.1329	27.8303	25.5277	23.2352	20.9226	18.6200	16.3174	14.0148	11.7122	9.4097	7.1075	4.8091	2.5474	1.6114	0.001841
4.7	32.4140	30.1114	27.8088	25.5062	23.2037	20.9011	18.5985	16.2959	13.9933	11.6907	9.3882	7.0860	4.7877	2.5268	1.5979	0.001635
4.8	32.3929	30.0904	27.7878	25.4852	23.1826	20.8800	18.5774	16.2748	13.9723	11.6697	9.3671	7.0650	4.7667	2.5068	1.5848	0.001453
4.9	32.3723	30.0697	27.7672	25.4646	23.1620	20.8594	18.5568	16.2542	13.9516	11.6491	9.3465	7.0444	4.7462	2.4871	1.5721	0.001291
5.0	32.3521	30.0495	27.7470	25.4444	23.1418	20.8392	18.5366	16.2340	13.9314	11.6289	9.3263	7.0242	4.7261	2.4679	1.5598	0.001148
5.1	32.3323	30.0297	27.7271	25.4246	23.1220	20.8194	18.5168	16.2142	13.9116	11.6091	9.3065	7.0044	4.7064	2.4491	1.5478	0.001021
5.2	32.3129	30.0103	27.7077	25.4051	23.1026	20.8000	18.4974	16.1948	13.8922	11.5896	9.2871	6.9850	4.6871	2.4306	1.5362	9.086×10^{-4}
5.3	32.2939	29.9913	27.6887	25.3861	23.0835	20.7809	18.4783	16.1758	13.8732	11.5706	9.2681	6.9659	4.6681	2.4126	1.5250	8.086×10^{-4}
5.4	32.2752	29.9726	27.6700	25.3674	23.0648	20.7622	18.4596	16.1571	13.8545	11.5519	9.2494	6.9473	4.6495	2.3948	1.5140	7.198×10^{-4}
5.5	32.2568	29.9512	27.6516	25.3490	23.0465	20.7438	18.4413	16.1387	13.8361	11.5336	9.2310	6.9289	4.6313	2.3775	1.5034	6.409×10^{-4}
5.6	32.2388	29.9362	27.6336	25.3310	23.0285	20.7259	18.4233	16.1207	13.8181	11.5155	9.2130	6.9109	4.6134	2.3604	1.4930	5.708×10^{-4}
5.7	32.2211	29.9185	27.6169	25.3133	23.0108	20.7082	18.4055	16.1030	13.8004	11.4978	9.1953	6.8932	4.5958	2.3437	1.4830	5.085×10^{-4}
5.8	32.2037	29.9011	27.5985	25.2959	22.9934	20.6908	18.3882	16.0856	13.7830	11.4804	9.1779	6.8758	4.5785	2.3272	1.4732	4.532×10^{-4}
5.9	32.1866	29.884	27.5814	25.2789	22.9763	20.6737	18.3711	16.0685	13.7659	11.4633	9.1608	6.8588	4.5615	2.3111	1.4637	4.039×10^{-4}
6.0	32.1698	29.8072	27.5646	25.2620	22.9595	20.6569	18.3543	16.0517	13.7491	11.4465	9.1410	6.8420	4.5448	2.2953	1.4544	3.501×10^{-4}
6.1	32.1533	29.8507	27.5481	25.2455	22.9429	20.6403	18.3378	16.0352	13.7326	11.4300	9.1275	6.8254	4.5283	2.2797	1.4454	3.211×10^{-4}
6.2	32.1370	29.8344	27.5318	25.2293	22.9267	20.6241	18.3215	16.0189	13.7163	11.4138	9.1112	6.8092	4.5122	2.2645	1.4366	2.864×10^{-4}
6.3	32.1210	29.8184	27.5168	25.2133	22.9107	20.6081	18.3055	16.0029	13.7003	11.3978	9.0952	6.7932	4.4963	2.2494	1.4280	2.555×10^{-4}
6.4	32.1053	29.8027	27.5001	25.1975	22.8949	20.5928	18.2898	15.9872	13.6846	11.3820	9.0795	6.7775	4.4806	2.2346	1.4197	2.279×10^{-4}
6.5	32.0898	29.7872	27.4846	25.1820	22.8794	20.5768	18.2742	15.9717	13.6691	11.3665	9.0640	6.7620	4.4652	2.2201	1.4115	2.034×10^{-4}
6.6	32.0745	29.7719	27.4693	25.1667	22.8641	20.5616	18.2590	15.9564	13.6538	11.3512	9.0487	6.7467	4.4501	2.2058	1.4036	1.816×10^{-4}
6.7	32.0595	29.7569	27.4543	25.1517	22.8491	20.5365	18.2439	15.9414	13.6388	11.3362	9.0337	6.7317	4.4351	2.1917	1.3959	1.621×10^{-4}
6.8	32.4446	29.7421	27.4395	25.1369	22.8343	20.5317	18.2291	15.9265	13.6230	11.3214	9.0189	6.7169	4.4204	2.1779	1.3883	1.448×10^{-4}
6.9	32.0300	29.7275	27.4249	25.1223	22.8197	20.5171	18.2145	15.9119	13.6094	11.3008	9.0043	6.7023	4.4059	2.1643	1.3810	1.293×10^{-4}
7.0	32.0158	29.7131	27.4105	25.1079	22.8053	20.5027	18.2001	15.8976	13.5950	11.2924	8.9899	6.6879	4.3916	2.1508	1.3738	1.155×10^{-4}
7.1	32.0015	29.6989	27.3963	25.0937	22.7911	20.4885	18.1860	15.8834	13.5808	11.2782	8.9757	6.6737	4.3775	2.1376	1.3668	1.032×10^{-4}

续表

u \ N	$N\times10^{-15}$	$N\times10^{-14}$	$N\times10^{-13}$	$N\times10^{-12}$	$N\times10^{-11}$	$N\times10^{-10}$	$N\times10^{-9}$	$N\times10^{-8}$	$N\times10^{-7}$	$N\times10^{-6}$	$N\times10^{-5}$	$N\times10^{-4}$	$N\times10^{-3}$	$N\times10^{-2}$	$N\times10^{-1}$	N
7.2	31.9875	29.6819	27.3828	25.0797	22.7771	20.4746	18.1760	15.8694	13.5668	11.2642	8.9617	6.6598	4.3636	2.1246	1.3599	9.219×10^{-5}
7.3	31.9737	29.6711	27.3685	25.0659	22.7633	20.4608	18.1582	15.8556	13.5530	11.2504	8.9479	6.6460	4.3500	2.1118	1.3532	8.239×10^{-5}
7.4	31.9601	29.6575	27.3549	25.0523	22.7497	20.4472	18.1446	15.8420	13.5394	11.2368	8.9343	6.6324	4.3364	2.0991	1.3467	7.364×10^{-5}
7.5	31.9467	29.6441	27.3416	25.0389	22.7363	20.4337	18.1411	15.8286	13.5260	11.2234	8.9209	6.6190	4.3231	2.0867	1.3404	6.583×10^{-5}
7.6	31.9334	29.6308	27.3282	25.0257	22.7231	20.4205	18.1179	15.8158	13.5127	11.2102	8.9076	6.6067	4.3100	2.0744	1.3341	5.886×10^{-5}
7.7	31.9204	29.6178	27.3152	25.0126	22.7100	20.4074	18.1048	15.8022	13.4997	11.1971	8.8946	6.5927	4.2970	2.0623	1.3280	5.863×10^{-5}
7.8	31.9074	29.6048	27.3023	24.9997	22.6971	20.3945	18.0919	15.7893	13.4868	11.1842	8.8817	6.5798	4.2842	2.0503	1.3221	4.707×10^{-5}
7.9	31.8947	29.5921	27.2895	24.9869	22.6844	20.3818	18.0792	15.7766	13.4740	11.1714	8.8689	6.5671	4.2716	2.0386	1.3163	4.210×10^{-5}
8.0	31.8821	29.5795	27.2769	24.9744	22.6718	20.3692	18.0666	15.7640	13.4614	11.1589	8.8563	6.5545	4.2591	2.0269	1.3105	3.767×10^{-5}
8.1	31.8697	29.5671	27.2645	24.9619	22.6594	20.3568	18.0542	15.7516	13.4490	11.1464	8.8439	6.5421	4.2468	2.0155	1.3050	3.370×10^{-5}
8.2	31.8574	29.5548	27.2523	24.9497	22.6471	20.3445	18.0419	15.7393	13.4367	11.1342	8.8317	6.5298	4.2346	2.0042	1.2998	3.015×10^{-5}
8.3	31.8453	29.5427	27.2401	24.9375	22.5350	20.3324	18.0298	15.7272	13.4246	11.1220	8.8195	6.5177	4.2226	1.9930	1.2943	2.699×10^{-5}
8.4	31.8333	29.5307	27.2282	24.9266	22.6230	20.3204	18.0178	15.7152	13.4126	11.1101	8.8076	6.5057	4.2107	1.9820	1.2891	2.415×10^{-5}
8.5	31.8215	29.5189	27.2163	24.9137	22.6112	20.3086	18.0060	15.7034	13.4008	11.0982	8.7957	6.4939	4.1990	1.9711	1.2840	2.162×10^{-5}
8.6	31.8098	29.5072	27.2046	24.9020	22.5995	20.2969	17.9943	15.6917	13.3891	11.0865	8.7840	6.4822	4.1874	1.9604	1.2790	1.936×10^{-5}
8.7	31.7982	29.4957	27.1931	24.8905	22.5879	20.2853	17.9827	15.6801	13.3776	11.0750	8.7725	6.4707	4.1759	1.9498	1.2742	1.733×10^{-5}
8.8	31.7868	29.4842	27.1816	24.8790	22.5765	20.2739	17.9713	15.6687	13.3661	11.0635	8.7610	6.4592	4.1646	1.9393	1.2694	1.552×10^{-5}
8.9	31.7755	29.4729	27.1703	24.8678	22.5652	20.2626	17.9600	15.6574	13.3548	11.0523	8.7497	6.4480	4.1534	1.9290	1.2647	1.390×10^{-5}
9.0	31.7643	29.4618	27.1592	24.8566	22.5540	20.2514	17.9488	15.6462	13.3437	11.0411	8.7386	6.4368	4.1423	1.9187	1.2602	1.245×10^{-5}
9.1	31.7533	29.4507	27.1481	24.8455	22.5429	20.2404	17.9378	15.6352	13.3326	11.0300	8.7275	6.4258	4.1313	1.9087	1.2557	1.115×10^{-5}
9.2	31.7424	29.4398	27.1372	24.8346	22.5320	20.2294	17.9263	15.6243	13.3217	11.0191	8.7166	6.4148	4.1205	1.8987	1.2513	9.988×10^{-6}
9.3	31.7315	29.4290	27.1264	24.8238	22.5212	20.2186	17.9160	15.6135	13.3109	11.0083	8.7058	6.4040	4.1098	1.8888	1.2470	8.948×10^{-6}
9.4	31.7208	29.4183	27.1157	24.8131	22.5105	20.2079	17.9053	15.6028	13.3002	10.9976	8.6951	6.3934	4.0992	1.8791	1.2429	8.018×10^{-6}
9.5	31.7103	29.4077	27.1051	24.8025	22.4999	20.1973	17.8948	15.5922	13.2896	10.9870	8.6845	6.3828	4.0887	1.8695	1.2387	7.185×10^{-6}
9.6	31.6998	29.3972	27.0946	24.7920	22.4895	20.1869	17.8843	15.5817	13.2791	10.9765	8.6740	6.3723	4.0784	1.8599	1.2347	6.439×10^{-6}
9.7	31.6894	29.3868	27.0843	24.7817	22.4791	20.1765	17.8739	15.5713	13.2688	10.9662	8.6637	6.3620	4.0681	1.8505	1.2308	5.771×10^{-6}
9.8	31.6792	29.3766	27.0740	24.7714	22.4688	20.1668	17.8637	15.5611	13.2585	10.9559	8.6534	6.3517	4.0579	1.8412	1.2269	5.172×10^{-6}
9.9	31.6690	29.3664	27.0639	24.7613	22.4587	20.1561	17.8535	15.5509	13.2483	10.9458	8.6433	6.3416	4.0479	1.8320	1.2231	4.637×10^{-6}

5.3.2 泰斯（Theis）公式的讨论

实际工程中的井流问题极其复杂，下面结合实际工程情况，对泰斯公式中的几个问题进行讨论。

5.3.2.1 各因素对降深的影响

承压完整井做定流量抽水时，s 值随 r 的增大而减小，随 t 的增大而增大。当 $t \to 0$ 或 $r \to \infty$ 时，$W\left(\dfrac{r^2}{4at}\right) = 0$，故 $s = 0$。这些均是符合一般经验的，也满足初始条件和边界条件。

降深 s 与抽水流量 Q 呈正比关系，这是容易理解的。在抽取地下水后无补给增量与排泄减量的条件下，开采量全部来自储存量的释放（体现在降深 s 上），只要 μ^* 为常量且无滞后释水，则 Q 与 s 呈正比。

降深 s 随弹性释水系数 μ^* 的增大而减小，这是显然的。当抽水流量 Q 和抽水延续时间 t 一定时，含水层释水的体积 Qt 一定。若 μ^* 大，则下降漏斗浅，即 s 小；反之，则下降漏斗深，即 s 大。

比较复杂的是含水层导水系数 T 对水头降深 s 的影响。式（5.3.16）右端有两处出现 T，一处是 $\dfrac{Q}{4\pi T}$，另一处是 $W\left(\dfrac{r^2}{4\dfrac{T}{\mu^*}t}\right)$。$s$ 随第一个 T 的增大而减小，随第二个 T 的增大而增大。这两个 T 对 s 起着相反的作用，最终的结果如何需要具体分析。第一个 T 与 Q 组成 $\dfrac{Q}{T}$ 因子，可以理解为内边界条件对 s 的作用。Q 是定流量的内边界条件，而当井半径 r_w 一定时，$\dfrac{Q}{T}$ 可以理解为水力梯度的内边界条件，即在抽水井壁处的水力梯度越大，则 s 也越大，这是可以理解的。第二个 T（与 μ^* 组成 $a = \dfrac{T}{\mu^*}$）对 s 的影响，可以对任一均衡段（由 r 与 $r + \Delta r$ 两个圆柱面围闭的含水层体积所构成）任一时刻的漏斗曲线的分析看出，下游断面的流出水量 Q_r 大于上游断面的流入水量 $Q_{r+\Delta r}$，则必由均衡段内含水层释放水量来均衡，为此导致水头下降 s。在漏斗一定（即水力梯度一定）且 μ^* 值一定时，若 T 大，则 s 亦大；若 T 小，则 s 亦小。这就是第二个 T 对 s 的影响。

有意思的是，井流问题中，参数 μ^* 往往与 T 一起构成一个综合性参数 $a\left(\dfrac{T}{\mu^*}\right)$ 对 s 起作用。随着 a 的增大（不管是 T 增大还是 μ^* 减小），s 增大。读者可以如同上述第二个 T 对 s 作用的均衡分析来进一步理解 μ^* 对 s 的作用。由此可见，参数与 T 结合成 $a\left(\dfrac{T}{\mu^*}\right)$ 有其内在的机理。

过去的研究人员与工程技术人员常称 a 为压力传导系数，这容易误会为 a 表征含水层某处压力改变以后，压力向四周传播的速度。试验中发现，压力传播的速度是以含水层中的接近音速推进的。不过，在上面建立的定解问题中，假定压力的传播是瞬时完成的，正因为这个假定，使得泰斯公式显示，不管抽水延续时间多么短，在含水层中任何径距 r 处都发生水头的下降，这是与实际情况有出入的，但是在工程实用上对结果的影响较小。

当含水层由于某种因素（例如抽水）破坏原有的平衡状态形成不稳定流动时，压力传导系数 a 表征地下水水头再分布（以适应新条件）的速度，或在某些条件下表征地下水趋向稳定流动或拟稳定流动（水头 H 随时间变化，但水力梯度 J 不随时间变化的一种不稳定流动）的速度。

另外，式（5.3.16）表现为：t 趋向 ∞，s 也趋向 ∞。这似乎不合理。但要注意公式的应用条件，承压井流要保持承压状态，即 s 不得大于 (H_0-M)，否则将转化为承压—无压井流，破坏了基本条件。对于无压井流，s 不得大于 h_0。因为在 $s=h_0$ 以后，流量将会变小，破坏定流量抽水的基本条件，那时，就转变为定降深变流量的条件了。

5.3.2.2 承压含水层中任意点水头的下降速度

将 $s=\dfrac{Q}{4\pi T}\displaystyle\int_u^\infty \dfrac{e^{-y}}{y}dy$ 对 t 求导：

$$\frac{\partial s}{\partial t}=\frac{Q}{4\pi T}\frac{dW(u)}{du}\frac{\partial u}{\partial t}=\frac{Q}{4\pi T}\left(\frac{-e^{-u}}{u}\right)\left(\frac{r^2}{4a}\frac{-1}{t^2}\right)=\frac{1}{4\pi T}\frac{1}{t}e^{-\frac{r^2}{4at}} \quad (5.3.20)$$

由此式可看出，对同一时间而言，近处下降速率快，远处下降速率慢。这也是符合经验的。

对于同一距离、不同时间的下降速率，由于 $\dfrac{1}{t}$ 和 $e^{-\frac{r^2}{4at}}$ 两个因素对 $\dfrac{\partial s}{\partial t}$ 的增减起着相反的作用，因此 $\dfrac{\partial s}{\partial t}$ 不是 t 的单调函数。将 $\dfrac{\partial s}{\partial t}$ 再对 t 求导，即：

$$\frac{\partial^2 s}{\partial t^2}=\frac{Q}{4\pi T}\frac{\partial}{\partial t}\left(\frac{1}{t}e^{-\frac{r^2}{4at}}\right)=\frac{Q}{4\pi T}\left[\frac{1}{t}e^{-\frac{r^2}{4at}}\left(-\frac{r^2}{4a}\right)\left(-\frac{1}{t}\right)+e^{-\frac{r^2}{4at}}\left(-\frac{1}{t^2}\right)\right]$$
$$=\frac{Q}{4\pi T}\frac{1}{t^2}e^{-\frac{r^2}{4at}}\left(\frac{r^2}{4at}-1\right)$$

由此可见，$s=s(t)$ 曲线有一拐点。

拐点处的时间为 t_i，则

$$t_i=\frac{r^2}{4a} \quad (5.3.21)$$

可得出拐点处的降深 s_i，即：

$$s_i=\frac{Q}{4\pi T}W\left(\frac{r^2}{4at_i}\right)=\frac{Q}{4\pi T}W(1)=\frac{Q}{4\pi T}\times 0.2194=0.0175\frac{Q}{T} \quad (5.3.22)$$

该式表明 s_i 与 r 无关。如将式（5.3.21）代入式（5.3.20），则得拐点处的斜率，即：

$$\left(\frac{\partial s}{\partial t}\right)_i=\frac{Q}{4\pi T}\frac{4a}{r^2}e^{-1}=\frac{0.368Q}{\pi}\frac{a}{Tr^2}=\frac{0.117Q}{\mu^* r^2} \quad (5.3.23)$$

即当 $s=s_i$ 时出现最大下降速度。当抽水时间足够长时，$t>25\dfrac{r^2\mu^*}{T}$，式（5.3.20）变为：

$$\frac{\partial s}{\partial t}=\frac{Q}{4\pi T}\frac{1}{t} \quad (5.3.24)$$

式（5.3.24）说明 t 足够大时，在抽水井周围一定范围内，下降基本上是相同的，与 r 无关。换而言之，经过一定抽水后下降速度变慢，在一定的范围内产生大致等幅的下降,如图 5.3.2 所示。

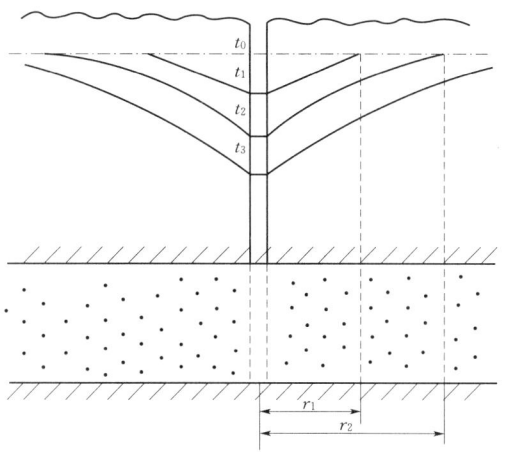

图 5.3.2 抽水不同时刻的降落漏斗图

5.3.2.3 关于"影响半径 R"

一些文章认为 $s=0$ 处的 r 就是影响半径 R,即:

$$0 = \frac{Q}{4\pi T} \ln \frac{2.25at}{R^2}$$

或:

$$\frac{2.25at}{R^2} = 1$$

从而得出:

$$R = \sqrt{2.25at} = 1.5\sqrt{at} \tag{5.3.25}$$

前苏联的克尔基斯也得到计算 R 的这个公式,但方法更繁琐些。

用上述方法确定影响半径 R 是有问题的。因为 $s(r,t) = \frac{Q}{4\pi T} \ln \frac{2.25at}{r^2}$ 式是近似式,它的应用条件是 $u < 0.01$(或 0.05),但前面推导式 (5.3.25) 过程中却要求 $\frac{2.25at}{r^2} = 1$,相当于 $u = 0.562$,这已经明显地超出上式公式的应用范围,因此用方程 (5.3.25) 来计算影响半径是不对的。

实际上,通常没有必要去引出"影响半径 R",因为它并不是含水层的参数。假如一定要去讨论降深为零处的径距 $r(=R)$,从泰斯公式中可得,在开始抽水的那一瞬时,含水层中的水头处处都有下降,含水层的范围就是影响范围。试验中发现影响半径 R 接近于:

$$R = V_s t \tag{5.3.26}$$

式中:V_s 为声音在含水层中的传播速度。

5.3.2.4 关于泰斯公式中 $r_w \to 0$ 的条件

这个问题是一些人对泰斯公式的实用性表示怀疑的主要问题之一,影响了不稳定井流理论的使用。对此,试分析如下。

推导泰斯公式时,其中的内边界条件要求 $r_w \to 0$,即用汇点或源点——井径趋于零的抽水井或注水井——代替井孔的作用。然而实际井孔的半径 r_w 总是有限的，那么此条件对泰斯公式的应用有什么约束呢？

从泰斯公式变换解法的过程中可以看出，内边界条件 $r_w \to 0$ 的作用是使：

$$\lim_{r \to 0} e^{-\frac{r^2}{4at}} = 1$$

或者，我们从式（5.3.16）也可看出，取 r_w（井壁处），则：

$$Q_w = Q e^{-\frac{r_w^2}{4at}}$$

式中：Q 为泰斯理想模型汇点的流量；Q_w 是真实井的流量。

可见，条件 $r_w \to 0$ 是为了满足：

$$Q_w = \lim_{r_w \to 0} Q e^{-\frac{r_w^2}{4at}} = Q \tag{5.3.27}$$

或：

$$\lim_{r_w \to 0} e^{-\frac{r_w^2}{4at}} = 1$$

已知 $e^{-0.01} = 0.99 \approx 1.0$。因此，对于井半径为 r_w 的实际井孔，当满足条件 $\frac{r_w^2}{4at} \leqslant 0.01$ 或

$$t \geqslant 25 \frac{r_w^2}{a} \tag{5.3.28}$$

其效果相当于流量 Q 误差 1% 以内。这对于工程来说一般是允许的。

从一般实际情况来看，条件式（5.3.28）在抽水的初期就能满足。例如，取 $r_w = 0.1\mathrm{m}$，$a = 10^5 \mathrm{m}^2/\mathrm{d}$，则：

$$t \geqslant 25 \frac{r_w^2}{a} = 25 \times \frac{0.1^2}{10^5} = 2.5 \times 10^{-6} (d) \approx 0.2 s$$

怀疑对泰斯公式实用性的另一个主要原因，是在推导泰斯公式的过程中，假设初始的承压水头面是水平的。从远离水库等水利工程的实际资料中看到，承压水头面一般坡度都很小，尤其在平原区，通常为千分之几到万分之几。因此从实用观点看来，这种假设不影响泰斯公式的实际使用。

5.4 潜水含水层中的井流

5.4.1 裘布依稳定潜水井流基本方程的推导

最早研究稳定井流的是法国水力工程师裘布依。1863 年他提出了著名的稳定井流方程。该方程是在下列假定条件下建立的（图 5.4.1）：均质、各向同性、隔水底板水平的圆柱形潜水含水层，外侧面保持定水头，中心一口完整抽水井，即圆岛模型，没有垂向入渗补给和蒸发排泄，且渗流服从线性定律的稳定流动。

在上述条件下的潜水井中进行定流量（或定降深）抽水，经过一定时间之后 1937 年马斯克特（M. Muskat）证明：这个时限为 $t \gg 0.5 \frac{R^2}{a} t$，其中 $a = \frac{K h_0}{\mu_d}$，渗流将会趋向稳

定；潜水面由原来的水平状态变成漏斗状，即水位降落漏斗。依渗流连续性原理，这时各渗流断面（$r_w \leqslant r \leqslant R$）的流量都相同，并等于抽水井的流量。

现分析该井流的流网特点（图5.4.1）。从平面上看：流线沿径向指向井轴，等水位线是同心圆，这种流动称为径向流动。由于靠井孔处水力梯度大，远离井孔的水力梯度小，所以等水位线在井孔附近密集，往外变疏。从剖面上看：最底部一根流线是水平的直线，最上面（潜水面处）的一根流线（也称浸润曲线）是曲率最大的凸形曲线；中间的流线则过渡，由上至下，从曲率最大的凸型曲线逐渐变为水平的直线。剖面上的等水头线也是一系列弯曲程度不等的曲线，外围的等势线趋向铅垂的直线。从空间上讲，等水头面是围绕井轴旋转的一系列曲面，这些复杂的曲面方程预先是难以得到的。为使问题简化起见，裘布依引入裘布依假定，把剖面上的等水头线近似地视为铅垂线，即忽略流速的垂向分量，从而把三维井流问题简化

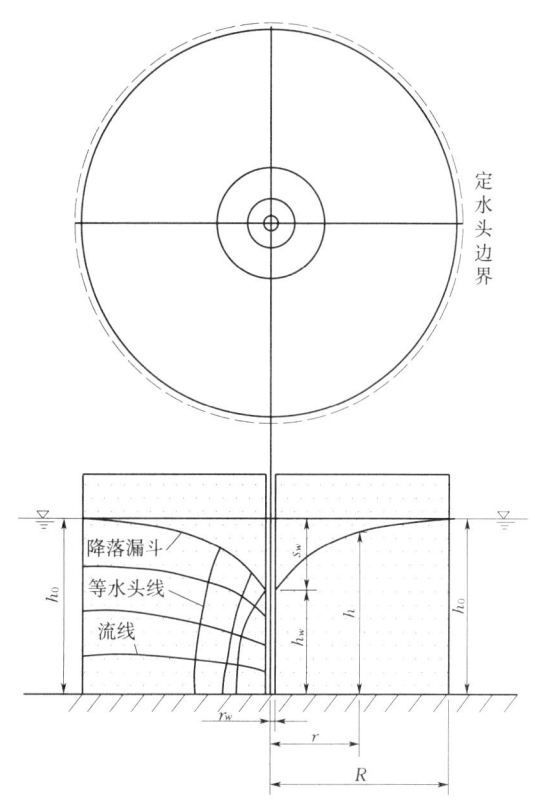

图 5.4.1　裘布依稳定潜水井流

为二维流动来解决，这时的渗流断面被视为圆柱面。以隔水底板为基准面，因此潜水面处的水头值等于渗流厚度 h。

如上面所分析，这种情况下地下水流属轴对称问题，采用极坐标系更方便。我们取井轴为 h（渗流厚度）轴，向上为正；沿隔水底板取 r 轴，向外为正，如图5.4.1所示。

根据达西定律和裘布依假定，任意渗流断面的流量：

$$Q = KA \frac{dh}{dr} \tag{5.4.1}$$

由于 h 随 r 的增大而增大，因而 $\frac{dh}{dr} > 0$，水文地质工作者习惯于将抽水量取为正值，所以上述微分方程右端没有负号。

如上分析，将渗流断面视为圆柱面，所以：

$$A = 2\pi rh \tag{5.4.2}$$

则：

$$Q = 2\pi rh K \frac{dh}{dr} \tag{5.4.3}$$

分离变量，分别对 r 和 h 求定积分。积分限取为：r 由 r_w 至 R；h 由 h_w 至 h_0。依无入渗补给、蒸发排泄以及稳定流的条件，各断面间的流量相等，则得：

$$Q = K \frac{h_0^2 - h_w^2}{\ln \frac{R}{r_w}}$$

$$= 1.366K \frac{h_0^2 - h_w^2}{\lg \frac{R}{r_w}} \tag{5.4.4}$$

式中：Q 为抽水流量（又称钻孔涌水量）；h_0 为含水层外边界处的水位（从隔水底板算起）或渗流厚度；h_w 为井中水位（从隔水底板算起）或水层厚度；R 为圆柱形含水层的半径；r_w 为井的半径；K 为含水层渗透系数。

式（5.4.4）是裘布依稳定潜水井流的涌水量公式。若引进井中水位降深 $s_w = h_0 - h_w$，则上式可写成：

$$Q = 1.366K \frac{(2h_0 - s_w)s_w}{\lg \frac{R}{r_w}} \tag{5.4.5}$$

若将涌水量公式移项，可得到利用抽水试验资料计算渗透系数 K 的公式，即：

$$K = 0.732 \frac{Q \lg \frac{R}{r_w}}{h_0^2 - h_w^2}$$

$$= 0.732 \frac{Q \lg \frac{R}{r_w}}{(2h_0 - s_w)s_w} \tag{5.4.6}$$

若抽水试验有两个观测孔，那么只要改变积分的上、下限，r 由 r_1 至 r_2，h 由 h_1 至 h_2，则可得相应的公式，即：

$$K = 0.732 \frac{Q \lg \frac{r_2}{r_1}}{h_2^2 - h_1^2}$$

$$= 0.732 \frac{Q \lg \frac{r_2}{r_1}}{(2h_0 - s_1 - s_2)(s_1 - s_2)} \tag{5.4.7}$$

式中：r_1、r_2 为抽水井至 1、2 号观测孔的距离；h_1、h_2 为 1、2 号观测孔中的水位（从隔水底板算起）；s_1、s_2 为 1、2 号孔中观测孔中的水位降深。

假如积分上、下限改为：r 由 r_w 至 r；h 由 h_w 至 h，则可得到降落漏斗曲线（浸润曲线）方程，即：

$$h^2 = h_w^2 + \frac{Q}{\pi K} \ln \frac{r}{r_w}$$

$$= h_w^2 + (h_0^2 - h_w^2) \frac{\ln \frac{r}{r_w}}{\ln \frac{R}{r_w}} \tag{5.4.8}$$

该式表明，降落漏斗曲线取决于内外边界的水位 h_w 和 h_0，与 Q 和 K 无关。

5.4.2 裘布依稳定潜水井流基本方程的讨论

5.4.2.1 水跃及裘布依漏斗曲线方程的误差

科增（J. Kozeny）在实验室砂槽中进行井流模拟试验时发现，只有当井中水位降低非常小时，井中水位才与井壁水位基本一致。当井中水位降低较大时，井中水位明显地低于井壁水位，这种现象称为水跃。井壁水位与井中水位之差，称为水跃值，以 Δh 表示。水跃值随井孔抽水强度的增加而增大，即随井中水位的降低而增大。在砂槽试验中可以清楚地看到，水渗出井壁后，沿着井的内壁向下流。在井壁水位与井中水位之间的区段，称出渗段。

水跃现象的出现是不难理解的。当井中水位 h_w 趋于零时，若无水跃，即井壁水位 h_s 也趋于零，则渗流断面积 A 变为零，从而流量 Q 也成为零。这显然在理论上是说不通的，与事实也不符合。另外，也可以分析流网来说明为什么会出现水跃。由于潜水井的流线在抽水井附近是弯曲的（图 5.4.3），通过浸润曲线与井壁的交点 A 作等水头线（曲线），若抽水时不产生水跃，即井内和井壁上的水位在同一标高上，那么上面所作的通过 A 点的等水头线与井中水下的井壁是同一水头值。这样，通过 A 点的等水头线与井壁之间的地下水（如图

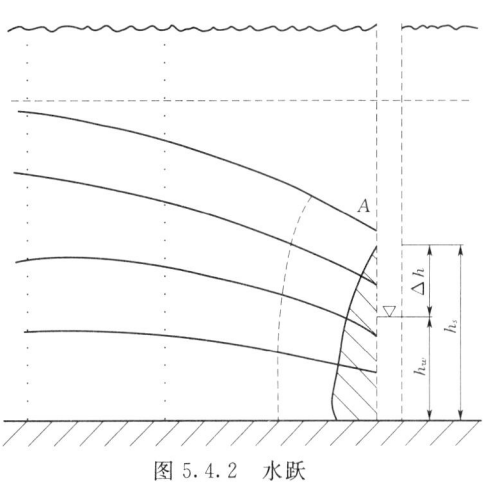

图 5.4.2 水跃

5.4.2 中的阴影部分）就不可能流动，这显然与前提，即地下水流入井不符合。为了使地下水能够流入井，井壁水位必须高于井中水位，这就是水跃产生的原因。

由于稳定潜水井流的涌水量方程是基于裘布依假定导出的，在导出的过程中，忽略了垂直向的流速，并把等水头线视为铅垂线，因此也就没有考虑水跃的问题。这种情况下得到的涌水量方程的正确性就受到了人们的质疑。1951 年，前苏联学者恰尔内对裘布依涌水量公式的正确性做了严格的解析证明。

取任一圆柱面，则圆柱面上任一点的水头为：

$$H = z + \frac{p}{\gamma} \tag{5.4.9}$$

在圆柱面上，取一高度为 dz 的微分圆柱面，其面积为：

$$dA = 2\pi r dz \tag{5.4.10}$$

由于井流的轴对称性，因此圆柱面上各点的渗透流速的大小相同。在径向上的流速分量为：

$$v_r = -K\frac{dH}{dr} \tag{5.4.11}$$

则通过微分圆柱面的流量为：

$$dQ = -v_r dA = 2\pi r K \frac{dH}{dr} dz \tag{5.4.12}$$

将上式积分得到圆柱面上的总流量为：

$$Q = 2\pi K \int_0^h r \frac{dH}{dr} dz \tag{5.4.13}$$

由于：
$$r\frac{dH}{dr} = r\frac{dH}{d\ln r}\frac{d\ln r}{dr} = \frac{dH}{d\ln r} \tag{5.4.14}$$

则有：
$$Q = 2\pi K \int_0^h \frac{dH}{d\ln r}dz \tag{5.4.15}$$

根据含参变量的积分求导公式可得：
$$\int_0^h \frac{dH}{d\ln r}dz = \frac{d}{d\ln r}\int_0^h Hdz - \frac{d}{d\ln r}\left(\frac{h^2}{2}\right) \tag{5.4.16}$$

将此关系式代入流量公式，即：
$$Q = 2\pi K\left[\frac{d}{d\ln r}\int_0^h Hdz - \frac{d}{d\ln r}\left(\frac{h^2}{2}\right)\right] \tag{5.4.17}$$

即：
$$\frac{d}{d\ln r}\int_0^h Hdz = \int_0^h \frac{dH}{d\ln r}dz + H(r,h)\frac{dH}{d\ln r}$$
$$= \int_0^h \frac{dH}{d\ln r}dz + \frac{d}{d\ln r}\left(\frac{h^2}{2}\right) \tag{5.4.18}$$

$$\frac{Q}{2\pi K}d\ln r = d\left(\int_0^h Hdz\right) - d\left(\frac{h^2}{2}\right) \tag{5.4.19}$$

此方程对 r 在 r_w 至 R 之间积分，对 h 在 h_s 至 h_0 之间积分，即：
$$\frac{Q}{2\pi K}\int_{r_w}^R d\ln r = \int_{h_s}^{h_0} d\left(\int_0^h Hdz\right) - d\left(\frac{h^2}{2}\right) \tag{5.4.20}$$

则有：
$$\frac{Q}{2\pi K}(\ln R - \ln r_w) = \left(\int_0^{h_0} Hdz - \int_0^{h_s} Hdz\right) - \left(\frac{h_0^2}{2} - \frac{h_s^2}{2}\right) \tag{5.4.21}$$

由于：
$$\int_0^h Hdz = \int_0^{h_0} h_0 dz = h_0^2 \tag{5.4.22}$$

和：
$$\int_0^{h_s} Hdz = \int_0^{h_w} Hdz + \int_{h_w}^{h_s} Hdz$$
$$= \int_0^{h_w} h_w dz + \int_{h_w}^{h_s} z dz$$
$$= h_w^2 + \frac{h_s^2}{2} - \frac{h_w^2}{2}$$
$$= \frac{h_s^2}{2} + \frac{h_w^2}{2} \tag{5.4.23}$$

将式（5.4.10）、式（5.4.11）代入式（5.4.21），得：
$$\frac{Q}{2\pi K}\ln\frac{R}{r_w} = h_0^2 - \left(\frac{h_s^2}{2} + \frac{h_w^2}{2}\right) - \left(\frac{h_0^2}{2} - \frac{h_s^2}{2}\right) = \frac{h_0^2}{2} - \frac{h_w^2}{2} \tag{5.4.24}$$

即：

$$Q = \frac{\pi K (h_0^2 - h_w^2)}{\ln \dfrac{R}{r_w}} \qquad (5.4.25)$$

其结果与裘布依涌水量方程相同。由此可见，在考虑水跃和剖面上等水头线为曲线的情况下，裘布依流量公式仍然是正确的。因此，我们仍然可以用裘布依公式来计算最大涌水量。

5.4.2.2 齐姆模型以及与裘布依模型的区别

裘布依稳定井流的基本方程是在外边界为定水头的圆柱形含水层条件下导得的，这种条件在自然界极为罕见。在上文中提到，德国土木工程师齐姆认为在水平方向无限延伸的含水层中的 R 值可以近似取为从抽水井中心到实际上观测不出地下水水位（水头）下降处的水平距离，这样就引出了"影响半径"的概念（图 5.4.3）。他认为用影响半径来代替裘布依提出的圆形含水层的补给半径进行计算不会带来严重的误差。从而，长期以来，使裘布依模型与齐姆的影响半径模型相混淆，将无界含水层用一个所谓"影响半径 R"来表达裘布依模型，误认为这两个模型是等价的，导致地下水资源评价概念和方法上的错误。

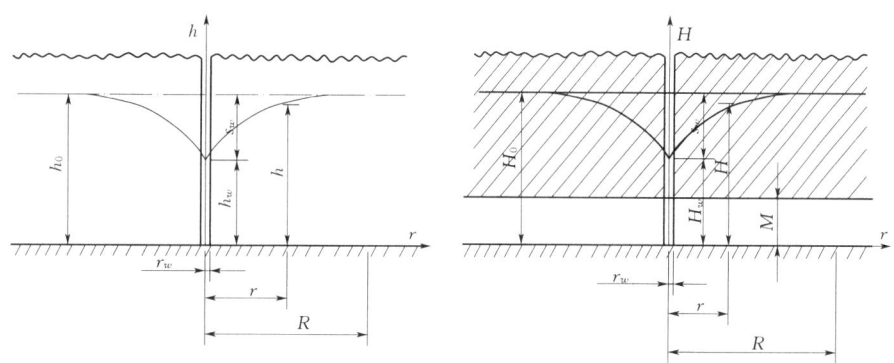

图 5.4.3　齐姆的影响半径模型

实际上，尽管初看起来齐姆模型与裘布依模型似乎很相近，即后者认为 R 处的降深为零而前者视为趋于零。然而它们之间却存在着根本性的差别。对于裘布依模型，在抽水开始之前，稳定的潜水面是水平的，则外边界处初始补给量为零。随着抽水漏斗形成，外边界补给量随之增加，当外边界处的补给量等于抽水井的流量时，便形成稳定井流；而对于齐姆模型，由于假定含水层侧向无限延伸，因而抽取的水始终是含水层的储存量。这样，井流就不可能形成稳定流动。裘布依模型可以形成稳定井流，即其水头降深 s 存在极限值；而齐姆模型不可能形成稳定井流，即其水头降深始终随抽水时间的延续而增大。齐姆和裘布依刻画的是两个不同的概念模型，所以形成的流动特征也不同。

5.5　地下水向群井的运动

5.5.1　干扰井与叠加原理

无论供水或排水，单井情况比较少见，通常都是利用井群抽水。当井群中各井之间的距离较小时，彼此间的降深和流量就会发生干扰。干扰的表现是同样降深时，一个干扰井的流量比它单独立作时的流量要小。欲使流量保持不变，则在干扰情况下，每个井的降深就要增加。也就是说，干扰井的降深大于同样流量未发生干扰时的水位降深。干扰的程度，除受含水层性质、补给和排泄条件等自然因素影响外，主要受井的数量、间距、布井方式（和井的结构）等因素的影响。对于干扰井条件下的地下水流动问题，可以采用叠加原理进行求解。

对于由线性偏微分方程和线性定解条件组成的定解问题，可以运用叠加原理，它对于求解干扰井问题和边界附近的井流问题用处很大。叠加原理可表述为：如 H_1、H_2、$\cdots$、H_n 是关于水头 H 的线性偏微分方程的特解，C_1、C_2、$\cdots$、C_n 为任意常数，则这些特解的线性组合：

$$H = \sum_{i=1}^{n} C_i H_i \tag{5.5.1}$$

仍是原方程的解。式中的常数根据 H 所满足的边界条件来确定。设在无限含水层中任意布置几口抽水井。当群井抽水持续时间较长时，同样会形成一个相对稳定的区域降落漏，在此漏斗范围内第 j 口井单独抽水对任一点 i 产生的降深为：

$$s_{ij} = \frac{Q_j}{2\pi T} \ln \frac{R_j}{r_{ij}} \tag{5.5.2}$$

式中：Q_j 为第 j 口井的抽水量；R_j 为第 j 口井的影响半径；r_{ij} 为 i 点处距离第 j 口井的距离。

根据叠加原理，n 口井对 i 点处产生的总降深为：

$$s_i = \sum_{j=1}^{n} s_{ij} = \sum_{j=1}^{n} \frac{Q_j}{2\pi T} \ln \frac{R_j}{r_{ij}} \tag{5.5.3}$$

上式即为干扰井群计算的基本公式。当 R_j 和 Q_j 已知时，则可以计算任一点的降深值。在各井流量 Q_j 与影响半径 R_j 分别彼此相等时，上式可以简化为：

$$s_i = \frac{Q}{2\pi T} \sum_{j=1}^{n} \ln \frac{R}{r_{ij}} = \frac{nQ}{2\pi T} \ln \frac{R}{r_i^*} \tag{5.5.4}$$

式中：$r_i^* = \sqrt[n]{r_{i1} r_{i2} \cdots r_{in}}$，称为等效距离。

对于隔水底板水平的潜水含水层中的井群，为了满足齐次边界条件，对降深项 $H_0^2 - h_i^2$ 进行叠加，故有：

$$H_0^2 - h_i^2 = \sum_{j=1}^{n} \frac{Q_j}{\pi K} \ln \frac{R_j}{r_{ij}} \tag{5.5.5}$$

式中：H_0 为潜水含水层的初始厚度；h_i 为任意点 i 处潜水含水层的厚度。在各井流量和影响半径相等的情况下，可化简为：

$$H_0^2 - h_i^2 = \frac{nQ}{\pi k} \ln \frac{R}{r^*} \tag{5.5.6}$$

下面介绍一种规则布井的干扰井群公式：

相距为 L 的两口井，影响半径相等，两井的流量和降深都相同，即：

$$s_{w_1} = s_{w_2} = s_w \tag{5.5.7}$$

则有：

承压水井：

$$Q_1 = Q_2 = \frac{2\pi KMs_w}{\ln(R^2/r_w L)} \tag{5.5.8}$$

潜水井：

$$Q_1 = Q_2 = \frac{\pi K(H_0^2 - h_w^2)}{\ln(R^2/r_w L)} \tag{5.5.9}$$

由以上两式可以看出，总流量 $Q_1 + Q_2$ 等于半径为 $\sqrt{r_w L}$ 的单井流量，但是由于 $\sqrt{r_w L}$ 一般大于 r_w，在技术上打两口井要比打一口直径很大的井容易些。

5.5.2 镜像原理及直线边界附近的井流

在自然界中，任何含水层的分布都是有限的。当边界距抽水井较远，且抽水时间较短，在抽水过程中边界对抽水井不发生明显影响时，就可当作无限含水层来处理。但当井打在边界附近，或在长期抽水情况下，边界对水流有明显影响时，就必须考虑边界的存在。边界基本上分为补给边界（供水边界）和隔水边界（不透水边界）两类。实际的边界常常是弯曲的、不规则的。为便于计算，常把它简化成直线，并把含水层的分布范围简化成规则的几何形状。在实际工程中，常采用镜像法原理解决直线边界条件下的井流问题。

如在平面镜前放一个物体，镜中就有一个虚像存在。物体和虚像的位置对镜子是对称的，形状是相同的。为此，把直线边界想象成一面镜子，若边界附近存在工作的真实的井（称为实井），相应地在边界的另一侧会映出一口虚构的井（称为虚井或镜像井）。为了将有界井流问题化为无界井流问题，且变化后保持原问题的边界性质不变，虚井应有下列特征：

（1）虚井和实井的位置对边界是对称的。

（2）虚井的流量和实井相等。

（3）虚井性质取决于边界性质，对于定水头补给边界，虚井性质和实井相反；如实井为抽水井，则虚井为注水井；对于隔水边界，虚井和实井性质相同，都是抽水井。

（4）虚井的工作时间和实井相同。

边界的影响可用虚井的影响代替，把实际上有界的渗流区化为虚构的无限渗流区，把求解边界附近的单井抽水问题，化为求解无限含水层中实井和虚井同时抽（注）水问题。但要求仍保持原有的其他边界条件和水流状态。利用叠加原理，可求得原问题的解。这样，利用虚井把有界含水层的解和无限含水层的解联系起来，后者有现成的解析解，因此有界含水层的求解就比较容易了。这种方法称为镜像法或映射法。

5.5.2.1 直线补给边界附近的稳定井流

先考虑承压水井。设抽水井的流量为 Q，井中心至边界的垂直距离为 a，则在边界的另一侧 $-a$ 的位置上映出一口流量为 $-Q$ 的注水井（图5.5.1）。根据叠加原理，可以得到虚井与实井共同作用下的水头降深公式为：

$$s = s_1 + s_2 = \frac{Q}{2\pi T}\ln\frac{R}{r_1} - \frac{Q}{2\pi T}\ln\frac{R}{r_2} = \frac{Q}{2\pi T}\ln\frac{r_2}{r_1} \tag{5.5.10}$$

式中：s 为边界附近任一点 p（x，y）的降深值；s_1 为由实井引起的降深；s_2 为由虚井引起的降深；$r_1 = \sqrt{(x-a)^2 + y^2}$ 为 p 点至实井的距离；$r_2 = \sqrt{(x+a)^2 + y^2}$ 为 p 点至虚井的距离。

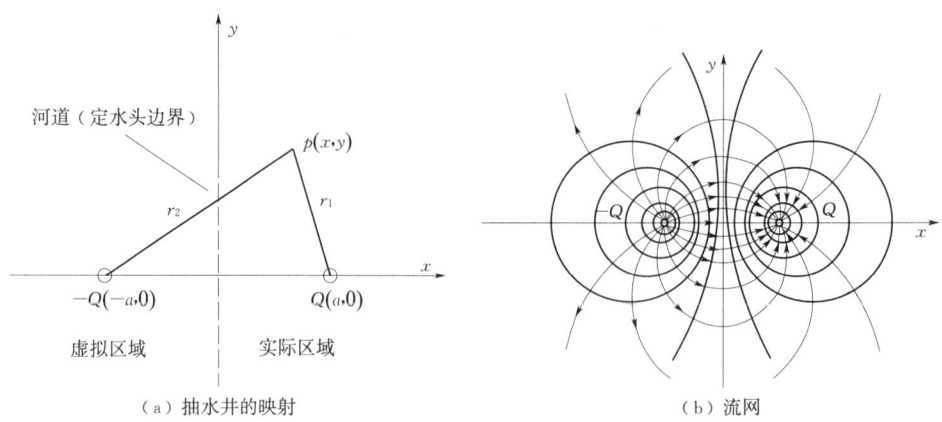

（a）抽水井的映射　　　　　　　　（b）流网

图 5.5.1　直线补给边界的镜像井

对于潜水含水层，潜水井的水位降深 s 不是线性函数，不能直接进行叠加。但 $H_0^2 - h^2$ 是线性函数，可以利用叠加原理。根据上文中的结论，可得：

$$H_0^2 - h^2 = \Delta h_1^2 + (-\Delta h_2^2) = \frac{Q}{\pi K}\ln\frac{R}{r_1} - \frac{Q}{\pi K}\ln\frac{R}{r_2} = \frac{Q}{\pi K}\ln\frac{r_2}{r_1} \tag{5.5.11}$$

5.5.2.2　直线隔水边界附近的稳定井流

根据镜像法原理，在边界的另一侧反映出一个流量也是 Q 的虚井（图 5.5.2）。对于承压含水层，该情况下降深等于实井和虚井降深的叠加。

$$s = s_1 + s_2 = \frac{Q}{2\pi T}\ln\frac{R}{r_1} + \frac{Q}{2\pi T}\ln\frac{R}{r_2} = \frac{Q}{2\pi T}\ln\frac{R^2}{r_1 r_2} \tag{5.5.12}$$

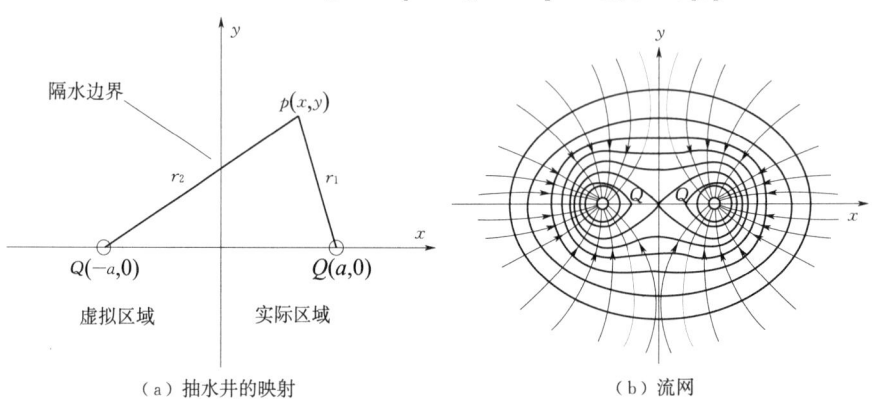

（a）抽水井的映射　　　　　　　　（b）流网

图 5.5.2　直线隔水边界的镜像井

对于潜水含水层，有：

$$H_0^2 - h^2 = \Delta h_1^2 + \Delta h_2^2 = \frac{Q}{\pi K}\ln\frac{R}{r_1} + \frac{Q}{\pi K}\ln\frac{R}{r_2} = \frac{Q}{\pi K}\ln\frac{R^2}{r_1 r_2} \tag{5.5.13}$$

5.6　井流理论在基坑降水中的应用

5.6.1　基坑降水的作用

在地下水位较高的透水土层，例如砂石类土及粉土类土中进行基坑开挖施工时，由于坑内外的水位差大，较易产生流砂、管涌等渗透破坏现象，有时还会影响到边坡或坑壁的稳定。为了保证土方开挖和地下室施工处于"干"状态，常需要通过降低地下水位或配以设置止水帷幕使地下水位保持在基坑底面0.5～1.0m以下。降低地下水位也有利于基坑围护结构的稳定性，防止流土、管涌、坑底隆起引起破坏。对于渗透性很小的地基也可既不降低地下水位也不设置止水帷幕，在基坑开挖过程中产生的少量积水采用明沟排水处理。降水作用具体有以下5个方面：

（1）防止基坑坡面和基底的渗水，保证坑底干燥，便于施工开挖，也有利于提高施工质量。

（2）增加边坡和坑底的稳定性，防止边坡或坑底的土层颗粒流失，防止流砂产生。

（3）减少土体含水量，有效提高土体物理力学性能指标。对于放坡开挖，可提高边坡稳定性；对于支护开挖，可增加被动区土抗力，减少主动土体侧压力，从而提高支护体系的稳定性和强度保证，减少支护体系的变形。

（4）提高土体固结程度，增加地基土抗剪强度。降低地下水位，减少土体含水量，从而提高土体固结程度，减少土中孔隙水压力，增加土中有效应力，相应的土体抗剪强度得到增加。

（5）降低下部承压水头，减少承压水头对基坑底板的顶托力，防止基坑突涌。

以上五个方面都是降水对深基坑工程的有利作用。但是必须指出，降水对邻近环境也可能会产生不良影响，主要是随着地下水位的降低，在水位下降的范围内，土体的重度由浮重度增大至或接近于饱和重度。这样在降水水位影响范围内的地面，包括建（构）筑物就会产生附加沉降。因此，在采用降水方案前，必须认真分析，慎重考虑。

5.6.2 基坑降水工程的设计计算

5.6.2.1 计算基坑总出水量

井点降水是通过对地下水施加作用力来促使地下水的排出，从而达到降低地下水的目的，是基坑降水常用的方法。在基坑周围设置一定数量的抽水井，可以达到降低地下水水位的目的，因此，井点降水是干扰井作用下的井流问题，根据上文中介绍的干扰井群井流计算原理，可以进行基坑井点降水的设计。

（1）如果干扰井群中各井流量相等，井结构一致，则可近似地把基坑周围的井群当成一个以基坑为"中心"的大井。利用裘布依原理及有关公式进行近似计算。

1）潜水完整井。

$$Q_{总} = 1.366K \frac{(2H-S_k)S_k}{\lg \frac{R_0}{r_0}} \tag{5.6.1}$$

2）承压水完整井。

$$Q_{总} = 2.73K \frac{MS_k}{\lg \frac{R_0}{r_0}} \tag{5.6.2}$$

式中：$Q_{总}$ 为基坑总水量；K 为渗透系数；H 为潜水含水层厚度；M 为承压含水层厚度；S_k 为设计基坑水位降深；R_0 为引用影响半径，其中（$R_0=R+r_0$）；R 为影响半径；r_0 为引用半径。

（2）对于引用半径 r_0，当井群呈圆形轮廓布置时，为圆的半径；当井群形状布置不规则时,可按下式计算。

$$r_0 = \sqrt{\frac{F}{\pi}} = 0.565\sqrt{F} \tag{5.6.3}$$

式中:F 为井群轮廓所围范围的面积。

如布井轮廓呈长条状:

$$r_0 = 0.25F \tag{5.6.4}$$

如呈矩形布置时:

$$r_0 = \eta \frac{a+b}{4} \tag{5.6.5}$$

式中:a、b 为矩形长和宽。η 为系数,按表 5.6.1 确定。

表 5.6.1　　　　　　　　　　　　η 值

a/b	0.05	0.1	0.2	0.3	0.4	0.5	0.6~1.0
η	1.05	1.08	1.12	1.14	1.16	1.17	1.18

(3) 当抽水井群呈圆形均匀布置,其非稳定流计算公式为。

1) 潜水。

$$Q_{总} = 2\pi K \frac{(2H - S_k)S_k}{\lg \frac{2.25at}{R_0^2}} \tag{5.6.6}$$

2) 承压水。

$$Q_{总} = \frac{4\pi K S_k}{\lg \frac{2.25at}{R_0^2}} \tag{5.6.7}$$

式中符号意义同前

5.6.2.2　单井设计

(1) 井结构。单井结构包括:井壁管+过滤器+沉淀管。井壁管用于保护井壁稳固;过滤器是地下水进入井中的通道;而沉淀管用于防止沉砂淤塞影响过滤器进水,直径一般与过滤器相同,长度一般为 2~5m。

过滤器长度是决定井深的主要部分,主要根据含水层厚度和单井水量而定。一般当含水层厚度小于 15m 时,其长度可等于或小于含水层厚度 0.5~1.0m;当含水层厚度较大时,可按下式确定:

$$L = \frac{Qa}{D} \tag{5.6.8}$$

式中:L 为过滤器长度;Q 为设计单井出水量;D 为过滤器外径;a 为经验系数,按表 5.6.2 确定。

表 5.6.2　　　　　　　　　经验系数 a 值

含水层	渗透系数 (m/d)	a 值
细砂	2~5	90
中砂	5~15	60
粗砂	15~30	50
砾石	30~70	30

过滤器的孔隙率是影响进水的重要因素，一般宜在25%以上。圆孔状过滤器孔隙率P可按下式计算：

$$P = \frac{d^2 n}{40D} \tag{5.6.9}$$

式中：d为滤孔直径；n为1m长过滤器上孔眼数；D为过滤器外径。

过滤器外部应围填砾（滤）料。目的是为增大过滤器及其周围有效孔隙率，减少地下水流入过滤器的阻力，增大井孔出水量，防止涌砂，延长井孔使用寿命。砾料应过筛冲洗，不含杂质，颗粒近圆形。颗粒粒径规格为：

含水层砂类土：

$$D_{50} = (6 \sim 8)d_{50} \tag{5.6.10}$$

含水层碎石土：

$$D_{50} = (6 \sim 8)d_{20} \tag{5.6.11}$$

式中：D_{50}为砾料颗分中能通过筛眼的颗粒累计重量占总量50%时的最大颗粒直径；d_{20}、d_{50}分别为含水层颗分中能通过筛眼的颗粒累计重量占总量的20%及50%时的最大颗粒直径。

（2）设计单井出水量。单井出水量决定于含水层的允许渗透速度，过滤器长度及直径等，其理论计算最大允许出水量为：

$$Q = 102DL\sqrt[3]{K} \tag{5.6.12}$$

式中：D为过滤器外径；L为过滤器长度。

由于过滤器加工及成井工艺等人为影响，设计的单井出水量应小于上式的计算值。实际工作中常利用现场抽水试验孔的井结构条件下，运用前述出水量公式进行计算，与上式计算结果进行对比后确定。

5.6.2.3 井点数量与布置

（1）根据基坑总出水量与设计单井出水量确定井数n。

$$n = (1.1 \sim 1.2)\frac{Q_{总}}{Q_{单}} \tag{5.6.13}$$

当抽水设备质量良好，水文地质条件简单时取1.1值。

（2）根据基坑总出水量与单井出水量进行试算。

在抽水设备及水位降深（单井水位降深大于基坑设计水位降深）确定的情况下，利用式（5.6.13）、式（5.6.14）或式（5.6.15）进行试算，直到计算出的井群总出水量大于基坑总出水量时，此时的井数便是需要的井数。

承压水：

$$Q' = \frac{2\pi K M S_w}{\ln \dfrac{R_0^n}{n r_w r_0^{n-x}}} \tag{5.6.14}$$

潜水：

$$Q' = \frac{\pi K(2H - S_w)S_w}{\ln \dfrac{R_0^n}{n r_w r_0^{n-x}}} \tag{5.6.15}$$

式中：Q' 为井群中单井出水量；n 为井数。

基坑降水应设置观测井点，数量宜根据需要确定。

5.6.3 井点降水的类型

5.6.3.1 轻型井点降水

轻型井点抽水系真空作用抽水。轻型井点由井点管、过滤器、集水总管、支管、阀门等组成管路系统。抽水设备启动后，在井点系统中形成真空，并在井点周围一定范围形成一个真空区，真空区通过砂井扩展到一定范围。在真空力的作用下，井点附近的地下水通过砂井，经过滤器被强制吸入井点系统内抽走，使井点附近的地下水位降低。在作业过程中，井点附近的地下水位与真空区外的地下水位之间，存在一个水头差，在该水头差作用下，真空区外的地下水是以重力方式流动的，所以常把轻型井点降水称为真空强制抽水法，更确切地说应是真空—重力抽水法。只有在这两个力作用下，基坑地下水才会降低，并形成一定范围的降水漏斗。

轻型井点降水受单井点出水量小的限制，适用于以下条件：

(1) 弱—中等透水性的含水层，如砂质黏土、粉土及中细砂等。

(2) 要求降低水位一般小于5~6m。当要求水位降低较大时，可采用二级或多级，形成阶梯式接力叠加降深。

(3) 基坑降水面积较小。宽度小于二倍设计降深条件下的影响半径。

5.6.3.2 电渗井点降水

黏土颗粒表面一般带负电荷，吸附着各种正离子。水分子是极性分子，颗粒周围的部分水分子又为正离子所吸附，当土体中通以直流电荷时，这些正离子将协同周围被吸附的水分子一起移向阴极，吸附力消失。水分子被释放出来成为自由水。这种在土中插入金属电极并通以直流电，在电场作用下，土中水源源不断地流向阴极的现象称为电渗。

电渗井点降水是利用轻型井点和喷射井点的井点管作阴极，另埋设金属棒（钢筋或钢管）为阳极，在电动势作用下构成电渗井点抽水系统。当接通直流电流，在电势的作用下，使带正电荷的孔隙水向阴极方向流动，带负电荷的黏土微粒向阳极方向移动，通过电渗和真空抽吸的双重作用，强制黏性土中的水向井点管汇集，由井点管吸取排出，使地下水水位逐渐下降，达到疏干含水层的目的。

电渗降水一般只适用于含水层渗透系数较小（<0.1m/d）的饱和黏土，特别是在淤泥和淤泥质黏土之中的降水。由于黏性土的颗粒较小，地下水流动十分困难，其中仅自由水在孔隙中流动，其他部分地下水则处于被毛细管吸附的约束状态，不能在压力水头作用下参与流动，当向土中通以直流电流后，不仅自由水、而且被毛细管约束的黏滞水也能参与流动，增加了孔隙水流动的有效断面，其渗透性提高数十倍，从而缩短降水时间，提高降水效果。

5.6.3.3 喷射井点降水

喷射井点系统由高压水泵、供水总管、井点管、喷射器、测真空管、排水总管及循环水箱所组成。喷射井点是采用高压水泵将压力工作水经供水管压入井点内外之间环形空间，并经过喷射器两边的侧孔流向喷嘴。由于喷嘴截面的突然变小，喷射水流加快（一般流速达30m/s以上），这股高速水流喷射之后，在喷嘴喷射出水柱的周围形成负压，从而将地下水和土中空气吸入并带至混合室。这时地下水流速度得以加快，而工作水流速逐渐变缓，二者流速在混合室末端基本上混合均匀。混合均匀的水流射向扩散管，扩散管截面是逐渐扩大的，其目的是减少摩擦损失。当喷嘴不断喷射水流时，就推动着水沿内管不断上升，混合水流由井点进入回水总管至循环水箱。部分作为循环水用，多余部分（地下水）溢流排至现场之外，如此循环，以达到深层降水的目的。

喷射井点主要适用于渗透系数较小的含水层和降水深度较大（8~20m）的降水工程。其主要优点是降水深度大，但由于需要双层井点管，喷射器设在井孔底部，有二根总管与各井点管相连，地面管网敷设复杂，工作效率低，成本高，管理困难。

5.6.3.4 管井降水

管井降水方法即利用钻孔成井，多采用单井单泵（潜水泵或深井泵）抽取地下水的降水方法。当管井深度大于 15m 时，也称为深井井点降水。管井井点直径较大，出水量大，适用于中、强透水含水层，如砂砾、砂卵石、基岩裂隙等含水层，可满足大降深、大面积降水要求。管井的孔径一般为 400~800mm，管径为 200~500mm，当井深较浅，地层水量较大时，孔径可为 800~1200mm，管径为 500~800mm。井管一般采用钢管、铸铁管、水泥管、塑料管或竹木管等，滤水管有穿孔管和钢筋骨架管外缠铅丝或包尼龙网或金属网的，也有水泥砾石滤水管，目前用于降水的管井点多采用后者。

思 考 题 与 习 题

5.1 有的文献认为：在水平方向无限延伸的含水层中一井孔流量保持不变地抽水，经过相当长时间以后，漏斗的扩展速度逐渐变小，最后趋于达到稳定状态。对此观点，读者有何评论？

5.2 为什么说无限含水层中抽水时，如无其他补给源，就不可能存在稳定流？

5.3 当水流为非稳定流时，通过距井轴不同距离 r_i 的过水断面上的流量 Q_r 相同吗？为什么？

5.4 泰斯公式的假设条件是什么？它的应用有没有局限性？

5.5 何谓水跃？为什么会产生水跃？承压水井流是否出现水跃？为什么？

5.6 什么中叠加原理？承压井群计算时，为什么对降深进行叠加，而不是对水头直接叠加？

5.7 某承压含水层中，含水层厚度为 8.5m，初始水位为 10m，井半径为 0.1m，影响半径为 50m，当井抽水量为 150m³/d 时，井内的稳定水位为 9m，试求含水层的渗透系数。

5.8 承压含水层中的两个观测井距抽水井为 35m 和 85m，测得两观测井的水位降深分别为 0.15m 和 0.1m，试求抽水井的影响半径。

第6章 地下水渗流的理论计算

地下水渗流的理论计算是地下水渗流计算的重要内容，是地下水渗流测试、地下水渗流模拟和数值计算的基础。但在实际工程中，由于边界条件往往比较复杂，多数问题没有办法直接通过解析方法解决。本章首先介绍了地下水渗流理论计算的基本思路和方法，然后通过土坝渗流计算来详细说明渗流理论计算的技术路线、相关理论及分析方法。

6.1 概　　述

6.1.1 渗流计算的任务和方法

很多建筑物必须控制通过建筑物本身和地基的渗流，以防止土体因受渗流作用发生冲蚀、坍塌、滑坡等破坏，同时防止水量渗漏损失过大降低工程效益。渗流计算的任务就在于求得渗流场内的渗流量、水头、压力、坡降等水力要素，以供在工程设计以及在运行管理中，进行渗流以及渗透稳定分析，选择合理的防渗、排渗设计方案或加固补强方案，以便有效地控制渗流。渗流计算对保证工程安全，更好地发挥工程效益以及节省工程投资都有明显的实际意义。

渗流量的大小对工程是一个重要问题，当堤坝很长或地基透水性很大时，可能导致水库或输水渠道失去作用，渗漏损失的大小就成为坝型及防渗、排渗方案选择的决定性因素。一些基坑工程中，渗流量过大使施工变得困难，增加施工成本，甚至可能带来工程安全问题。渗流控制的目的是要将渗流速度限制在许可范围以内，过大的渗流量极易使渗流速度在局部地区达到产生集中冲刷的程度，从而发生冲刷破坏，或者使土粒不断向裂缝、接缝和岩石裂隙中流失。对于排水措施的设计和运用（例如排水暗管、排水垫层及减压沟井等），渗流量的大小还直接影响排水体断面设计以及排水效果的分析。

地基各个部位的水力梯度，应小于相应部位土体的允许值，否则将可能发生渗透变形破坏。需要特别注意渗流进入下游排水设施的出口部位，以及在坝体和地基内部渗流绕过或穿过弱透水体进入强透水体的所谓内部出口部位，渗流破坏常常是在出口处率先发生并向土体的深层发展。此外还需注意不同土层的接触面处（如防渗铺盖、齿槽与下垫强透水层的接触面，天然地基中强、弱透水层的接触面等），在不同土体接触面上的允许坡降值往往比土体本身更小，从而起控制作用。

以土坝工程为例，坝身浸润线位置是校核坝体稳定必需的资料。如果坝身浸润线过高，且在下游坝坡出渗时，下游坝坡的稳定安全就会受到威胁。承压地基坝下游剩余压力水头的大小，可用来校核覆盖层有无被顶托破坏的危险，分析坝下游浸没破坏的程度及对工农业生产可能带来的影响。对正在运行的坝，浸润线的计算结果常常可以用来与观测数据比较，分析渗流条件的变化和防渗体的运用情况。

土坝渗流计算方法可分为流体力学解法和水力学解法两类，广义的概念还包括图解法、数值计算法以及各种试验的方法等。均质坝的稳定渗流问题，在已知边界条件的情况下，可以通过解拉普拉斯方程式求解；在非稳定渗流情况下，可近似求解扩散方程。但理论的流体力学解法仅对少数简单的情况有效，对于实际工程中存在的大量具有复杂边界条件的土坝渗流问题，要用水力学解法、图解法、数值计算法或试验的方法来求解。

水力学解法是一种近似计算的方法，基于对渗流场作某些假定和简化，或者对渗流场的局部区段引用流体力学解及试验解的某些成果，求得渗流问题的解答。水力学解法一般仅能得到渗流截面上平均的渗流要素，但因有计算简便以及较能适应各种复杂边界条件的优点，而在实际工程中被广泛采用。从精度而言，水力学解法也能满足工程的需要。因此本章所叙述的土坝渗流计算的方法，主要是采用的水力学解法。

6.1.2 基本假定及计算条件简化

在土体孔隙中的地下水有多种状态。土坝渗流所研究的一般是地下水中的重力水，这一部分水的运动受重力支配，不受分子力的约束。通常所称的地下水面或浸润面，也是指不包括毛管区的地下水面。

即使对这种重力水的研究，也仍然是十分复杂的问题，在计算时还需要从影响渗透性的因素和计算条件两个方面进行假定和简化。对渗透性有影响的因素很多，如土体的结构、颗粒形状和大小、孔隙率、水的饱和度和水温等，这些因素处于不同条件的渗流运动中会呈现不同的规律。为便于进行工程实际问题的研究，一般作如下的规定：

（1）渗流服从达西（Darcy）定律。

（2）不考虑土体和水的压缩性，渗透时土体的空隙大小和孔隙率不变。

（3）土体的饱和度不变。

上述假定对于砂及砾石中的渗流较为适合。在砂及砾石中，孔隙基本被水充满，气泡对渗流的影响以及在渗流过程中固结压密现象相对较小，结合水和毛管水的影响可予忽略而符合重力水分析的原则，因而计算分析与实际状态常能较好地吻合。对土坝渗流的大量计算表明，当坝体的渗透系数大于 10^{-5} cm/s 时，计算结果与原体观测资料之间能够较好地相符。在渗流场内如果仅有局部区域不满足上述假定条件，其计算结果也仍然是可以信赖的。例如计算黏土心墙坝或斜墙坝，虽然在黏土心墙、斜墙和铺盖内的渗流和假定差别较大，这些部位的计算结果和实际状态也不尽相同，但由此带来的渗流量误差很小，对整个坝体和地基渗流计算精度的影响也很小。

计算成果的可靠性在很大程度上取决于对水力学计算条件的简化程度，充分分析计算条件的适用性要比分析计算方法本身的误差更为重要。实际土坝渗流都是复杂的三向（空间）渗流，仅当坝体较长且沿坝的长度方向上土层透水性无显著变化的情况可简化为二向渗流问题进行计算，计算结果仅能用来分析不受岸边或边墩绕渗影响的断面。当坝长较短或者在岸边或边墩的绕渗影响范围以内，运用二向平面渗流计算方法求得的浸润线比实际情况将明显偏低，越靠近坝端越偏低。

在实际工程中经常会遇到岸边或地基有高水头的裂隙水或泉眼，或岸坡潜水非常发育等情况。岸坡或地基存在的高孔隙水压力，将导致部分坝体或在泉眼附近的局部区域浸润线的抬高，而一般计算方法很难考虑这些局部因素，因此使得浸润线的计算值比实际偏低。但是，如果坝体的渗透性大于岸边或地基，或者坝体的防渗体较窄而其他部位的坝体又有良好的透水性，岸边或地基中存在的高孔隙水压力在坝体内能很快得到消散，计算中就可以忽略这些局部因素的影响。

在计算中，坝下游所设置的排水设备总是被认为有足够大的排水能力。但如果采用的排水设备底宽较小，垫层排水或暗管排水应有的断面尺寸没有被满足，或者排水设备的渗透系数并不足够大时，通过坝体和地基的渗流就不会如计算假定那样完全进入排水体，而是部分由坝体渗出，或者部分乃至全部由下游地基排走。在这种情况下计算结果就会与实际情况有较大的差别。此外在计算中通常将透水性小于坝体材料50～100倍的地基，简化为不透水地基，忽略地基实际上透水的影响，计算求得的浸润线将比实际偏高。

地基土层往往是不均匀的并且有各向异性的性质，坝体的填筑也很难均一和避免水平成层。因此无论地基和坝体水平向透水性往往大于垂直向，沿水平方向孔隙压力消散缓慢，造成浸润线普遍抬高。土体的不均匀及各向异性的因素在计算中很难完全考虑，因而也不可避免地产生误差。较为行之有效的方法，是坝体建成以后通过计算和实际观测的分析比较，来推算土层不均匀及各向异性的程度。

应该说明，尽管渗流计算和分析受到各种因素的影响，但大量工程实例表明，只要所作的假定在许可范围以内并充分注意到计算假定或简化的适用条件，计算的结果完全可以满足进行工程分析的精度要求。

6.2 均质透水地基的渗流计算

渗流的直接解法是在对渗流条件作某些近似假定的情况下，用直接解渗流微分方程的方法来取得所需的渗流解。

如图6.2.1所示为一位于透水地基上的土坝，在坝体上游水头压力作用下，上游的水将通过含水层在坝体下游处渗出坝基。由于坝体的透水性相对于坝基来说很小，因此可以假定坝体是不透水的。坝基内的水流主要是在坝基含水层内沿其长度方向进行流动，即主要是沿 x 轴方向流动。

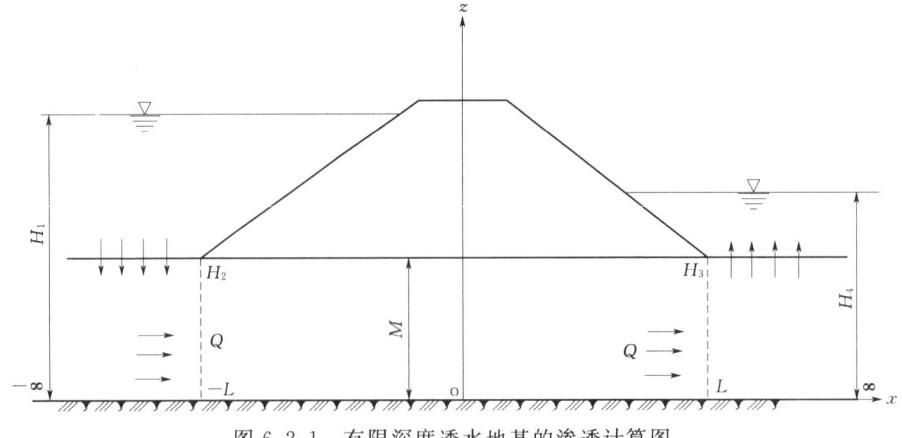

图 6.2.1 有限深度透水地基的渗透计算图

如以坝体底面中心线为 z 轴，以含水层底面（不透水层表面）为 x 轴，并以 x 轴为比较平面，根据上述渗流的特点，可以将含水层中的渗流分为 3 个区段来计算，如图 6.2.1 所示。

第一区段：$-\infty \leqslant x \leqslant -L$

第二区段：$-L \leqslant x \leqslant L$

第三区段：$L \leqslant x \leqslant \infty$

其中，L 为坝体底面水平长度的一半。

3 个区段边界处的水头分别假定为 H_1、H_2、H_3 和 H_4，如图 6.2.1 所示。

6.2.1 第一区段（$-\infty \leqslant x \leqslant -L$）

在第一区段内，渗透水流的运动包括两个方面，一方面水流从坝上游库区垂直向下渗入透水地基，另一方面进入透水地基的水流沿 x 轴（水平方向）由透水地基的上游流向第二区段。因此第一区段的渗流计算图形可以看作是由厚度为 m 的弱透水层和厚度为 M' 的透水层所组成，库区中的水通过弱透水层渗入透水层，然后沿透水层作水平流动，而此时，弱透水层的渗透系数与透水层的渗透系数相同，均等于 K。所以，第一区段内的渗流可以用下列偏微分方程来表示：

$$KM'\frac{\partial^2 H}{\partial x^2} - K\frac{H - H_1}{m} = 0 \qquad (6.2.1)$$

或：

$$\frac{\partial^2 H}{\partial x^2} - \frac{H - H_1}{\lambda^2} = 0 \qquad (6.2.2)$$

其中：$\lambda = \sqrt{M'm} = \sqrt{(M-m)m}$

式（6.2.1）或式（6.2.2）的边界条件为：

$$\left.\begin{array}{l} 当 x = -\infty 时, H = H_1 \\ 当 x = -L 时, H = H_2 \end{array}\right\} \qquad (6.2.3)$$

式（6.2.2）求解过程如下：

将式（6.2.2）变形为：

$$\frac{\partial^2 (H - H_1)}{\partial x^2} - \frac{H - H_1}{\lambda^2} = 0$$

上式通解为：

$$H - H_1 = A \cdot e^{\frac{x}{\lambda}} + B e^{-\frac{x}{\lambda}}$$

积分常数 A、B 可依边界条件式（6.2.3）得到，即：

$$\begin{cases} A = (H_2 - H_1) e^{\frac{L}{\lambda}} \\ B = 0 \end{cases}$$

所以，第一区段内透水地基中渗流水头的沿程变化方程为：

$$H = H_1 + (H_2 - H_1) e^{\frac{x+L}{\lambda}} \qquad (6.2.4)$$

根据式（6.2.4），可得第一区段透水层内沿 x 轴方向的渗流流速为：

$$v_x = -K\frac{\partial H}{\partial x} = \frac{K}{\lambda}(H_1 - H_2) e^{\frac{x+L}{\lambda}} \qquad (6.2.5)$$

在 $x=-L$ 截面处，渗流流速为：

$$v_x = \frac{K}{\lambda}(H_1 - H_2) \tag{6.2.6}$$

在 $x=-L$ 截面处，通过单位厚度土层的渗流量为：

$$q = v_x \cdot 1 = \frac{K}{\lambda}(H_1 - H_2) \tag{6.2.7}$$

对于如图 6.2.2 所示厚度为 $\mathrm{d}m$ 的透水层，其渗流量为：

$$\mathrm{d}q = K(H_1 - H_2)\frac{\mathrm{d}m}{\sqrt{(M-m)m}} \tag{6.2.8}$$

因此，通过整个透水层的渗流量为：

$$Q = \int_0^M \mathrm{d}q = \int_0^M K(H_1 - H_2)\frac{\mathrm{d}m}{\sqrt{(M-m)m}} = K\pi(H_1 - H_2) \tag{6.2.9}$$

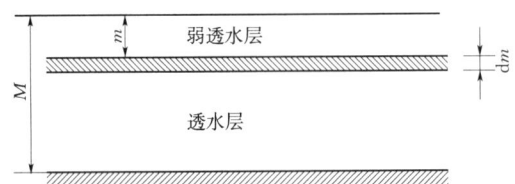

图 6.2.2 弱透水层厚度变化时的计算图

6.2.2 第二区段（$-L \leqslant x \leqslant L$）

如果坝体相对于透水地基来说可以认为是不透水的，则在 $-L \leqslant x \leqslant L$ 区段内，水流没有垂直方向的渗入和渗出，只有沿 x 轴方向的水平流动，故这一区段内的渗流偏微分方程为：

$$\frac{\partial^2 H}{\partial x^2} = 0 \tag{6.2.10}$$

方程式（6.2.10）的边界条件为：

$$\left.\begin{array}{l} 当\ x=-L\ 时, H=H_2 \\ 当\ x=L\ 时, H=H_3 \end{array}\right\} \tag{6.2.11}$$

解方程式（6.2.10）可得第二区段透水层中水头 H 的沿程变化式为：

$$H = \frac{1}{2}(H_2 + H_3) - \frac{1}{2}(H_2 - H_3)\frac{x}{L} \tag{6.2.12}$$

相应的渗流流速为：

$$v_x = -K\frac{\partial H}{\partial x} = \frac{K}{2L}(H_2 - H_3) \tag{6.2.13}$$

在这一区段内，通过任意截面的渗流量为：

$$Q = v_x M = \frac{K}{2L}(H_2 - H_3)M \tag{6.2.14}$$

6.2.3 第三区段（$L \leqslant x \leqslant \infty$）

在 $L \leqslant x \leqslant \infty$ 区段内，不仅有沿 x 方向的水平渗流，而且还有垂直向上的渗流渗出地基面，因此，这一区段内的渗流计算图形可以看作是由厚度为 m 的弱透水层和厚度为 M' 的透水层所组成，而这两层的渗透系数都等于 K。因此，这一区内的渗流偏微分方程为：

$$KM'\frac{\partial^2 H}{\partial x^2} - K\frac{(H-H_4)}{m} = 0 \qquad (6.2.15)$$

其边界条件为：

$$\left.\begin{array}{l}\text{当 } x = L \text{ 时}, H = H_3 \\ \text{当 } x = \infty \text{ 时}, H = H_4\end{array}\right\} \qquad (6.2.16)$$

解方程式（6.2.15）可得第三区段透水层中水头沿程变化的方程式为：

$$H = H_4 + (H_3 - H_4)\mathrm{e}^{-\frac{x-L}{\lambda}} \qquad (6.2.17)$$

沿 x 轴方向的流速为：

$$v_x = -K\frac{\partial H}{\partial x} = \frac{K}{\lambda}\mathrm{e}^{-\frac{x-L}{\lambda}} \qquad (6.2.18)$$

通过 $x=L$ 截面的渗流量的计算方法与在第一区段内通过 $x=-L$ 截面的渗流量的计算方法相同，即：

$$Q = K\pi(H_3 - H_4) \qquad (6.2.19)$$

6.2.4 水头 H_2 和 H_3 的计算

根据渗流在 $x=-L$ 和 $x=L$ 截面处流量的连续条件可得：

$$\begin{cases}K\pi(H_1 - H_2) = \dfrac{K}{2L}(H_2 - H_3)M \\ \dfrac{K}{2L}(H_2 - H_3)M = K\pi(H_3 - H_4)\end{cases} \qquad (6.2.20)$$

解式（6.2.20）可得：

$$H_2 = \frac{1}{\left(\dfrac{M}{L} + \pi\right)}\left[\left(\frac{M}{2L} + \pi\right)H_1 + \frac{M}{2L}H_4\right] \qquad (6.2.21)$$

$$H_3 = \frac{1}{\left(\dfrac{M}{L} + \pi\right)}\left[\left(\frac{M}{2L} + \pi\right)H_4 + \frac{M}{2L}H_1\right] \qquad (6.2.22)$$

6.2.5 透水地基中不同深度处的渗透水头和流速

（1）第一区段内。

透水地基中不同深度处的渗流水头和流速可按式（6.2.4）和式（6.2.5）计算。

（2）第二区段内。

透水地基中不同深度处的渗流水头和流速可按式（6.2.12）和式（6.2.13）计算。

（3）第三区段内。

透水地基中不同深度处的渗流水头和流速可按式（6.2.17）和式（6.2.18）计算。

（4）坝体底面的扬压力。

将式（6.2.21）、式（6.2.22）代入式（6.2.12），则可得坝体底面（$-L \leqslant x \leqslant L$）扬压力水头的计算公式为：

$$H = \frac{1}{2}(H_1 + H_4) - \frac{\pi}{\dfrac{2M}{B} + \pi}(H_1 - H_4)\frac{x}{B} \qquad (6.2.23)$$

$$B = 2L$$

式中：B 为坝体底面的水平长度；x 为计算点的水平坐标。

[**例 6.2.1**] 如图 6.2.3 所示的土坝位于深度 $M=10$ m 的透水地基上，地基土的渗透系数 $K=1\times10^{-2}$ cm/s，坝顶宽度 $b=10$ m，上游坝坡 1：3.0，下游坝坡 1：2.5，坝高 $H=38$ m，坝的上游水深为 35 m，下游水深为 5 m。进行坝基的渗透计算。

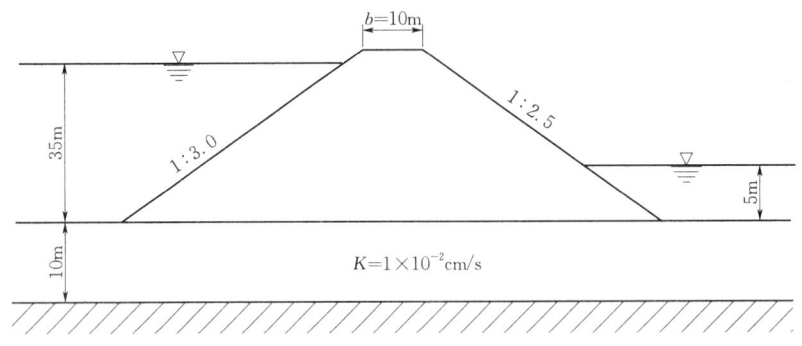

图 6.2.3 透水地基上土坝的渗流计算图

(1) 计算坝底宽度 B 及坝底半宽 L。

根据图 6.2.3，坝底宽度为：
$$B = 10 + (3 + 2.5) \times 38 = 219 \text{(m)}$$

坝底半宽为：
$$L = \frac{1}{2}B = \frac{1}{2} \times 219 = 109.50 \text{(m)}$$

(2) 计算水头 H_2 和 H_3。

根据式 (6.2.21) 和式 (6.2.22) 可得：

$$H_2 = \frac{1}{\frac{M}{L} + \pi}\left[\left(\frac{M}{2L} + \pi\right)H_1 + \frac{M}{2L}H_4\right]$$

$$= \frac{1}{\frac{10}{109.5} + 3.1416}\left[\left(\frac{10}{219} + 3.1416\right) \times 45 + \frac{10}{219} \times 15\right]$$

$$= 44.5763 \text{(m)}$$

$$H_3 = \frac{1}{\frac{M}{L} + \pi}\left[\left(\frac{M}{2L} + \pi\right)H_4 + \frac{M}{2L}H_1\right]$$

$$= \frac{1}{\frac{10}{109.5} + 3.1416}\left[\left(\frac{10}{219} + 3.1416\right) \times 15 + \frac{10}{219} \times 45\right]$$

$$= 15.4237 \text{(m)}$$

(3) 通过地基的渗流量。

通过地基的单宽渗流量按式 (6.2.9) 计算，即：
$$Q = K\pi(H_1 - H_2)$$

$$= 1 \times 10^{-4} \times 3.1416 \times (45 - 44.5763)$$
$$= 1.3311 \times 10^{-4} (\mathrm{m^3/s})$$
$$= 11.5 (\mathrm{m^3/d})$$

(4) 坝下游渗流逸出段水头的变化。

坝下游渗流逸出段的水头按式（6.2.17）计算，此时取 $M=1\mathrm{m}$，$m=\frac{1}{2}\mathrm{m}$，故 $\lambda = \sqrt{(M-m)m} = \sqrt{\left(1-\frac{1}{2}\right)\frac{1}{2}} = \frac{1}{2}$，因此计算结果如表 6.2.1 所示。

表 6.2.1　　　　　　　　坝下游逸出段水头的沿程变化

x (m)	L	1.01L	1.02L	1.03L	1.04L	1.05L
水头 H (m)	15.4237	15.0474	15.0053	15.0006	15.0001	15.0000

由表 6.2.1 计算结果可见，坝下游渗流逸出段水头的变化极快，水头消散的范围仅局限在 $0.05L$ 范围之内，在 $x=1.05L$ 处，水头已基本等于下游水头 H_4。

(5) 下游渗流逸出段水力梯度的变化。

坝下游渗流逸出段的水力梯度 J 可按式（6.2.17）求得：

$$J = -\frac{\partial H}{\partial x} = \frac{1}{\lambda}(H_3 - H_4)\mathrm{e}^{-\frac{x-L}{\lambda}} \tag{6.2.24}$$

仍取 $\lambda = \frac{1}{2}$，因此：

$$J = 2(H_3 - H_4)\mathrm{e}^{-2(x-L)} \tag{6.2.25}$$

渗流逸出段水力梯度 J 的计算结果列于表 6.2.2 及图 6.2.4。

表 6.2.2　　　　　　　　坝下游渗流逸出段水力梯度的沿程变化

x (m)	L	1.01L	1.02L	1.03L	1.04L	1.06L	1.08L	1.10L	1.20L
渗流水力梯度 J	0.8474	0.0948	0.0106	0.001188	0.00013	0.000002	0.0000	0.0000	0.0000

由表 6.2.2 计算结果可见，坝下游渗流逸出段水力梯度沿程的变化是很快的。在下游坝脚处，渗流水力坡降为 0.8474，在距该点仅 $0.01L$（即 $x=1.01L$）处，水力梯度即减小为 0.0948，而在距坝坡脚 $0.06L$（$x=1.06L$）处，水力梯度已基本上等于零，因此，坝下游渗流逸出段可能产生渗透破坏的范围，仅为从坝坡脚开始往下游 $0.01L$ 范围内。

(6) 坝体底面的扬压力。

坝体底面扬压力的沿程变化可按式（6.2.12）计算，计算结果列于表 6.2.3 及图 6.2.4。

表 6.2.3　　　　　　　　坝体底面扬压力的沿程变化

x (m)	$-L$	$-0.7L$	$-0.4L$	0	0.3L	0.6L	L
扬压力水头 H (m)	44.4237	40.2034	35.8305	30.0000	25.6271	21.2542	15.4237

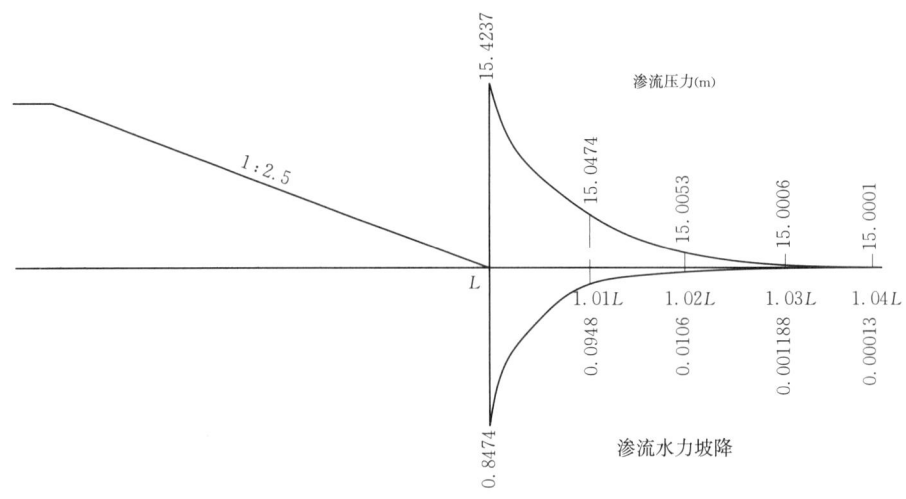

图 6.2.4　例 6.2.1 计算结果图

6.3　多层透水地基渗流计算

6.3.1　计算的基本原理

对位于多层地基上的土坝，进行地基的渗流计算时，为了简化计算，作如下基本假定：

（1）地基中各土层沿其长度方向是等厚度的。

（2）地基中各土层均为各向同性的均质体。

（3）各土层中的渗流均符合达西（Darcy）定律。

（4）考虑到地基中相邻土层之间的水量交换不大，可忽略不计。

对于如图 6.3.1 所示的多层地基，各层的厚度分别为 M_1、M_2、M_3、M_4、…，渗透系数分别为 K_1、K_2、K_3、K_4、…，坝体底面的宽度为 $2L$，坐标原点设在坝体中心线与不透水层交点处，计算时将地基划分为 3 个区段来计算。第一区段为 $-\infty \leqslant x \leqslant -L$；第二区段为 $-L \leqslant x \leqslant L$；第三区段为 $L \leqslant x \leqslant \infty$。在计算地基中的任意一层时，该层上部

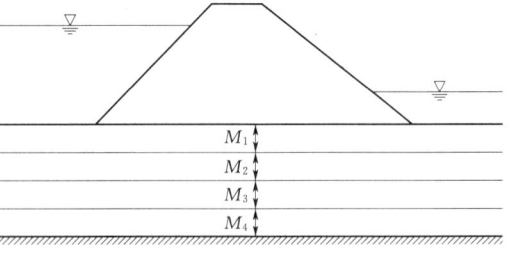

图 6.3.1　多层地基示意图

的各土层视为弱透水层，该层为含水层，该层下部的各层视为不透水层。此时，土层上游 $x=-\infty$ 处截面的水头即坝体上游水域（水库）的水头为 H_1，坝体上游边界 $x=-L$ 截面处的水头为 H_2，坝体下游边界 $x=L$ 截面处的水头为 H_3，土层下游 $x=\infty$ 截面处的水头即坝体下游水域（河道中）的水头为 H_4，水头的比较平面分别取在各土层底面处。计算时根据各土层的渗流边界条件，解相应的渗流微分方程，即可求得通过各土层的渗流量 Q_i，通过整个地基的渗流量等于各土层渗流量之和，即：

$$Q = \sum_{i=1}^{n} Q_i \tag{6.3.1}$$

6.3.2 多层地基渗流计算公式的推导

若有如图 6.3.2 所示的多层地基，现将地基划分成 3 个区段，按 3 个区段渗流的具体条件，分层进行计算，计算时各层的计算水头 H_i 分别以该计算层的底面为基准。

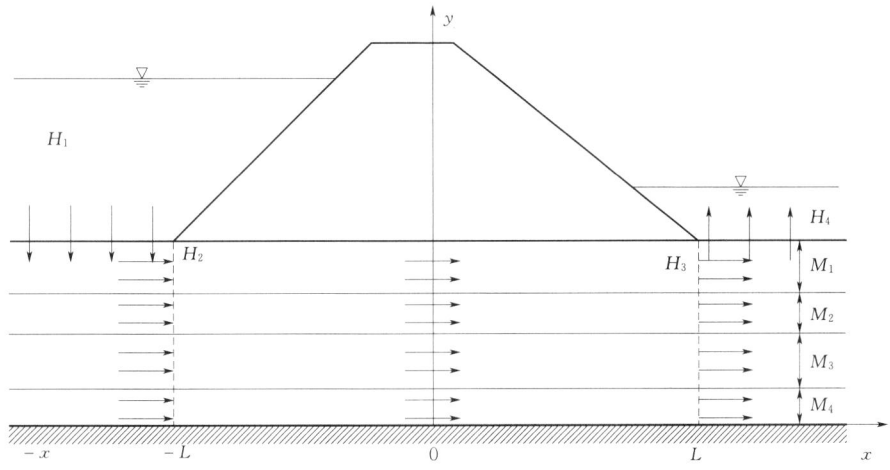

图 6.3.2 多层地基渗流计算图

6.3.2.1 对于地基中的第一层

（1）第一区段（$-\infty \leqslant x \leqslant -L$）。

对于多层地基中的第一层（图 6.3.3），其渗流情况与上节有限深度透水地基的渗流计算情况相同，因此计算方法也相同。

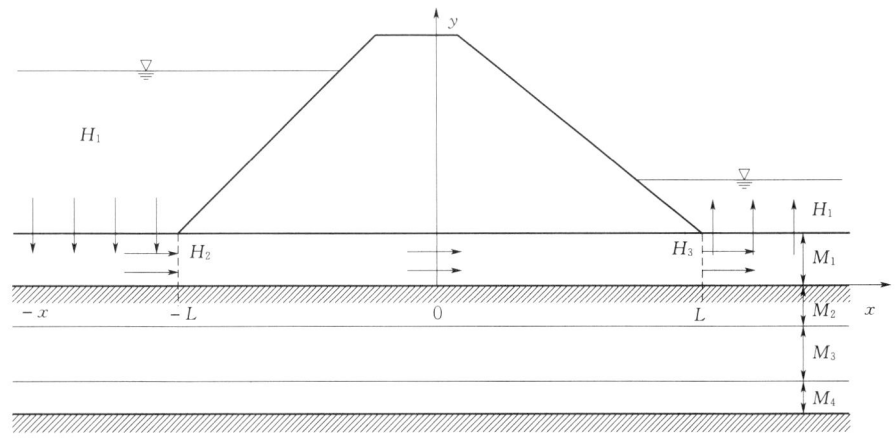

图 6.3.3 多层地基渗流计算图（第一层计算图）

所以在第一区段，渗流可以用下列偏微分方程来表示：

$$K_1 M'_1 \frac{\partial^2 H}{\partial x^2} - K_1 \frac{H - H_1}{m} = 0 \tag{6.3.2}$$

或：

$$\frac{\partial^2 H}{\partial x^2} - \frac{H - H_1}{\lambda^2} = 0 \qquad (6.3.3)$$

式中：$\lambda = \sqrt{M'_1 m} = \sqrt{(M_1 - m)m}$。

式（6.3.3）的边界条件为：

$$\begin{cases} 当\ x = -\infty\ 时, H = H_1 \\ 当\ x = -L\ 时, H = H_2 \end{cases} \qquad (6.3.4)$$

解上述渗流微分方程得，渗流水头 H 沿程变化的方程式为：

$$H = H_1 + (H_2 - H_1) e^{\frac{x+L}{\lambda}} \qquad (6.3.5)$$

沿 x 方向的流速为：

$$v_x = \frac{K_1}{\lambda}(H_1 - H_2) e^{\frac{x+L}{\lambda}} \qquad (6.3.6)$$

在 $x = -L$ 截面处，渗流流速为：

$$v_x = \frac{K_1}{\lambda}(H_1 - H_2) \qquad (6.3.7)$$

通过 $x = -L$ 截面的渗流量为：

$$Q_1 = K_1 \pi (H_1 - H_2) \qquad (6.3.8)$$

（2）第二区段（$-L \leqslant x \leqslant L$）。

在这一区段中水头 H 的沿程变化方程式为：

$$H = \frac{1}{2}(H_2 + H_3) - \frac{1}{2}(H_2 - H_3)\frac{x}{L} \qquad (6.3.9)$$

相应的渗流流速为：

$$v_x = \frac{K_1}{2L}(H_2 - H_3) \qquad (6.3.10)$$

通过任意截面的渗流量为：

$$Q_1 = \frac{K_1}{2L}(H_2 - H_3) M_1 \qquad (6.3.11)$$

（3）第三区段（$L \leqslant x \leqslant \infty$）。

在这一区段内，水头 H 沿程变化的方程式为：

$$H = H_4 + (H_3 - H_4) e^{-\frac{x-L}{\lambda}} \qquad (6.3.12)$$

沿 x 轴方向的流速为：

$$v_x = \frac{K_1}{\lambda}(H_3 - H_4) e^{-\frac{x-L}{\lambda}} \qquad (6.3.13)$$

在 $x = L$ 截面处的流速为：

$$v_x = \frac{K_1}{\lambda}(H_3 - H_4)$$

通过 $x = L$ 截面的渗流量为：

$$Q_1 = K_1 \pi (H_3 - H_4) \qquad (6.3.14)$$

（4）水头 H_2 和 H_3 的计算。

根据渗流通过 $x = -L$ 和 $x = L$ 截面的连续条件可得：

$$H_2 = \frac{1}{\frac{M_1}{L}+\pi}\left[\left(\frac{M_1}{2L}+\pi\right)H_1 + \frac{M_1}{2L}H_4\right] \quad (6.3.15)$$

$$H_3 = \frac{1}{\frac{M_1}{L}+\pi}\left[\left(\frac{M_1}{2L}+\pi\right)H_4 + \frac{M_1}{2L}H_1\right] \quad (6.3.16)$$

6.3.2.2 对于地基中的第二层

在计算地基中的第二土层（图6.3.4）时，可以将第一土层看作是第二土层的上覆弱透水层，第二土层作为含水层，第二土层以下的各土层为不透水层。同样将第二土层划分为3个区段，即第一区段（$-\infty \leqslant x \leqslant -L$），第二区段（$-L \leqslant x \leqslant L$）和第三区段（$L \leqslant x \leqslant \infty$）。

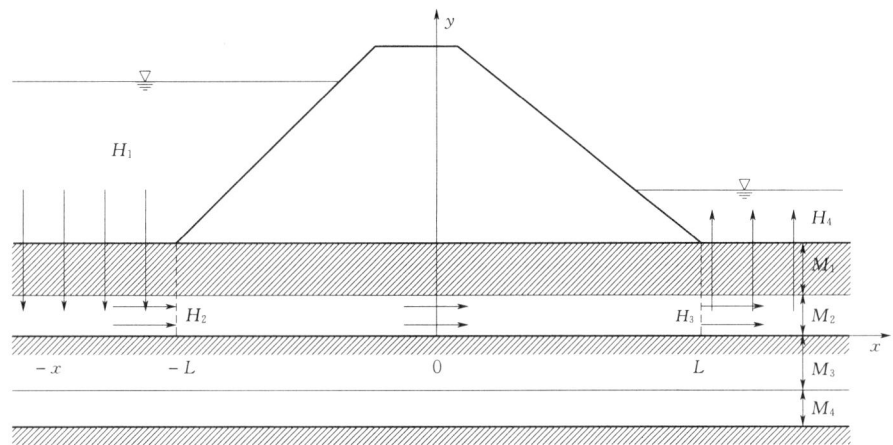

图6.3.4 多层地基渗流计算图（第二层计算图）

（1）第一区段（$-\infty \leqslant x \leqslant -L$）。

渗流可以用下列偏微分方程来表示：

$$K_2 M_2 \frac{\partial^2 H}{\partial x^2} - K_1 \frac{H - H_1}{M_1} = 0 \quad (6.3.17)$$

或：

$$\frac{\partial^2 H}{\partial x^2} - \frac{H - H_1}{\lambda^2} = 0 \quad (6.3.18)$$

式中：$\lambda = \sqrt{M_1 M_2 \frac{K_2}{K_1}}$。

边界条件为：

$$\begin{cases} \text{当 } x = -\infty \text{ 时}, H = H_1 \\ \text{当 } x = -L \text{ 时}, H = H_2 \end{cases} \quad (6.3.19)$$

解上述渗流微分方程得，渗流水头沿程变化的方程式为：

$$H = H_1 + (H_2 - H_1) e^{\frac{x+L}{\lambda}} \quad (6.3.20)$$

渗流沿 x 轴方向的流速为：

$$v_x = \frac{K_2}{\lambda}(H_1 - H_2)e^{\frac{x+L}{\lambda}} \tag{6.3.21}$$

式中：K_2 为第二土层的渗透系数。

在 $x = -L$ 截面处的流速为：

$$v_x = \frac{K_2}{\lambda}(H_1 - H_2) \tag{6.3.22}$$

通过 $x = -L$ 截面处的渗流量为：

$$Q_2 = v_x M_2 = \frac{K_2 M_2}{\lambda}(H_1 - H_2) \tag{6.3.23}$$

（2）第二区段（$-L \leqslant x \leqslant L$）。

由于坝体被假定为不透水的，虽然第一层为弱透水层，但在第二区段没有水从第一层进入第二层，因此第二区段第二层的渗流仍为 x 方向的一维流。

渗流水头沿程变化的方程式为：

$$H = \frac{1}{2}(H_2 + H_3) - \frac{1}{2}(H_2 - H_3)\frac{x}{L} \tag{6.3.24}$$

沿 x 轴方向的渗流流速为：

$$v_x = \frac{K_2}{2L}(H_2 - H_3) \tag{6.3.25}$$

在这一区段内，通过任意截面的渗流量为：

$$Q_2 = v_x M_2 = \frac{K_2 M_2}{2L}(H_2 - H_3) \tag{6.3.26}$$

（3）第三区段（$L \leqslant x \leqslant \infty$）。

渗流水头沿程变化的方程式为：

$$H = H_4 + (H_3 - H_4)e^{-\frac{x-L}{\lambda}} \tag{6.3.27}$$

沿 x 轴方向的渗流流速为：

$$v_x = \frac{K_2}{\lambda}(H_3 - H_4)e^{-\frac{x-L}{\lambda}} \tag{6.3.28}$$

在 $x = L$ 截面处的流速为：

$$v_x = \frac{K_2}{\lambda}(H_3 - H_4) \tag{6.3.29}$$

在这一区段内的渗流量为：

$$Q_2 = v_x M_2 = \frac{K_2 M_2}{\lambda}(H_3 - H_4)e^{-\frac{(x-L)}{\lambda}} \tag{6.3.30}$$

通过 $x = L$ 截面的渗流量为：

$$Q_2 = \frac{K_2 M_2}{\lambda}(H_3 - H_4) \tag{6.3.31}$$

（4）渗流水头 H_2 和 H_3 的计算。

根据第二土层在 $x = -L$ 截面和 $x = L$ 截面处渗流的连续条件可得：

$$\begin{cases} K_2 M_2 \dfrac{1}{\lambda}(H_1 - H_2) = \dfrac{K_2 M_2}{2L}(H_2 - H_3) \\ \dfrac{K_2 M_2}{2L}(H_2 - H_3) = K_2 M_2 \dfrac{1}{\lambda}(H_3 - H_4) \end{cases} \tag{6.3.32}$$

解上述联立方程,可得 H_2 和 H_3 为:

$$\begin{cases} H_2 = H_1 - (H_1 - H_4)\dfrac{\lambda}{2L + 2\lambda} \\ H_3 = H_4 + (H_1 - H_4)\dfrac{\lambda}{2L + 2\lambda} \end{cases} \quad (6.3.33)$$

6.3.2.3 对于地基中的第三土层及其以下各层

对于地基中的第三土层及其以下各土层的渗流计算,其计算方法与第二土层相同,即当计算第 i 土层时,将第 i 土层视为含水层,第 i 土层以上各土层视为弱透水层,第 i 土层以下各土层视为不透水层。此时在 $-\infty \leqslant x \leqslant -L$ 区段内,水流不仅沿 x 方向流动,而且坝体上游水域(水库)的水还通过上部弱透水层渗入第 i 土层;在 $-L \leqslant x \leqslant L$ 区段内,渗流仅沿 x 方向流动,没有水流渗入和渗出第 i 土层;在 $L \leqslant x \leqslant \infty$ 区段内,渗流不仅沿 x 方向流动,而且还通过上部弱透水层渗出。渗流条件与第二土层相同,因此渗流微分方程也相同,所以渗流问题的解也相同。

因此,第二土层以下各土层在 $-\infty \leqslant x \leqslant -L$、$-L \leqslant x \leqslant L$ 和 $L \leqslant x \leqslant \infty$ 3 个区段内,渗流水头 H、渗流流速 v_x 和渗流量 Q 的计算公式均与第二土层相同,唯有上部弱透水层的渗透系数,应采用计算土层以上各土层的平均渗透系数,即在前面所述的式 $\lambda = \sqrt{\dfrac{K_2}{K_1} M_1 M_2}$ 中,K_2 应用计算土层的渗透系数 K_i 代入,M_2 应用计算土层的厚度 M_i 代入,M_1 应用计算土层以上各土层的厚度之和 $\sum\limits_{i=1}^{m} M_i$ 代入(其中 m 为计算土层以上各土层的总层数),而 K_1 应用计算土层以上各土层的平均渗透系数 K 代入,K 值可按下式计算:

$$K = \dfrac{\sum\limits_{i=1}^{m} M_i}{\dfrac{M_1}{K_1} + \dfrac{M_2}{K_2} + \cdots + \dfrac{M_m}{K_m}} \quad (6.3.34)$$

式中:M_1、M_2、$\cdots$、M_m 为地基第一、第二、$\cdots$、第 m 各土层的厚度;K_1、K_2、$\cdots$、K_m 分别为地基第一、第二、$\cdots$、第 m 各土层的渗透系数;i 为计算土层以上各土层的顺序号,也即计算土层以上各土层的层数。

[例 6.3.1] 若有如图 6.3.5 所示土坝的坝基,由三层土层构成,第一层的厚度 $M_1 = 5$ m,渗透系数是 $K_1 = 10$ m/d;第二层的厚度 $T_2 = 6$ m,渗透系数走 $K_2 = 5$ m/d;第三层的厚度 $M_3 = 4$ 渗透系数 $K_3 = 15$ m/d。土坝坝顶宽度为 $b = 10$ m,上游边坡 1∶3.0,下游边坡 1∶2.5,坝高 $H = 38$ m,坝的上游水深为 35 m,坝的下游水深为零。坝体设有褥垫式排水,从上游坝坡脚到排水上游端点的水平距离 $B = 146$ m。试计算:

1. 当坝基由第一层、第二层组成时,通过坝基的渗流量;
2. 当坝基由第一层、第二层、第三层组成时,通过坝基的渗流量。

(1)当坝基由第一层、第二两层组成时。

由式(6.3.35)可得,通过地基中第一土层的渗流量用为:

$$Q_1 = K_1 \pi (H_3 - H_4) \quad (6.3.35)$$

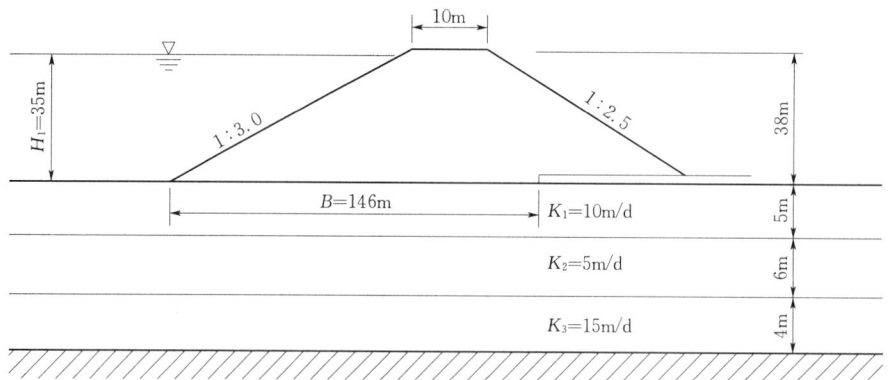

图 6.3.5 某土坝多层地基渗流计算图

式中：$K_1=10$ m/d，$\pi=3.14$，$H_4=5$ m，H_3 可由式（6.3.36）计算，即：

$$H_3 = \frac{1}{\left(\frac{M_1}{L}+\pi\right)}\left[\left(\frac{M_1}{2L}+\pi\right)H_4 + \frac{M_1}{2L}H_1\right] \quad (6.3.36)$$

式中：$M_1=5$m，$L=\dfrac{B}{2}=\dfrac{146}{2}=73$m，$H_4=5$m，$H_1=40$m，将以上各值代入式（6.3.36），则得：

$$H_3 = \frac{1}{\left(\frac{5}{73}+\pi\right)}\left[\left(\frac{5}{146}+\pi\right)\times 5 + \frac{5}{146}\times 40\right] = 5.37(\text{m})$$

将 $H_3=5.37$m 和 $H_4=5$ m 代入式（6.3.35）得：

$$Q_1 = 10\times\pi\times(5.37-5) = 11.73(\text{m}^3/\text{d})$$

通过坝基第二土层的渗流量可按式（6.3.37）计算，即：

$$Q_2 = \frac{K_2 M_2}{\lambda}(H_3 - H_4) \quad (6.3.37)$$

式中：$K_2=5$ m/d，$M_2=6$ m，$H_4=11$ m，而 $\lambda=\sqrt{\dfrac{K_2}{K_1}M_2 M_1}=\sqrt{\dfrac{5}{10}\times 6\times 5}=3.87$，水头 H_3 可按式（6.3.33）计算，即：

$$H_3 = H_4 + (H_1 - H_4)\frac{\lambda}{2L+2\lambda}$$

$$= 11 + (46-11)\times\frac{3.87}{146+2\times 3.87} = 11.88(\text{m})$$

将 K_2、M_2、λ、H_3 和 H_4 等值代入式（6.3.37），得：

$$Q_2 = \frac{5\times 6}{3.87}\times(11.88-11) = 6.83(\text{m}^3/\text{d})$$

因此，当坝基由两层，即由第一土层、第二土层组成时，通过坝基的渗流量为：

$$Q = Q_1 + Q_2 = 11.73 + 6.83 = 18.56(\text{m}^3/\text{d})$$

（2）当土坝地基由第一土层、第二土层、第三土层组成时。

此时通过第一土层和第二土层的渗流量与前面计算的相同，即通过第一土层的渗流

量 $Q_1=11.73 \text{ m}^3/\text{d}$，通过第二土层的渗流量 $Q_2=6.83 \text{ m}^3/\text{d}$。通过第三土层的渗流量为：

$$Q_3 = \frac{K_3 M_3}{\lambda}(H_3 - H_4)$$

但式中的 λ 应按下式计算：

$$\lambda = \sqrt{\frac{K_3}{K} M_3 M} \qquad (6.3.38)$$

式中：K_3 为坝基第三土层的渗透系数，在本例情况下 $K_3=15 \text{ m/d}$；K 为计算土层以上各土层的平均渗透系数，按式（6.3.34）计算，在本例情况：

$$K = \frac{M_1 + M_2}{\dfrac{M_1}{K_1} + \dfrac{M_2}{K_2}} = \frac{5+6}{\dfrac{5}{10} + \dfrac{6}{5}} = 6.47(\text{m/d})$$

M_3 为坝基第三土层的厚度，在本例情况 $M_3=4 \text{ m}$；M 为计算土层以上各土层厚度之和，在本例情况，$M=M_1+M_2=5+6=11\text{m}$。

将以上各值代入式（6.3.38）得：

$$\lambda = \sqrt{\frac{15}{6.47} \times 4 \times 11} = 10.10$$

水头 H_3 仍按式（6.3.38）计算，即：

$$H_3 = H_4 + (H_1 - H_4)\frac{\lambda}{2L + 2\lambda}$$

$$= 15 + (50-15) \times \frac{10.10}{146 + 2 \times 10.10} = 17.13(\text{m})$$

通过第三土层的渗流量仍按式（6.3.37）计算，即：

$$Q_3 = \frac{K_3 M_3}{\lambda}(H_3 - H_4)$$

$$= \frac{15 \times 4}{10.10}(17.13 - 15) = 12.65(\text{m}^3/\text{d})$$

因此，当坝基由三层组成时，通过坝基的渗流量为：

$$Q = Q_1 + Q_2 + Q_3 = 11.73 + 6.83 + 12.64 = 31.20(\text{m}^3/\text{d})$$

（3）计算结果与试验资料的对比。

对于本例所述的渗流情况，查哈尔申科和康德拉季也夫曾进行了电拟试验，通过电拟试验获得的坝基渗流量列于表 6.3.1 中，即在双层地基情况下地基的渗流量为 $Q=18.26 \text{ m}^3/\text{d}$，在三层地基情况下地基的渗流量为 $Q=32.94 \text{ m}^3/\text{d}$。按前面所述公式计算的结果也一并列入表 6.3.1 中。由表可见，按本节中所述的方法和公式计算的结果，与试验结果是极其接近的。在双层地基的情况下，按本节所述公式计算的结果较试验值仅大 1.64%；在三层地基的情况下，按本节所述公式计算的结果较试验值小 5.31%，误差不大。

表 6.3.1　　　　　　　按前述公式计算结果与试验结果的比较

试验结果（m³/d）		按本节公式计算结果（m³/d）		按本节公式计算结果与试验结果的相差值	
双层地基	三层地基	双层地基	三层地基	双层地基	三层地基
18.26	32.94	18.56	31.20	+1.64%	−5.31%

6.4 不透水地基上均质土坝渗流计算

均质土坝的渗流计算比较简单和典型，是非均质土坝渗流的计算基础。在已有的土坝渗流计算文献中以研究这种坝型的为最多，沙菲纳克于 1917 年发表的第一个土坝渗流近似计算方法也是针对这一坝型提出的。现有计算均质土坝渗流的方法可以概括分为分段法和基本抛物线法两类。分段法是将坝体分为若干段，其中最常用的是分为上游楔体段、中间段及下游楔体段，分别建立各段渗流方程式联立求解。该法是巴甫洛夫斯基于 1922 年最早提出，后来又经不少学者发展和补充。基本抛物线法是基于对坝体的等水头线或浸润线作抛物线假定，求得有关渗流要素的解答，沙菲纳克的方法即属此类。后来的学者在运用抛物线法求解时，对坝的上游楔体段也采用了分段处理的方法。

6.4.1 土坝浸润线方程式

达西定律虽然是建立在有压渗流的运动中，但是它可以广泛地应用于研究有自由表面的无压渗流运动。1857 年 Dupuit 就曾用达西定律来研究水平不透水层面上有自由表面的地下水渗流，并得到著名的 Dupuit 方程式。

如图 6.4.1 所示的无压渗流，在渗流深度为 y 的 $M-M$ 断面上，渗流速度可按达西定律表示为：

$$v = -K\frac{\mathrm{d}y}{\mathrm{d}x} \tag{6.4.1}$$

式中：K 为含水地层的渗透系数；$-\dfrac{\mathrm{d}y}{\mathrm{d}x}$ 表示断面的水力梯度。

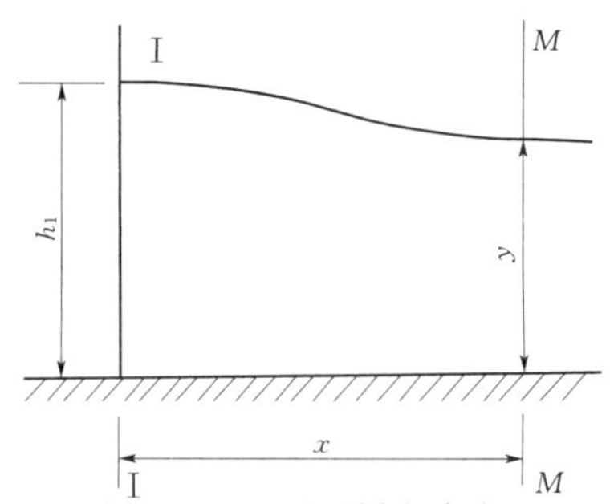

图 6.4.1 无压缓变渗流

从断面渗流速度或坡降的表示式可知，只有当断面上各点的压力符合静水压力分布时，其表示式才能成立。

由上式，单位宽度的渗流量应为：

$$q = vy = -Ky\frac{\mathrm{d}y}{\mathrm{d}x} \tag{6.4.2}$$

分离变量并积分，可得：

$$\frac{q}{K}x = -\frac{1}{2}y^2 + c \tag{6.4.3}$$

积分常数 c 可由断面 Ⅰ—Ⅰ 的边界条件求得，即有 $x=0$ 时，$y=h_1$，得到 $c = \dfrac{1}{2}h_1^2$。因此：

$$\frac{q}{K} = \frac{h_1^2 - y^2}{2x} \tag{6.4.4}$$

此式就是 Dupuit 方程式。y 为任意断面上的渗流深度，在已知渗流量的情况下可以求得各断面浸润线的高度。由此式得浸润线方程为：

$$y = \sqrt{h_1^2 - \frac{2q}{K}x} \tag{6.4.5}$$

对于土坝渗流计算，Dupuit方程式被普遍用来作为坝身浸润线的方程式。Dupuit方程式的基本假定是断面上各点的压力符合静水压力分布，也就是断面上各点的测压管水头相等，等水头线为铅直线。这种情况仅在渗流呈缓变流的情况下近似符合。很多试验研究表明，土坝中间段的渗流运动为缓变渗流运动，因而应用Dupuit方程式也是近似符合的。根据对Dupuit方程式的分析及与土坝电模拟试验资料比较说明，Dupuit方程式有足够的精度。由于坝身断面各点的测压管水头并不完全相同，因而断面上实际的水压力比按Dupuit假定计算所得到的值要偏小，但由此产生的渗流量误差对于具有垂直上游边坡的一般土坝断面仅偏小0.6%～1.3%，对土坝渗流计算完全能满足精度要求。顺便指出，有些学者用浸润线的坡降$\dfrac{dy}{ds}$代替式（6.4.2）中的$\dfrac{dy}{dx}$来推求土坝渗流的计算式，其中ds为浸润线弧长的微分。但由于$ds \geqslant dx$，这样求得的渗流量将比按Dupuit方程式更偏小，并不比按Dupuit假定更为合理。

6.4.2　坝下游无排水设备或有贴坡排水的情况

图6.4.2所示为无排水设备（或有贴坡排水设备）的均质土坝，位于不透水地基上。

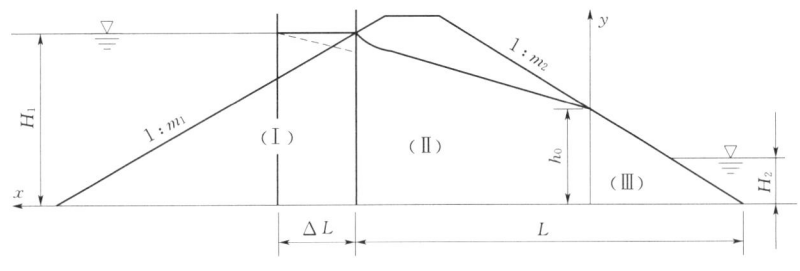

图6.4.2　用分段法计算均质土坝

按现今最常用的分段形式进行渗流计算，将坝体分为3个部分，即图中第一部分（Ⅰ）为上游三角形楔体段，第二部分（Ⅱ）为中间段，第三部分（Ⅲ）为下游楔体段。

6.4.2.1　第一部分（Ⅰ）上游三角形楔体段的计算

第一部分（Ⅰ）上游三角形楔体段的渗流计算方法很多，常用的有平均流线法和矩形坝段替代法，由于篇幅限制，这里仅说明矩形坝段替代法。

为了简化上游三角形楔体段的渗流计算，一些学者建议用宽度为ΔL的等效虚拟矩形体代替三角形楔体，这样计算图形则可被简化为具有垂直上游边坡的土坝断面图形。

替代矩形的宽度ΔL值取决于上游楔体段的渗流阻力大小，不同学者提出了不同的计算方法，其中著名的有以下两种：

（1）卡萨格兰德法。
$$\Delta L = 0.35 H_1 \tag{6.4.6}$$

（2）米哈依洛夫法。
$$\Delta L = \dfrac{m_1}{2m_1 + 1} H_1 \tag{6.4.7}$$

式中：m_1为上游坝坡边坡系数；H_1为上游水深。

此时，常将第一坝段和第二坝段合并计算。

6.4.2.2 第二部分（Ⅱ）中间段的计算

中间段用 Dupuit 方程式，考虑到上游虚拟矩形体并入，可写出：

$$q = K \frac{H_1^2 - h_0^2}{2(L_1 - m_2 h_0)} \tag{6.4.8}$$

式中：h_0 为浸润线与下游坡面交点处的渗流水深；m_2 为坝下游坡的边坡系数；$L_1 = L + \Delta L$。

6.4.2.3 第三部分（Ⅲ）下游楔体段

下游三角形坝段的渗流计算方法，常用的有垂直等势线法、圆弧形等势线法、折线形等势线法和替代法等。由于篇幅的限制，本书仅介绍垂直等势线法和圆弧形等势线法。

（1）垂直等势线法。

垂直等势线法是假定下游三角形坝体段上游面的等势线为一条垂直线，即从自由水面与下游坝坡交点 D 向下作的垂直线 DE [图 6.4.3（a）]。此时通过第Ⅲ段坝体的渗流量可分为两部分计算，即水上三角形和水下梯形，如图 6.4.3（b）所示。

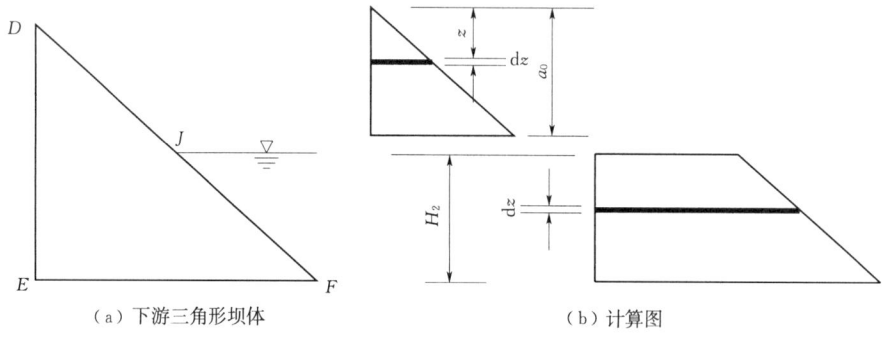

(a) 下游三角形坝体　　　(b) 计算图

图 6.4.3　下游三角形坝体垂直等势线法计算图

若从水上三角形坝体中取出一条厚度为 dz 的流管，通过该流管的渗透水流，其水头为 z，若下游坝坡为 $1:m_2$，则流管的长度为 $m_2 z$，故通过该流管的渗透水流的平均水力梯度为 $\frac{1}{m_2}$，所以通过该流管的渗透流量为：

$$dq_1 = K \frac{1}{m_2} dz \tag{6.4.9}$$

通过整个三角形楔体坝体的渗流量 q_1 可通过上式积分求得，即：

$$q_1 = \int_0^{a_0} dq_1 = \int_0^{a_0} K \frac{1}{m_2} dz = K \frac{a_0}{m_2} \tag{6.4.10}$$

式中：a_0 为坝体内自由水面线与坝坡交点至下游水面的高度。

若从水下梯形坝块中取出一条厚度为 dz 的流管，流管的长度为 $m_2 z$，渗透水流的水头损失为 a_0，故通过该流管的渗透水流的平均水力梯度为 $\frac{a_0}{m_2 z}$，所以通过该流管的渗透流量为：

$$dq_2 = K \frac{a_0}{m_2 z} dz \tag{6.4.11}$$

通过整个梯形坝块的渗流量 q_2 可通过式（6.4.11）积分求得，即：

$$q_2 = \int_{a_0}^{a_0+H_2} \mathrm{d}q_2 = \int_{a_0}^{a_0+H_2} K \frac{a_0}{m_2} \frac{\mathrm{d}z}{z} = K\frac{a_0}{m_2}\ln\left(\frac{a_0+H_2}{a_0}\right) \tag{6.4.12}$$

式中：H_2 为坝的下游水深。

因此，通过整个下游坝段（Ⅲ）的渗流量 q 为：

$$q = q_1 + q_2 = K\frac{a_0}{m_2}\left[1 + \ln\left(\frac{a_0+H_2}{a_0}\right)\right] \tag{6.4.13}$$

（2）圆弧形等势线法。

圆弧形等势线法是假定下游三角形楔体坝段 D 点以下的等势线为一条圆弧形曲线，圆弧的圆心为下游坝坡脚 F 点，圆弧的半径为 DF，如图 6.4.4 所示。

此时，通过下游三角形楔体坝段的渗流量 q 可分为两部分来计算，一部分是通过下游水位以上楔体坝块的渗流量 q_1，另一部分是通过下游水位以下楔体坝块的渗流量 q_2。

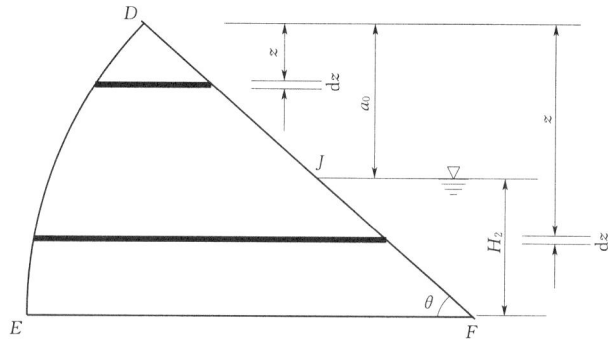

图 6.4.4 下游三角形坝体圆弧形等势线法计算图

若从下游水位以上楔体坝块中取出一条厚度为 $\mathrm{d}z$ 的水平流管，通过该流管的渗透水流，其水头为 z，流管的长度可近似取其等于 $\frac{z}{\sin\theta}$，其中 θ 为下游坝坡坡角，故通过该流管的渗透水流的平均水力梯度为 $\sin\theta$，所以通过该流管的渗透流量为：

$$\mathrm{d}q_1 = K\sin\theta \mathrm{d}z \tag{6.4.14}$$

通过整个下游水位以上楔体坝体的渗流量 q_1 可通过上式积分求得，即：

$$q_1 = \int_0^{a_0} \mathrm{d}q_1 = \int_0^{a_0} K\sin\theta \mathrm{d}z = Ka_0\sin\theta \tag{6.4.15}$$

若从下游水位以下楔体坝块中取出一条厚度为 $\mathrm{d}z$ 的水平流管，通过该流管的渗透水流的水头损失为 a_0，流管的长度可近似取其等于 $\frac{z}{\sin\theta}$，通过该流管的渗透水流的平均水力梯度为 $\frac{a_0\sin\theta}{z}$，所以通过该流管的渗透流量为：

$$\mathrm{d}q_2 = Ka_0\sin\theta \frac{\mathrm{d}z}{z} \tag{6.4.16}$$

通过整个下游水位以下楔体坝体的渗流量 q_2 可通过上式积分求得，即：

$$q_2 = \int_{a_0}^{a_0+H_2} \mathrm{d}q_2 = \int_{a_0}^{a_0+H_2} Ka_0\sin\theta \frac{\mathrm{d}z}{z} = Ka_0\sin\theta\ln\left(\frac{a_0+H_2}{a_0}\right) \tag{6.4.17}$$

式中：H_2 为坝的下游水深。

因此，通过整个下游坝段（Ⅲ）的渗流量 q 为：
$$q = q_1 + q_2 = Ka_0\sin\theta\left[1 + \ln\left(\frac{a_0 + H_2}{a_0}\right)\right] \quad (6.4.18)$$

[**例 6.4.1**] 某均质土坝坝顶高程为 20.00m，坝基面高程为 0.00m，坝顶宽 $b=7.0$m，上游坝坡坡率 $m_1=2.5$，下游边坡坡率 $m_2=2.0$，上游水位高程为 18.00m，下游水位高程为 3.00m，坝体渗透系数 $K=0.221$m/d，坝基为不透水层，坝体下游坡设有贴坡排水，如图 6.4.5 所示。计算通过单宽坝体的渗流量 q 和坝体内的自由水面线。

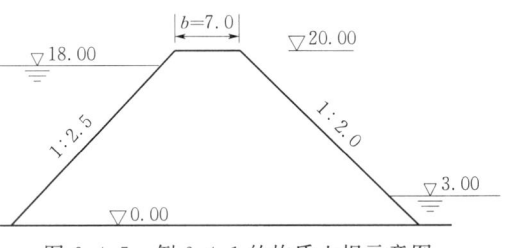

图 6.4.5 例 6.4.1 的均质土坝示意图

解 按矩形坝段替代法和圆弧形等势线法的组合计算：

（1）计算下游坝坡坡角 θ。
$$\sin\theta = \frac{1}{\sqrt{1+2^2}} = 0.44721$$
$$\theta = \arcsin(0.44721) = 26.5648°$$

（2）计算 $L_1 - m_2h_0$ 值。
$$L_1 - m_2h_0 = L + \Delta L - m_2(a_0 + H_2)$$
$$= [m_1(20.00 - 18.00) + b + m_2(20.00 - 0.00)] + \frac{m_1}{2m_1 + 1}H_1 - m_2(a_0 + H_2)$$
$$= 59.50 - 2(a_0 + H_2)$$

（3）计算 a_0 值。

根据渗流连续性定理，通过坝段Ⅱ的渗流量和通过坝段Ⅲ的渗流量相等，也就是式（6.4.8）和式（6.4.18）相等，即：
$$K\frac{H_1^2 - (a_0 + H_2)^2}{2(L_1 - m_2h_0)} = Ka_0\sin\theta\left[1 + \ln\left(\frac{a_0 + H_2}{a_0}\right)\right]$$

消去渗透系数 K 以后，上式可写为：
$$a_0 = \frac{H_1^2 - (a_0 + H_2)^2}{2(L_1 - m_2h_0)\sin\theta\left[1 + \ln\left(\frac{a_0 + H_2}{a_0}\right)\right]}$$

将 $L_1 - m_2h_0$ 值代入上式，则得：
$$a_0 = \frac{H_1^2 - (a_0 + H_2)^2}{2[59.50 - (a_0 + H_2)]\sin\theta\left[1 + \ln\left(\frac{a_0 + H_2}{a_0}\right)\right]}$$

上式利用试算法求得 $a_0 = 3.7100$（m）。

（4）计算通过坝体得渗流量。

依式（6.4.8）计算：
$$q = K\frac{H_1^2 - h_0^2}{2(L_1 - m_2h_0)} = K\frac{H_1^2 - (a_0 + H_2)^2}{2[L_1 - m_2(a_0 + H_2)]}$$

$$= 0.221 \times \frac{18^2 - (3.71 + 3.00)^2}{2 \times [59.50 - 2 \times (3.71 + 3.00)]} = 0.6690 (\text{m}^3/\text{d})$$

(5) 计算坝体内的自由水面线。

依式 (6.4.2) 计算：

$$y = \sqrt{H_1^2 - \frac{2q}{K}x} = \sqrt{18^2 - \frac{2 \times 0.6690}{0.221}x} = \sqrt{324 - 6.054297x}$$

根据上式计算得到坝体自由水面线，列于表 6.4.1 中。

表 6.4.1　　　　　　　　　　自由水面线坐标值

x (m)	5	10	15	20	25	30	35	40	46.08
y (m)	17.14	16.23	15.27	14.24	13.13	11.93	10.59	9.05	6.71

6.4.3　坝下游有排水设备的情况

由式 (6.4.5) 可见，坝体内的自由水面线为一条抛物线。对于有排水体的均质土坝，当坝的下游无水时，自由水面线仍可作为抛物线对待，其焦点位于排水体伸入坝体的一端与坝基面相交的端点处，坐标原点设在抛物线的焦点上，如图 6.4.6 所示。

计算时仍将上游三角形坝段用宽度等于 ΔL 的矩形坝段来代替，ΔL 仍按米哈依洛夫法式 (6.4.7) 计算，即：

$$\Delta L = \frac{m_1}{2m_1 + 1} H_1 \qquad (6.4.19)$$

此时对于上游垂直面 bc（矩形替代坝段上游面）和 y 轴截面之间的坝段，其水平长度为 L_0，两截面间的水头差为 $(H_1 - h_0)$，故两截面间的平均渗流水力梯度为 $\dfrac{H_1 - h_0}{L_0}$，平均过水断面面积为 $\dfrac{H_1 + h_0}{2}$，所以，通过该坝段的渗流量为：

$$q = K \frac{H_1^2 - h_0^2}{2L_0} = K \frac{H_1^2 - h_0^2}{2(L-S)} \qquad (6.4.20)$$

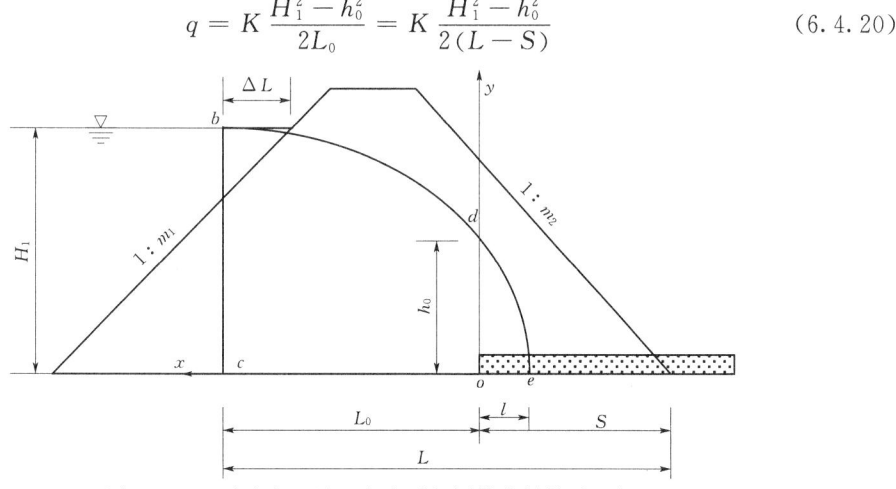

图 6.4.6　不透水地基上有水平垫层排水的均质土坝

由抛物线的特性可知：从焦点 o 到抛物线上任意一点 p 的长度 op（图 6.4.7），等于 op 在水平轴上的投影长度加上从焦点 o 到准线的距离，即：

$$\overline{op} = \overline{om} + \overline{oi} \tag{6.4.21}$$

即：

$$\sqrt{x^2 + y^2} = x + 2l \tag{6.4.22}$$

式中：x、y 为抛物线上计算点 p 的坐标；l 为从抛物线顶点 e 到坐标原点 o（也是抛物线焦点）的水平距离，也是从抛物线顶点 e 到抛物线准线的水平距离。

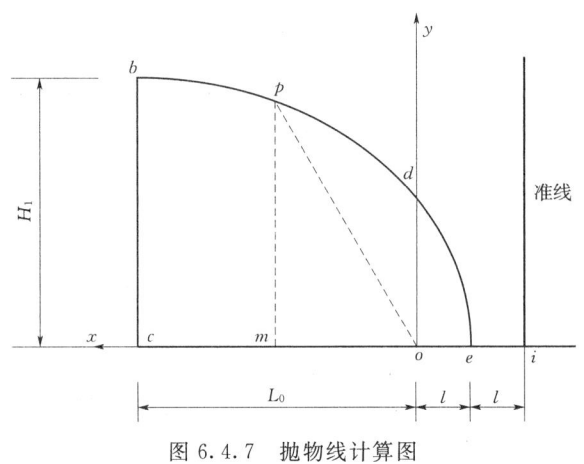

图 6.4.7 抛物线计算图

式 (6.4.22) 可进一步写为：

$$y^2 = 4xl + 4l^2 \tag{6.4.23}$$

由图 6.4.7 可知，当 $x=0$ 时，$y = \overline{od} = h_0$，代入式 (6.4.23) 得：

$$l = \frac{h_0}{2} \tag{6.4.24}$$

式 (6.4.24) 代入式 (6.4.23) 得，坝体内自由水面线的方程式为：

$$y = \sqrt{2h_0 x + h_0^2} \tag{6.4.25}$$

由图 6.4.7 可知，当抛物线上一点 p 移动到 b 点时，$x = L_0$，$y = H_1$，代入上式得：

$$h_0 = \sqrt{L_0^2 + H_1^2} - L_0 \tag{6.4.26}$$

或：

$$h_0 = \sqrt{(L-S)^2 + H_1^2} - (L-S) \tag{6.4.27}$$

因此，对于坝下设有褥垫式排水体的情况，在坝下游无水时，通过坝体的单宽渗流量和坝体内的自由水面线的计算式分别为式 (6.4.20) 和式 (6.4.25)，其中 h_0 按式 (6.4.27) 计算。

对于坝下游坡脚处设有棱形排水体的均质坝（图 6.4.8），当坝下游无水时，通过坝体的单宽渗流量和坝体内的自由水面线的计算式仍用式 (6.4.20) 和式 (6.4.25)，其中 h_0 也按式 (6.4.27) 计算，但排水体伸入坝体内的长度 S 按下式计算：

$$S = (m_3 + m_4)d + t \tag{6.4.28}$$

式中：m_3 为排水体上游边坡坡率；m_4 为排水体下游边坡坡率；d 为排水体的高度；t 为排水体的顶宽（图 6.4.8）。

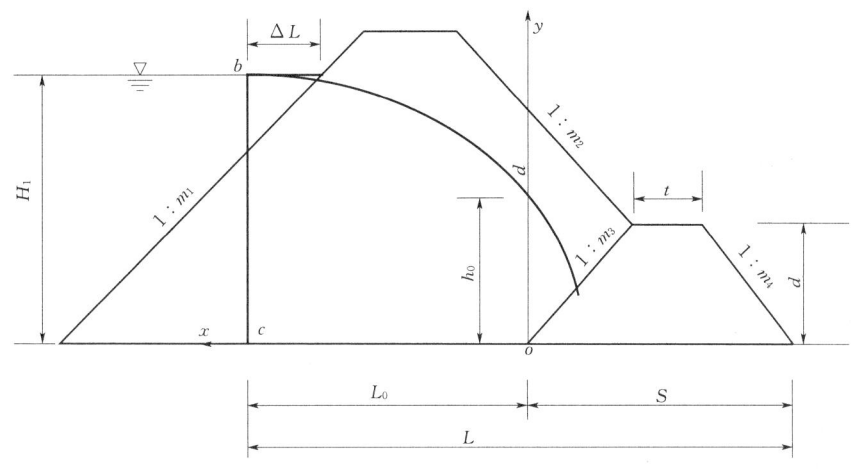

图 6.4.8 有棱形排水体的均质坝

[例 6.4.2] 图 6.4.9 所示为某位于岩石地基上的均质土坝,坝高 $H=12.0\mathrm{m}$,坝顶宽 $b=6.0\mathrm{m}$,上游坝坡坡率 $m_1=3.0$,下游坝坡坡率 $m_2=2.0$,下游坝坡坡脚处有棱形排水体,排水体的上游边坡坡率 $m_3=1.0$,下游边坡坡率 $m_4=2.0$,排水体的顶宽 $t=2.0$,排水体的高度 $d=5.0\mathrm{m}$,土坝上游水深 $H_1=10.0\mathrm{m}$,下游无水 $H_2=0.0\mathrm{m}$,坝体的渗透系数 $K=0.2\mathrm{m/d}$,计算坝体的渗流量。

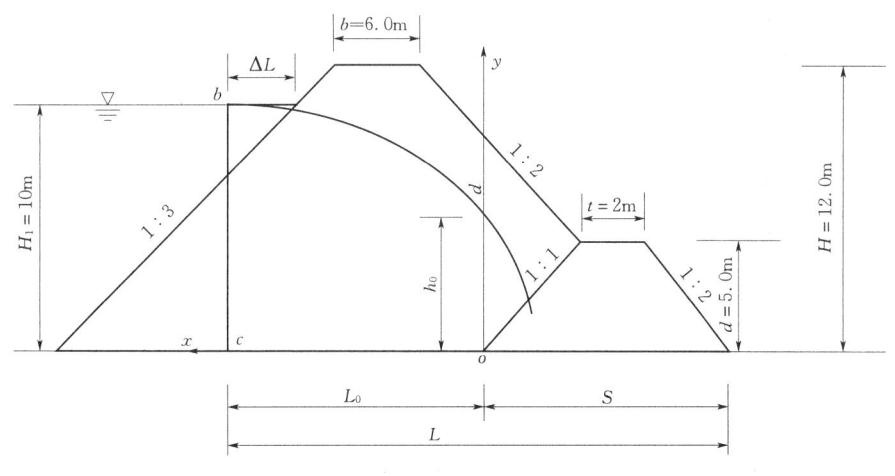

图 6.4.9 例 6.4.2 图

解 (1) 计算 ΔL 值。
由式 (6.4.19) 得:

$$\Delta L = \frac{m_1}{2m_1+1}H_1 = \frac{3}{2\times 3+1}\times 10 = 4.2857\,(\mathrm{m})$$

(2) 计算 S 值。
由式 (6.4.28) 和图 6.4.9 计算得:

$$S = (m_3 + m_4)d + t = (1.0 + 2.0) \times 5.0 + 2.0 = 17.0 \text{ (m)}$$

(3) 计算 L 值。

由图 6.4.9 计算得：

$$L = \Delta L + (H - H_1)m_1 + b + (H - d)m_2 + t + dm_4$$
$$= 4.2857 + (12 - 10) \times 3 + 6 + (12 - 5) \times 2 + 2 + 5 \times 2 = 42.2857 \text{ (m)}$$

(4) 计算 $(L - S)$ 值。

$$(L - S) = 42.2857 - 17.0 = 25.2857 \text{ (m)}$$

(5) 计算 h_0 值。

依式 (6.4.28) 计算得：

$$h_0 = \sqrt{(L-S)^2 + H_1^2} - (L - S) = \sqrt{25.2857^2 + 10^2} - 25.2857 = 1.9056 \text{ (m)}$$

(6) 计算渗流量 q 值。

依式 (6.4.20) 计算得：

$$q = K \frac{H_1^2 - h_0^2}{2(L - S)} = 0.2 \times \frac{10^2 - 1.9056^2}{2 \times 25.2857} = 0.3811 \text{ (m}^3/\text{d)}$$

6.5 不透水地基上心墙坝渗流计算

6.5.1 坝下游无排水设备或有贴坡排水的情况

6.5.1.1 坝下游有水的情况

当心墙坝下游无排水设备或有贴坡排水时，心墙坝的渗流计算可根据心墙计算方法的不同，有折换法、平均厚度法和分段法等几种。

(1) 折换法。

折换法也可称为化引法，就是将心墙折换（化引）为渗透系数等于坝体渗透系数的土体，使心墙坝变为一座均质坝，然后按均质土坝的计算方法来进行渗流计算。

计算时首先应将实际的梯形心墙用厚度等于其平均厚度 b_c 的等厚心墙来代替，即采用心墙的厚度 b_c 为：

$$b_c = \frac{1}{2}(b_0 + b_1) \tag{6.5.1}$$

式中：b_c 为心墙的平均厚度；b_0 为心墙在上游水面高程处的厚度；b_1 为心墙在坝基平面处的厚度。

折换法的基本原理就是将等厚的心墙按坝体渗透系数 K 和心墙渗透系数 K_1 的比值，将心墙由原来的厚度 b_c 放大到厚度为 B，放大后的心墙材料与坝体材料相同，即其渗透系数也等于坝体的渗透系数 K。心墙放大的原则是：使心墙在放大前和放大后所通过的渗流量相等和渗流通过心墙时的水头损失相等。

如图 6.5.1 所示，若设心墙在放大前的厚度为 b_c，放大后的厚度为 B，放大前和放大后心墙的上游水深均为 H，下游水深均为 h，则根据达西定律渗流量 $q = KJ\omega$，其中心墙放大前的渗透系数为 K_1，放大后的渗透系数为 K，放大前心墙的平均水力梯度为 $J = \frac{H-h}{b_c}$，放大后心墙的平均水力梯度为 $J = \frac{H-h}{B}$；放大前心墙的平均渗流面积 $\omega =$

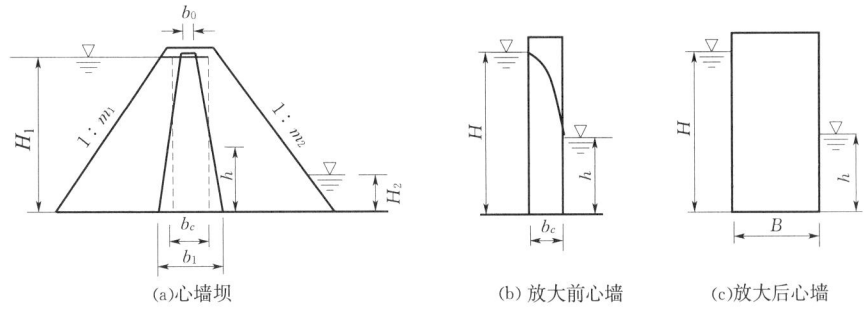

(a)心墙坝　　　　　　(b)放大前心墙　　　(c)放大后心墙

图 6.5.1　心墙折换的计算图

$\frac{1}{2}(H+h)$，放大后心墙的平均渗流面积也为 $\omega=\frac{1}{2}(H+h)$，因此可得心墙放大前通过的渗流量 q 和放大后通过的渗流量 q_1 分别为：

$$q = K_1 \frac{H^2 - h^2}{2b_c} \tag{6.5.2}$$

$$q_1 = K \frac{H^2 - h^2}{2B} \tag{6.5.3}$$

根据心墙放大前和放大后通过心墙的渗流量和相等的原则，即：

$$K_1 \frac{H^2 - h^2}{2b_c} = K \frac{H^2 - h^2}{2B} \tag{6.5.4}$$

由此可得放大后心墙厚度为：

$$B = \frac{K}{K_1} b_c \tag{6.5.5}$$

即心墙的放大倍数为 $\frac{K}{K_1}$。

将心墙按式（6.5.5）放大后，即可按均质土坝来进行渗流计算，在计算得自由水面线以后，再按原来的比例 $\left(即 \frac{K}{K_1}\right)$ 将心墙部分自由水面线的水平距离缩小，即得放大前心墙和坝体中的自由水面线。

（2）平均厚度法。

平均厚度法是将实际的心墙断面用等厚度的心墙来代替，等厚心墙的厚度等于实际心墙的平均厚度 b_c，b_c 按式（6.5.1）计算。

此时心墙坝的渗流计算，由于心墙下游部分自由水面线比较平缓，自由水面线在下游堤坡上的出逸高度 a_0 可近似地看作为零，故心墙坝可以分为 3 段来计算，即心墙上游部分坝体段、心墙段和心墙下游部分坝体段，如图 6.5.2 所示。

1）心墙上游部分第Ⅰ坝段的计算。

在进行心墙上游部分第Ⅰ坝段的渗流计算时，上游三角形楔体坝块常采用矩形坝块替代法用宽度为 ΔL 的矩形坝块来替代，因此第Ⅰ坝段就变成了如图 6.5.2（b）所示的矩形坝段，此时坝段的上游水深为 H_1，下游水深为 h_1，坝段的长度为 L_1，故坝段的平均水力梯度 $J = \frac{H_1 - h_1}{L_1}$，平均渗流截面面积 $\omega = \frac{1}{2}(H_1 + h_1)$，所以通过该坝段的渗流量为：

$$q = K \frac{H_1^2 - h_1^2}{2L_1} \quad (6.5.6)$$

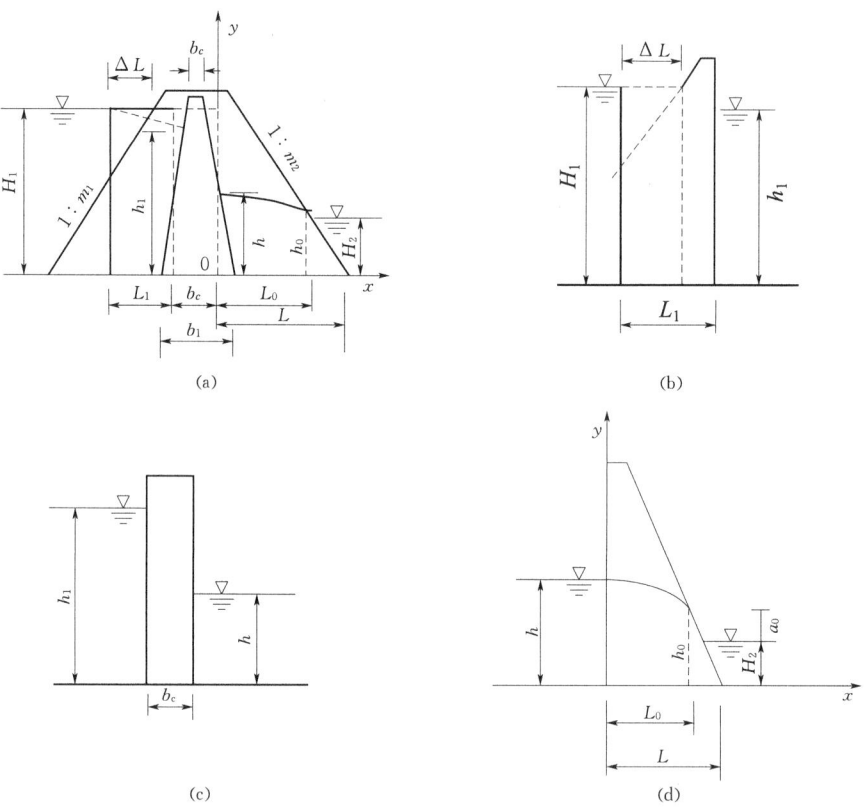

图 6.5.2 平均厚度法计算图

2) 心墙部分第Ⅱ坝段的计算。

第Ⅱ坝段的长度等于心墙的平均厚度 b_c [图 6.5.2（c）]，上游水深为 h_1 下游水深为 h，故通过该坝段的渗流量为：

$$q = K_1 \frac{h_1^2 - h^2}{2b_c} \quad (6.5.7)$$

3) 心墙下游部分第Ⅲ坝段的计算。

由于考虑到坝体的渗透系数要比心墙的渗透系数大 100 倍以上，坝体内的自由水面线极平缓，自由水面线在下游坝坡上的出逸高度 a_0 接近于零，因此这一坝段的计算可以简化为图 6.5.2（d）所示的图形来计算，此时坝段的上游水深为 h，下游水深为 H_2，从坝段上游面到自由水面线与下游坝坡交点截面的水平距离为 L_0，故该坝段的平均水力梯度为 $J = \dfrac{h - h_0}{L_0}$，平均渗流面积为 $\omega = \dfrac{1}{2}(h + h_0)$，所以通过该坝段的渗流量为：

$$q = K \frac{h^2 - h_0^2}{2L_0} = K \frac{h^2 - h_0^2}{2(L - m_2 h_0)} \quad (6.5.8)$$

如果将坝体内自由水面线的坐标原点设在心墙（平均厚度心墙）下游面与坝基面的

交点处,如图 6.5.2 (d) 所示,若距坐标原点处为 x 的截面上,自由水面的高度为 y,则通过心墙下游截面和水深为 y 截面的渗流量为:

$$q = K \frac{h^2 - y^2}{2x} \tag{6.5.9}$$

由此可得心墙下游坝体内自由水面线的计算公式为:

$$y = \sqrt{h^2 - \frac{2q}{K}x} \tag{6.5.10}$$

联立解式 (6.5.6)、式 (6.5.7) 和式 (6.5.8),即可解得 h_1、h 和 q。然后按式 (6.5.10) 计算坝体内的自由水面线。

当坝体的渗透系数 K 与心墙的渗透系数 K_1 之比超过 100 倍,即 $\frac{K}{K_1} > 100$ 时。心墙上游部分第 Ⅰ 坝段内渗流的水头损失很小,可以近似地忽略不计,即 $H_1 - h_1 \approx 0$。第 Ⅰ 坝段的渗流量为零,此时心墙上游面的水深 h_1 就等于坝的上游水深 H_1,心墙坝的渗流计算可简化为两段来计算。即第 Ⅱ 坝段和第 Ⅲ 坝段。故此时心墙坝渗流计算的式为 (6.5.7) 和式 (6.5.8),坝体内的自由水面线计算式为式 (6.5.10)。

如果考虑自由水面线在下游坝坡面上有出逸高度 a_0,则此时第 Ⅲ 坝段应分为两部分来计算,即通过自由水面出逸点截面到心墙下游面之间的坝块的渗流量为:

$$q = K \frac{h^2 - h_0^2}{2L_0} \tag{6.5.11}$$

通过自由水面线与下游坝坡交点处截面下游部分三角形楔体的渗流量 q,可按均质土坝的计算式 (6.4.18) 计算,即:

$$q = Ka_0 \sin\theta \left[1 + \ln\left(\frac{a_0 + H_2}{a_0}\right) \right] \tag{6.5.12}$$

(3) 分段法。

所谓分段法,就是在计算心墙的渗流时,将心墙分为两段来计算,即以心墙下游水位为准,心墙下游水位以上的心墙部分为一段,心墙下游水位以下的心墙部分为另一段,分别计算其渗流量,而通过心墙的渗流量为这两部分渗流量之和。

由于考虑到心墙上游部分坝体的透水性一般较大,其渗透系数 K 与心墙渗透系数 K_1 的比值常大于 100 倍,故略去这一部分坝体的渗流水头损失,因此对于无排水设备(或有贴坡排水)的心墙坝,在渗流计算时,可将坝体分为三段来计算,即心墙段、心墙下游至自由水面线与下游坝坡相交点截面之间的中间坝段、下游三角形楔形体坝段,如图 6.5.3 所示。

1) 心墙段的计算。

如前所述,在进行心墙的渗流计算时,应以心墙下游面处坝体自由水面线的高程为分界面,将心墙分为两部分,界面以上为心墙上部,界面以下为心墙的下部。设心墙上部的渗流量为 q_1,心墙下部的渗流量为 q_2,而通过心墙的总渗流量为 $q = q_1 + q_2$。

设心墙在上游水位平面上的宽度为 b_0,下游坝体自由水面线与心墙下游坡交点

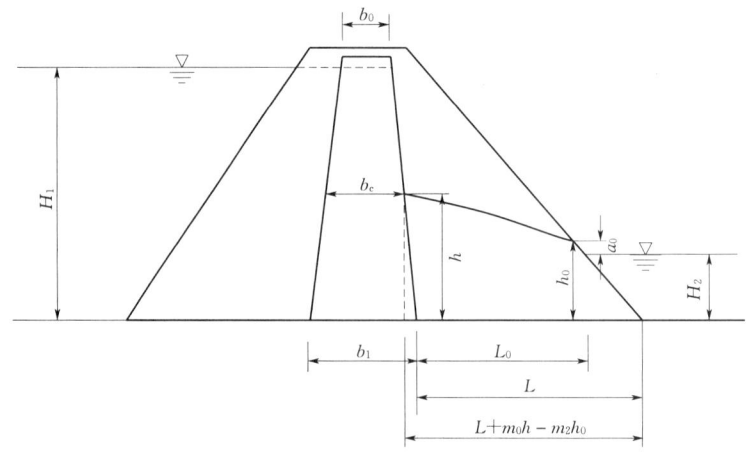

图 6.5.3 心墙坝分段法计算图

处水平面上的宽度为 b_c，心墙在坝基平面上的宽度为 b_1，如图 6.5.3 所示。

对于心墙上部，渗流通过心墙的总水头损失为 (H_1-h)，其中 H_1 为坝的上游水深，h 为心墙下游面处自由水面线的高度，心墙上部的平均渗径为 $\frac{1}{2}(b_0+b_c)$，故心墙上部渗流的平均水力坡降为 $J=\dfrac{(H_1-h)}{\frac{1}{2}(b_0+b_c)}$。心墙上部的平均渗流面积为 $\omega=\frac{1}{2}(H_1-h)$，所以通过心墙上部的渗流量为：

$$q_1 = K_1 \frac{(H_1-h)^2}{(b_0+b_c)} \tag{6.5.13}$$

对于心墙下部，渗流通过心墙的总水头损失也为 (H_1-h)，平均渗径为 $\frac{1}{2}(b_c+b_1)$，平均渗流面积为 h，所以通过心墙下部的渗流量为：

$$q_2 = K_1 \frac{2h(H_1-h)}{(b_c+b_1)} \tag{6.5.14}$$

因此，通过心墙的总流量为：

$$q = q_1+q_2 = K_1 \frac{(H_1-h)^2}{(b_0+b_c)} + K_1 \frac{2h(H_1-h)}{(b_0+b_1)} \tag{6.5.15}$$

其中：

$$b_c = b_1 - (b_1-b_0)\frac{h}{H_1} \tag{6.5.16}$$

当心墙上游坝体的渗透系数 K 与心墙渗透系数 K_1 的比值小于 100 时计算中应考虑心墙上游坝体的渗流水头损失的影响，因此，此时式（6.5.15）中的 b_0、b_c 和 b_1 应该用 b'_0、b'_c 和 b'_1 代替，而 b'_c、b'_1 分别按下列公式计算：

$$\begin{cases} b'_0 = b_0 + \dfrac{K_1}{K}B_0 \\ b'_1 = b_1 + \dfrac{K_1}{K}B_1 \\ b'_c = b'_1 - (b'_1-b'_0)\dfrac{h}{H_1} \end{cases} \tag{6.5.17}$$

式中：B_0 为上游水面高程处心墙上游坝体的水平宽度；B_1 为心墙上游坝体在坝基平面处的宽度。

2) 中间坝段的计算。

中间坝段的渗流水头为 $(h-h_0)$，渗径长度为 $(L+m_0h-m_2h_0)$ 如图 6.5.3 所示，平均渗流面积 $\omega=\frac{1}{2}(h+h_0)$，故通过中间坝段的渗流量为：

$$q = K\frac{h^2-h_0^2}{2(L+m_0h-m_2h_0)} \quad (6.5.18)$$

式中：m_0 为心墙下游边坡的坡率。

3) 下游三角形楔体坝段的计算。

下游三角形楔体坝段的渗流计算方法与均质土坝相同，可以用垂直形等势线法、圆弧形等势线法、折线形等势线法和替代法中的任一方法进行计算。如采用圆弧形等势线法计算，则通过下游三角形楔体的渗流量按式（6.4.18）计算，即：

$$q = Ka_0\sin\theta\left[1+\ln\left(\frac{a_0+H_2}{a_0}\right)\right] \quad (6.5.19)$$

若将自由水面线的纵坐标设在自由水面线与心墙下游边坡交点处的垂直线上，横坐标设在坝基平面上，则中间坝段内的自由水面线可按下式计算：

$$y = \sqrt{h^2-\frac{2q}{K}x} \quad (6.5.20)$$

6.5.1.2 坝下游无水的情况

当心墙坝下游无水时，渗流计算的方法与下游有水时相同，仍可用下游有水时的计算公式计算，但此时式中的 $H_2=0$。

[例 6.5.1] 某一心墙坝，已知：$H_1=30\text{m}$，$H_2=0\text{m}$，$m_2=2.0$，$m_0=0.1$，$b_0=2.0\text{m}$，$b_1=8.00\text{m}$，$L=59.50\text{m}$，$K_1=0.01\text{m/d}$，$K=2\text{m/d}$，$K>100K_1$，下游坝坡脚处设有贴坡排水，试计算坝体的单宽渗流量 q 和坝体内的自由水面线。

解 由于 $K>100K_1$，所以在渗流计算中可以不考虑心墙上游部分坝体渗流水头损失的影响。同时由于 $H_2=0$，故 $h_0=a_0$，渗流计算的方程组为：

$$q = K_1\frac{(H_1-h)^2}{(b_0+b_c)} + K_1\frac{2h(H_1-h)}{(b_0+b_1)} \quad (6.5.21)$$

$$q = K\frac{h^2-a_0^2}{2(L+m_0h-m_2a_0)} \quad (6.5.22)$$

$$q = Ka_0\sin\theta \quad (6.5.23)$$

$$y = \sqrt{h^2-\frac{2q}{K}x} \quad (6.5.24)$$

令式（6.5.22）与式（6.5.23）相等，并经整理后可得：

$$h = m_0a_0\sin\theta + \sqrt{(m_0a_0\sin\theta)^2+a_0^2+2(L-m_2a_0)a_0\sin\theta} \quad (6.5.25)$$

由式（6.5.23）可得：

$$a_0 = \frac{q}{K\sin\theta} \quad (6.5.26)$$

计算时应首先假定一个 a_0 值，代入式（6.5.25）中计算 h 值，将计算得的 h 值代入式（6.5.21）计算 q 值，然后再将 q 值代入式（6.5.26）计算 a_0 值。如果计算得的 a_0 值与假定的 a_0 值相等，表示假定的 a_0 值是正确的，此时 a_0、h 及 q 值即已确定。如若计算得的 a_0 值与假定的不符合，则应重新假定，直到假定的 a_0 值与计算的 a_0 值相等为止。

（1）根据 $m_2=2.0$ 计算 $\sin\theta$ 值。

$$\sin\theta = \frac{1}{\sqrt{1+m_2^2}} = \frac{1}{\sqrt{1+2^2}} = 0.4472$$

（2）将 $m_0=0.1$ 和 $\sin\theta=0.4472$，$L=59.50\text{m}$ 代入式（6.5.25）得：

$$h = 0.1 \times 0.4472 a_0 + \sqrt{(0.1 \times 0.4472 a_0)^2 + a_0^2 + 2(59.50-0.1a_0)a_0 \times 0.4472}$$
$$= 0.04472 a_0 + \sqrt{53.2186 a_0 - 0.7868 a_0^2} \tag{6.5.27}$$

假定 $a_0=0.5797\text{m}$，代入式（6.5.27）得：

$$h = 0.04472 \times 0.5797 + \sqrt{53.2186 \times 0.5797 - 0.7868 \times (0.5797)^2} = 5.5563(\text{m})$$

（3）根据式（6.5.16）计算 b_c 值。

$$b_c = b_1 - (b_1-b_0)\frac{h}{H_1} = 8 - (8-2) \times \frac{5.5563}{30.0} = 6.8882(\text{m})$$

（4）根据式（6.5.21）计算 q 值。

$$q = K_1 \frac{(H_1-h)^2}{b_0+b_c} + K_1 \frac{2h(H_1-h)}{b_0+b_1}$$
$$= 0.01 \times \left[\frac{(30-5.5563)^2}{2+6.8882} + \frac{2 \times 5.5563 \times (30-5.5563)}{6.8882+8}\right]$$
$$= 0.8568(\text{m}^3/\text{d})$$

（5）根据式（6.5.26）计算 a_0 值。

$$a_0 = \frac{q}{K\sin\theta} = \frac{0.8568}{2 \times 0.4472} = 0.9556(\text{m})$$

与假定的 $a_0=0.5797\text{m}$ 不符。

（6）重新假定 $a_0=0.9336\text{m}$，计算 h 值。

$$h = 0.04472 \times 0.9336 + \sqrt{53.2186 \times 0.9336 - 0.7868 \times (0.9336)^2} = 7.0417(\text{m})$$

根据式（6.5.16）计算 b_c 值：

$$b_c = b_1 - (b_1-b_0)\frac{h}{H_1} = 8 - (8-2) \times \frac{7.0417}{30.0} = 6.5917(\text{m})$$

根据式（6.5.21）计算 q 值：

$$q = 0.01 \times \left[\frac{(30-7.0417)^2}{2+6.5917} + \frac{2 \times 7.0417 \times (30-7.0417)}{6.5917+8}\right] = 0.8351(\text{m}^3/\text{d})$$

根据式（6.5.26）核算 a_0 的值：

$$a_0 = \frac{q}{K\sin\theta} = \frac{0.8357}{2 \times 0.4472} = 0.9336(\text{m})$$

与假定值完全一致，故本例心墙坝的渗流量 $q=0.8351\text{m}^3/\text{d}$，心墙下游面处自由水面水深为 $h=7.0417\text{m}$，自由水面线与下游坝坡交点处水深（即逸出高度）$a_0=0.9336\text{m}$。

（7）根据 $h_0=a_0=0.9336\text{m}$，$h=7.0417\text{m}$。

$L=59.50\mathrm{m}$,$q=0.8351\mathrm{m^3/d}$,按式（6.5.24）计算自由水面线坐标，计算结果列于表 6.5.1。

表 6.5.1　　　　　　　　例 6.5.1 心墙坝坝体自由水面线坐标值

x (m)	0	5	10	15	20	30	40	50	58.335
y (m)	7.0417	6.7387	6.4214	6.0876	5.7344	4.9530	4.0226	2.7983	0.9332

6.5.2　坝下游有排水设备的情况

当心墙坝坝体下游设有排水设备时，渗流计算的方法与坝体下游无排水设备时，心墙的计算方法是相同的，而心墙下游坝体部分的计算方法则与均质土坝相同。

6.6　库水位下降时心墙坝渗流计算

6.6.1　进行库水位下降时坝壳渗流计算的意义

长期蓄水的土坝，当库水位以太快的速度下降时，坝体内孔隙水压力常常不能很快消散，因而坝体的浸润线高于上游库水水面。在这种情况下，渗流的动水压力或渗透力的作用会使上游坝坡产生下滑的趋势，甚至酿成滑坡事故，因此，在实际工程中必须防止因库水位下降速度太快而导致这类事故的发生。为进行上游坝坡的稳定分析，需要确定库水位下降过程中各时段坝体浸润线的位置，也就是通常所说的进行土坝不稳定渗流计算。

6.6.2　影响坝体浸润线下降速度的因素

坝体浸润线下降的速度，一般取决于库水位下降的速度 v、土坝坝体的渗透系数 K 以及土体的给水度 μ 等因素，与坝体的结构形式特别是坝体及地基上游面的排水条件也有很大关系。其中土体的给水度 μ 表示单位体积土体在饱和含水情况下水位下降后排出的水量，又称土体的排水孔隙率。其值大小取决于土的性质、密实程度以及排水的时间等因素，可由试验或根据经验确定。

6.6.3　库水位降落速度及其衡量标准

由模型试验的相似分析可知，在几何相似条件下，当比值 $K/(\mu v)$ 为某一常值时，浸润线将下降到相同的位置。在已有的研究成果中，大多数学者都用该比值作为库水位降落快慢的指标，来判别对坝坡稳定性的影响。很明显，如假定水力梯度 $J=1$，KJ/μ 表示了坝体水流质点的真实渗流速度，$(K/\mu)/v$ 也可理解为土体孔隙中水质点降落速度与库水位降落速度间的比值关系。当 $K/(\mu v) \to 0$ 时，坝体内自由面在库水位下降过程中就接近不变动，自然属于库水位骤降；当 $K/(\mu v) \to \infty$ 时，自由面下降速度几乎和库水位降落相同，因坝体内孔隙水压力很快消散对坝坡稳定也自然不存在影响，因而属于库水位极缓慢下降。

由于所研究的坝体结构和排水条件不同，各家给出的判别库水位降落快慢的指标数值不完全相同。根据对上游坝坡排水条件不好的均质土坝和心墙砂壳坝的分析计算结果，可以规定：$K/(\mu v) < 1/10$ 时为骤降，此时坝体内渗流自由面在库水位降落后仍保持有总水头的 90% 左右，故可近似认为坝体浸润线基本保持原位置不变，这种情况对上游坝坡的稳定最为不利，为偏于安全可以按照库水位开始降落前稳定渗流的浸润线位置进行坝

坡稳定分析。$K/(\mu v) > 60$ 时为缓慢下降，此时坝体自由面保持有总水头的 10% 以下，已不致影响坝坡，因此一般不需要进行不稳定渗流的计算。只有在 $1/10 < K/(\mu v) < 60$ 的范围内，浸润线的下降介于上述两种情况之间，为进行坝坡稳定分析，应按照缓降过程计算浸润线下降的位置。

6.6.4 心墙土坝上游坝壳中浸润线位置的确定

在研究坝壳中自由水面变化时，由于坝壳透水性远远大于心墙的透水性，故心墙可视为不透水的。此时上游坝壳内地下水随库水位下降的渗流属于非稳定流，由第 3 章的潜水运动微分方程可知，坝壳中的渗流可用下述微分方程描述，即：

$$\frac{\partial}{\partial x}\left(h\frac{\partial h}{\partial x}\right) + \frac{\partial}{\partial y}\left(h\frac{\partial h}{\partial y}\right) + \frac{W}{K} = \frac{\mu}{K}\frac{\partial h}{\partial t} \quad (6.6.1)$$

对于水平不透水层面上有自由表面的渗流运动，基于 Dupuit 假定，式 (6.6.1) 可简化为：

$$\frac{\partial h}{\partial t} = \frac{K}{2\mu}\frac{\partial^2 h^2}{\partial x^2} \quad (6.6.2)$$

式中：h 为自由水面高度，是坐标 x 及时间 t 函数。因此不稳定渗流的计算就归结为满足一定边界条件及初始条件而求解上式微分方程式。

从 20 世纪 40 年代以来，已有不少学者对此问题作过研究。如用差分法求解式 (6.6.2)，虽然避免了复杂的数学运算，但计算的工作量增加了很多。希尼特从解析法入手求解上式，但他对心墙斜边坡作了垂直的假定，并把浸润线假定为正弦曲线分布，与实际情况不完全相符。另外也有学者从试验研究给出试验曲线解答，或给出计算的经验公式。这里介绍沙金煊提出的解答，这一解答考虑了心墙坡度的影响，具有广泛的实用性。

如图 6.6.1 所示心墙坝壳，上游坡面及心墙坡面的坡度系数分别为 m_1 及 m_2，其 x 坐标取为底部的不透水层面。如前所述，直接求解方程式 (6.6.2) 是困难的，为此采用线性化的方法简化，即：

$$2h\frac{\partial h}{\partial t} = 2h_{cp}\frac{K}{2\mu}\frac{\partial^2 h^2}{\partial x^2} \quad (6.6.3)$$

则有：

$$\frac{\partial h^2}{\partial t} = a^2 \frac{\partial^2 h^2}{\partial x^2} \quad (6.6.4)$$

$$a^2 = Kh_{cp}/\mu; \ h_{cp}$$

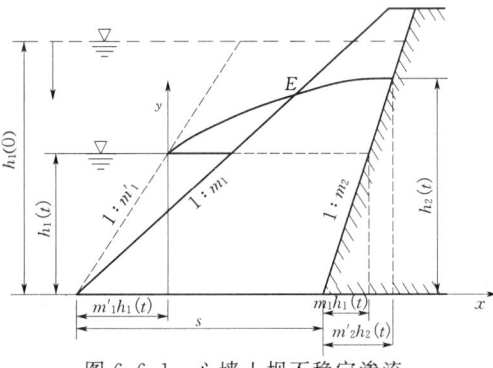

图 6.6.1 心墙土坝不稳定渗流

式中：a^2 为相邻两个时段内自由面的平均高程，可近似按下式计算

$$h_{cp} = \frac{h_2(t) + h_1(t + \Delta t)}{2} \quad (6.6.5)$$

式中：$h_2(t)$ 为 t 时刻心墙迎水面坡上自由面的水深；$h_1(t + \Delta t)$ 为 $t + \Delta t$ 时刻的上游水深。

式 (6.6.4) 的边界条件可按图 6.6.1 列出为：

$$h_1(t) = h_1(0) - vt \quad (6.6.6)$$

$$\left.\frac{\partial h}{\partial x}\right|_{x=l} = 0 \tag{6.6.7}$$

式中：$h_1(0)$ 为起始的上游水深；v 为库水位下降速度；$\left.\frac{\partial h}{\partial x}\right|_{x=l}$ 表示浸润线在心墙迎水坡处的斜率，由于该处切线近似于一条水平线故取零值；l 为浸润线与心墙迎水坡交点的横坐标，其值为变数，按下式计算：

$$l = S - m'_1 h_1(t) + m_2 h_2(t) \tag{6.6.8}$$

式中：m'_1 为坝壳上游边坡的虚拟边坡系数，若分时段按米哈依洛夫建议的式（6.4.7）计算，即：

$$\Delta L = \frac{m_1}{2m_1 + 1} H_1 \tag{6.6.9}$$

由图 6.6.1 可知，上游楔体的虚拟矩形宽度尚可表示为：

$$\Delta L = (m_1 - m'_1) H_1 \tag{6.6.10}$$

所以，上游边坡的虚拟边坡系数为：

$$m'_1 = \frac{m_1^2}{m_1 + 0.5} \tag{6.6.11}$$

采用虚拟边坡代替实际边坡，实际上是使每一个计算时段，相应于上游水深 $h_1(t)$，都用虚拟矩形体代替了上游水面以下的楔体。

现在再来讨论初始条件。由于在分时段计算过程中，t 时刻的浸润线位置为计算 $t + \Delta t$ 时刻的初始条件，初始条件可按 Dupuit 公式给出。

由式（6.4.4）即：

$$\frac{q}{K} = \frac{h_1^2 - y^2}{2x} \tag{6.6.12}$$

可知，浸润线方程的一般形式可写为：

$$y^2 = c_1^2 + c_2 x \tag{6.6.13}$$

式中：c_1、c_2 为待定常数。

在 t 时刻，由图 6.6.1 可知浸润线两端点的坐标分别为：

$$\begin{cases} x = 0 \\ y = h_1(t) \end{cases} \text{ 及 } \begin{cases} x = l \\ y = h_2(t) \end{cases} \tag{6.6.14}$$

代入浸润线方程一般式中，得常数 c_1、c_2 为：

$$\begin{cases} c_1^2 = h_1^2(t) \\ c_2 = h_2^2(t) - h_1^2(t) \end{cases} \tag{6.6.15}$$

因此，初始条件可取为：

$$h(x,t) = \sqrt{h_1^2(t) + [h_2^2(t) - h_1^2(t)] x/l} \tag{6.6.16}$$

式（6.6.16）按 Dupuit 公式给出，为二次抛物线，并知当 $t=0$ 库水位尚未下降时，水库及心墙上游坝壳内应有与库水位相同的水位，即 $h(x,0) = h_1(0)$。

方程式（6.6.4）在满足边界条件式（6.6.6）、式（6.6.7）及初始条件式（6.6.16）情况下求解，属稳定非齐次边值问题，需首先用函数代换化为齐次边值问题，再通过傅利叶变换求解，其结果一般可表示为无穷三角函数与指数函数的积。有关运算可参考热传导方程的解法。其最终的解答为：

$$h(x,t+\Delta t) = \left\{ h_1^2(t+\Delta t) + \frac{4}{\pi}[h_1^2(t) - h_1^2(t+\Delta t)]\sum_{n=0}^{\infty}\frac{1}{2n+1}e^{-\gamma\Delta t\sin\beta x} \right.$$
$$\left. + \frac{8}{\pi^2}[h_2^2(t) - h_1^2(t)]\sum_{n=0}^{\infty}\frac{(-1)^n}{(2n+1)^2}e^{-\gamma\Delta t\sin\beta x} \right\}^{\frac{1}{2}} \quad (6.6.17)$$

其中：$\beta = \left(n+\frac{1}{2}\right)\pi/l$；$\gamma = \left[\left(n+\frac{1}{2}\right)\pi a/l\right]^2$。

由式（6.6.17），若已知 t 时刻的 h_1 及 h_2 值，分别给以不同的 $\frac{x}{l}$ 值，即可算得各点 $t+\Delta t$ 时刻的 h 值，连接起来便是欲求的浸润曲线。但实际计算时，方便的办法是先算出心墙坡面（$x=l$）上各时刻浸润线的高度，再根据同一时刻应有的上游水深用 Dupuit 公式计算浸润曲线。由于在式（6.6.17）中的无穷级数有良好的收敛性，因而可取少量级数（比如仅取 $n=0,1$ 两项）求和，这样可得心墙坡面上浸润线高度的计算式为：

$$h_2(t+\Delta t) = \left\{ h_1^2(t+\Delta t) + \frac{4}{\pi}[h_1^2(t) - h_1^2(t+\Delta t)]\left(e^{-\lambda\Delta t} + \frac{1}{3}e^{-9\lambda\Delta t}\right) \right.$$
$$\left. + \frac{8}{\pi^2}[h_2^2(t) - h_1^2(t)]\left(e^{-\lambda\Delta t} - \frac{1}{9}e^{-9\lambda\Delta t}\right) \right\}^{\frac{1}{2}} \quad (6.6.18)$$

式中：$\lambda = \pi^2 a^2/4l^2$；l 建议按 $t+\Delta t$ 的值取用，按式（6.6.8）有：

$$l = S - m'_1 h_1(t+\Delta t) + m_2 h_2(t+\Delta t) \quad (6.6.19)$$

l 随 t 值而改变，x 轴的零点如图 6.6.1 所示随上游水面位置而变化。求得 $h_2(t+\Delta t)$ 以后，浸润线仍按式（6.6.16）计算，只需将式中各值用 $t+\Delta t$ 时刻的值代入。

[例 6.6.1] 如图 6.6.1 所示，已知，$m_1=2.08$，$m_2=0.16$，$\frac{K}{\mu}=1\text{m/d}$，库水位下降速度 $v=1\text{ m/d}$，起始库水深度 $h_1(0)=5\text{ m}$，$S=9.6\text{m}$，试求坝壳中浸润线随时间的变化。

解 按式（6.6.11）得：

$$m'_1 = \frac{m_1^2}{m_1+0.5} = \frac{2.08^2}{2.08+0.5} = 1.68$$

若选取 $\Delta t=1\text{d}$，求以后各时刻的解答。

(1) 求第一时刻浸润线与心墙上游面交点的位置。

此时，有 $t=0$，$t+\Delta t=1\text{d}$，则 $(t+\Delta t)$ 时刻心墙上游面浸润线的高度可由式 (6.6.18) 计算。式中各项的值应为：

$$h_1(t+\Delta t) = h_1(0) - v(t+\Delta t) = 5 - 1\times 1 = 4(\text{m})$$
$$h_1(t) = h_1(0) = 5(\text{m})$$
$$h_2(t) = h_2(0) = 5(\text{m})$$
$$h_{cp} = \frac{h_2(t)+h_1(t+\Delta t)}{2} = \frac{5+4}{2} = 4.5(\text{m})$$
$$a^2 = \frac{Kh_{cp}}{\mu} = 1\times 4.5 = 4.5(\text{m}^2/\text{d})$$
$$l = S - (m'_1 - m_2)h_1(t+\Delta t) = 9.6 - (1.68-0.16)\times 4 = 3.52(\text{m})$$

$$\lambda = \frac{\pi^2 a^2}{4l^2} = \frac{\pi^2 \times 4.5}{4 \times 3.52^2} = 0.896$$

以上各值代入式（6.6.18）得：

$$h_2(t+\Delta t) = \left\{ h_1^2(t+\Delta t) + \frac{4}{\pi}[h_1^2(t) - h_1^2(t+\Delta t)]\left(e^{-\lambda \Delta t} + \frac{1}{3}e^{-9\lambda \Delta t}\right) \right.$$

$$\left. + \frac{8}{\pi^2}[h_2^2(t) - h_1^2(t)]\left(e^{-\lambda \Delta t} - \frac{1}{9}e^{-9\lambda \Delta t}\right) \right\}^{\frac{1}{2}}$$

$$= \left\{ 4^2 + \frac{4}{\pi} \times (5^2 - 4^2) \times \left(e^{-0.896} + \frac{1}{3}e^{-9\times 0.896}\right) + 0 \right\}^{\frac{1}{2}}$$

$$= 4.547(\text{m})$$

（2）计算第二个时段浸润线与心墙上游面交点的位置。

此时，应有 $t=1d$，Δt 可取为 $1d$，也可根据需要选定，并重复上述计算过程，不再列举。

经计算到第 4 天末，即 $(t+\Delta t) = 4d$ 时，有 $h_1(t+\Delta t) = 1(\text{m})$，$h_2(t+\Delta t) = 3.58(\text{m})$。

（3）计算某一时刻的浸润线。

若需要计算某一时刻的浸润线，只需将该时刻的 h_1、h_2、l 值代入式（6.6.8）。例如求 $(t+\Delta t) = 1d$ 时的浸润线，其计算结果见表 6.6.1。浸润线与实际坝坡的交点 E，即为浸润线在上游坝坡的渗出点。

表 6.6.1　　　　　　　　　　浸润线计算结果示例

x/l	0	0.2	0.4	0.6	0.8	1.0
$h(x/l, t+\Delta t)$	4.00	4.11	4.21	4.32	4.43	4.547

（4）心墙上游面直立时的计算。

当心墙上游坡为垂直时，在式（6.6.19）中按 $m_2 = 0$ 取用进行计算。此外，由式（6.6.6）可表示为：

$$h_1(t+\Delta t) = h_1(t) - v\Delta t \tag{6.6.20}$$

因此可以考虑库水位不等速下降而分时段计算。

当心墙上游为垂直坡或坡度很陡时，还可以采用希尼特的方法，对微分方程式（6.6.2）按下式作线性化简化：

$$\frac{\partial h}{\partial t} = \frac{K}{\mu} h_{cp} \frac{\partial^2 h}{\partial x^2} \tag{6.6.21}$$

在已知边界条件和初始条件下积分，希尼特给出的解答为：

$$h(x, t+\Delta t) = h_1(t+\Delta t) + [h_2(t) - h_1(t+\Delta t)]\cos\frac{\pi x}{2l} e^{-\frac{Kh_{cp}}{\mu}\frac{\pi^2}{4l^2}\Delta t} \tag{6.6.22}$$

上二式中：l 仍按式（6.6.16）计算，取 $m_2 = 0$；h_{cp} 由下式确定：

$$h_{cp} = \frac{1}{l}\int_0^L h(x)\mathrm{d}x = h_1(t) + \frac{2}{\pi}[h_2(t) - h_1(t)] \tag{6.6.23}$$

计算图形与图 6.6.1 相同，但 x 轴零点固定选为心墙上游坡与地基层面的交点，x 轴的方向指向上游。计算中同样可取 $x=0$ 分时段只计算心墙坡面处的水深 h_2，而对需要计算浸润线的时刻再代入相应值计算浸润线。

思 考 题 与 习 题

6.1 土坝渗流计算的目的、内容和意义为何？

6.2 影响坝体浸润线下降速度的因素有哪些？判定水位骤降、水位缓降的条件是什么？

6.3 如下图所示的土坝位于深度 $M=8m$ 的透水地基上，地基土的渗透系数 $K=2\times10^{-2}$ cm/s，坝顶宽度 $b=6m$，上游坝坡 $1:3.0$，下游坝坡 $1:2.5$，坝高 $H=32$ m，坝的上游水深为 30 m，下游水深为 5 m。试计算：

(1) 通过地基的渗流量；

(2) 下游渗流逸出段水力梯度的变化；

(3) 坝体底面的扬压力。

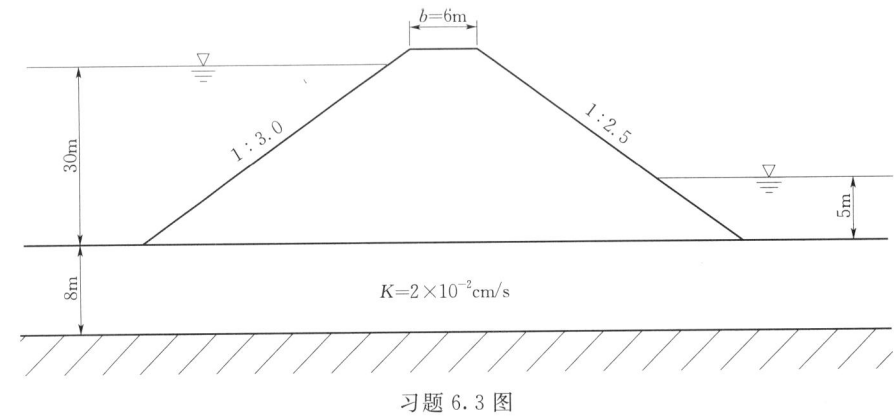

习题 6.3 图

6.4 已知条件同例 6.4.1，试用矩形坝段替代法和垂直等势线法的组合方法计算通过单宽坝体的渗流量 q 和坝体内的自由水面线。

6.5 已知条件同例 6.4.2，试计算坝体内的自由水面线。

第7章 地下水渗流的测试

地下水渗流测试试验分为室内试验与现场试验。渗流参数测试分别是渗透系数测试、渗透流速测试以及与渗流相关的渗透特性测试。室内试验主要有常水头试验、变水头试验，用来测试土体的渗透系数，还有一些室内模型试验用以测定土体渗流特性或者其他渗流参数；现场试验主要有抽水试验、注水试验、压水试验、探坑注水试验、示踪试验以及物理化学探测等，分别测试现场渗透系数、渗透特性、渗透流速以及与渗流相关的岩土体内部构造参数。

值得注意的是，由于岩土体的自然特性，室内试验的结果往往和现场测试的结果不完全等同。另外，实际测试过程中，测试的边界条件不一定能够满足理论的要求，测试结果的数据处理不一定是理想的，不同的规范有不同的经验公式参考。

7.1 渗透系数的室内量测方法

从试验原理上看，渗透系数 K 的室内测定方法可以分为常水头法和变水头法。

7.1.1 常水头渗透试验

常水头试验装置如图7.1.1所示，它适用于测量渗透性较大的砂性土的渗透系数。试

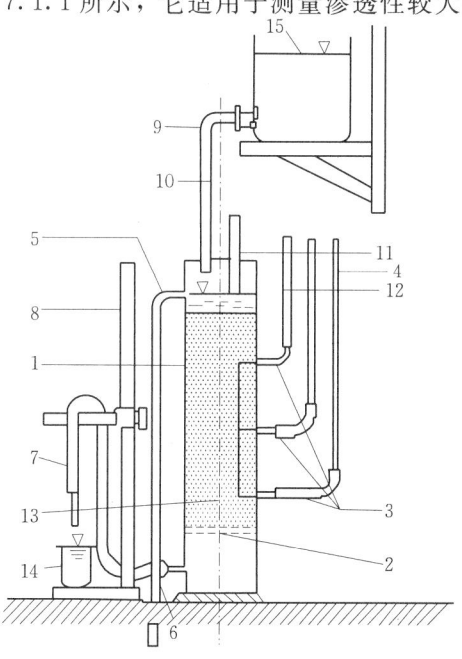

图 7.1.1 常水头试验装置

1—金属圆筒；2—金属孔板；3—测压孔；4—测压管；5—溢水孔；6—渗水孔；7—调节管；8—滑动架；
9—供水管；10—止水夹；11—温度计；12—砾石层；13—试样；14—量杯；15—供水瓶

验时,在圆筒容器中装高度为 L,横截面积为 A 的饱和试样。不断向试样筒内加水,使其水位保持不变,水在恒定水头差 ΔH 的作用下流过试样,从筒底排出。试验过程中,水头差 ΔH 保持不变,因此叫常水头试验。试验过程中测得在一定时间 t 内流经试样的水量 Q,那么根据达西渗透定律有:

$$Q = vAt = K\frac{\Delta H}{L}At \tag{7.1.1}$$

$$K = \frac{QL}{\Delta HAt} \tag{7.1.2}$$

7.1.2 变水头渗透试验

对于黏性土来说,由于其渗透系数较小,渗水量较小,用常水头渗透试验不易准确测定。对于这种渗透系数小的土可用变水头试验。

变水头试验装置如图 7.1.2 所示,土样的高度为 L,截面积为 A。在 t_0 时刻,在初始水头差 h_0 作用下,水从变水头管中自下而上渗流过土样。

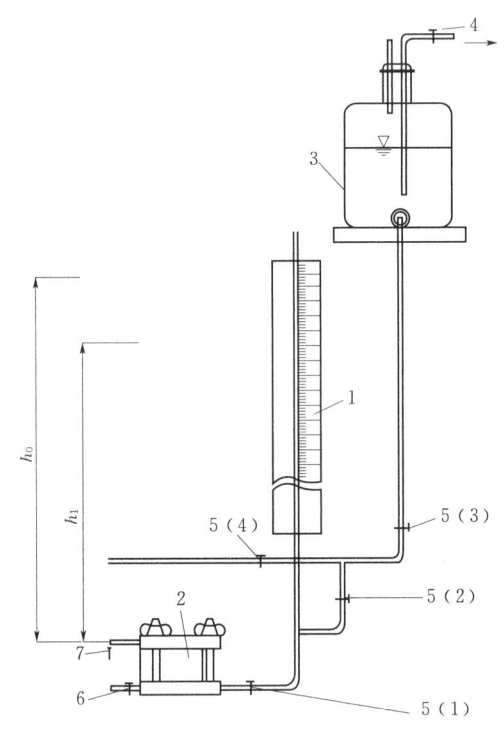

图 7.1.2 变水头渗透装置

1—变水头管;2—渗透容器;3—供水瓶;4—接水源管;5—进水管夹;6—排气瓶;7—出水管子

试验时,装土样的容器内的水位保持不变,而水头管内由于不进行补水,水位逐渐下降,渗流水头差随试验时间的增加而减小,因此称为变水头试验。经过一段时间后,记录 t_1 时刻的水头差 h_1。试验开始前水头差为 h_0,设试验过程中某时刻 t 的水头差为 h,那么经过 $\mathrm{d}t$ 时段后,变水头管中的水位下降 $\mathrm{d}h$,在 $\mathrm{d}t$ 时间内流入试样的水量 $\mathrm{d}Q$ 为:

$$\mathrm{d}Q = -a\mathrm{d}h \tag{7.1.3}$$

式中：a 为变水头管的内截面积。

根据达西定律，$\mathrm{d}t$ 时间内流出试样的水量为：

$$\mathrm{d}Q = KJA\mathrm{d}t = K\frac{h}{L}A\mathrm{d}t \tag{7.1.4}$$

根据水流连续条件，流入量和流出量应该相等，那么：

$$-a\mathrm{d}h = K\frac{h}{L}A\mathrm{d}t \tag{7.1.5}$$

即：

$$\mathrm{d}t = -\frac{aL}{KA}\frac{\mathrm{d}h}{h} \tag{7.1.6}$$

等式两边在 $t_0 \sim t_1$ 时间内积分，得：

$$\int_{t_0}^{t_1}\mathrm{d}t = -\frac{aL}{KA}\int_{h_0}^{h_1}\frac{\mathrm{d}h}{h} \tag{7.1.7}$$

$$t_1 - t_0 = \frac{aL}{KA}\ln\frac{h_0}{h_1} \tag{7.1.8}$$

于是，可得土的渗透系数为：

$$K = \frac{aL}{A(t_1-t_0)}\ln\frac{h_0}{h_1} \tag{7.1.9}$$

需要注意的是：

（1）两种方法的适用范围。常水头渗透试验适用于粗粒土；变水头渗透试验适用于细粒土。国外有的规程规定：常水头渗透试验适用于渗透系数较大的试样，即 $K = 10^{-2} \sim 10^{-3}\,\mathrm{cm/s}$；变水头渗透试验适用于渗透系数较小的试样，通常指 $K = 10^{-3} \sim 10^{-6}\,\mathrm{cm/s}$。也就是说，上述两种方法仅适用于 $K = 10^{-2} \sim 10^{-6}\,\mathrm{cm/s}$。至于极高和极低的透水性土，需要采用特殊的试验方法或通过推算求取渗透系数。

（2）土样的饱和度越小，土内残留气体愈多，使土的有效渗透面积减小。同时由于气体因孔隙水压力的变化而胀缩，因而饱和度的影响即成为一个不定因素。为了试验准确，要求试样必须充分饱和，排尽土孔隙中的气体。

（3）变水头试验中每次测得的水头 h_1 和 h_2 的差值应大于 10cm；对黏粒含量较高，或干密度较大的试样，规定 h_1 和 h_2 经过时间不能超过 $3 \sim 4\mathrm{h}$，若在此时段内 h_1 和 h_2 的差值过小，可改用负压法试验。在实际操作中常采取增加上游水头的方法进行试验。

（4）试验过程中，若发现水流过快或出水口有浑浊现象，应立即检查容器有无漏水或试样中是否出现集中渗流，若有，应重新制样试验。

7.1.3 其他室内试验

关于渗流的室内试验方法有很多，除了上述的室内试验之外，为了得到更多的渗透参数以及得到与现场情况更接近的渗透特性结果，很多研究人员做了大量的室内模型试验，主要有临界水力梯度测试、电模拟、室内弥散试验以及大型室内渗流模型试验，这些试验目前主要是研究人员在相关领域中进行探索，不同的模型试验有着各自的优点，但目前没有形成广泛应用的规范标准，在此不加详细介绍。

7.2 渗流特性的原位测试方法

水利工程中传统原位的渗流测试方法主要有分段压水试验、注水试验和抽水试验等，这些试验的理论基于达西定律以及第五章的理论内容，同样由于现场边界条件的复杂性，现场测试方法、过程以及数据的处理有着很多经验的因素，不同行业需要参照相关规范内容进行。

7.2.1 压水试验

在岩体上或岩体内修建水工建筑物时，必须研究建筑物区及其影响范围内岩体的透水性。测定岩体渗透性的方法有压水试验、注水试验、抽水试验等，其中压水试验是最常用的在钻孔内进行的岩体原位渗透试验。具体做法是在钻进过程中或钻孔结束后，用栓塞将某一长度的孔段与其余孔段隔离开，用不同的压力向试段内送水，测定其相应的流量值，并据此计算岩体的透水率。

压水试验成果主要用于评价岩体的渗透特性（透水率大小及其在不同压力下的变化趋势），并作为渗控设计的基本依据。当条件简单时，也可用于渗漏计算。

吕荣试验是世界各国普遍采用的常规性压水试验方法。吕荣试验方法从提出至今，经历了一个漫长的发展过程，在一些具体做法上与原始吕荣试验已有很大的不同。目前国际上尚没有统一的压水试验方法，各国的规定之间，也存在一定的差别。因此，在遵循吕荣试验原则的前提下，允许对某些具体做法做出选择或修改。常用的压水试验方法是用单栓塞隔离试段，随着钻孔的加深自上而下分段进行。除此之外，也可以使用双栓塞进行压水试验，这样可以根据孔内实际情况合理地确定栓塞置放位置和试段长度，试验成果与地质条件之间的相关性较好。

试验段是编制渗透剖面图的基本单位。目前的压水试验，求得的透水率是试段的平均值，如试段过长，势必影响成果的精度；如试段过短，又会增加压水试验的次数和费用。国内外有关规程中规定的试段长度在3～6m之间，多数为5m。在实际操作时，由于诸多因素的影响，试段长度通常不是整数。对于地质构造条件特殊（如断层、裂隙密集带、岩溶洞穴等）的孔段，应根据具体情况确定试段的位置和长度，同时还应考虑下一试段栓塞止水的可靠性。

我国相关规程与英国场地勘察标准类似，采用三级压力5个阶段进行试验，即 $P_1 \to P_2 \to P_3 \to P_4(=P_2) \to P_5(=P_1)$，$P_1 < P_2 < P_3$。美国、日本等其他国家分别有着不同的压力阶段标准。

试验的主要步骤首先根据规范要求准备好钻孔，然后量测钻孔的原始水位。当地层为同一含水层时，在下塞前、后观测的地下水位是一样的。当存在多个含水层时，下塞前、后观测的地下水位可能不同。为了比较两者之间的异同，故规程要求在下塞前应首先观测一次孔内水位，下塞后再按规定进行工作管内的水位观测。准备工作完成之后，向钻孔内放置栓塞，按照不同压力向钻孔内压水，记录相应的压力与流量，最后绘制 $P-Q$ 曲线，计算平均透水率。

在压水试验过程中，当试验压力由高压力转换到较低压力时，有时会出现水从岩体流入钻孔的现象,这种现象称为回流。产生回流现象的原因,是由于在试验压力下降的瞬间,钻孔附近岩体内的水压力暂时高于试段压力,因而使水自岩体流出。这个过程一般持续数分钟至十余分钟。随着岩体内水压力逐渐下降,回流量渐减至零。当岩体内水压力继续调整至低于试验压力之后,水重新流向岩体,并随着压力调整结束而趋于稳定。在压水试验过程中,当出现回流时,应尽量详细记录有关情况(包括回流时间、回流量等),以便积累资料。尤其重要的是,切不可把流量从负经零到正这个变化过程中的暂时停滞误认为是该试段流量为零。

试验结果一般类似于如下曲线类型,见表7.2.1。

表7.2.1 $P-Q$ 曲线的类型与特点

类型名称	A(层流)型	B(紊流)型	C(扩张)型	D(冲蚀)型	E(充填)型
$P-Q$曲线					
曲线特点	升压曲线为通过原点的直线,降压曲线与升压曲线基本重合	升压曲线凸向Q轴,降压曲线与升压曲线基本重合	升压曲线凸向P轴,降压曲线与升压曲线基本重合	升压曲线凸向P轴,降压曲线与升压曲线不重合,呈顺时针环状	升压曲线凸向Q轴,降压曲线与升压曲线不重合,呈逆时针环状

当$P-Q$曲线中第4点与第2点、第5点与第1点的流量值绝对差或相对差不大于1L/min时可认为基本重合。试段透水率采用第三阶段的压力值和流量值按下式计算:

$$q = \frac{Q_3}{LP_3} \tag{7.2.1}$$

式中:q为试段的透水率,Lu;L为试段长度,m;Q_3为第三阶段的计算流量,L/min;P_3为第三阶段的试段压力,MPa。

针对工程的不同目的和需要,出现了许多专门性压水试验方法,如测定某一组裂隙渗透性的压水试验、交叉孔压水试验、多栓塞压水试验、高压压水试验等,这些试验就不在本书中详细介绍了。

7.2.2 注水试验

传统的注水试验方法是将定流量的水注入孔中,以便在孔中得到一个恒定的水位,通常采用Custodio和Llamas的方程:

$$K = \alpha \frac{q}{\pi d \Delta h} \tag{7.2.2}$$

式中:q为稳定的注水量;d为孔的直径;Δh为稳定的水头;α为校正系数。

根据不同的适用条件和试验设备,注水试验共分为试坑单环注水试验、试坑双环注水试验、钻孔常水头注水试验和钻孔降水头注水试验。下面将对4种试验的适用条件和现场试验的注意情况作分别介绍。

7.2.2.1 试坑单环注水实验

1. 适用条件及实验设备

（1）试坑单环注水实验适用于地下水位以上的砂土、砂卵砾石等无黏性土层。

（2）单环注水实验设备及用途见表7.2.2。

表 7.2.2　　　　　　　　　　　单环注水实验设备一览表

名　称	规　格
铁环	高20cm，直径25～50cm
水箱	容积1m³
量筒	断面上下均一，面积不大于5000cm²，且有刻度清晰的水尺或玻璃管
计时钟表	秒表
供水管路及阀门	

2. 现场试验

（1）试坑开挖应符合下列要求。

1）在选定的试验位置，挖一个圆形或方形试坑至预定深度；

2）在试坑底部一侧再挖一个深15～20cm注水试坑，坑底应修平，并确保土层的结构不被扰动。

（2）铁环安装应符合下列要求。

1）在注水试坑内放入铁环，使其与试坑紧密接触，外部用黏土填实，确保四周不漏水；

2）在环底铺2～3cm厚、粒径5～10mm的细砾作为缓冲层；

3）向铁环内注水，使环内水头高度保持在10cm，记录观测时间和注入水量。在试验过程中，试验水头波动幅度不应大于0.5cm。

（3）流量观测应符合下列规定。

1）流量观测精度应达到0.1L；

2）开始5次观测时间间隔为5min，以后每隔20min观测一次并至少观测6次；

3）当连续两次观测的流量之差不大于最后一次流量的10%时，试验即可结束，取最后一次注入流量作为计算值。

根据经验，渗透系数K按下式进行计算：

$$K = \frac{16.67Q}{F} \tag{7.2.3}$$

式中：Q为注入水的流量；F为铁环面积。

7.2.2.2 试坑双环注水试验

1. 适用条件及实验设备

试坑双环注水实验适用于地下水位以上的黏性土层。双环注水试验设备见表7.2.3。

表 7.2.3 双环注水试验设备一览表

名 称	规 格
铁环	高 20cm，直径分别为 25cm 和 50cm
水箱	容积 1m³
流量瓶	容积 5L
瓶架	—
玻璃管	直径 1～2cm
计时钟表	秒表

2. 现场实验

（1）试坑开挖应符合下列要求。

1）在选定的试验位置，挖一个圆形或方形试坑至预定深度；

2）试坑底部一侧再挖一个深 15～20cm 注水试坑，坑底应修平，并确保试验土层的结构不被扰动。

（2）铁环安装应符合下列要求。

1）在注水试坑内放入铁环，将直径分别为 25cm 和 50cm 的两个铁环按同心圆状压入坑底，深约 5～8cm，并确保试验土层的结构不被扰动；

2）在内环及内、外环之间环底铺上厚 2～3cm 的粒径为 5～10mm 的细砾作为缓冲层；

3）安装瓶架，将流量瓶装满清水，用带两个孔的胶塞塞住，孔中分别插入长短不等的两根玻璃管（管端切成斜口）作为出水管和进气管，如图 7.2.1 所示；

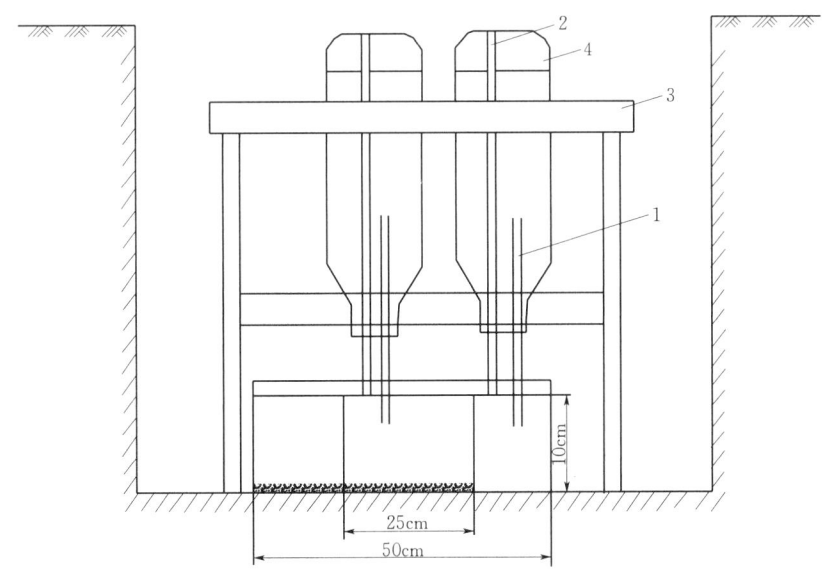

图 7.2.1 双环注水法安装示意图
1—出水管；2—进气管；3—瓶架；4—流量瓶

4）试验过程中，应用两个流量瓶同时向内环和内、外环之间注水，水深均为10cm。流量瓶通气的玻璃管口距坑底应为10cm，以保持试验水头不变。

（3）流量观测应符合下列规定。

1）注入水量由瓶上刻度读出；

2）开始5次观测时间间隔为5min，以后每隔30min测记一次并至少观测6次；

3）当连续两次观测的注入流量之差不大于最后一次注入流量的10%时，试验即可结束，取最后一次注入流量作为计算值。

（4）注水试验的渗入深度可采用下列方法确定。

1）试验前在距试坑3~5m处打一个比坑深3~4m的钻井，并每隔20cm取样测定其含水量。试验结束后，立即排出环内积水，在试坑中心打一个同样深度的钻孔，每隔20cm取样测定其含水量，与试验前资料对比，以确定注水试验的渗入深度。

2）以试坑内环直径为一边向下开挖，一边通过对土层进行观测来确定注水试验的渗入深度。

根据经验，渗透系数 K 按下式进行计算：

$$K = \frac{16.67Qz}{F(H+z+0.5H_a)} \tag{7.2.4}$$

式中：Q 为注入水的流量；F 为铁环面积；H 为试验水头（$H=10$cm）；z 为从试坑底算起的渗入深度；H_a 为试验土层的毛细上升高度。

7.2.2.3 钻孔常水头注水试验

1. 适用条件及试验设备

钻孔常水头注水试验适用于渗透性较大的壤土、粉土、砂土和砂卵石层，或不能进行压水试验的风化、破碎岩体，断层破碎带和其他透水性强的岩体等。钻孔常水头设备见表7.2.4。

表7.2.4　　　　　　　　　　钻孔注水试验设备一览表

设备类型	名　　称
供水设备	水箱、水泵
量测设备	水表、量筒、瞬时流量计、秒表、米尺等
止水设备	栓塞、套管塞（黏土与套管结合）
水位计	电测水位计

2. 现场试验

用钻机造孔，至预定深度下套管，严禁使用泥浆钻井。孔底沉淀物厚度不得大于10cm，同时要防止试验土层被扰动。在进行注水试验前，应进行地下水位观测，作为压力计算零线的依据。水位观测间隔时间为5min，当连续两次观测数据变幅小于10cm时，即可结束水位观测。钻至预定深度后，可采用栓塞或套管塞进行试段隔离，并应保证止水可靠。

对孔底进水的试段，用套管塞进行隔离；对孔壁和孔底同时进水的试段，除采用栓塞隔离试段外，还要根据试验土层种类和孔壁稳定性，决定是否下入护壁花管。对孔壁和孔底进水的试段，同一试段不宜跨越透水性相差悬殊的两种岩土层。对于均一岩土层，试段长度不宜大于 5m。

试验隔离后，用带流量计的注水管或量筒向套管内注入清水，套管中水位高出地下水位一定高度（或至孔口）并保持固定不变，观测注入流量。流量观测应符合下列规定：

（1）开始 5 次流量观测间隔时间为 5min，以后每隔 20min 观测一次并至少观测 6 次。

（2）当连续两次观测流量之差不大于最后一次注入流量的 10% 时，即可结束试验，取最后一次注入流量作为计算值。

（3）当试段漏水量大于供水能力时，应记录最大供水量。

当试验土层位于地下水位以下时，根据经验，渗透系数 K 按下式进行计算：

$$K = \frac{16.67Q}{AH} \quad (7.2.5)$$

式中：Q 为注入水的流量；H 为试验水头；A 为形状系数。

当试验土层位于地下水位以上，且 $50 < \frac{H}{r} < 200$、$H \leqslant l$ 时，根据经验，渗透系数 K 按下式进行计算：

$$K = \frac{7.05Q}{lH} \lg \frac{2l}{r} \quad (7.2.6)$$

式中：Q 为注入水的流量；H 为试验水头；l 为试验段长度；r 为钻孔半径。

7.2.2.4 钻孔降水头注水试验

1. 适用条件及试验设备

钻孔降水头试验适应于地下水位以下渗透系数比较小的黏土层或岩层。所需试验设备与钻孔常水头方法相同。

2. 现场试验

试段隔离后，向套管内注入清水，应使管中水位高出地下水位一定高度或至套管顶部后，停止供水，开始记录管内水位高度随时间变化。管内水位下降速度观测应符合下列规定：

（1）量测管内水位下降速度，开始 5 次观测间隔时间为 1min，然后为 3min，观测数次后根据水头下降速度一般可以 30min 观测一次。

（2）应采用半对数坐标纸绘制水头下降比与时间的关系曲线，当水头比与时间关系呈直线时说明试验结果正确。

（3）当试验水头下降到初始水头的 0.3 倍或连续观测点达到 10 个以上时，可以结束试验。

根据经验，渗透系数 K 按下式进行计算：

$$K = \frac{0.0523r^2}{A} \cdot \frac{\ln \frac{H_1}{H_2}}{t_2 - t_1} \quad (7.2.7)$$

式中：H_1 与 H_2 为 t_1 与 t_2 时的水头；r 为钻孔半径；t_1、t_2 为注水试验某一时刻的试验时间；A 为形状系数，见表 7.2.5。

表 7.2.5　　　　　　　　　　　　　形状参数 A 的取值表

试验条件	简图	形状系数 A	备注
试段位于地下水位以下，钻孔套管下至孔底，孔底进水		$5.5r$	
试段位于地下水位以下，钻孔套管下至孔底，孔底进水。试验土层顶板为不透水层		$4r$	
试段位于地下水位以下，孔内不下套管或部分下套管，试验段裸露或下花管，孔壁和孔底进水		$\dfrac{2\pi l}{\ln\dfrac{2ml}{r}}$	$\dfrac{l}{r}>8$；$m=\sqrt{\dfrac{K_h}{K_V}}$ 式中：K_h、K_V 试验土层的水平、垂直渗透系数，无资料时，m 值可根据土层情况估计
试段位于地下水位以下，孔内不下套管或部分下套管，试验段裸露或下花管，孔壁和孔底进水。试验土层顶部为不透水		$\dfrac{2\pi l}{\ln\dfrac{2ml}{r}}$	$\dfrac{l}{r}>8$；$m=\sqrt{\dfrac{K_h}{K_V}}$ 式中：K_h、K_V 试验土层的水平、垂直渗透系数，无资料时，m 值可根据土层情况估计

7.2.3　抽水试验

抽水试验是在选定的钻孔中或竖井中，对选定含水层（组）抽取地下水，形成人工降深场，利用涌水量与水位下降的历时变化关系，测定含水层（组）富水程度和水文地质参数的试验。

钻孔抽水试验前，应根据试验地段的地质结构和水文地质条件，结合水工枢纽布置方案，做好钻孔抽水试验设计。其内容应包括试验目的、抽水孔和观测孔的布置、造孔要求和钻孔结构、抽水设备的规格及数量、试验设备的安装、现场抽水试验的技术要求、试验记录与校核、渗透性参数计算公式的选择与计算以及对成果图件的要求等。抽水试验的过程包括钻孔准备、自试井抽取一定水量、在观测井测定不同时间地下水位的变化、利用地下水流理论式或其图解法分析抽水试验观测数据。

7.2.3.1 抽水试验孔选择和布置

调查主要含水层的渗透性能及其变化规律时可采用单孔抽水试验。在选定的水电水利枢纽工程场地上，查明主要建筑物地段含水层的渗透性和各向异性以及岩土体渗透性分级时，根据水文地质条件复杂程度，宜选用单孔或多孔抽水试验；核定坝基和强烈渗漏地段岩土体准确的渗透性参数时，宜布置一定数量的多孔抽水试验。

均质含水层厚度小于15m时，抽水孔宜采用完整孔；厚度大于15m时，抽水孔宜采用非完整孔。具有中、强透水性的裂隙岩体、断层破碎带和喀斯特发育带抽水试验时，应视其厚度、埋藏情况和均一性确定抽水孔的类型。当中、强透水带全部被揭穿时抽水孔可采用完整孔；未全部被揭穿时，抽水孔应采用非完整孔。计算时应以孔内中、强透水带作为含水层厚度。河床部位松散含水层抽水试验时，可采用非完整孔，抽水孔过滤器宜置于含水层的上半部，其顶端至河底的距离不应小于2m。

7.2.3.2 抽水试验降深和延续时间

稳定流抽水试验应进行3次降深。抽水孔降深值应以在测压管测得的为准。抽水孔相邻两次降深的差值宜相近。稳定流抽水试验降深顺序，松散含水层宜从小到大，逐渐增大；基岩含水层宜从大到小。

抽水孔水位最小降深值，单孔抽水试验时不应小于0.5m；多孔抽水试验时应保证最远观测孔的降深值不小于0.1m，或各相邻观测孔的降深值之差不小于0.2m。抽水孔水位最大降深值，潜水含水层抽水时，不宜大于含水层厚度的0.3倍；承压含水层抽水时，不应降到含水层顶板以下。

各次降深稳定延续时间，应根据稳定、非稳定抽水试验的要求及不同的工程情况确定。

7.2.3.3 试验设备

（1）过滤器。

抽水孔过滤器的类型，宜根据不同含水层的性质和孔壁稳定情况选用。抽水试验的观测孔，宜采用包网过滤器。过滤器的相关参数根据不同行业的规范要求选取。

（2）水泵。

抽水试验用的水泵类型，应根据地下水位埋深、过滤器直径和孔内可能的最大涌水量选择。地下水位较浅时，宜采用离心式水泵；地下水位较深、涌水量大时，可选用深井泵或潜水泵；地下水位较深、涌水量小时，可选用拉杆式水泵。当过滤器直径影响抽水量增大时，可选用大于进水管口径的水泵，但不得大于二级。含水层地下水位较深、水量很大时，抽水试验设备可选用空气压缩机。抽水试验用的空气压缩机类型，可根据作业现场条件选用柴油动力空气压缩机或电动空气压缩机。

（3）测试工具。

观测水位宜使用电测水位计。地下水位较浅时，可采用浮标水位计；有条件时，宜采用自记水位计。观测读数应精确到1cm。涌水量的测试用具应根据涌水量大小选定。涌水量小于1L/s时，可采用容积法或水表；涌水量为1~30L/s时，宜采用三角堰；涌水量大于30L/s时，应采用矩形堰。测量气温可采用普通温度计；测量水温宜用缓变温度计。测量读数应精确到0.5℃。

7.2.3.4 带观测孔的抽水试验

如图7.2.2所示，现场抽水井贯穿渗透系数为K的透水层，并在抽水井距离r_1、r_2的位置布置观测孔，以恒定流量抽水至形成稳定水位，稳定流量为q。

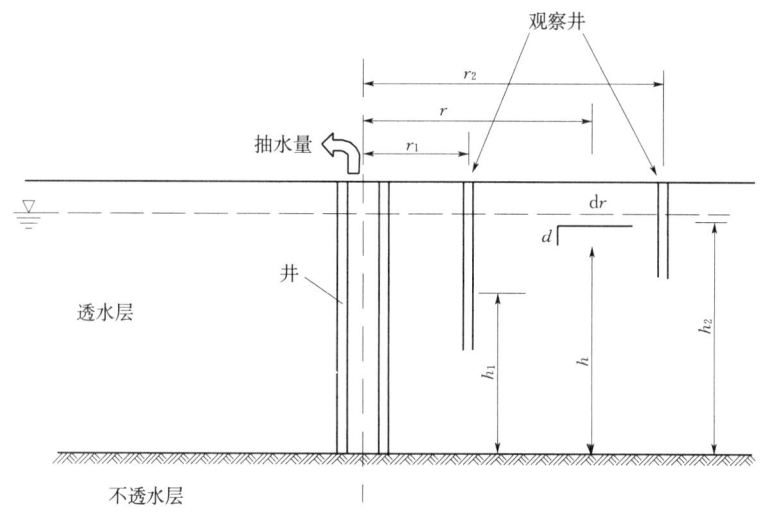

图7.2.2 带观测孔的抽水试验示意图

则根据任意距离抽水井r的圆柱面上的过水面积A、水力梯度微分以及达西定律可得：

$$q = Aki = 2\pi rh \cdot K \frac{dh}{dr} \tag{7.2.8}$$

移项并积分：

$$q \int_{r_1}^{r_2} \frac{dr}{r} = 2\pi K \int_{h_1}^{h_2} h\,dh \tag{7.2.9}$$

最后可解得渗透系数：

$$K = \frac{q}{\pi} \frac{\ln(r_2/r_1)}{h_2^2 - h_1^2} \tag{7.2.10}$$

7.2.3.5 抽水试验的讨论

如前面章节所言，在现场形成稳定流场的条件不容易满足，而单孔抽水试验分别包括稳定流试验与非稳定流试验、完整井与非完整井情况、承压水与潜水情况，还要根据现场的河流等补给情况选择不同的计算参数与计算公式，最终计算出渗透系数、导水系数等参数。

常见的抽水试验$s-t$、$Q-t$、$Q-s$成果如图7.2.3、图7.2.4所示，具体的计算方法可以参照相应的抽水试验规程。

除在一个抽水孔抽水并观测其涌水量和水位随时间变化外，根据含水层的岩性、岩相和水文地质结构或地下水流向变化情况，以抽水孔为原点，沿一定方向或不同方向、不同距离布置一定数量的观测孔测线，在任一观测线上的一个或多个观测孔进行动水位观测，进行带观测孔的多孔抽水试验，多孔抽水试验的成果整理需要根据不同的工程规

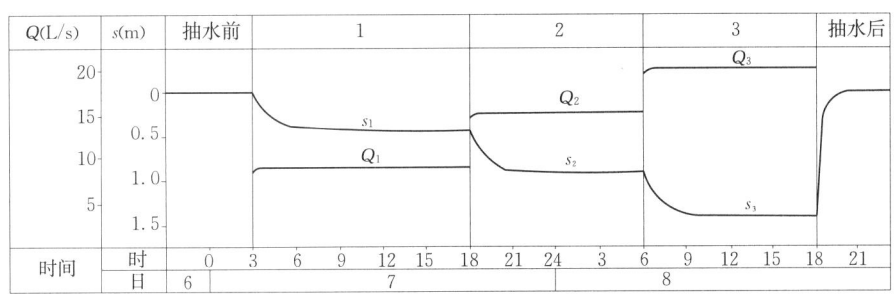

图 7.2.3 抽水试验 $s-t$、$Q-t$ 示意图

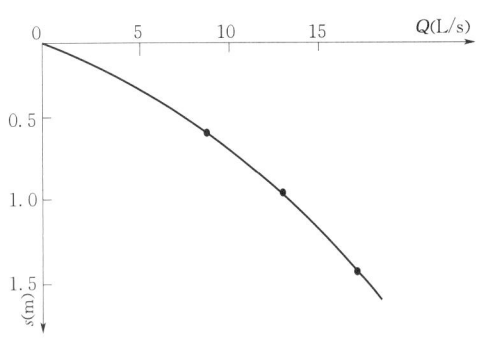

图 7.2.4 抽水试验 $Q-s$ 示意图

范以及研究结果进行分析与计算。

7.3 渗压监测的测压管法

测压管可用来监测坝体浸润线、渗压压力、地下水位及绕坝渗流等。

7.3.1 测压管法测定土石坝浸润线

测压管法是在坝体选择有代表性的横断面,埋设适当数量的测压管,通过测量测压管中的水位来获得浸润线位置的一种方法。土石坝浸润线观测的测点应根据水库的重要性和规模大小、坝体类型、断面形式、坝基地质情况以及防渗、排水结构等进行布置。一般选择有代表性、能反映主要渗流情况以及预计有可能出现异常渗流的横断面,作为浸润线观测断面。例如选择最大坝高、老河床、合龙段以及地质情况复杂的横断面。在设计时进行浸润线计算的断面,最好也作为观测断面,以便与设计进行比较。横断面间距一般为 100~200 m,如果坝体较长、断面情况大体相同,可以适当增大间距。对于一般大型和重要的中型水库,浸润线观测断面不少于 3 个,一般中型水库应不少于 2 个。

(1) 具有反滤坝址的均质土坝,在上游坝肩和反滤坝址上游各布置一根测压管,其间距根据具体情况布置一根或数根测压管。

(2) 具有水平反滤层的均质土坝,在上游坝肩以及水平反滤层的起点处各布置一根测压管,其间距视情况而定,也可在水平反滤层上增设一根测压管。

(3) 对于塑性心墙,如心墙较宽,可在心墙布置 2~3 根测压管,在下游透水料紧靠心墙外和反滤层坝趾上游端各埋设一根测压管。如心墙较窄，可在心墙上下游和反滤坝趾上游端各布置一根测压管，其间距根据具体情况布置。

（4）对于塑性斜墙坝，在紧靠斜墙下游埋设一根测压管，反滤坝趾上游端埋设一根测压管，其间距视具体情况布置。紧靠斜墙的测压管，为了不破坏斜墙的防渗性能并便于观测，通常采用有水平管段的 L 形测压管。水平管段略倾斜，进水管端稍低，坡度在 5% 左右，以避免气塞现象。水平管段的坡度还应考虑坝基的沉陷，防止形成倒坡。

（5）其他坝型的测压管布置，可考虑上述原则进行。需要在坝的上游坝坡埋设测压管时，应尽可能布置在最高洪水位以上，如必须埋设在最高洪水位以下时，需注意当水库水位上升将淹没管口时，用水泥砂浆将管口封堵。

7.3.2 坝基渗水压力观测

坝基渗水压力通常是在坝基埋设测压管进行观测，也可用渗压计观测。测压管的布置根据地基地质情况、防渗排水设施的结构形式，以及有可能发生渗透变形的部位而定。

7.3.2.1 测压管的布置

测压管沿渗流方向布置，一般结合浸润线断面布置。不同地质状况布置形式不一样。

（1）均质砂砾石地基，一般垂直坝轴线布置 2～3 个观测横断面，每个横断面布设 3 根测压管。具有水平防渗铺盖的均质坝，一般每个断面埋设 4 根测压管，上游坝肩、下游坡、反滤坝趾上下游各埋设 1 根。对有塑性截水墙或垂直防渗帷幕的心墙坝。一般在截水墙前后各布设 1 根测压管，反滤坝趾上下游各埋设 1 根。对有垂直防渗设施的斜墙坝，其黏土截水墙、灌浆帷幕或混凝土防渗墙靠近上游，测压管可全部布置在防渗设施下游。对有水平防渗设施的斜墙坝，一般在土坝施工时预埋 L 形测压管。其水平管段应有 5% 的坡度。

（2）对于上层为相对弱透水层，下层为强透水层的双层地基，应垂直坝轴线至少布置 2～3 个观测横断面，每个横断面布设 2～4 根测压管，并将测压管进水管段布设在强透水层中，见图 7.3.1。多层透水地基可在各层中分别埋设测压管，每个观测横断面每层不少于 3 根，见图 7.3.2。

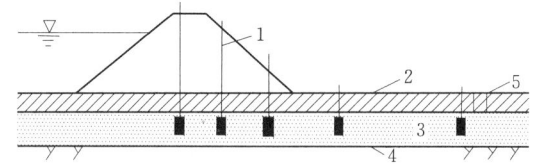

图 7.3.1 双层透水坝基渗水压力测压管布置示意图
1—测压管；2—相对弱透水层；3—强透水层；4—基岩；5—出水口

7.3.2.2 测压管的结构与管水位观测法

坝基渗水压力测压管的结构与浸润线测压管基本相同，只是进水管较短，一般为 0.5～1m。坝基测压管的埋设一般在大坝施工期或水库初蓄水前进行，造孔埋设不得用泥浆固壁，应下套管防止塌孔。钻进过程中应取土样，鉴定土的性质，并测定高程和计算各种土层厚度，绘制钻孔土层柱状图。坝基渗水压力观测通常与浸润线观测同时进行，并在水库水位最高、最低以及升降变化较大时增加测次，且同时观测上下游水位。

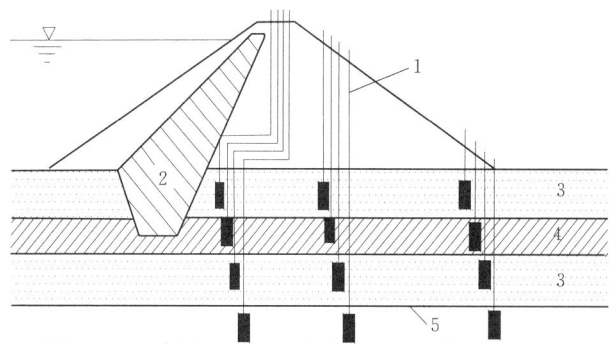

图 7.3.2 多层透水坝基渗水压力测压管布置示意图
1—测压管；2—斜墙；3—透水层；4—相对隔水层；5—基岩

7.3.3 绕坝渗流观测

渗流绕过两坝端或沿着土石坝与混凝土及砌石建筑物的接触面向下游流出，称为绕坝渗流。如果坝与岸坡连接不好，土石坝与混凝土及砌石建筑物接触面连接不好，岸坡中有强透水层，以及岸坡过陡产生裂缝，都有可能发生集中渗流，造成渗透变形，甚至造成土石坝失事。绕坝渗流一般也是埋设测压管进行观测。测压管的布置以能使观测成果绘出绕渗等水位线和浸润线为原则。一般根据坝与岸坡和混凝土建筑物的连接方式，以及两岸地质情况、防渗排水设施的形式等确定。绕坝渗流属无压渗流，其观测实际是浸润线观测。因此，绕渗测压管的构造、埋设方法和坝体浸润线相同。但对岸坡为坚硬岩石时，可只钻孔而不必埋管。对于坝内岸坡段的测压管，进水管埋在岸坡内，坝体内为导管。若要对岸坡进行分层透水性观测，则按坝基渗水压力管的构造和埋设方法进行。

7.3.4 渗流量观测

土坝浸润线和坝基渗水压力观测，能测出坝体和坝基的渗透状况及变化过程。但由于渗透观测点的布设有限，对一些局部渗流可能不易发觉。再者，内部渗透变化总与渗出坝体的渗透水量大小有一定关系。所以，为了分析渗透现象之间的联系，及时发现异常渗流，应进行渗流量观测。渗流量观测与浸润线、坝基渗水压力观测比较，既直观，又全面，而且能综合反映出坝的渗透状况和工作情况，所以是土石坝管理中最重要的观测项目之一。观测渗流量通常是将渗流水集中引至某处进行量测。对坝体和坝基渗流量很难分清时，可在坝下游设水沟，观测总的渗流量变化。当渗透水流可以分区拦截时，可在坝趾下游分区设集水沟观测。渗流观测的集水沟和量水设备应设置在不受泄水建筑物泄水影响和不受坝面及两岸排泄雨水影响的地方，并应尽量使其平直整齐，便于观测。

7.4 物 探 方 法

物探的方法探测地下水的渗流情况是建立在地下物质的密度、磁性、电性等物理化学性质存在差异的基础上，用物理、地质学等知识探测地层情况，用以推测地下水的渗流情况。下面将对每种方法分别作介绍。

7.4.1 电法

电法勘探根据地壳中各类岩石或矿体的电磁学性质（如导电性、导磁性、介电性）和电化学特性的差异，通过对人工或天然电场、电磁场或电化学场的空间分布规律和时间特性的观测和研究，查明地质构造及解决地质问题的地球物理勘探方法。主要用于寻找金属、非金属矿床、勘查地下水资源和能源、解决某些工程地质及深部地质问题。

不同的岩石、地质构造以及地下水的存在具有不同的导电性、导磁性、介电性和电化学性质。根据这些性质及其空间分布规律和时间特性，人们可以推断矿体、地质构造以及地下水的赋存状态（形状、大小、位置、产状和埋藏深度）和物性参数等，从而达到勘探的目的。电法勘探具有利用物理参数多，场源、装置形式多，观测内容或测量要素多及应用范围广等特点。电法勘探利用岩石、矿石的物理参数，主要有电阻率（ρ）、导磁率（μ）、极化特性（人工体极化率 η 和面极化系数 λ、自然极化的电位跃变 $\Delta\varepsilon$）和介电常数（ε）。简单的测试结果如图7.4.1所示。

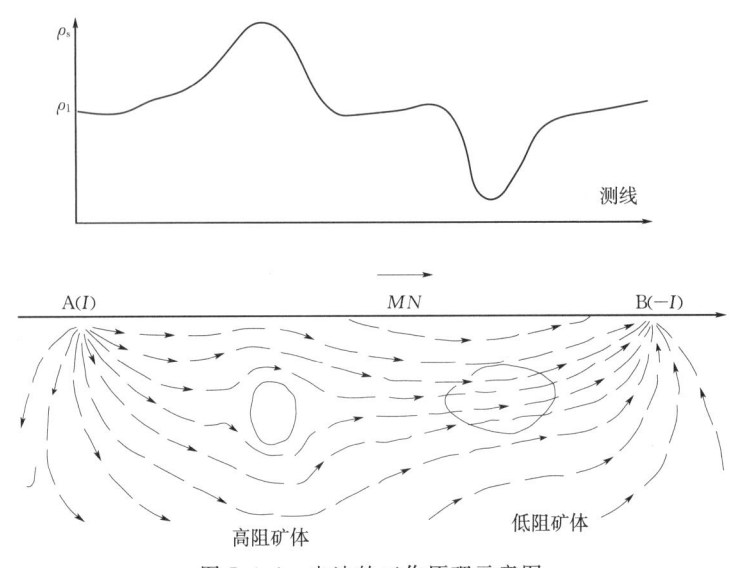

图 7.4.1 电法的工作原理示意图

7.4.2 自然电位法

自然电位法是用不激化电极测定不同部位的电位，这一电位是由于地下水渗透和水化学反应产生的"过滤电场"、"扩散吸附电场"和"电化学电场"在地表的反映。若无地下渗透，电位曲线变化缓慢、平稳。无穷远极是电位测量的参照点，选择远离测试位置、接地条件好、电场平稳、无大型设备接地设施及变压器的地方。

读取每个测点的电位读数，并绘制电位曲线。曲线高值异常部位为可怀疑浅部渗透部位，曲线低值异常部位为可怀疑较深渗透部位，必须进行异常分析，排除工业游散电流干扰、电极接地条件改变产生的影响，便可确认异常。

7.4.3 瞬变电磁法

瞬变电磁法（TEM）又称时间域电磁法，是一种地球物理勘探方法，其工作原理是利用地质异常的电导率与周围地层电导率的差异，确定地质异常的存在。瞬变电磁法在理论上有两个假设条件：①探测对象（地层）为均匀半空间；②地层是水平分层的。堤防和大坝的边界条件与上述假设条件有很大差异，增加了探测结果分析的难度。瞬变电磁系统一般由发射机、发射线圈、接收线圈、接收机和微机数据采集处理系统组成。通常渗漏探测仪的工作原理如图 7.4.2 所示。

瞬变电磁系统工作过程如下：将发射线圈和接收线圈置于同一平面内，开机后，发射线圈内有一稳定电流流动，并保持一定时间，在大地半空间形成一个磁场。而后，这一稳定电流突然关断，衰减的涡流产生一个二次磁场向上传送到地面，在接收线圈内产生信号电流，测试重复进行，直至达到预定探测深度。按照水平位置分辨率的要求，将线圈移至下一个测站，进行第二个测站的探测。如此重复，直至完成一条测线上全部测站的探测。将此探测结果由计算机绘制在

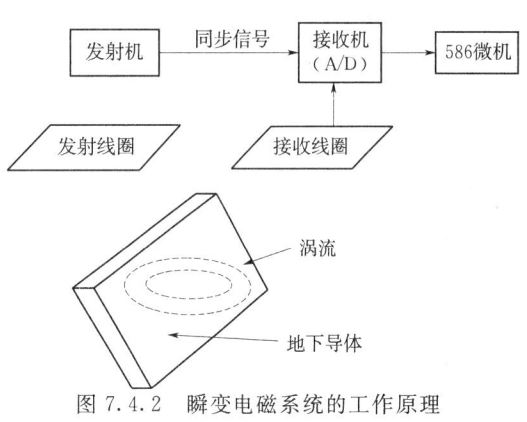

图 7.4.2 瞬变电磁系统的工作原理

二、三维图像或剖面图像上，就能获得该测线的地层垂直剖面内电导率分布图，由此判断出异常区域。

7.4.4 探地雷达法

探地雷达技术作为一种无损伤的探测技术越来越多地应用于大坝、堤防的隐患探测。地质雷达技术在中国应用时间不长，却已取得了不少资料和成果，已应用于基岩探测、地下水调查、地质分层、喀斯特成图、河底及湖底剖面、岩溶及空洞探测、坝体深部探测、滑坡调查及坝体质量检测等。

探地雷达是根据高频（偶极子）电磁波在地下介质传播的理论，以宽频带短脉冲电磁波经由地面的发射天线将其送入地下，经地下地层或目的体的电磁性差异反射回地面，由接收天线接收其反射电磁波信号。通过对返回电磁波的时频特征和振幅特征进行分析，便能了解到地下地质特征信息，从而探测堤坝隐患。电磁波在介质中传播时，发生反射及透射的条件是相对介电常数发生明显改变，其反射和透射能量的分配主要与异常变化的电磁波反射系数有关，由此可以反推地层性质。

7.4.5 地震波技术

井间地震波 CT 技术是一种新的高分辨率地球物理勘探手段。井间地震波 CT 技术是利用弹性波穿透地质介质的走时或振幅的变化来反演井间地质介质的二维速度结构或衰减特性，并以图像表示的一种地球物理勘查技术。野外工作时首先是将电火花震源的电缆放电头下至一孔底，将接收检波器下至另一孔底，每激振一次，接收检波器向上移动一个点位，点距 1m，逐点向上测试；然后再提升放电头一个点位，接收检波器重复以上扫描测试，构成上下交叉式观测系统，完成两孔之间的扫描穿透。

7.5 示踪测渗方法

孔中测定流场的示踪试验是一种调查水库与湖泊渗漏状况的常用工具。人工示踪方法主要是采用示踪剂在孔中进行水平流和垂向流测量。

7.5.1 示踪稀释法测定地下水流速

将示踪测试探头下到井中被测位置，探头上带有止水装置，以消除垂向流的影响。示踪剂被投放在两止水装置中间的井段内并搅拌均匀，使井段中水柱被示踪剂标记。被上下封堵的井段内只存在井壁侧向的地下水流动，假设水是不可压缩的液体，垂直方向不存在水的交换，那么通过上游流进井段的水量必然等于从井段流出到下游的水量。

假设有 Δq 克的水量从上游裂隙一侧流入井段，那么必定有 Δq 克的水量通过裂隙下游侧流出井段，在流出的 Δq 克水中有 Δm 克示踪剂，封闭井段内的测量探头有搅拌装置，可以保证在封闭井段内各点水中的示踪剂浓度始终相等，如果地下水渗透流速稳定，则可由稀释定理推导出其表达式为：

$$V_f = \frac{\pi(r_1^2 - r_0^2)}{2r_1 \cdot \alpha \cdot t} \ln \frac{N_1}{N_2} \qquad (7.5.1)$$

式中：r_1 为井内半径；r_0 为探头半径；t 为两次测量时间间隔；α 为流场畸变系数；N_1 为第一次测量的示踪剂浓度；N_2 为第二次测量的示踪剂浓度。

点稀释法测定渗透流速的适用条件：

(1) 孔中不存在垂向流。

(2) 稀释段内各点的浓度保持相等。

(3) 示踪剂的浓度必须很低，否则将产生密度差的影响。

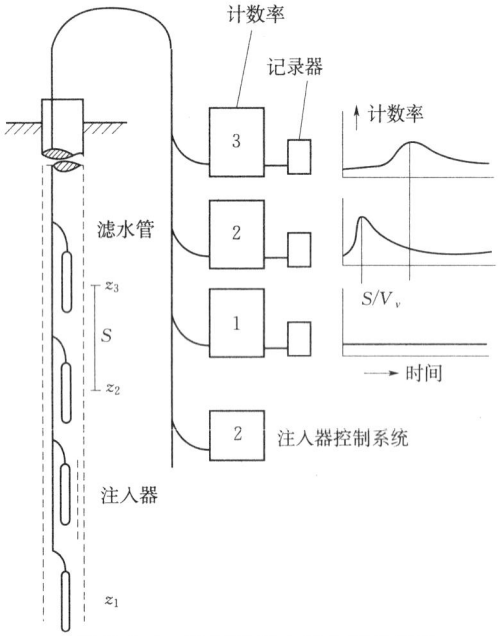

图 7.5.1 确定滤管内垂向流量装置

7.5.2 测量孔中的垂向流

在调查大坝渗漏中，在位于渗漏区域的孔中通常会遇到垂向流。钻孔揭露了两个含水层或渗透层存在不同的测压管水头。垂向流的发生是从高水头的含水层流向低水头的含水层。因此，流动既可能向上也可能向下。另外，当含水层中的流线与孔轴线倾斜时，在这种情况下也会有垂向流的产生，但这种垂向流速通常都很低。

垂向流的测量采用峰值法和累计法来测定井中地下水的垂向流。峰值法即将四支串联探头放置在井中被测井段，投源器在探头的中部仪表分别记录各探测器在不同时刻的示踪剂浓度变化值。假设垂向流向上，可得到如图7.5.1所示的变化曲线，找出两条曲线的峰值

所对应的时间差值 ΔT，设两探头之间的距离为 ΔH，则垂向流速 V_v 为：

$$V_v = \frac{\Delta H}{\Delta T} \tag{7.5.2}$$

于是通过钻孔断面的水流量为：

$$Q = \pi(r^2 - r_1^2)V_v \tag{7.5.3}$$

式中：r、r_1 为钻孔和探头半径。

7.5.3 流向测试

投入滤水管中的示踪剂将主要沿着水流方向以一定的流散角被地下水带至孔外的含水层中。流散角与流速、含水层结构及颗粒粒径等有关。漂移到含水层中的示踪剂浓度与地下水流向有关，浓度高的方向与地下水流出滤水管的方向相对应，浓度低的方向与流入滤水管的方向相对应。因此可根据孔周测得的示踪剂浓度确定地下水的流向，见图 7.5.2。

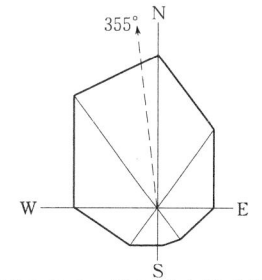

图 7.5.2 测定流向示意图

思 考 题 与 习 题

7.1 简述常水头渗透试验与变水头渗透试验的基本原理、适用条件的异同。

7.2 简述试坑单环注水试验和双环注水试验的优缺点。

7.3 现场测试的方法为什么大多数是经验公式？

7.4 前面的地下水动力学的相关理论如何在现场测试中应用？

第8章 地下水渗流的模拟与数值计算

地下水渗流问题是工程中十分复杂的问题，前面章节中介绍了地下水渗流的基本概念和理论，探讨了河渠与水井的地下水渗流理论，介绍了地下水渗流的理论计算方法和测试方法。这些理论与方法有时候还不能完全解决实际工程的地下水渗流问题，此时，需要通过物理模拟和数值计算等手段对实际的问题进行研究分析。

8.1 地下水模拟的理论基础

用解析方法来研究地下水的运动问题只局限于解决一些比较简单的问题，如边界条件和含水层结构比较简单的地下水运动。对于边界比较复杂或含水层非均质结构复杂的地下水运动很难或无法利用解析法得到解决，因此只能采用"模拟"方法解决。所谓模拟，就是针对实际的问题，利用一定的易于实现的模拟手段对问题进行重现，进而分析得到问题的解答。

8.1.1 地下水运动模拟的相似基础

模拟方法可以分为两大类：一类是物理模拟，另一类是数值模拟。前者又可分为缩尺模型模拟和狭义物理模拟。缩尺模型模拟是按照一定比例尺缩小而构成的实际模型，模拟系统与原型系统呈现相同的物理现象，如砂槽模型模拟。狭义物理模型模拟根据原型的渗流现象与模型的其他物理现象的相似性及其相同的规律性而制作成各种特殊的模型，如电解槽模型模拟。数值模型模拟，是由一组数学方程（包括水流控制方程及相应的定解条件）构成的数学模型，离散后形成的一系列代数方程组，称之为数值模型。它必须通过程序由数字计算机运行实现其模拟过程。

对于一些难以利用解析法得到解答的地下水流动问题，如果采用按比例缩小的实验室模型或模拟装置中调整各种实际参数，使其获得与所研究的实际问题具有同等的效果，则可以得到良好的解答，可用来解决所要求解的地下水流动问题。用模拟的方法解决实际的地下水运动问题，具有以下的优势：①可以缩小地下水运动区域的几何尺寸，便于从整体上，而不是局部上研究地下水的分布特征；②可以加速地下水运动的演变速度，利用模拟方法只用几秒或几分钟的时间就可以模拟几天甚至几十年的地下水运动过程，从而节省大量的时间；③模拟的方法与过程简单易行，可以方便的改变模型的参数，提高模拟的效率与精度。

8.1.2 相似条件

在一个比例适当的模型或模拟装置中，模拟的过程以及结果能够按照缩小的尺寸比例和缩短的时间比例再现研究的实际问题，那么就将实际问题称为原型，相对应的，实际问题的模拟即为模型。为了利用模型再现原型地下水运动过程的依据，是原型与模型两个系统中的物理现象具有相似的数学模型。相似的数据模型包括两个方面，即微分方程形式相同和定解条件相似。

以均质各向同性非稳态的地下水运动为例，任一点水头的微分方程为：

$$\frac{\partial^2 H}{\partial x^2} + \frac{\partial^2 H}{\partial y^2} + \frac{\partial^2 H}{\partial z^2} = \frac{\mu_s}{K}\frac{\partial H}{\partial t} \tag{8.1.1}$$

在砂槽模型中，除几何尺寸、介质参数与原型不同外，两个系统都是水通过多孔介质的流动，因此模型与原型的微分方程具有相同的形式。

通过总结与对比发现，描述守恒类物理过程的微分方程都与式（8.1.1）有着类似的形式。因此，在电模拟过程中，电流在导电介质中传导时，电位分布的微分方程与式（8.1.1）的形式也是相同的。这时的渗透系数 K 以及贮水率 μ_s 分别代表导电系数与电容。

而定解条件相似，主要指以下几个方面：

（1）几何相似。在原型和模型的有限空间内，两个研究系统所有对应长度之间的比值必须相等。设 $(\delta x)_p$、$(\delta y)_p$、$(\delta z)_p$ 表示原型中的某些长度（用下标 p 表示），而 $(\delta x)_m$、$(\delta y)_m$、$(\delta z)_m$ 表示它们在模型中的长度（用下标 m 表示）。它们的比值称为长度比例：

$$x_r = \frac{(\delta x)_m}{(\delta x)_p};\ y_r = \frac{(\delta y)_m}{(\delta y)_p};\ z_r = \frac{(\delta z)_m}{(\delta z)_p} \tag{8.1.2}$$

式中：x_r、y_r、z_r 为 x、y、z 向的长度比例。

对于严格的几何相似，要求：

$$x_r = y_r = z_r = l_r \tag{8.1.3}$$

$$l_r = \frac{(\delta l)_m}{(\delta l)_p} \tag{8.1.4}$$

式中：l_r 为长度比例；l 表示任一长度。

显然，两系统中的面积（A）和体积（V）也应满足固定比值：

$$A_r = l_r^2; V_r = l_r^3 \tag{8.1.5}$$

式中：A_r 为面积比例；V_r 为体积比例。

有时为了把各向异性介质转化为各向同性模型时，常采用变形模型。在变形模型中不能保持严格的几何相似，常采用 $x_r \neq y_r \neq z_r$，或 $x_r = y_r \neq z_r$ 等。这种几何不相似的两个系统，对应物理量的变化规律，仍能保持相似。

（2）时间相似。原型与模型中的地下水可以同步运动，但这不适用于对长时间的地下水运动进行模拟，因此很少采用，更多是利用时间的相似，使模型中的运动速度快于原型，以达到提高模拟效率的目的。为了实现时间相似，模型的时间 t_m 与原型的时间 t_p 保持固定比值：

$$t_r = \frac{t_m}{t_p} \tag{8.1.6}$$

式中：t_r 为时间比例。在整个模拟过程中，t_r 的值保持不变。

由几何相似与时间相似可以看出，必然保持运动相似，模型的水流速度 v_m 与原型的水流速度 v_p 保持固定比值，即：

$$v_r = \frac{v_m}{v_p} = \frac{\frac{l_m}{t_m}}{\frac{l_p}{t_p}} = \frac{l_r}{t_r} \tag{8.1.7}$$

式中：v_r 为水流速度比例。

但在变形模型中，由于长度比例 l_r 在不同方向上不一定相等，因此不能保证运动相似。

（3）参数相似。在两个系统中对应的物理参数必须保持线性关系。

（4）初值相似。在两个系统中，对应物理量的初值都应满足固定比值。

（5）边值相似。在两个系统中，对应物理量及其导数在边界上分布的边值同样应当满足固定比值，当边值随时间变化时，还要保持边值的时间相似。

总之，在微分方程形式相同的情况下，所有的对应物理量均应保持固定比例，这是原型和模型两个系统相似的充分必要条件，这些条件是成为建立模型并模拟地下水运动规律的相似基础。

8.1.3 相似比例

确定相似系统对应物理量之间的比例关系，是设计正确模型的准则，是模拟成败的关键，也是把模拟结果转成原型结果的依据。确定相似比例有两种常用方法，即量纲分析法和方程分析法。两种方法分析的途径虽不同，但所得的结果是一致的。

如果仅知道参与系统的主要变量和参数，而不解它们的组成关系，即不知道描述系统的微分方程时，可以用量纲分析法；如果已知描述系统的微分方程时，可用方程分析法确定模型比例。以方程分析法为例简单介绍比例关系的确定过程。

根据原型与模型的两组方程组，引入全部对应量的比值，将比值代入原型方程中并同模型方程比较，按照两组方程应有相同形式的要求，就可以直接求出各项比例系数。

以均质各向同性介质中的非稳定渗流为例，已知原型的微分方程为：

$$\frac{\partial^2 H_p}{\partial x_p^2}+\frac{\partial^2 H_p}{\partial y_p^2}+\frac{\partial^2 H_p}{\partial z_p^2}=\frac{\mu_{sp}}{K_p}\frac{\partial H_p}{\partial t_p} \tag{8.1.8}$$

式中：下标"p"表示原型。

在均质各向同性的砂槽模型中，微分方程为：

$$\frac{\partial^2 H_m}{\partial x_m^2}+\frac{\partial^2 H_m}{\partial y_m^2}+\frac{\partial^2 H_m}{\partial z_m^2}=\frac{\mu_{sm}}{K_m}\frac{\partial H_m}{\partial t_m} \tag{8.1.9}$$

式中：下标"m"表示模型。

取各比例系数为：

$$\begin{cases} x_r=\dfrac{x_m}{x_p}, y_r=\dfrac{y_m}{y_p}, z_r=\dfrac{z_m}{z_p}, H_r=\dfrac{H_m}{H_p} \\ K_r=\dfrac{K_m}{K_p}, t_r=\dfrac{t_m}{t_p}, \mu_{sr}=\dfrac{\mu_{sm}}{\mu_{sp}} \end{cases} \tag{8.1.10}$$

式中：H_r 为水头比例；K_r 为渗透系数比例；μ_{sr} 为贮水率比例。

将上式代入原型方程中可以得到：

$$\frac{1}{H_r}\left[x_r^2\frac{\partial^2 H_m}{\partial x_m^2}+y_r^2\frac{\partial^2 H_m}{\partial y_m^2}+z_r^2\frac{\partial^2 H_m}{\partial z_m^2}\right]=\frac{t_r K_r}{\mu_{sr} H_r}\frac{\mu_{sm}}{K_m}\frac{\partial H_m}{\partial t_m} \tag{8.1.11}$$

比较模型方程式（8.1.9）和式（8.1.11）可以看出，如果下式成立，即：

$$\frac{x_r^2}{K_r}=\frac{y_r^2}{K_r}=\frac{z_r^2}{K_r}=\frac{t_r}{\mu_{sr}} \tag{8.1.12}$$

则模型与原型的微分方程便有相同的形式。从而根据上式计算出各比例系数的值。

8.2 砂槽模型

砂槽模型是将自然界中某种结构和边界条件下的地下水在多孔介质中的流动按照一定比例缩小制成的模型。在砂槽模拟过程中，原型和模型都属于流体通过多孔介质，从这个角度来讲，砂槽模型是真正的模型。

8.2.1 砂槽结构

砂槽模型由装有多孔介质的容器、流体、供水系统以及测量系统组成。砂槽形状取决于模拟的原型流场，如模拟井流时，由于对称性，可以采用扇形槽；而模拟一般的一维、二维以及三维流场时，常采用矩形槽。

如图 8.2.1 所示的矩形砂槽模型，由槽首、槽身、槽尾三段组成，各段之间用可移动的过滤网隔开以便适应设计模型大小的变化。

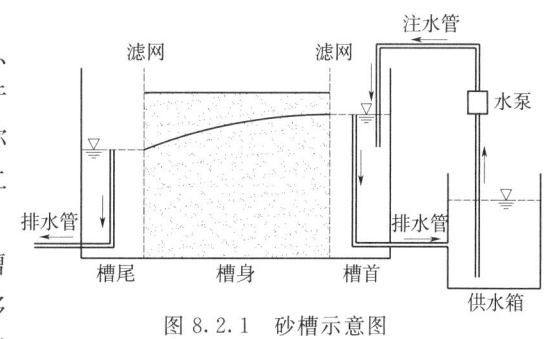

图 8.2.1 砂槽示意图

槽首同供水系统连接，供水系统采用图中的循环供水方法为模型供水，只要保证供水箱内有足够的水，就能为模型提供持续供水。槽首与槽尾通过改变排水管的高度实现不同上下游水位的设置。槽身是装有多孔介质的容器，侧壁与底面可以与测量系统相连，以记录模型中的参数变化，槽身的顶部还可以连接喷水装置，以模拟入渗对地下水运动的影响。

在模型的槽身中可装入砂或其他多孔材料。对于填入的多孔材料，其结构在模拟过程中要保持稳定，具有惰性化学性质。装填时应保持规定的均匀性或非均质性，不能残存气体。采用的流体在模拟饱和流、非饱和流时，常用均质水；在模拟咸淡水界面运移时，可采用密度、黏度不同的异质流体；在模拟水动力弥散时，常用均质水加示踪剂（见第 10 章）。选择流体的基本要求是无侵蚀性、无毒性和非易燃性。

8.2.2 砂槽模型比例

以承压地下水流动模型为例，说明如何确定模型的比例。
在均质各向同性多孔介质中，一维承压水流的微分方程组为：

$$\begin{cases} \dfrac{\partial^2 H}{\partial x^2} = \dfrac{\mu_s}{K} \dfrac{\partial H}{\partial t} \\ v = -K \dfrac{\partial H}{\partial x} \end{cases} \quad (8.2.1)$$

引入一组比例系数值：

$$\begin{cases} x_r = \dfrac{x_m}{x_p}, H_r = \dfrac{H_m}{H_p}, v_r = \dfrac{v_m}{v_p} \\ K_r = \dfrac{K_m}{K_p}, t_r = \dfrac{t_m}{t_p}, \mu_{sr} = \dfrac{\mu_{sm}}{\mu_{sp}} \end{cases} \quad (8.2.2)$$

根据式（8.2.2）中各参数间的关系，把模型量代入原型的微分方程中，得到：

$$\begin{cases} x_r^2 \dfrac{\partial^2 H_m}{\partial x_m^2} = \dfrac{t_r K_r}{\mu_{sr}} \dfrac{\mu_{sn}}{K_m} \dfrac{\partial H_m}{\partial t_m} \\ \dfrac{v_m}{v_r} = -\dfrac{x_r}{K_r H_r} K_m \dfrac{\partial H_m}{\partial x_m} \end{cases} \tag{8.2.3}$$

如令各项比值的组合满足下列等式：

$$\frac{x_r^2}{K_r} = \frac{t_r}{\mu_{sr}}, v_r = \frac{K_r H_r}{x_r} \tag{8.2.4}$$

则模型与原型的微分方程便有了相同的形式，这就意味着，如果原型流场按比例缩成相似模型，在模型中的渗流规律就可用相同形式的模型方程来求解，且不失真。

两个等式中包括 6 个参数值，因此需要结合模拟技术条件选定 4 个比值，其余参数即可利用等式求出。在砂槽模型中，常取 $H_r = x_r$，同时，按照已知的原型与模型的介质参数可以确定出 K_r 和 μ_{sr}，因此余下的 t_r 与 v_r 可由等式获得：

$$t_r = \frac{x_r^2}{K_r} \mu_{sr}, v_r = \frac{K_r H_r}{x_r} = K_r \tag{8.2.5}$$

在选定比例系统后，根据已知的模型量便可求出对应的模型量，并以此为依据，组装砂槽模型。在砂槽模型的模拟结束后，对于得到的结果，再根据相应的相似比例系统，得到原型的结果。

8.2.3 砂槽模型模拟方法

（1）根据研究问题的性质和有关资料做好模拟的准备工作。选好砂槽和拟做模型的多孔物质，初步确定模型比例。组装模型，均匀捣实，缓慢充水，驱除残留气体。

（2）标定模型参数。如模型的渗透系数、弥散系数等。标定方法是：调整边界条件，使模型中渗流达到符合解析解的状态。再把测定的要素代入解析解计算参数。根据标定的模型参数，再调整模型比例。

（3）拟合原型参数。如入渗量和含水层参数。根据模拟水头和长期观测资料的拟合程度，检查所给参数的正确性，同数值法中反求参数相似。

（4）开始模拟实验。对模型给出相似的定解条件。如属无压流，只要给出上下游水位，便可自动形成自由面边界。随时记录水头、流量或溶质浓度等。对流线可用染料形成水线来观察；对变形较快的自由面，常用照相记录。

（5）整理模拟结果。一切记录的要素，由模型量转到原型量时，都必须乘以相似比。如单宽流量的相似比为：

$$q_r = \frac{q_m}{q_p} = \frac{v_m z_m}{v_p z_p} = v_r z_r \tag{8.2.6}$$

因此，利用模型得到的单宽流量计算原型单宽流量的方法为：

$$q_p = \frac{q_m}{q_r} = \frac{q_m}{v_r z_r} \tag{8.2.7}$$

8.3 电 模 拟

电模拟试验是巴甫洛夫斯基于 1918 年提出的，并于 1920 年首次用于土堤及其地基的渗流试验，此后许多学者相继在电模拟试验的模拟理论、试验方法、模型材料和试验设备等方面做了大量研究，使电模拟试验技术不断得到改进和发展。由于其试验装置简单，试验方法便于掌握，试验操作迅速，试验结果具有较高的精度，而且可以用其模拟许多渗流问题，所以得到了广泛应用。

8.3.1 电模拟试验的基本原理

电模拟试验是利用渗流与电流在数学表达式方面的相似性，而建立起来的渗流现象与电流现象的比拟和模拟关系，见表8.3.1。

表8.3.1　　　　　　　　　　渗流场与电流场的对应关系

渗流场	电流场	渗流场	电流场
水头 H	电位（势）U	描述渗流的拉普拉斯方程 $\nabla^2 H = 0$	描述电流的拉普拉斯方程 $\nabla^2 U = 0$
渗透系数 K	电导系数 $1/\rho$（ρ 为电阻系数）	等水头线（H 为常数）	等位势线（U 为常数）
渗透流速 v	电流密度 i	透水面	导电面
达西定律 $v = -K\dfrac{\partial H}{\partial s}$	欧姆定律 $i = -\dfrac{1}{\rho}\dfrac{\partial U}{\partial s}$	不透水面	绝缘面

根据电流的连续条件，可得克希霍夫方程为：

$$\frac{\partial i_x}{\partial x} + \frac{\partial i_y}{\partial y} + \frac{\partial i_z}{\partial z} = 0 \tag{8.3.1}$$

按照欧姆定律：

$$i_x = -\frac{1}{\rho}\frac{\partial U}{\partial x}, i_y = -\frac{1}{\rho}\frac{\partial U}{\partial y}, i_z = -\frac{1}{\rho}\frac{\partial U}{\partial z} \tag{8.3.2}$$

式中：ρ 为电阻系数。

将式（8.3.2）代入式（8.3.1），整理得到电位的拉普拉斯方程：

$$\frac{\partial^2 U}{\partial x^2} + \frac{\partial^2 U}{\partial y^2} + \frac{\partial^2 U}{\partial z^2} = 0 \tag{8.3.3}$$

在地下水运动中，关于水头的拉普拉斯方程为：

$$\frac{\partial^2 H}{\partial x^2} + \frac{\partial^2 H}{\partial y^2} + \frac{\partial^2 H}{\partial y^2} = 0 \tag{8.3.4}$$

根据伯努利总流方程，地下水运动中的水头可以由下式表示，即：

$$H = \frac{p}{\gamma_w} + z \tag{8.3.5}$$

将式（8.3.5）代入式（8.3.4）可得用压力 p 表示的拉普拉斯方程为：

$$\frac{\partial^2 p}{\partial x^2} + \frac{\partial^2 p}{\partial y^2} + \frac{\partial^2 p}{\partial z^2} = 0 \tag{8.3.6}$$

对比电流与水流拉普拉斯方程的可知，电位或电压的分布与渗流水头或渗流压力的分布是相同的。

如果设渗流场与电流场之间的几何比例（坐标比尺）为 λ，水头与电位之间的模拟相似比尺为 λ'，x、y、z 为渗流场的坐标，x'、y'、z' 为电模拟试验模型的坐标，则存在下列关系：

$$H = \lambda' U, x = \lambda x', y = \lambda y', z = \lambda z' \tag{8.3.7}$$

将式（8.3.7）代入式（8.3.4）可得：

$$\frac{\lambda^2}{\lambda'}\left(\frac{\partial^2 H}{\partial x^2} + \frac{\partial^2 H}{\partial y^2} + \frac{\partial^2 H}{\partial y^2}\right) = 0 \tag{8.3.8}$$

在上式中，比值系数 $\frac{\lambda^2}{\lambda'}$ 可以消去，则式（8.3.8）与式（8.3.4）完全相同，这就是说，只要遵守几何相似条件，则两个拉普拉斯方程所描述的现象是彼此相似的。所以在进行电模拟试验时，应满足下列条件：

（1）渗流场与电流场的几何形状相似。

（2）渗流场与电流场的边界形状相似。

（3）电模拟试验模型的边界条件与渗流场的边界条件相似。

8.3.2 电模拟试验的方法

电模拟试验的模型通常设置在一个模型盘中，模型盘常采用木盘，上面铺设玻璃板，模型就设置在玻璃板上。

电模拟试验中模型的导电材料可分为3类，即液体材料、固体材料和胶体材料。液体材料有盐水、苏打水、硫酸铜、碳酸钾、苛性钾等溶液和自来水、普通饮水、蒸馏水以及甘油溶液等，其中常采用的是盐水、硫酸铜溶液、碳酸钾溶液、苛性钾溶液和自来水等，这些电解液的电导系数一般为 $\frac{1}{\rho} = 0.5 \sim 10^{-5} \frac{1}{\Omega \cdot cm}$。液体材料的优点是经济、制备简单、观测方便、测量结果有较高的精度；其缺点是模型容易漏水、不同电解液之间的隔板与底面的玻璃板不易密合。

固体导电材料有锡箔、导电纸、涂油漆的纸板、石墨粉、炭粉、滑石粉、铜粉等。固体材料的优点是可以应用直流电源，简化测量装料；其缺点是均匀性差，故误差较大。

胶体导电材料有冻粉、石花菜和动物胶等，这些材料的优点是可以做成各种形状和任意改变其电导系数；其缺点是冷却后会产生收缩，影响电导系数。

常用的模型绝缘材料有木材、玻璃、橡皮泥、石蜡、沥青等。

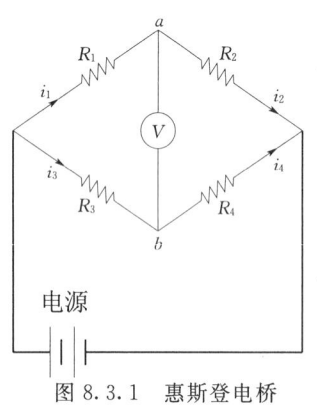

图 8.3.1 惠斯登电桥

电模拟试验装置是基于惠斯登电桥原理。例如图 8.3.1 所示的惠斯登电桥，如 a、b 两点连以电位计，当其指针指向零时，表示 a、b 两点无电位（电势）差，也就是无电流通过，即图中电流 $i_1 = i_2$ 且 $i_3 = i_4$，此时根据电流定律可得：

$$i_1 R_1 = i_3 R_3$$
$$i_2 R_2 = i_4 R_4 \tag{8.3.9}$$

式中：i_1、i_2、i_3、i_4 为电流；R_1、R_2、R_3 和 R_4 为电阻。

由式（8.3.9）可得：

$$\frac{R_1}{R_3} = \frac{R_2}{R_4} \tag{8.3.10}$$

式（8.3.10）表示，在电桥上，当 a、b 两点无电位差时，电阻之比 $\frac{R_1}{R_3}$ 和 $\frac{R_2}{R_4}$ 相等。

将这一原理用于电模拟试验，故试验的装置应包括两个部分，即电源部分和测量部分。电源部分由稳压器、振荡器、功率放大器和电位器所组成，振荡器和功率放大器的作用为调压、变频和放大讯号；电位器用于确定模型的边界条件。测量部分主要包括标准电位计、检流计和电测针。检流计常采用旋转式电阻箱、耳机、电眼、电压表、电流表和示波仪等。

图 8.3.2 是一个闸坝地基渗流的电模拟模型，它是在一个表面覆盖一块玻璃板的木盘中设置闸坝底部轮廓和地基的模型。模型的上下游河底各设一根铜条，表示透水边界，并且与电路相连接。模型的不透水轮廓则用绝缘材料和非导电体制作，在模型的渗流区域内放置厚度约 2cm 的电解液。在使用交流电的情况下，为了使普通交流电的电压自 220V 降至 10～18V，可设置变压器以降压。由于在上游河底处，水头损失为零，故势能为 100%，而在下游河底处水头损失为

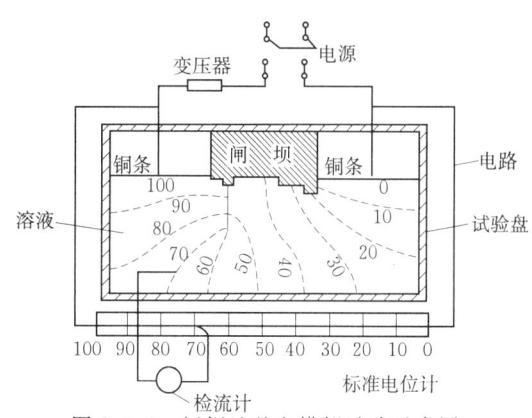

图 8.3.2　闸坝地基电模拟试验示意图

100%。此时上下游河底面处的电位差 U_1-U_2，代表原型上下游水头差 H_1-H_2。当电流接通后，电流在电位差 U_1-U_2 作用下从上游面铜条通过界电溶液流向下游面铜条，沿途的电位损失就等于原型的水头损失。在玻璃盘的下端设有一个滑动电阻，试验时将电位计的一端置于滑动电阻的某点上，例如 30% 上；电位计另一端的指针（测针）则在盘中溶液中移动，当电位计的指针指向零时，此时电位计中无电流通过。因此指针在盘中的接触点即为水头损失是上下游水头差为 30% 的等势线上的一点，这时自指针至左右铜条的电阻各相当于 R_1 和 R_3，而被滑动接触点所分隔的滑动电阻上左右两部分的电阻，各相当于 R_2 和 R_4。

按照上述方法依次进行，即可给出全部等势线，在这些等势线上添绘流线，即可绘制成流网图。

8.3.3　电模拟模型比尺

如令原型与模型的比尺为：

$$\lambda = \frac{S}{S'}, \lambda_H = \frac{H}{U}, \lambda_K = \frac{K}{1/\rho}, \lambda_v = \frac{v}{i} \quad (8.3.11)$$

式中：λ 为长度比尺；λ_H 压力比尺；λ_K 透水性（导电性）比尺；λ_v 为流速比尺。

根据渗流的达西定律，$v=-K\dfrac{\partial H}{\partial S}$ 和电流场的欧姆定律 $i=-\dfrac{1}{\rho}\dfrac{\partial U}{\partial S}$ 相似的关系，可得：

$$\frac{\lambda\lambda_v}{\lambda_K\lambda_H} = 1 \text{ 或 } \lambda_v = \frac{\lambda_K\lambda_H}{\lambda} \quad (8.3.12)$$

如令 $\lambda_Q = \dfrac{Q}{I}$，同时，由于 $\lambda_Q = \lambda^2\lambda_v$，代入式（8.3.13）得：

$$\lambda_Q = \lambda\lambda_K\lambda_H \quad (8.3.13)$$

式（8.3.13）即为电模拟试验的基本模型律，即当模型长度比例 λ 和电阻率 ρ 确定以后，电压和电流（先确定其中一个）的比例关系即可确定。

由式（8.3.13）即可得三维渗流电模拟试验的渗流量计算式为：

$$Q = \frac{\lambda \rho KHI}{U} = \frac{\lambda \rho KH}{R} \tag{8.3.14}$$

式中：H 为原型的总水头；U 为模型的总电压；I 为模型的电流；R 为模型中上下游极板间的电阻。

对于二维渗流模型，当导电液的厚度为 δ，则单宽流量为：

$$q = \frac{Q}{b} = \frac{Q}{\lambda \delta} = \frac{\rho KH}{R\delta} \tag{8.3.15}$$

式中：b 为渗流量的计算宽度。

对于均质土渗流场，导电液的电阻系数 ρ 值可以任选，对于多层土层中的非均质渗流场，ρ 值应满足：

$$\rho_1 K_1 = \rho_2 K_2 = \cdots = 常数 \tag{8.3.16}$$

故计算渗流量时用任一土层之 ρK 值代入均可。

8.4 有 限 差 分 法

地下水数值计算是研究分析地下水渗流问题的重要手段。当前地下水渗流数值计算方法主要有有限差分法、有限单元法、边界元法和有限体积法等，本节仅介绍目前应用较广的有限差分法。

8.4.1 基本原理

有限差分法的基本思想是：用渗流区内选定的有限个离散点的集合代替连续的渗流区，在这些离散点上用差商近似地代替微商，将微分方程及其定解条件化为以未知函数在离散点上的近似值为未知量的代数方程（称之为差分方程），然后求解差分方程，从而得到微分方程的解在离散点上的近似值。

有限差分法的基本原理是某点处水头函数的导数用该点和其几个相邻点处的水头值及其间距近似表示。这些点的间距可以相等，也可以不相等，它们分别相当于等格距（均匀）与不等格距（非均匀）有限差分网格。这些点可以位于该点的一侧，也可以位于该点的两侧，这就形成导数的不同有限差分公式。建立水头函数导数有限差分近似式的方法有多种，但最常用的方法是通过泰勒展开式引出。

对于任一光滑函数 $f(x)$，在 x 轴上任一点的正向及负向与该点相距 Δx 处的函数值可以由函数的泰勒展开式表示：

$$f(x+\Delta x) = f(x) + \Delta x \frac{\mathrm{d}f}{\mathrm{d}x} + \frac{(\Delta x)^2}{2!} \times \frac{\mathrm{d}^2 f}{\mathrm{d}x^2} + \frac{(\Delta x)^3}{3!}\frac{\mathrm{d}^3 f}{\mathrm{d}x^3} + \cdots + \frac{(\Delta x)^n}{n!}\frac{\mathrm{d}^n f}{\mathrm{d}x^n} + \cdots \tag{8.4.1}$$

$$f(x-\Delta x) = f(x) - \Delta x \frac{\partial f}{\partial x} + \frac{(\Delta x)^2}{2!} \times \frac{\mathrm{d}^2 f}{\mathrm{d}x^2} - \frac{(\Delta x)^3}{3!}\frac{\mathrm{d}^3 f}{\mathrm{d}x^3} + \cdots + (-1)^n \frac{(\Delta x)^n}{n!}\frac{\mathrm{d}^n f}{\mathrm{d}x^n} + \cdots \tag{8.4.2}$$

将式（8.4.1）进行整理，可以得到：

$$\frac{f(x+\Delta x)-f(x)}{\Delta x}=\frac{\mathrm{d}f}{\mathrm{d}x}+\frac{\Delta x}{2!}\times\frac{\mathrm{d}^2f}{\mathrm{d}x^2}+\frac{(\Delta x)^2}{3!}\frac{\mathrm{d}^3f}{\mathrm{d}x^3}+\cdots \quad (8.4.3)$$

将式（8.4.2）进行整理，可以得到：

$$\frac{f(x)-f(x-\Delta x)}{\Delta x}=\frac{\mathrm{d}f}{\mathrm{d}x}-\frac{\Delta x}{2!}\times\frac{\mathrm{d}^2f}{\mathrm{d}x^2}+\frac{(\Delta x)^2}{3!}\frac{\mathrm{d}^3f}{\mathrm{d}x^3}+\cdots \quad (8.4.4)$$

式（8.4.3）可以写成：

$$\begin{aligned}\frac{\mathrm{d}f}{\mathrm{d}x}&=\frac{f(x+\Delta x)-f(x)}{\Delta x}-\frac{\Delta x}{2!}\frac{\mathrm{d}^2f}{\mathrm{d}x^2}-\frac{(\Delta x)^2}{3!}\frac{\mathrm{d}^3f}{\mathrm{d}x^3}-\cdots\\ &=\frac{f(x+\Delta x)-f(x)}{\Delta x}+O(\Delta x)\end{aligned} \quad (8.4.5)$$

式（8.4.4）可以写成：

$$\begin{aligned}\frac{\mathrm{d}f}{\mathrm{d}x}&=\frac{f(x)-f(x-\Delta x)}{\Delta x}+\frac{\Delta x}{2!}\times\frac{\mathrm{d}^2f}{\mathrm{d}x^2}-\frac{(\Delta x)^2}{3!}\frac{\mathrm{d}^3f}{\mathrm{d}x^3}-\cdots\\ &=\frac{f(x)-f(x-\Delta x)}{\Delta x}+O(\Delta x)\end{aligned} \quad (8.4.6)$$

式（8.4.5）和式（8.4.6）中，$O(\Delta x)$ 表示截断误差，且与 Δx 是同阶的，因此，当 Δx 趋近于0时，$O(\Delta x)$ 也将趋近于0，此时，函数的一阶导数就可以利用函数的差商表示，即：

$$\frac{\mathrm{d}f}{\mathrm{d}x}=\frac{f(x+\Delta x)-f(x)}{\Delta x} \quad (8.4.7)$$

或：

$$\frac{\mathrm{d}f}{\mathrm{d}x}=\frac{f(x)-f(x-\Delta x)}{\Delta x} \quad (8.4.8)$$

式（8.4.7）称为一阶导数的向前差分公式，而式（8.4.8）称为一阶导数的向后差分公式，如图8.4.1所示。

将式（8.4.1）减式（8.4.2），还可以得到一阶导数的另一种表示方法，即：

$$\begin{aligned}\frac{\mathrm{d}f}{\mathrm{d}x}&=\frac{f(x+\Delta x)-f(x-\Delta x)}{2\Delta x}+\frac{(\Delta x)^2}{3!}\frac{\mathrm{d}^3f}{\mathrm{d}x^3}+\frac{(\Delta x)^4}{5!}\frac{\mathrm{d}^5f}{\mathrm{d}x^5}\cdots\\ &=\frac{f(x+\Delta x)-f(x-\Delta x)}{2\Delta x}+O[(\Delta x)^2]\end{aligned} \quad (8.4.9)$$

式中：$O[(\Delta x)^2]$ 为余项，是比 Δx 高阶的无穷小，略去余项，可以得到函数一阶导数的近似式为：

$$\frac{\mathrm{d}f}{\mathrm{d}x}=\frac{f(x+\Delta x)-f(x-\Delta x)}{2\Delta x} \quad (8.4.10)$$

式（8.4.10）称为一阶导数的中心差分公式，如图8.4.1所示。

由上述一阶导数的3种有限差分公式看出，单侧差分（前向差分和后向差分）公式均具一阶截断误差，而中心差分公式却具二阶截断误差，可见中心差分公式比单侧差分公式更为精确。尽管中心差分公式具二阶截断误差，但并非所有的情况采用中心差分均比单侧差分更好，这里有一个时间差分与空间差分如何配合的问题，即差分格式问题。如对于不稳定流动问题，在某些情况下关于时间的导数取中心差分时，其计算得到的解是不能令人满意的，然而采用后向差分却可得到满意的结果。同样，从上述有限差分公式

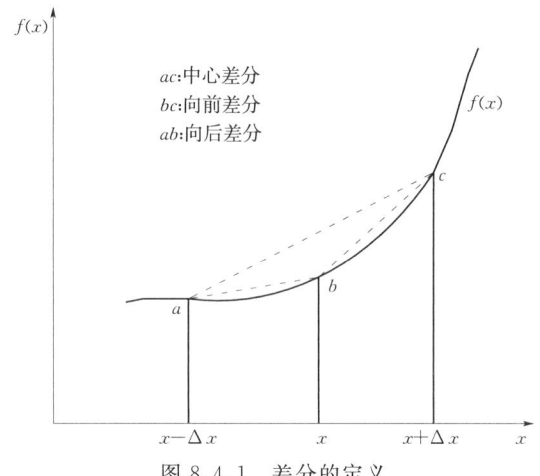

图 8.4.1 差分的定义

的截断误差来看，Δx 愈小，其截断误差也愈小。然而并非所有情况都是小步长比大步长更佳，这里也有一个空间步长与时间步长相配合的问题。

同样，为了得到二阶导数的有限差分式，将式（8.4.1）与式（8.4.2）相加并整理，得：

$$\frac{d^2 f}{dx^2} = \frac{f(x+\Delta x) - 2f(x) + f(x-\Delta x)}{(\Delta x)^2} + O[(\Delta x)^2] \quad (8.4.11)$$

略去余项，得二阶导数的差分公式为：

$$\frac{d^2 f}{dx^2} = \frac{f(x+\Delta x) - 2f(x) + f(x-\Delta x)}{(\Delta x)^2} \quad (8.4.12)$$

式（8.4.12）即为二阶导数的中心差分公式，可以看出，其截断误差也是二阶的。

利用上述的有限差分格式，即可以将函数的微商形式转化为差商的形式，以方便问题的求解。

8.4.2 地下水流动问题的有限差分格式

下面以地下水一维运动方程为例，阐述有限差分法的基本格式。地下水一维流动的连续性方程为

$$\frac{\partial^2 H}{\partial x^2} = \frac{\mu_s}{K} \times \frac{\partial H}{\partial t} \quad (8.4.13)$$

设求解的空间范围为 $0 \leqslant x \leqslant L$，时间范围 $0 \leqslant t \leqslant T$，将空间平均分成 I 等份，将时间平均分成 N 等份，那么空间步长 $\Delta x = L/I$，时间步长 $\Delta t = T/N$。根据上述的有限差分格式表示方法，用向前差分对时间项进行离散，用中心差分对空间项进行离散，可以得到地下水一维流动的连续性方程的离散格式。

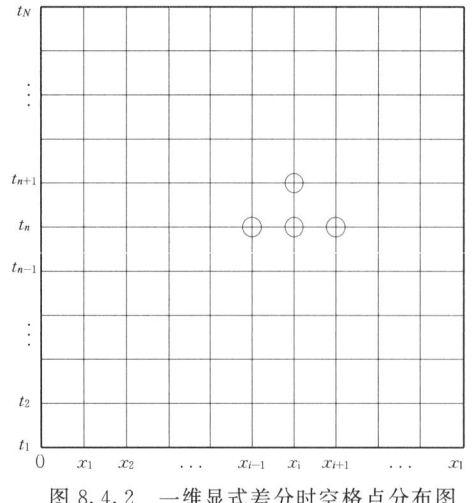

图 8.4.2 一维显式差分时空格点分布图

根据图 8.4.2，空间上任一点的坐标 $x_i = $

$i\Delta x$ ($i=0$, 1, 2, 3, …, I), 时间上任一时刻 $t_j=n\Delta t$ ($n=0$, 1, 2, 3, …, N), 时空网格上任一结点的坐标即为 (i, n)。

在对控制方程进行离散时, 如果对时间项采用向前差分, 而对空间项在 n 时阶上采用中心差分, 则有:

$$\left.\frac{\partial H}{\partial t}\right|_i^n = \frac{H_i^{n+1} - H_i^n}{\Delta t} \tag{8.4.14}$$

$$\left.\frac{\partial^2 H}{\partial x^2}\right|_i^n = \frac{H_{i+1}^n - 2H_i^n + H_{i-1}^n}{(\Delta x)^2} \tag{8.4.15}$$

将式 (8.4.14)、式 (8.4.15) 代入式 (8.4.13) 中, 即得到了地下水一维流动方程的有限差分格式:

$$\frac{\mu_s}{K}\frac{H_i^{n+1} - H_i^n}{\Delta t} = \frac{H_{i+1}^n - 2H_i^n + H_{i-1}^n}{(\Delta x)^2} \tag{8.4.16}$$

整理得:

$$H_i^{n+1} = \frac{K\Delta t}{\mu_s (\Delta x)^2}(H_{i+1}^n - 2H_i^n + H_{i-1}^n) + H_i^n \tag{8.4.17}$$

令:

$$\lambda = \frac{K\Delta t}{\mu_s (\Delta x)^2} \tag{8.4.18}$$

则式 (8.4.17) 转化为:

$$H_i^{n+1} = \lambda H_{i+1}^n + (1-2\lambda)H_i^n + \lambda H_{i-1}^n \binom{i=1,2,3,\cdots,I-1}{n=0,1,2,\cdots,N-1} \tag{8.4.19}$$

从式 (8.4.19) 可以看出, 一个离散方程涉及 4 个水头值, 其中 n 时阶的水头有 3 个, 而 $n+1$ 时阶的水头有一个, 因此, 如果知道了 n 时阶的水头值, 则可以直接计算出 $n+1$ 时阶的水头值, 这种差分格式称为显式差分格式。

上述的差分格式推导中将空间二阶微商的差分取在了 n 时阶上, 如果将二阶微商的差分取在 $n+1$ 时阶上, 那么式 (8.4.15) 改写为:

$$\left.\frac{\partial^2 H}{\partial x^2}\right|_i^n = \frac{H_{i+1}^{n+1} - 2H_i^{n+1} + H_{i-1}^{n+1}}{(\Delta x)^2} \tag{8.4.20}$$

整理后得到差分格式为:

$$-\lambda H_{i+1}^{n+1} + (1+2\lambda)H_i^{n+1} - \lambda H_{i-1}^{n+1} = H_i^n \binom{i=1,2,3,\cdots,I-1}{n=0,1,2,\cdots,N-1} \tag{8.4.21}$$

在式 (8.4.21) 中, 一个离散方程同样涉及 4 个水头值, 其中 n 时阶的水头有一个, 而 $n+1$ 时阶的水头有 3 个, 当仅知道了 n 时阶的水头值时, 无法直接计算出 $n+1$ 时阶的水头值, 而需要联立方程组进行求解, 这种差分格式称为隐式差分格式。

8.4.3 初始条件与边界条件的处理

在有限差分法中, 对于初始条件, 只需要按照实际情况, 在节点上赋值, 并使其作为 $t=0$ 时刻的值, 即为计算过程开始时的初始值, 在进行 $t=1$ 时步计算时, 初始值即被调用。

在地下水运动问题的边界条件中, 一般为水头边界及流量边界。水头边界属于第一类边界条件，由于已知了边界上的水头分布，因此与初始条件类似，只需将已知的水头值赋予边界上的节点；流量边界为第二类边界条件，实质上为边界上的水头变化梯度，在利用有限差分法对实际问题进行求解时，需要对边界条件进行处理。

设 $X=0$ 以及 $X=L$ 边界上的单位面积流量分别为 $q_1(t)$ 与 $q_2(t)$，根据达西定律，边界条件可以写为：

$$-K\frac{\partial H}{\partial x}\Big|_{x=0}=q_1(t);\quad -K\frac{\partial H}{\partial x}\Big|_{x=L}=q_2(t)\quad(t>0)\quad(8.4.22)$$

利用单侧差分代替边界中的偏导数，对于 $X=0$ 处的偏导数用向前差分，$X=L$ 处的偏导数用向后差分，即：

$$\frac{\partial H}{\partial x}\Big|_0^n=\frac{H_1^n-H_0^n}{\Delta x};\quad \frac{\partial H}{\partial x}\Big|_I^n=\frac{H_I^n-H_{I-1}^n}{\Delta x}\quad(8.4.23)$$

将式（8.4.23）代入式（8.4.22）中，得到边界上的水头值：

$$H_0^n=\frac{\Delta x}{K}q_1(t_n)+H_1^n;\quad H_I^n=\frac{\Delta x}{K}q_2(t_n)+H_{I-1}^n\quad(8.4.24)$$

这种方法可以简单的对第二类边界条件进行处理，但它存在着一定的缺陷：首先，单侧差分的截断误差为 $O(\Delta x)$，而控制方程采用的中心差分截断误差为 $O[(\Delta x)^2]$，两者不一致；其次，对于流量为零的边界，即隔水边界，按上式得到的边界条件为：

$$H_0^n=H_1^n;\quad H_I^n=H_{I-1}^n\quad(8.4.25)$$

这与实际情况不符，违背了地下水渗流力学的基本原理。

为了克服上述缺陷，在第二类边界外侧扩充一条边界，如图8.4.3所示。

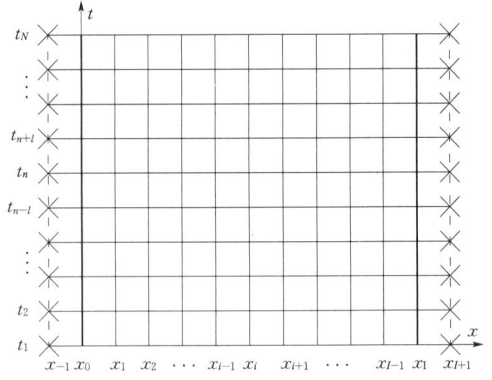

图 8.4.3 第二类边界条件的处理

新扩充的边界点为 x_{-1} 与 x_{I+1}，与原边界点有如下关系：

$$x_{-1}=x_0-\Delta x;\quad x_{N+1}=x_N+\Delta x\quad(8.4.26)$$

利用中心差分格式，则边界条件式（8.4.22）可以写为：

$$H_{-1}^n=\frac{2\Delta x}{K}q_1(t_n)+H_1^n;\quad H_{I+1}^n=\frac{2\Delta x}{K}q_2(t_n)+H_{I-1}^n\quad(8.4.27)$$

8.4.4 求解方法

在得到了控制方程的离散格式、结合初始、边界条件后，就可以对问题进行求解。下面以实际问题为例，说明利用有限差分法求解地下水流动问题的过程与方法。

如图8.4.4所示的双层河堤，上覆层为弱透水的黏土垫层，底部为弱透水基岩，黏土垫层与基岩之间是厚度为 M 的砂层，砂层的渗透性比黏土垫层与基岩的渗透性强的多，因此认为砂层的上下边界为隔水边界。河堤上游水头为 H_0，下流水头为 H_L，上下游之间的距离为 L，在初始状态，上下游水头相等，即 $H_0=H_L$，而随着汛期的到来，上游水头快速上升，从而使 $H_0>H_L$，即求上游水头上升以后，河堤内水头分布的变化。

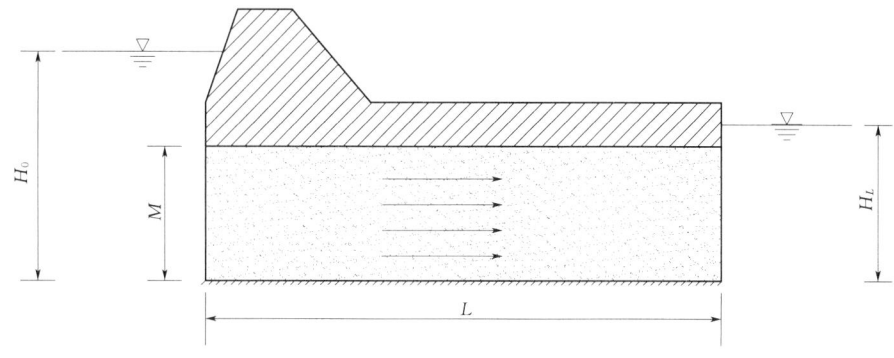

图 8.4.4　有限差分法算例

根据上述条件可知，在上下游水头差的作用下，在砂层内将发生一维的地下水渗流，定解问题可以写成：

$$\begin{cases} \dfrac{\partial^2 H}{\partial x^2} = \dfrac{\mu_s}{K}\dfrac{\partial H}{\partial t} & 0 \leqslant x \leqslant L \\ H(0,t) = H_0;\ H(L,t) = H_L & t > 0 \\ H(x,0) = H_L & 0 \leqslant x \leqslant L \end{cases} \quad (8.4.28)$$

式（8.4.28）即为问题的定解模型。利用上述的有限差分法即可以对模型进行求解，求解中参数取值见表 8.4.1。

表 8.4.1　　　　　　　　　　　有限差分求解参数表

参数	取值	参数	取值
上游水头 H_0（m）	5	渗透系数 K（m/s）	10^{-5}
下水流头 H_L（m）	3.5	空间步长 Δx（m）	2
渗径长度 L（m）	10	时间步长 Δt（s）	1
贮水率 μ_s（m^{-1}）	10^{-5}	总时长 T（s）	60
砂层厚度 M（m）	3		

离散后的求解域如图 8.4.5 所示：

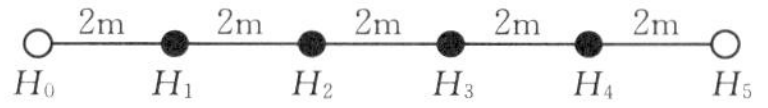

图 8.4.5　离散后的求解域

利用 6 个节点将求解域离散为等距离的 5 段，每一段的长度都为 2m。根据条件可以知道，两端边界上的水头是已知的，即 $H_0 = 5$m，$H_5 = 3.5$m。在初始状态，即 $t = 0$ 时，各节点的水头值都为 3.5m。根据式（8.4.17）按时间顺序求解各未知节点水头的高度。

当 $t = 1$s 时：

$$H_1^1 = \dfrac{K\Delta t}{\mu_s(\Delta x)^2}(H_2^0 - 2H_1^0 + H_0^0) + H_1^0 = \dfrac{10^{-5} \times 1}{10^{-5} \times (2)^2}(3.5 - 2 \times 3.5 + 5) + 3.5$$
$$= 3.875(\text{m})$$

$$H_2^1 = \frac{K\Delta t}{\mu_s (\Delta x)^2}(H_3^0 - 2H_2^0 + H_1^0) + H_2^0 = \frac{10^{-5} \times 1}{10^{-5} \times (2)^2}(3.5 - 2 \times 3.5 + 3.5) + 3.5$$
$$= 3.5(\text{m})$$

同法，可以求得：

$$H_3^1 = H_4^1 = 3.5(\text{m})$$

当 $t = 2\text{s}$ 时：

$$H_1^2 = \frac{K\Delta t}{\mu_s (\Delta x)^2}(H_2^1 - 2H_1^1 + H_0^1) + H_1^1 = \frac{10^{-5} \times 1}{10^{-5} \times (2)^2}(3.5 - 2 \times 3.875 + 5) + 3.875$$
$$= 4.0625(\text{m})$$

$$H_2^2 = \frac{K\Delta t}{\mu_s (\Delta x)^2}(H_3^1 - 2H_2^1 + H_1^1) + H_2^1 = \frac{10^{-5} \times 1}{10^{-5} \times (2)^2}(3.5 - 2 \times 3.5 + 3.875) + 3.5$$
$$= 3.59375(\text{m})$$

$$H_3^2 = \frac{K\Delta t}{\mu_s (\Delta x)^2}(H_4^1 - 2H_3^1 + H_2^1) + H_3^1 = \frac{10^{-5} \times 1}{10^{-5} \times (2)^2}(3.5 - 2 \times 3.5 + 3.5) + 3.5 = 3.5(\text{m})$$

同法，得：

$$H_4^2 = 3.5(\text{m})$$

利用相同的计算方法，可以求得以下时刻各未知节点水头的大小，见表 8.4.2。

表 8.4.2　　　　　　　　　　　　计算结果表

t (s)	0	1	2	3	4	5
0	5.0	3.500	3.500	3.500	3.500	3.5
1	5.0	3.875	3.500	3.500	3.500	3.5
2	5.0	4.063	3.594	3.500	3.500	3.5
3	5.0	4.180	3.688	3.523	3.500	3.5
4	5.0	4.262	3.770	3.559	3.506	3.5
5	5.0	4.323	3.840	3.598	3.518	3.5
6	5.0	4.372	3.900	3.638	3.533	3.5
7	5.0	4.411	3.953	3.678	3.551	3.5
8	5.0	4.444	3.998	3.715	3.570	3.5
9	5.0	4.471	4.039	3.750	3.589	3.5
10	5.0	4.495	4.075	3.782	3.607	3.5
11	5.0	4.516	4.107	3.811	3.624	3.5
12	5.0	4.535	4.135	3.838	3.640	3.5
13	5.0	4.551	4.161	3.863	3.654	3.5
14	5.0	4.566	4.184	3.885	3.668	3.5
15	5.0	4.579	4.205	3.906	3.680	3.5
16	5.0	4.591	4.223	3.924	3.692	3.5
17	5.0	4.601	4.240	3.941	3.702	3.5
18	5.0	4.611	4.256	3.956	3.711	3.5
19	5.0	4.619	4.269	3.970	3.720	3.5
20	5.0	4.627	4.282	3.982	3.727	3.5

不同时刻的水头分布的显式差分解如图8.4.6所示。

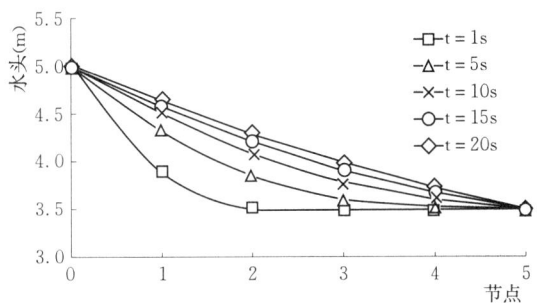

图 8.4.6　不同时刻的水头分布的显式差分解

如果采用式（8.4.21）所示的隐式求解格式，那么求解方法如下。
$t=1s$ 时：

$$\begin{cases} -\dfrac{1}{4}H_2^1 + (1+\dfrac{1}{2})H_1^1 - \dfrac{1}{4}H_0^1 = H_1^0 \\ -\dfrac{1}{4}H_3^1 + (1+\dfrac{1}{2})H_2^1 - \dfrac{1}{4}H_1^1 = H_2^0 \\ -\dfrac{1}{4}H_4^1 + (1+\dfrac{1}{2})H_3^1 - \dfrac{1}{4}H_2^1 = H_3^0 \\ -\dfrac{1}{4}H_5^1 + (1+\dfrac{1}{2})H_4^1 - \dfrac{1}{4}H_3^1 = H_4^0 \end{cases} \quad (8.4.29)$$

通过式（8.4.29）可以看出，式中 $t=0$ 时刻的水头值为初始值，H_0 与 H_5 为边界水头值，H_1 至 H_4 都为未知数，将已知参数代入，得：

$$\begin{cases} \dfrac{3}{2}H_1^1 - \dfrac{1}{4}H_2^1 = 4.75 \\ -\dfrac{1}{4}H_1^1 + \dfrac{3}{2}H_2^1 - \dfrac{1}{4}H_3^1 = 3.5 \\ -\dfrac{1}{4}H_2^1 + \dfrac{3}{2}H_3^1 - \dfrac{1}{4}H_4^1 = 3.5 \\ -\dfrac{1}{4}H_3^1 + \dfrac{3}{2}H_4^1 = 4.375 \end{cases} \quad (8.4.30)$$

模型的求解就转化为一个四元一次方程组的求解问题。利用消元法对方程组进行求解，即可以得到未知水头值的大小：

$$\begin{cases} H_1^1 = 3.7574 \\ H_2^1 = 3.5442 \\ H_3^1 = 3.5076 \\ H_4^1 = 3.5013 \end{cases} \quad (8.4.31)$$

在得到了 $t=1s$ 时的水头分布后，利用相同的方法，即可以求得下一时刻的水头值。依此类推，即可以求得每一时刻的水头值，从而实现对模型的求解。

思 考 题 与 习 题

8.1 为什么要进行地下水运动的模拟?
8.2 地下水运动模拟的类型有哪些?
8.3 地下水运动模拟的相似条件有哪些?
8.4 地下水运动模拟的相似比例如何确定?
8.5 砂槽模型模拟地下水运动的相似比例如何确定?
8.6 电模拟地下水运动的相似比例如何确定?
8.7 有限差分法中,何为向前差分?向后差分?中心差分?

第9章 地下水渗流的反分析方法

前面几章所介绍的方法都是在已知地下水流动的微分方程类型以及水文地质参数和边界条件的前提下,求解渗流区 D 内的水头分布规律的数值方法,这是水文地质计算中的正演问题。然而在很多情况下,地下水流动的微分方程类型、水文地质参数以及一些边界条件往往是不知道的,需要根据水文地质勘探资料和抽水试验资料以及天然水位动态观测资料来确定,这是水文地质计算中的反演问题。

反演问题是水文地质计算中的一个重要课题,其任务是:①检验所选用的方程类型是否适当;②确定方程的系数(即含水层参数及源汇项);③校正边界条件等。

9.1 反求参数的适定性

根据抽水试验资料和天然水头动态观测资料反求水文地质参数时,有 3 个问题要考虑:

(1) 根据实际资料反求渗流区的水文地质参数(有时包括边界流量),这样的解是否存在,即解的存在性问题。

(2) 求得的参数是否唯一,即解的唯一性问题。

(3) 当实测资料有微小误差时(实际工作中肯定存在这种情况),反求的水文地质参数的误差是否也微小,即水文地质参数是否连续依赖于实测资料。这就是解的稳定性问题。

如果这 3 个问题的回答都是肯定的,这个问题就称为适定的,否则是不适定的。从水文地质问题本身来说,解的存在性是没有疑问的,因此下面只对解的唯一性和稳定性问题作一些讨论。

因为不同的水文地质条件有时可能产生相同的水头分布。因此,单从水头观测值来反求水文地质参数就有可能存在多种解,即解不是唯一的,例如均质等厚的二维承压含水层的稳定流动问题,当无源汇项时,其水头分布满足的微分方程为:

$$T\left(\frac{\partial^2 H}{\partial x^2} + \frac{\partial^2 H}{\partial y^2}\right) = 0 \tag{9.1.1}$$

如果已知边界上的水头分布,于是其定解问题为:

$$\begin{cases} \dfrac{\partial^2 H}{\partial x^2} + \dfrac{\partial^2 H}{\partial y^2} = 0 \\ H\big|_B = H_b \end{cases} \tag{9.1.2}$$

式中:B 为渗流区 D 的边界。

由此可见,在同一区域同一边界条件下,不管导水系数 T 取何值,水头分布都是相同的。这就说明在不同的水文地质条件下(如导水系数 T 不同),而且有相同的水头分布。

再如，非均质承压一维稳定流问题，设两端为一类边界条件，则其模型为：

$$\begin{cases} \dfrac{\partial \left[T(x)\dfrac{\partial H}{\partial x} \right]}{\partial x} = 0 & 0 \leqslant x \leqslant L \\ H \mid_{x=0} = H_1 \\ H \mid_{x=L} = H_2 \end{cases} \tag{9.1.3}$$

由于 $H(x)$ 是已知的，从而 $\dfrac{\partial H}{\partial x}$ 也是已知的，为了求 T，将式（9.1.3）积分，得：

$$T(x)\dfrac{\partial H}{\partial x} = C \tag{9.1.4}$$

即：

$$T(x) = \dfrac{C}{\dfrac{\partial H}{\partial x}} \tag{9.1.5}$$

显然，上式中的 C 无法确定，因此 $T(x)$ 也不能确定下来。由式（9.1.4）可见，C 是一个任意常数，因而随 C 的取值不同将得到不同的 T 值，故此时 T 是不唯一的。但是，如果知道某个断面的流量，例如 $x=L$ 处，即把边界条件改成：

$$T(x)\dfrac{\partial H}{\partial x} \mid_{x=L} = -q \tag{9.1.6}$$

于是式（9.1.5）的 C 便可确定下来，即 $C=-q$。从而得到：

$$T(x) = \dfrac{-q}{\dfrac{\partial H}{\partial x}} \tag{9.1.7}$$

可见这时 T 被唯一确定了。

由上所述，虽然一般地说，反求参数问题的解并不唯一，但只要适当地设法补充一些条件，那么求得的解可以是唯一的。

为了说明这个问题，仍然考虑一维承压稳定流模型：

$$\begin{cases} \dfrac{\partial \left[T(x)\dfrac{\partial H}{\partial x} \right]}{\partial x} = 0 \\ H \mid_{x=0} = H_1 \\ T\dfrac{\partial H}{\partial x} \mid_{x=L} = -q \end{cases} \tag{9.1.8}$$

由上述推导，得：

$$T(x) = \dfrac{-q}{\dfrac{\partial H}{\partial x}} \tag{9.1.9}$$

由于真正的水头值（准确值）$H(x)$ 是不容易知道的，通常只能由实测值作为 $H(x)$ 的近似，设其实测水头值为 $H^*(x)$，其误差为 ε，于是：

$$H^* = H + \varepsilon \tag{9.1.10}$$

由此得到的参数 T^* 为：

$$T^* = \frac{-q}{\frac{\partial H}{\partial x} + \frac{\partial \varepsilon}{\partial x}} \tag{9.1.11}$$

所以 T 与 T^* 的绝对误差为：

$$|T - T^*| = \left| \frac{-q}{\frac{\partial H}{\partial x}} - \frac{-q}{\frac{\partial H}{\partial x} + \frac{\partial \varepsilon}{\partial x}} \right| = \frac{|q| \left|\frac{\partial \varepsilon}{\partial x}\right|}{\left|\frac{\partial H}{\partial x}\right| \left|\frac{\partial H}{\partial x} + \frac{\partial \varepsilon}{\partial x}\right|} = T \frac{\left|\frac{\partial \varepsilon}{\partial x}\right|}{\left|\frac{\partial H}{\partial x} + \frac{\partial \varepsilon}{\partial x}\right|} \tag{9.1.12}$$

由此可见，$|T - T^*|$ 的大小取决于 $\frac{\partial \varepsilon}{\partial x}$ 与 $\frac{\partial H}{\partial x}$ 的大小关系，从数学上讲，虽然 ε 很小，但 $\frac{\partial \varepsilon}{\partial x}$ 仍然可能很大，若：

$$\frac{\partial \varepsilon}{\partial x} \gg \frac{\partial H}{\partial x} \tag{9.1.13}$$

则：

$$\frac{\left|\frac{\partial \varepsilon}{\partial x}\right|}{\left|\frac{\partial H}{\partial x} + \frac{\partial \varepsilon}{\partial x}\right|} \sim 1 \tag{9.1.14}$$

此时有：

$$|T - T^*| \sim T \text{ 或 } T^* \sim 0 \tag{9.1.15}$$

显然，这是不符合实际的。可见，在这种情况下，反求参数问题的解是不稳定的，即水头 H 的微小误差 ε 可能会导致所求参数 T 的较大误差。

在实际问题中，水头 H 只能在少数几个离散的观测孔得到其观测值，通常用这些水头资料来反求参数。这时 $\frac{\partial H}{\partial x}$ 只能用相邻两观测孔的水头值的差商来近似代替，即：

$$\frac{\partial H}{\partial x} = \frac{H_2 - H_1}{\Delta x} \tag{9.1.16}$$

式中：H_1、H_2 为观测孔 1、2 的水头值（真实值）；Δx 为两观测孔的距离。

记水位观测值为 $H_1^* = H_1 + \varepsilon_1$，$H_2^* = H_2 + \varepsilon_2$，则：

$$\frac{\partial H^*}{\partial x} = \frac{(H_2 + \varepsilon_2) - (H_1 + \varepsilon_1)}{\Delta x} = \frac{H_2 - H_1}{\Delta x} + \frac{\varepsilon_2 - \varepsilon_1}{\Delta x} \tag{9.1.17}$$

这时：

$$|T - T^*| = T \frac{\left|\frac{\varepsilon_2 - \varepsilon_1}{\Delta x}\right|}{\left|\frac{H_2 - H_1}{\Delta x} + \frac{\varepsilon_2 - \varepsilon_1}{\Delta x}\right|} \tag{9.1.18}$$

如果含水层水力梯度 $\left|\frac{H_2 - H_1}{\Delta x}\right|$ 的值较大，而从实际问题看，一般来说，ε_1、ε_2 是很小的，则 $\frac{\varepsilon_2 - \varepsilon_1}{\Delta x}$ 也必定很小，于是：

$$\frac{\left|\dfrac{\varepsilon_2-\varepsilon_1}{\Delta x}\right|}{\left|\dfrac{H_2-H_1}{\Delta x}+\dfrac{\varepsilon_2-\varepsilon_1}{\Delta x}\right|} \sim \frac{|\varepsilon_2-\varepsilon_1|}{|H_2-H_1|} \leqslant \frac{2\varepsilon}{|H_2-H_1|} \quad (9.1.19)$$

式中：$\varepsilon = \max\{\varepsilon_1、\varepsilon_2\}$，所以：

$$|T-T^*| \leqslant T\frac{2\varepsilon}{|H_2-H_1|} \quad (9.1.20)$$

式（9.1.20）说明，当含水层水力梯度绝对值较大时，水头 H 的微小误差不会导致 T 的较大误差，即反求参数问题的解是稳定的。否则，如果含水层水力梯度值 $\left|\dfrac{H_2-H_1}{\Delta x}\right|$ 很小，如 $|H_2-H_1| \ll |\varepsilon_2-\varepsilon_1|$ 时，反求参数问题的解是不稳定的。

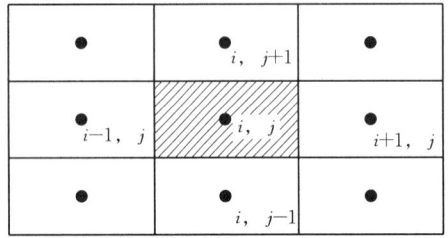

图 9.1.1 典型均衡单元示意图

上面从微分方程定解问题表示的水文地质问题出发，讨论了反求参数问题解的唯一性和稳定性问题。显然，对于数值模型表示的地下水流动问题，反求参数的解的唯一性和稳定性是更值得关注的问题。

这里以非均质承压二维不稳定流问题为例进行讨论。对于图 9.1.1 所示的网格，在时刻 $n+1$（$t_n+\Delta t$）、点 (i, j) 处的隐式差分方程是：

$$\frac{1}{2}(T_{i-1,j}+T_{i,j})\frac{H_{i-1,j}^{n+1}-H_{i,j}^{n+1}}{\Delta x}\Delta y + \frac{1}{2}(T_{i+1,j}+T_{i,j})\frac{H_{i+1,j}^{n+1}-H_{i,j}^{n+1}}{\Delta x}\Delta y$$
$$+ \frac{1}{2}(T_{i,j-1}+T_{i,j})\frac{H_{i,j-1}^{n+1}-H_{i,j}^{n+1}}{\Delta y}\Delta x + \frac{1}{2}(T_{i,j+1}+T_{i,j})\frac{H_{i,j+1}^{n+1}-H_{i,j}^{n+1}}{\Delta y}\Delta x$$
$$+ W_{i,j}\Delta x\Delta y = \mu_{i,j}\frac{H_{i,j}^{n+1}-H_{i,j}^{n}}{\Delta t}\Delta x\Delta y$$
$$(i=1,2,\cdots,NI; j=1,2,\cdots,NJ) \quad (9.1.21)$$

这里是用 $\dfrac{1}{2}(T_{i-1,j}+T_{i,j})$ 作为格点 $(i-1, j)$ 与格点 (i, j) 之间的导水系数，其他类同。由于反求参数时，是已知 H，而把各格点的参数（有时包括源汇项 W）作为未知，于是为了反求参数，将式（9.1.21）整理成下述方程组：

$$[A]\{k\} = \{b\} \quad (9.1.22)$$

式中：$\{k\}$ 是由所有未知参数组成的列矩阵（向量），通常包括渗透系数、贮水率、源汇项等。

根据方程的个数和待求参数的个数，可能有 3 种情况：

1) 方程的个数少于待求参数的个数，则在这种情况下可能有无穷多组解，因此其解不是唯一的。这时，称方程组是不定的。

2) 方程的个数等于未知参数的个数，在这种情况下，只要系数矩阵行列式不等于零就能由此求出唯一解（当然要有足够的资料）。然而，有时系数矩阵 $[A]$ 的行列式的值可能很小，其方程属于所谓"病态"方程组，于是水头观测资料的微小变化（或方程系数的微小变化）可能造成参数的很大变化，使得参数不能连续依赖于实测资料，即反求参数问题的解是不稳定的。而实际工作中，水头资料的误差是难以避免的，因此，在这种情形所得到的参数是靠不住的，甚至明显与参数的水文地质意义相悖。

3）方程的个数多于未知参数的个数。这时称方程组为超定的。若这些方程互相之间是独立的（一般情况下满足此条件），由于观测值不可能无误差以及每一网格并非绝对均质，因此不可能存在任何一组参数使所有方程同时满足。然而，根据问题本身的物理特性，应该存在一组参数使这些方程基本得到满足。于是利用这种超定方程组通过最优化方法求出参数近似值是有可能的，后面将叙述这种方法。

综上所述，反求参数问题本身不一定是唯一的，也不一定是稳定的。但是对于实际问题，可以根据对水文地质条件的初步认识以及通过其他手段得到一些辅助的资料和参数的约束条件，从而使得反求参数问题在一定程度上是唯一的和稳定的。

9.2 反求参数的直接解法

直接法就是指在地下水流动微分方程（或描述地下水流动的数值模型）中，将水头值作为已知量，将待求的参数（往往包括源汇项及边界流量等）作为未知量，直接求解未知参数的方法。下面介绍一种利用最优化方法求超定方程组从而得到参数值的方法。由式（9.1.22）有：

$$[A]\{k\} = \{b\} \tag{9.2.1}$$

式中：$[A]$ 为 $n \times m$ 矩阵，且 $n > m$。

$$\{k\} = \begin{Bmatrix} k_1 \\ k_2 \\ \vdots \\ k_m \end{Bmatrix} \tag{9.2.2}$$

$\{k\}$ 是 m 个待求参数组成的列矩阵；$\{b\}$ 是 n 维常数列矩阵。由于方程式（9.2.1）是超静定的，因此，一般来说没有一组参数能同时满足所有方程式，对应于参数组 $\{k\}$，假设第 i 个方程的"残差"为：

$$R_i(k) = a_{i1}k_1 + a_{i2}k_2 + \cdots + a_{im}k_m - b_i \quad (i = 1, 2, \cdots, n) \tag{9.2.3}$$

或简写成：

$$R_i(k) = \sum_{j=1}^{m} a_{ij}k_j - b_i \quad (i = 1, 2, \cdots, n) \tag{9.2.4}$$

因此，对于超定方程，只希望求得一组参数 $\{k\}$，使 R_i（$i=1, 2, \cdots, n$）在某种意义上达到极小就算满意了。根据通常的经验，用：

$$E(k_1, k_2, \cdots, k_m) = \sum_{i=1}^{n} \omega_i R_i^2(k) = \sum_{i=1}^{n} \omega_i \left(\sum_{j=1}^{m} a_{ij}k_j - b_i \right)^2 \tag{9.2.5}$$

达到极小值作为选取参数的标准，因此式（9.2.5）称为目标函数。关于式（9.2.5）中的 ω_i（$i=1, 2, \cdots, n$）称为权因子，最简单的处理方法是全取为1，即为等权因子。在具体计算中，可以根据水文地质条件和观测资料的精度以及观测孔的布置等，合理选用不等权因子，这样将会使计算结果更为理想。

由于水文地质参数的取值一般都有一定的变化范围（例如，重力给水度不仅不能小于0和大于1，而且一定的岩性有其相应数值变化范围；渗透系数不仅不得小于0，它的取值也与岩性密切相关等），因此，反求参数时单有一个目标函数是不够的，还必须对参数附加其他的限制，这种限制条件就是根据人们对水文地质条件的认识和判断，确定各参数的变化范围，可表示为：

$$\alpha_i \leqslant k_i \leqslant \beta_i \quad (i=1,2,\cdots,m) \tag{9.2.6}$$

式中：α_i、β_i为参数k_i的下限和上限值，因此通常称式（9.2.6）为约束条件。

于是，求解超定方程组（9.2.1）的问题可表述为求参数k_1，k_2，…，k_m使目标函数式（9.2.5）达到极小，并满足约束条件式（9.2.6）。这样的解称为超定方程式（9.2.1）的最优解。采用以上目标函数和约束条件，通过数学规划确定参数，可以使所求得的参数较好地符合实际观测资料。但这种方法需要的资料比较多，实际工作中往往很难提供足够精度的这么多资料，所以目前实际使用直接法的还是很少。

9.3 参数的间接方法

间接方法的基本思想是先给待定的水文地质参数$\{k\}$假设一组初值通过解正演问题计算相应的水头分布，然后将计算水头值与实测水头值进行对比，看两者拟合程度如何，如果不好，则修改参数，重新计算，直到拟合较好为止。间接方法很多，下面介绍常用的两种。

9.3.1 试估——校正法

试估——校正法是间接方法中最简单的一种。这种方法就是根据研究区水文地质条件和已有的抽水试验资料初步拟定一组参数值，通过解正演问题计算出各结点各时刻的水头值，然后将计算水头值与实测水头值拟合对比，如拟合不好，则对给出的参数初值进行调整，再按正演问题计算。重复这一过程，直到计算水头值与实测水头值之差足够小为止。

根据区域性大面积动态资料或生产性开采试验资料确定参数时，计算水头值与实测水头值的拟合不能局限于个别结点和个别时段，而应该是水头在空间和时间上的分布规律的拟合。也就是对某一时刻而言，应将计算水头值在空间上的分布与实测水头值进行拟合，对某一观测孔而言，应将计算水头值随时间的变化曲线与实测值的变化曲线进行拟合。通过拟合对比，可以判别所选的参数初值存在的问题和调整修改参数的途径。

由于试估——校正法在参数调整过程中除用正演问题的程序外，不需要其他计算程序，每次计算后根据曲线拟合情况决定参数调整方向和幅度，都是人工完成，这样可以充分发挥解题人员的能动性，有利于根据他们对水文地质条件和地下水流动基本规律的认识和推断，这也是水文地质约束条件，使参数的选定更符合实际情况。然而，正因为如此，使得该法没有一个自动调整、修改参数的方案，各组参数需要一一试算，当待求参数很多时，反复调整的过程可能延续很长。同时，这种方法缺乏一个收敛准则，很难求得最优参数。因此，这种方法一般用于粗调。

9.3.2 最优化方法

最优化方法可以弥补上述方法的不足。它是从间接方法原理出发,用最优化方法求得一组参数值,使计算水头值与实测水头值之差在某种意义下达到极小。

设 $H_j^0(t_n)$ 是第 j 个观测孔在 t_n 时刻的水头观测值,$H_j(t_n)$ 是以 $\{k\}$ 为参数解正演问题获得的相应的水头计算值,$\omega_i(n)$ 为权因子,将计算水头值与实测水头值之差的平方加权求和:

$$E(k_1,k_2,\cdots,k_m) = \sum_{n=1}^{M}\sum_{j=1}^{N}\omega_i(n)[H_j(t_n)-H_j^0(t_n)]^2 \quad (9.3.1)$$

式(9.3.1)的值作为衡量所选参数组 $\{k\}$ 是否符合实际的一个标准,即目标函数,以各参数的允许取值范围作为约束条件,即:

$$\alpha_i \leqslant k_i \leqslant \beta_i (i=1,2,\cdots,m) \quad (9.3.2)$$

式中:α_i、β_i 为参数 k_i 的下限和上限值。

于是,可将反求参数的问题表述为求参数组 $\{k\}$ 使得目标函数式(9.3.1)在约束条件式(9.3.2)下达到极小,如此得到的参数称为最优参数。

各种最优化方法都可用来求解这个最优化问题,其解法很多,常用的方法有逐个修正法、单纯形法、复合形法,以及遗传算法、模拟退火算法、蚁群算法、粒子群算法等。

9.3.2.1 逐个修正法

逐个修正法的基本思想是,首先初步选定一组参数值 $\{k^{(0)}\}=(k_1^{(0)},k_2^{(0)},\cdots,k_m^{(0)})$,逐个修正 $\{k^{(0)}\}$ 中的各个分量 $k_i^{(0)}$,将这些分量全部修正完毕后,便得到一组改进的参数值 $\{k^{(1)}\}$,然后再从 $\{k^{(1)}\}$ 出发逐个修正其分量 $k_i^{(1)}$,从而得到一组改进值 $\{k^{(2)}\}$,如此继续下去,直到用修正的参数值计算的目标函数值小于预先给定的允许误差 ε。具体过程如下:

第一步,对于给出的参数初值 $(k_1^{(0)},k_2^{(0)},\cdots,k_m^{(0)})$,保持 $k_2^{(0)},\cdots,k_m^{(0)}$ 不变,按照单因素优选法在参数 k_1 的变化范围 $[\alpha_1,\beta_1]$ 中优选出 k_1 的值,记为 $k_1^{(1)}$,于是得到参数改进值 $(k_1^{(1)},k_2^{(0)},\cdots,k_m^{(0)})$。

第二步,在上述改进值中,保持 $k_1^{(1)},k_3^{(0)},\cdots,k_m^{(0)}$ 不变,按照单因素优选法在 $[\alpha_2,\beta_2]$ 中优选出 k_2 的值,记为 $k_2^{(1)}$,于是得到改进值 $(k_1^{(1)},k_2^{(1)},k_3^{(0)},\cdots,k_m^{(0)})$。

如此类推,分别对 $k_3^{(0)},k_4^{(0)},\cdots,k_m^{(0)}$ 重复上述过程,直到把全部参数都修改一遍,得到改进值 $(k_1^{(1)},k_2^{(1)},\cdots,k_m^{(1)})$,即 $\{k^{(1)}\}$。

第三步,将 $\{k^{(1)}\}$ 代入目标函数式(9.3.1)中计算出 $E(k_1,k_2,\cdots,k_m)$ 的值,看是否满足收敛准则,即不超过预先给定的允许误差 ε。若满足要求,则此参数值便是所要求的值;否则,将上述参数值 $\{k^{(1)}\}$ 作为 $\{k^{(0)}\}$,返回第一步重新修正,直至获得满意的结果。

这一方法能在满足约束条件式(9.3.2)下逐步减少目标函数 E 的值。但收敛不快,只有当参数个数不太多并且初值选得比较好时才体现出优越性。

由于逐个修正法是以单因素优选法为基础的,它有多种处理方式,其中常用的是 0.618 法。为此,下面介绍 0.618 单因素优选法的原理。

设函数 $E(k)$ 在所考虑的区间 $[\alpha,\beta]$ 内有唯一的极小值点 k^*,为了求得使 $E(k)$

达到极小值的点 k^*，按下述方法计算。

第一步，在区间 $[\alpha, \beta]$ 内取两点 $\alpha^{(1)}$，$\beta^{(1)}$，它们分别为：

$$\begin{cases} \alpha^{(1)} = \beta - 0.618(\beta - \alpha) \\ \beta^{(1)} = \alpha + 0.618(\beta - \alpha) \end{cases} \tag{9.3.3}$$

分别计算出函数 $E(\alpha^{(1)})$ 和 $E(\beta^{(1)})$，如果 $E(\alpha^{(1)}) < E(\beta^{(1)})$，表明极小值点应在区间 $[\alpha, \beta^{(1)}]$ 内，否则，极小值点应在区间 $[\alpha^{(1)}, \beta]$ 内。

第二步，在区间 $[\alpha, \beta^{(1)}]$ 内取两点 $\alpha^{(2)}$，$\beta^{(2)}$，它们分别为：

$$\begin{cases} \alpha^{(2)} = \beta^{(1)} - 0.618(\beta^{(1)} - \alpha) \\ \beta^{(2)} = \alpha + 0.618(\beta^{(1)} - \alpha) \end{cases} \tag{9.3.4}$$

分别计算出函数 $E(\alpha^{(2)})$ 和 $E(\beta^{(2)})$，如果 $E(\alpha^{(2)}) < E(\beta^{(2)})$，表明极小值点应在区间 $[\alpha, \beta^{(2)}]$ 内，否则，极小值点应在区间 $[\alpha^{(2)}, \beta^{(1)}]$ 内。

找出了极小值点所在的区间后，再按上述方法在其中取两点，并判断极小值点所在的新区间。如此重复上述步骤，逐步缩短极值点所在区间，直到区间端点非常接近为止。由式（9.3.3）容易看出 0.618 法这一名称的由来。

9.3.2.2　单纯形法

单纯形法的基本思想是：先给出 $m+1$ 组参数（其中 m 为待求参数的个数），分别计算出相应的目标函数式（9.3.1）的值，根据这些目标函数值的大小关系，找出目标函数下降的方向。在下降的方向上，再找出一组参数，计算该组参数相应的目标函数值，把这个值与原来计算的目标函数值相比较，从而确定目标函数新的下降方向。如此继续，直到目标函数的大小满足要求为止。下面以两个待求参数为例说明单纯形法的具体步骤，然后将其推广到 m 个待求参数的情形。

设待求的两个参数为 k_1，k_2，如果在平面上取 k_1，k_2 为坐标轴，则每一组参数代表平面上的一个点，记为 P。并记相应的目标函数为：

$$E(k_1, k_2) = E(P) \tag{9.3.5}$$

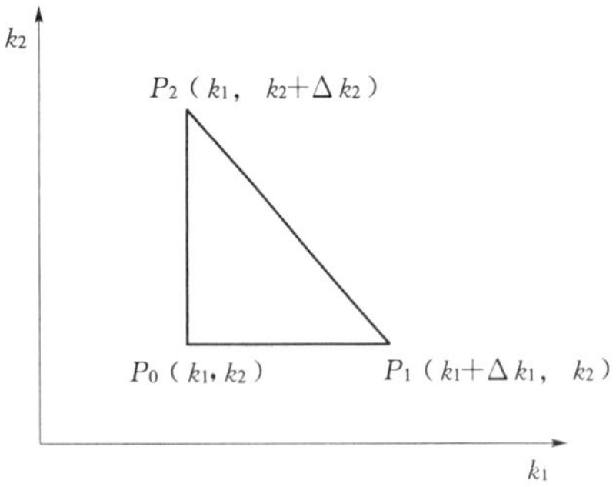

第一步，在平面上取 3 个不在同一线上的点（即 3 组参数值）。通常按下述方法确定，先给出一组参数 (k_1, k_2)，记为 P_0，由此再生成另外两个点 P_1 和 P_2，它们可表示为图 9.3.1。

第二步，分别计算上述 3 组参数（或 3 个点）相应的目标函数值，并将这 3 个函数值进行比较，其中最大者记为 E_H，相应的参数记为 (k_1^H, k_2^H)，在平面上用点 P_H 表示；次大者记为 E_G，相应的参数为 (k_1^G, k_2^G)，用点 P_G 表示；最小者记为 E_L，相应的参数为 (k_1^L, k_2^L)，用点 P_L 表示。P_H、P_G、P_L 组成一个三角形，如图 9.3.2 所示。

图 9.3.1　单纯形初值示意图

如图 9.3.2 所示的三角形称为单纯形。由于要求使目标函数达到极小的点，因此，对于这三个点来说，P_H 是"最坏"点，应设法寻找一个较好的点（记作 P_N）来代替它。

第三步，寻找使目标函数下降的方向，并确定代替 P_H 的新点 P_N，为此，连接 P_H 和线段 $\overline{P_G P_L}$ 的中点 P_C，则 $\overline{P_H P_C}$ 方向可能是目标函数下降的方向。其中点 P_C 的坐标（相应的参数值）为：

$$\begin{cases} k_1^C = \dfrac{1}{2}(k_1^G + k_1^L) \\ k_2^C = \dfrac{1}{2}(k_2^G + k_2^L) \end{cases} \quad (9.3.6)$$

延长 $\overline{P_H P_C}$，在其延长线上取点 P_R，使得：

$$\overline{P_H P_C} = \overline{P_C P_R} \quad (9.3.7)$$

称点 P_R 为点 P_H 关于 P_C 的反射点。显然 P_R 的坐标为：

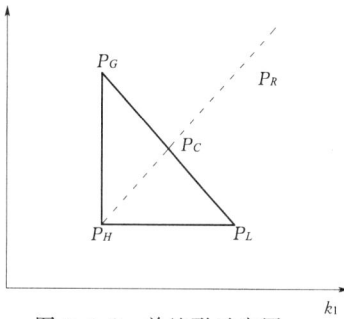

图 9.3.2 单纯形示意图

$$\begin{cases} k_1^R = 2k_1^C - k_1^H \\ k_2^R = 2k_2^C - k_2^H \end{cases} \quad (9.3.8)$$

计算出与 P_R 相应的目标函数值，记为 E_R。

下面确定 P_N。为此，将 E_R 与 E_G 进行对比：

（1）若 $E_R < E_G$，表明沿 $\overline{P_H P_R}$ 方向可以走得更远一些，于是进行扩张，取点：

$$P_F = (1-\lambda)P_H + \lambda P_R \quad (\lambda > 1) \quad (9.3.9)$$

再计算与 P_F 相应的目标函数值 E_F，如果 $E_F < E_R$，表明扩张成功，则将扩张后的 P_F 作为新点 P_N；如果不成功（$E_F \geqslant E_R$），则取 P_R 作为 P_N。

（2）若 $E_R \geqslant E_G$，表明沿 $\overline{P_H P_R}$ 方向走得太远了，需要适当后退一些，于是进行压缩，取点：

$$P_S = (1-\mu)P_H + \mu P_R \quad (0 < \mu < 1) \quad (9.3.10)$$

再计算出与 P_S 相应的目标函数值，记为 E_S，如果 $E_S < E_G$，便取 P_S 作为 P_N。

确定新点 P_N 后，则用它去代换掉原来单纯形中的 P_H 点，并由 P_N、P_G、P_L 组成新的单纯形，继续探索，直到满足下式为止：

$$|E_H - E_L| \leqslant \varepsilon |E_L| \quad (9.3.11)$$

如果 $E_S \geqslant E_G$，则表明 $\overline{P_H P_R}$ 方向不是目标函数下降方向，此时，极小值点比较接近 P_L，为此，抛弃原来单纯形的 P_H、P_G，由 $\overline{P_H P_L}$ 的中点 P_M 和 P_C、P_L 组成新的单纯型，重复上述步骤，继续探索，直到满足条件式（9.3.11）。

上面是由两个待求参数情形详细说明了单纯形探索法的具体步骤。对于 m 个待求参数情形，分别将上述步骤推广为：

第一步，取 $m+1$ 组参数 P_0，P_1，…，P_m，即：

$$\begin{cases} P_0 = (k_1, k_2, \cdots, k_m) \\ P_1 = (k_1 + \Delta k_1, k_2, \cdots, k_m) \\ P_2 = (k_1, k_2 + \Delta k_2, \cdots, k_m) \\ \vdots \\ P_m = (k_1, k_2, \cdots, k_m + \Delta k_m) \end{cases} \quad (9.3.12)$$

第二步，分别计算上述 $m+1$ 组参数相应的目标函数值，并将这 $m+1$ 个函数值进行比较，其中最大者记为 E_H，相应的参数记为 P_H；次大者记为 E_G，相应的参数为 P_G；最小者记为 E_L，相应的参数为 P_L。

第三步，算出除点 P_H 以外的 m 个点的形心 P_C（相当于二维情形的 $\overline{P_G P_L}$ 的中点 P_C），即：

$$P_C = \frac{1}{m}\left(\sum_{i=1}^{m} p_i - P_H\right) \tag{9.3.13}$$

其分量为：

$$k_j^C = \frac{1}{m}\left(\sum_{i=1}^{m} k_j^i - k_j^H\right) \tag{9.3.14}$$

计算出与 P_R 相应的目标函数值，记为 E_R。

为了确定取代 P_H 的点 P_N，将 E_R 与 E_G 对比，具体过程完全与两个参数情形相同，在此从略。

如果 $E_S \geqslant E_G$，则缩小原来的单纯形，令：

$$P_{Mi} = \frac{1}{2}(P_i + P_L) \quad (i = 0, 1, 2, \cdots, m \text{ 但 } i \neq L) \tag{9.3.15}$$

由 P_{Mi} 和 P_L 组成新的单纯形，继续探索，直到满足式（9.3.11）。

9.3.3 算例

第4章中介绍了有入渗补给条件下河渠潜水地下水渗流的求解方法，地下水渗透流量以及水头线与地层的渗透系数以及入渗强度等参数有关，如图9.3.3所示。

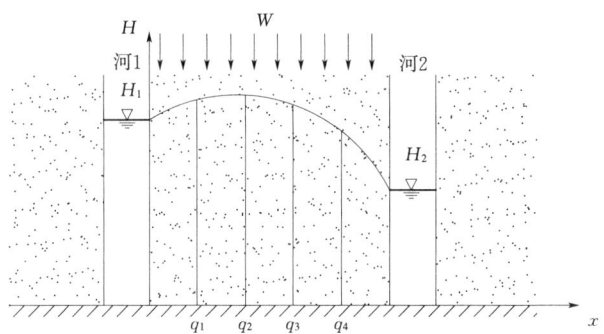

图 9.3.3　降雨入渗条件下河渠间潜水运动

任一断面上的流量为：

$$q = K \frac{H_1^2 - H_2^2}{2l} - \frac{Wl}{2} + Wx \tag{9.3.16}$$

式中：K 为渗透系数；l 为两河间距；W 为入渗强度；H_1、H_2 为两河水位。

在实际工程中，河水位、河间距等都是易于测量的数据，而渗透系数和入渗强度等参数可以采用反分析的方法获得。

为了与反分析的结果相对比，在图9.3.3所示的潜水层中，土体厚度为15m，两河间距 l 为20m，河1水位为10m，河2水位为5m，$W = 4 \times 10^{-6}$ m/s，$K = 10^{-5}$ m/s，求得 $x = 4$m、$x = 8$m、$x = 12$m 以及 $x = 16$m 4 个断面上的流量为分别为：$q_1 = -0.525 \times 10^{-5}$ m³/s、$q_2 = 1.075 \times 10^{-5}$ m³/s、$q_3 = 2.675 \times 10^{-5}$ m³/s、$q_4 = 4.275 \times 10^{-5}$ m³/s。现在假设入渗强度 W 以及渗透系数 K 这两个参数是未知的，而4个断面上的流量是已知的，那么现在研究如何利用4个流量参数利用反分析的方法求得未知的参数。

根据式（9.3.1），将按式（9.3.16）计算的流量值与实测的流量值之差的平方加权求和作为目标函数，在本例中，取各点的权值都为1，那么目标函数为：

$$E(W,K) = \sum_{i=1}^{4} (q_i - q'_i)^2 \qquad (9.3.17)$$

式中：q_i 为按式（9.3.16）的计算值；q'_i 为上述假定的4个实测值。

根据式（9.3.17），参数的反分析求法即转化为方程的极值求解问题，在参数的取值范围内使式（9.3.17）达到最小值的参数即为所求参数。在本例中，设入渗强度 W 的取值范围为 $[0, 10^{-5}]$，渗透系数 K 的取值范围为 $[0, 10^{-4}]$。

根据逐个修正法的思想，首先研究一组参数的初始值，即 (W_0, K_0) 为 $(5\times10^{-6}, 5\times10^{-5})$；并保持 $K_0 = 5\times10^{-5}$ 不变，利用 0.618 单因素优选法寻找入渗强度 W 的最优值。

在 W 的取值范围为 $[0, 10^{-5}]$ 内取第一组参数：

$$\begin{cases} \alpha^{(1)} = 10^{-5} - 0.618 \times (10^{-5} - 0) = 3.82 \times 10^{-6} \\ \beta^{(1)} = 0 + 0.618 \times (10^{-5} - 0) = 6.18 \times 10^{-6} \end{cases}$$

根据式（9.3.17），在上述条件下的目标函数值分别为：

$$\begin{cases} E(\alpha^{(1)}) = 2.25 \times 10^{-8} \\ E(\beta^{(1)}) = 2.29 \times 10^{-8} \end{cases}$$

$E(\alpha^{(1)}) < E(\beta^{(1)})$，即说明极小值应在 $[0, 6.18\times10^{-6}]$ 之间，因此再取两个参数如下：

$$\begin{cases} \alpha^{(2)} = 0.618 \times 10^{-5} - 0.618 \times (0.618 \times 10^{-5} - 0) = 2.36 \times 10^{-6} \\ \beta^{(2)} = 0 + 0.618 \times (0.618 \times 10^{-5} - 0) = 3.82 \times 10^{-6} \end{cases}$$

进而得：

$$\begin{cases} E(\alpha^{(2)}) = 2.27 \times 10^{-8} \\ E(\beta^{(2)}) = 2.25 \times 10^{-8} \end{cases}$$

$E(\alpha^{(2)}) > E(\beta^{(2)})$，即说明极小值应在 $[2.36\times10^{-6}, 6.18\times10^{-6}]$ 之间，再取两个参数如下：

$$\begin{cases} \alpha^{(3)} = 6.18 \times 10^{-6} - 0.618 \times (6.18 \times 10^{-6} - 2.36 \times 10^{-6}) = 3.82 \times 10^{-6} \\ \beta^{(3)} = 2.36 \times 10^{-6} + 0.618 \times (6.18 \times 10^{-6} - 2.36 \times 10^{-6}) = 4.72 \times 10^{-6} \end{cases}$$

得：

$$\begin{cases} E(\alpha^{(3)}) = 2.250 \times 10^{-8} \\ E(\beta^{(3)}) = 2.254 \times 10^{-8} \end{cases}$$

$E(\alpha^{(3)}) < E(\beta^{(3)})$，即说明极小值应在 $[2.36\times10^{-6}, 4.72\times10^{-6}]$ 之间，再取两个参数如下：

$$\begin{cases} \alpha^{(4)} = 4.72 \times 10^{-6} - 0.618 \times (4.72 \times 10^{-6} - 2.36 \times 10^{-6}) = 3.26 \times 10^{-6} \\ \beta^{(4)} = 2.36 \times 10^{-6} + 0.618 \times (4.72 \times 10^{-6} - 2.36 \times 10^{-6}) = 3.82 \times 10^{-6} \end{cases}$$

得：

$$\begin{cases} E(\alpha^{(4)}) = 2.254 \times 10^{-8} \\ E(\beta^{(4)}) = 2.250 \times 10^{-8} \end{cases}$$

$E(\alpha^{(4)}) > E(\beta^{(4)})$，即说明极小值应在 $[3.26 \times 10^{-6}, 4.72 \times 10^{-6}]$ 之间，再取两个参数如下：

$$\begin{cases} \alpha^{(5)} = 4.72 \times 10^{-6} - 0.618 \times (4.72 \times 10^{-6} - 3.26 \times 10^{-6}) = 3.82 \times 10^{-6} \\ \beta^{(5)} = 3.26 \times 10^{-6} + 0.618 \times (4.72 \times 10^{-6} - 3.26 \times 10^{-6}) = 4.16 \times 10^{-6} \end{cases}$$

得：

$$\begin{cases} E(\alpha^{(5)}) = 2.2503 \times 10^{-8} \\ E(\beta^{(5)}) = 2.2502 \times 10^{-8} \end{cases}$$

$E(\alpha^{(5)}) > E(\beta^{(5)})$，即说明极小值应在 $[3.82 \times 10^{-6}, 4.72 \times 10^{-6}]$ 之间。取区间的中值作为优化后的 W 的值，即：

$$W_1 = \frac{1}{2}(3.82 \times 10^{-6} + 4.72 \times 10^{-6}) = 4.27 \times 10^{-6}$$

得到了优化后的入渗强度参数 W_1 后，保持 W_1 的值不变，而在渗透系数 K 的范围 $[0, 10^{-4}]$ 内寻找 K 的最优值。取第一组参数：

$$\begin{cases} \varepsilon^{(1)} = 10^{-4} - 0.618 \times (10^{-4} - 0) = 3.82 \times 10^{-5} \\ \omega^{(1)} = 0 + 0.618 \times (10^{-4} - 0) = 6.18 \times 10^{-5} \end{cases}$$

根据式（9.3.17），在上述条件下的目标函数值分别为：

$$\begin{cases} E(\varepsilon^{(1)}) = 1.12 \times 10^{-8} \\ E(\omega^{(1)}) = 3.77 \times 10^{-8} \end{cases}$$

$E(\varepsilon^{(1)}) < E(\omega^{(1)})$，即说明极小值应在 $[0, 6.18 \times 10^{-5}]$ 之间，因此再取两个参数如下：

$$\begin{cases} \varepsilon^{(2)} = 6.18 \times 10^{-5} - 0.618 \times (6.18 \times 10^{-5} - 0) = 2.36 \times 10^{-5} \\ \omega^{(2)} = 0 + 0.618 \times (6.18 \times 10^{-5} - 0) = 3.82 \times 10^{-5} \end{cases}$$

进而得：

$$\begin{cases} E(\varepsilon^{(2)}) = 2.61 \times 10^{-9} \\ E(\omega^{(2)}) = 1.12 \times 10^{-8} \end{cases}$$

$E(\varepsilon^{(2)}) < E(\omega^{(2)})$，即说明极小值应在 $[0, 3.82 \times 10^{-5}]$ 之间，再取两个参数如下：

$$\begin{cases} \varepsilon^{(3)} = 3.82 \times 10^{-5} - 0.618 \times (3.82 \times 10^{-5} - 0) = 1.46 \times 10^{-5} \\ \omega^{(3)} = 0 + 0.618 \times (3.82 \times 10^{-5} - 0) = 2.36 \times 10^{-5} \end{cases}$$

得：

$$\begin{cases} E(\varepsilon^{(3)}) = 3.02 \times 10^{-10} \\ E(\omega^{(3)}) = 2.61 \times 10^{-9} \end{cases}$$

$E(\varepsilon^{(3)}) < E(\omega^{(3)})$，即说明极小值应在 $[0, 2.36 \times 10^{-5}]$ 之间，再取两个参数如下：

$$\begin{cases} \varepsilon^{(4)} = 2.36 \times 10^{-5} - 0.618 \times (2.36 \times 10^{-5} - 0) = 0.9 \times 10^{-5} \\ \omega^{(4)} = 0 + 0.618 \times (2.36 \times 10^{-5} - 0) = 1.46 \times 10^{-5} \end{cases}$$

得：

$$\begin{cases} E(\varepsilon^{(4)}) = 1.95 \times 10^{-11} \\ E(\omega^{(4)}) = 3.01 \times 10^{-10} \end{cases}$$

$E(\varepsilon^{(4)}) < E(\omega^{(4)})$，即说明极小值应在 $[0, 1.46 \times 10^{-5}]$ 之间，再取两个参数如下：

$$\begin{cases} \varepsilon^{(5)} = 1.46 \times 10^{-5} - 0.618 \times (1.46 \times 10^{-5} - 0) = 0.56 \times 10^{-5} \\ \omega^{(5)} = 0 + 0.618 \times (1.46 \times 10^{-5} - 0) = 0.90 \times 10^{-5} \end{cases}$$

得：

$$\begin{cases} E(\varepsilon^{(5)}) = 2.81 \times 10^{-10} \\ E(\omega^{(5)}) = 1.93 \times 10^{-11} \end{cases}$$

$E(\varepsilon^{(5)}) > E(\omega^{(5)})$，即说明极小值应在 $[0.56 \times 10^{-5}, 1.46 \times 10^{-5}]$ 之间。取区间的中值作为优化后的 K 的值，即：

$$K_1 = \frac{1}{2}(0.56 \times 10^{-5} + 1.46 \times 10^{-5}) = 1.01 \times 10^{-5}$$

在第一轮优化后，得到的渗透系数值为 1.01×10^{-5} m/s，入渗强度的值为 4.27×10^{-6} m/s，上面已说明，以上进行参数反分析的4个断面流量值是在 $K = 10^{-5}$ m/s，$W = 4 \times 10^{-6}$ m/s 的条件下得到的，通过第一轮的优化可以看出，与随机的初始值相比，渗透系数与入渗强度在优化后的值已与真实值相接近。在下面，再固定 K_1 的值不变，在入渗强度 W 的取值范围内，用上述相同的方法寻找 W 的第二次优化值 W_2，以此类推，直到优化得到的参数使目标函数足够小，即说明反求收敛，此时的那组参数即是要求的值。

9.4 其他优化算法

9.4.1 模拟退火法

模拟退火算法来源于固体退火原理，将固体加温至充分高，再让其徐徐冷却，加温时，固体内部粒子随温升变为无序状，内能增大，而徐徐冷却时粒子渐趋有序，在每个温度都达到平衡态，最后在常温时达到基态，内能减为最小。根据 Metropolis 准则，粒子在温度 T 时趋于平衡的概率为 $e - \Delta E/(kT)$，其中 E 为温度 T 时的内能，ΔE 为其改变量，k 为 Boltzmann 常数。用固体退火模拟组合优化问题，将内能 E 模拟为目标函数值 f，温度 T 演化成控制参数 t，即得到解组合优化问题的模拟退火算法：由初始解 i 和控制参数初值 t 开始，对当前解重复"产生新解→计算目标函数差→接受或舍弃"的迭代，并逐步衰减 t 值，算法终止时的当前解即为所得近似最优解，这是基于蒙特卡罗迭代求解法的一种启发式随机搜索过程。退火过程由冷却进度表（Cooling Schedule）控制，包括控制参数的初值 t 及其衰减因子 Δt、每个 t 值时的迭代次数 L 和停止条件 S。

模拟退火算法可以分解为解空间、目标函数和初始解3部分。

（1）模拟退火的基本思想。

1) 初始化：初始温度 T（充分大），初始解状态 S（是算法迭代的起点），每个 T 值的迭代次数 L；

2) 对 $k = 1, \cdots, L$ 做第3) 至第6) 步；

3)产生新解 S';

4)计算增量 $\Delta t' = C(S') - C(S)$,其中 $C(S)$ 为评价函数;

5)若 $\Delta t' < 0$ 则接受 S' 作为新的当前解,否则以概率 $\exp(-\Delta t'/T)$ 接受 S' 作为新的当前解;

6)如果满足终止条件则输出当前解作为最优解,结束程序。终止条件通常取为连续若干个新解都没有被接受时终止算法;

7)T 逐渐减少,且 $T>0$,然后转第 2)步。

模拟退火算法新解的产生和接受可分为如下 4 个步骤:

第一步是由一个产生函数从当前解产生一个位于解空间的新解。为便于后续的计算和接受,减少算法耗时,通常选择由当前新解经过简单地变换即可产生新解的方法,如对构成新解的全部或部分元素进行置换、互换等,注意到产生新解的变换方法决定了当前新解的邻域结构,因而对冷却进度表的选取有一定的影响。

第二步是计算与新解所对应的目标函数差。因为目标函数差仅由变换部分产生,所以目标函数差的计算最好按增量计算。事实表明,对大多数应用而言,这是计算目标函数差的最快方法。

第三步是判断新解是否被接受,判断的依据是一个接受准则,最常用的接受准则是 Metropolis 准则:若 $\Delta t' < 0$ 则接受 S' 作为新的当前解 S,否则以概率 $\exp(-\Delta t'/T)$ 接受 S' 作为新的当前解 S。

第四步是当新解被确定接受时,用新解代替当前解,这只需将当前解中对应于产生新解时的变换部分予以实现,同时修正目标函数值即可。此时,当前解实现了一次迭代。可在此基础上开始下一轮试验。而当新解被判定为舍弃时,则在原当前解的基础上继续下一轮试验。

模拟退火算法与初始值无关,算法求得的解与初始解状态 S(是算法迭代的起点)无关;模拟退火算法具有渐近收敛性,已在理论上被证明是一种以概率 1 收敛于全局最优解的全局优化算法;模拟退火算法具有并行性。

(2)模拟退火算法的应用很广泛,但其参数难以控制,其主要问题有以下 3 点。

1)温度 T 的初始值设置问题。

温度 T 的初始值设置是影响模拟退火算法全局搜索性能的重要因素之一、初始温度高,则搜索到全局最优解的可能性大,但因此要花费大量的计算时间;反之,则可节约计算时间,但全局搜索性能可能受到影响。实际应用过程中,初始温度一般需要依据实验结果进行若干次调整。

2)退火速度问题。

模拟退火算法的全局搜索性能也与退火速度密切相关。一般来说,同一温度下的"充分"搜索(退火)是相当必要的,但这需要计算时间。实际应用中,要针对具体问题的性质和特征设置合理的退火平衡条件。

3)温度管理问题。

温度管理问题也是模拟退火算法难以处理的问题之一。实际应用中,由于必须考虑计算的切实可行性等问题,常采用如下所示的降温方式:

$$T(t+1) = k \times T(t) \tag{9.4.1}$$

式中：k 为正的略小于 1.00 的常数；t 为降温的次数。

9.4.2 遗传算法

生命科学与工程科学的相互交叉、相互渗透和相互促进是近代科学技术发展的一个显著特点，而遗传算法的蓬勃发展正体现了科学发展的这一特征和趋势。遗传算法是一类借鉴生物界自然选择和自然遗传机制的随机化搜索算法，由美国 J. Holland 教授提出，其主要特点是群体搜索策略和群体中个体之间的信息变换，搜索不依赖于梯度信息。它尤其适用于处理传统搜索方法难于解决的复杂和非线性问题，可广泛用于组合优化、机器学习、自适应控制、规划设计和人工生命等领域，是 21 世纪有关智能计算中的关键技术之一。

众所周知，在人工智能领域中，有不少问题需要在复杂而庞大的搜索空间中寻找最优解或准最优解。如在求解多参数优化问题时，若不能利用问题的固有知识来缩小搜索空间则会产生搜索的组合爆炸。因此，研究能在搜索过程中自动获取和积累有关搜索空间的知识，并自适应地控制搜索过程，从而得到最优解或准最优解的通用搜索算法是一直研究的重要课题。遗传算法就是这种特别有效的算法。它的主要特点是简单、通用，鲁棒性强，适用于并行分布处理，应用范围广。尽管遗传算法本身在理论和应用方法上仍有许多待进一步研究的问题，但它在组合优化问题求解、自适应控制、规划设计、机器学习和人工生命等领域的应用中已展现了其特色和魅力。

生命自从在地球上诞生以来，就开始了漫长的生物进化历程，低级、简单的生物类型逐渐发展为高级、复杂的生物类型。这一过程已经由古生物学、胚胎学和比较解剖学等方面的研究工作所证实。生物进化的原因自古至今有着各种不同的解释，其中被人们广泛接受的是达尔文的自然选择学说。

自然选择学说认为，生物要生存下去，就必须进行生存斗争。生存斗争包括种内斗争、种间斗争以及生物和无机环境之间的斗争 3 个方面。在生存斗争中，具有有利变异的个体容易存活下来，并且有更多的机会将有利变异传给后代；具有不利变异的个体就容易被淘汰，产生后代的机会也少得多。因此，凡是在生存斗争中获胜的个体都是对环境适应性比较强的。达尔文把这种在生存斗争中适者生存，不适者淘汰的过程叫做自然选择。达尔文的自然选择学说表明，遗传和变异是决定生物进化的内在因素。遗传是指父代与子代之间，在性状上存在的相似现象；变异是指父代与子代之间，以及子代的个体之间，在性状上或多或少地存在的差异现象。在生物体内，遗传和变异的关系十分密切。一个生物体的遗传性状往往会发生变异，而变异的性状有的可以遗传。遗传能使生物的性状不断地传送给后代，因此保持了物种的特性，变异能够使生物的性状发生改变，从而适应新的环境而不断地向前发展。

生物的各项生命活动都有它的物质基础，生物的遗传与变异也是这样。根据现代细胞学和遗传学的研究得知，遗传物质的主要载体是染色体，染色体主要是由 DNA（脱氧核糖核酸）和蛋白质组成，其中 DNA 又是最主要的遗传物质。现代分子水平的遗传学的研究又进一步证明，基因（gene）是有遗传效应的片段，它储存着遗传信息，可以准确地复制，也能够发生突变，并可通过控制蛋白质的合成而控制生物的性状。生物体自身通过对基因的复制和交叉（即基因分离、基因自由组合和基因连锁互换）的操作使其性状的遗传得到选择和控制。同时，通过基因重组、基因变异和染色体在结构和数目上的变异产生丰富多彩的变异现象。需要指出的是，根据达尔文进化论，多种多样的生物之所以能够适应环境而得以生存进化，是和上述遗传和变异的生命现象分不开的。生物的遗传特性，使生物界的物种能够保持相对的稳定；生物的变异特性，使生物个体产生新的性状，以至于形成了新的物种，推动了生物的进化和发展。

如前所述，生物遗传物质的主要载体是染色体，基因又是控制生物性状遗传物质的功能单位和结构单位。复数个基因组成染色体，染色体中基因的位置称作基因座（locus），而基因所取的值又叫做等位基因。基因和基因座决定了染色体的特征，也就决定了生物个体的性状。此外，染色体有两种相应的表示模式，即基因型和表现型。所谓表现型是指生物个体所表现出来的性状，而基因型指与表现型密切相关的基因组成。在遗传算法中，染色体对应的是数据或数组，在标准的遗传算法中，这通常是由一维的串结构数据来表现的。串上各个位置对应上述的基因座，而各位置上所取的值对应上述的等位基因。遗传算法处理的是染色体，或者叫基因型个体。一定数量的个体组成群体，也叫集团。群体中个体的数目称为群体的大小，也叫群体规模。而各个体对环境的适应程度叫做适应度。

此外，执行遗传算法时包含两个必需的数据转换操作，一个是表现型到基因型的转换，另一个是基因型到表现型的转换。前者是反搜索空间中的参数或者转换成遗传空间中的染色体或个体，此过程又叫做编码操作；后者是前者的一个相反操作，叫做译码操作。

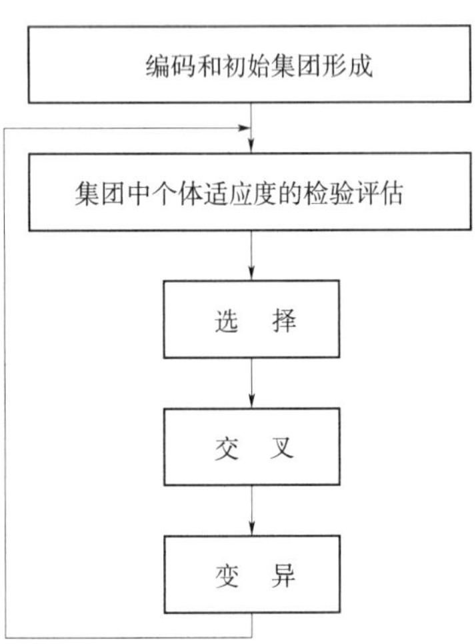

遗传算法是具有"生成＋检测"的迭代过程的搜索算法。它的基本处理流程如图 9.4.1 所示。

由图 9.4.1 可见，遗传算法是一种群体型操作，该操作以群体中的所有个体为对象。选择、交叉和变异是遗传算法的 3 个主要操作算子，它们构成了所谓的遗传操作，使遗传算法具有了其他传统方法所没有的特性。遗传算法中包含了如下 5 个基本要素：①参数编码；②初始群体的设定；③适应度函数的设计；④遗传操作设计；⑤控制参数设定（主要是指群体大小和使用遗传操作的概率等）。这 5 个要素构成了遗传算法的核心内容。

图 9.4.1 遗传算法的基本流程

遗传算法具有十分顽强的鲁棒性，这是因为比起普通的优化搜索方法，它采用了许多独特的方法和技术，归纳起来，主要有以下几个方面：

（1）遗传算法的处理对象不是参数本身，而是对参数集进行了编码的个体。此编码操作，使得遗传算法可直接对结构对象进行操作。所谓结构对象泛指集合、序列、矩阵、树、图、链和表等各种一维或二维甚至三维结构形式的对象。这一特点，使得遗传算法具有广泛的应用领域。比如：

1）通过对连接矩阵的操作，遗传算法可用来对神经网络或自动机的结构或参数加以优化；

2）通过对集合的操作，遗传算法可实现对规则集合或知识库的精炼而达到高质量的机器学习目的；

3）通过对树结构的操作，用遗传算法可得到用于分类的最佳决策树；

4）通过对任务序列的操作，遗传算法可用于任务规划，而通过对操作序列的处理，遗传算法可自动构造顺序控制系统。

（2）如前所述，许多传统搜索方法，如单纯形法和模拟退火算法，都是单点搜索算法，即通过一些变动规则，问题的解从搜索空间中的当前解（点）移到另一解（点）。这种点对点的搜索方法，对于多峰分布的搜索空间常常会陷于局部的某个单峰的优解；相反，遗传算法是采用同时处理群体中多个个体的方法，即同时对搜索空间中的多个解进行评估。更形象地说，遗传算法是并行地爬多个峰。这一特点使遗传算法具有较好的全局搜索性能，减少了陷于局部优解的风险。同时，这使遗传算法本身也十分易于并行化。

（3）在标准的遗传算法中，基本上不用搜索空间的知识或其他辅助信息，而仅用适应度函数值来评估个体，并在此基础上进行遗传操作。需要着重提出的是，遗传算法的适应度函数不仅不受连续可微的约束，而且其定义域可以任意设定。对适应度函数的唯一要求是，对于输入可计算出加以比较的正的输出。遗传算法的这一特点使它的应用范围大大扩展。

（4）遗传算法不是采用确定性规则，而是采用概率的变迁规则来指导它的搜索方向。遗传算法采用概率仅仅是作为一种工具来引导其搜索过程朝着搜索空间的更优化的解区域移动。因此虽然看起来它是一种盲目搜索方法，但实际上有明确的搜索方向。

如果从更高的层次来观察遗传算法，不难发现它和其他搜索方法有着明显的亲近关系。分析这些关系可以从另一个侧面更深入地了解遗传算法的特点。

1）遗传算法和单纯形法。

单纯形法是一种直接搜索方法。它把目标函数值排序加以利用。这样，由多个端点形成的单路就可对应山的形状，然后进行爬山搜索。单纯形法的基本操作是反射操作，且反复进行。这十分类似于遗传算法中的"交叉"操作。同时单纯形法中形成单路的端点数相当于遗传算法中的群体大小。显然，单纯形法和遗传算法在利用多点信息的全局处理上是有共同点的。

2）遗传算法和模拟退火法。

模拟退火法的最大特点是搜索中可以摆脱局部解，这是传统的爬山法所不具备的。遗传算法中的"选择"操作是以和各个体的适应度有关的概率来进行的。因此，即使是适应度低的个体也会有被选择的机会。在这一点上它同模拟退火法十分相似。显然，通过在搜索过程中动态地控制选择概率，遗传算法可以实现模拟退火中的温度控制功能。

9.4.3 粒子群优化算法

粒子群优化算法（Particle Swarm Optimization），缩写为PSO，是近年来发展起来的一种新的进化算法。PSO算法属于进化算法的一种，和遗传算法相似，它也是从随机解出发，通过迭代寻找最优解，它也是通过适应度来评价解的品质，但它比遗传算法规则更为简单，它没有遗传算法的交叉和变异操作，它通过追随当前搜索到的最优值来寻找全局最优。这种算法以其实现容易、精度高、收敛快等优点引起了学术界的重视，并且在解决实际问题中展示了其优越性。

PSO 是模拟鸟群捕食行为一种算法。设想这样一个场景：一群鸟在随机搜索食物，在这个区域里只有一块食物。所有的鸟都不知道食物在那里。但是他们知道当前的位置离食物还有多远。那么找到食物的最优策略是什么呢。最简单有效的就是搜寻目前离食物最近的鸟的周围区域。PSO 从这种模型中得到启示并用于解决优化问题。PSO 中，每个优化问题的解都是搜索空间中的一只鸟，称之为"粒子"。所有的粒子都有一个由被优化的函数决定的适应值，每个粒子还有一个速度决定他们飞翔的方向和距离。然后粒子们就追随当前的最优粒子在解空间中搜索。

PSO 初始化为一群随机粒子（随机解）。然后通过迭代找到最优解。在每一次迭代中，粒子通过跟踪两个"极值"来更新自己。第一个就是粒子本身所找到的最优解，这个解叫做个体极值 pBest。另一个极值是整个种群目前找到的最优解，这个极值是全局极值 gBest。另外也可以不用整个种群而只是用其中一部分作为粒子的邻居，那么在所有邻居中的极值就是局部极值。

PSO 和遗传算法有很多共同之处，两者都随机初始化种群，而且都使用适应值来评价系统，而且都根据适应值来进行一定的随机搜索。两个系统都不是保证一定找到最优解。但是，PSO 没有遗传操作如交叉和变异，而是根据自己的速度来决定搜索。但是，与遗传算法相比，PSO 的信息共享机制是很不同的。在遗传算法中，染色体互相共享信息，所以整个种群的移动是比较均匀的向最优区域移动。PSO 中的粒子仅仅通过当前搜索到最优点进行共享信息，所以很大程度上这是一种单项信息共享机制，整个搜索更新过程是跟随当前最优解的过程。与遗传算法比较，在大多数的情况下，所有的粒子可能更快的收敛于最优解。

思 考 题 与 习 题

9.1 在工程中为何要进行地下水渗流的反分析？

9.2 在利用试验资料或观测资料反求水文地质参数时，有哪些问题需要考虑？为什么？与正分析问题相比有什么区别？

9.3 简述逐个修正法反求参数的原理与步骤。

9.4 简述单纯形法反求参数的原理与步骤。

9.5 模拟退火法、遗传算法以及粒子群算优化算法在进行参数反分析时各有什么特点？

第 10 章　地下水渗流与废弃物处置

在大部分发展中国家，固体废弃物都是直接倾倒于地面而没有采取任何卫生填埋措施。降水使地面上的固体废弃物向下渗漏，并混有固体废弃物中的滤出成分。随着时间的推移，形成的淋漓液扩散到土壤介质中并改变地下水的物理化学性质。当淋漓液与地下水混合时，它会沿地下水流动方向形成一个扩散的污染源，并导致附近地下水的污染。同时，随着近年来核电事业的飞速发展，核废物的安全处置及核素随地下水的迁移研究问题也日益受到重视。

10.1　人类生存环境中的渗流问题

10.1.1　生活固体废物对环境的影响

城市垃圾又称城市固体废物，是人们生活的副产物，它伴随着居民的生活不可避免的产生。随着现代化的发展，城市人口的不断增加，城市垃圾的产量与日俱增。2000 年，我国城市生活垃圾排放量达到 1.6 亿 t，年平均增长速率为 7%～9%。城市固体废弃物的处置及污染防治已成为环境保护的突出问题。垃圾卫生填埋因技术成熟、工艺简单、管理方便、投资省、对垃圾成分无严格要求等优点被广泛使用。根据我国目前经济发展现状来看，其方法也是我国今后十几年垃圾处理的主要方式。然而固体废弃物渗滤液污染地下水的事故屡有发生，所以填埋后渗滤液对水体的污染也是不可忽视的问题。对渗滤液处理已成为垃圾填埋场面临的重大课题。渗滤液对地下水含水层的影响不仅限于表层，而且能影响到较深的范围，并且会随着含水层迁移。污染的另一个特点是持续时间长，据研究报道，垃圾填埋场在封场后生物分解过程还会持续 10～20 年，在封场后 70～100 年的时间仍可能有渗滤液的流出。而地下水源和周围土壤一旦被污染，想用人工方法实施再净化，技术上将十分困难，其费用也非常昂贵。因此对渗滤液的研究和处理已经逐渐受到人们的广泛关注。

垃圾渗滤液对地下水污染包括 3 个过程：一是废水通过岩土层渗入；二是变质后的水与地下水混合；三是污染物沿含水层迁移。垃圾渗滤液对地下水污染取决于以下几个因素：①填埋场的地质环境；②填埋场含水层上部隔水层的厚度及渗透性；③填埋场地下水水位；④填埋场地层的自净能力；⑤渗滤液的成分；⑥渗滤液的水量及渗滤时间等。

垃圾渗滤液对地下水污染日趋严重，比如美国几乎一半数量的垃圾填埋场对水体都产生了污染。欧洲莱茵河地区因垃圾堆渗滤水污染地下水，使有的自来水厂关闭。我国兰州东盆地雁滩水源地因垃圾渗滤液污染而废弃；西盆地马滩水源地部分水井报废；澳门与珠海市交界处的茂盛围因澳门垃圾滤液污染，使当地河流鱼虾绝迹、农田失收。

10.1.2　垃圾填埋渗滤液的特点

垃圾填埋场内的渗滤液主要有 3 个来源：一是外来水分，包括大气降水、地表水和渗入的地下水；二是垃圾受到挤压后部分初始含水的释放；三是垃圾降解过程中大量的有机物在厌氧及兼氧微生物的作用下转化为水、二氧化碳、甲烷等所释放的内源水。垃圾渗滤液的成分及浓度主要取决于垃圾本身的组成、填埋时间、降雨量、堆积高度及方式。垃圾的组成，其中尤以有机物的类型、重金属的种类及其含量对垃圾渗滤液性质的影响最为密切，随着填埋时间的增长，降雨量的增加，渗滤液浓度会逐渐下降；渗滤液浓度随堆积高度增加而增大。因此垃圾渗滤液的污染物浓度并非固定，而是受上述因素影响发生变化，随机性很大。

垃圾的成分直接影响渗滤液的成分。此外降雨量、垃圾体内温度、垃圾填埋时间、填埋场的地质条件、填埋工艺等因素也影响渗滤液的成分。尤其是降雨量和填埋时间的影响。垃圾填埋后在微生物的作用下，垃圾经过溶解、淋洗等作用使垃圾中原有的以及垃圾降解后产生的大量污染物进入垃圾渗滤液中，以致垃圾渗滤液污染物浓度特别高。再由于垃圾降解产生的 CO_2，溶于垃圾滤液以后使垃圾渗滤液偏酸性。这种酸性环境使得不溶于水的碳酸盐、金属及其金属氧化物等无机物发生溶解。由此可见，渗滤液中化学需氧量（COD）和生化需氧量（BOD）的浓度是生活污水的几十倍甚至几百倍以上。具有不但污染物浓度高而且水质变化大且无规律性、持续时间很长等特点。渗滤液中有机污染物种类繁多，多为芳烃、烷烃、烯烃类、酸类、酯类、醇、酚类、胺及酰胺等，且有些已被确认为可疑致癌物、促癌物和辅助致癌物。

由于垃圾渗滤液呈现出浓度高、污染强、成分复杂等特征，因此国内外都非常重视对其进行控制和处理。国内外埋填场一般采取在填埋场底部、场侧敷设不透水的衬垫层、集水管、集水井等设施的方法将产生的渗滤液汇集，再经处理后排放。通常采用的处理工艺有以下几种。

（1）与城市污水合并处理。

将垃圾填埋的渗滤液直接并入污水处理厂，与城市污水合并处理，是一种最简单的处理方法。而且由于城市污水量较大，可将渗滤液中有机物及氨氮的含量加以稀释并且又补充了城市的污水磷含量的不足，对于城市污水处理系统的正常运行不会产生不良影响，一举两得。如苏州七子山城市生活垃圾填埋场渗滤液收集系统引入填埋场渗滤液储存池，通过输送管道将渗滤液以重力流方式输送至位于平地的管理站中转池，再由泵抽送至市政污水管网进入城市污水处理厂与城市生活污水合并处理。然而，在这种处理过程中，由于垃圾填埋场往往与污水处理场相距较远，敷设管线工程量大、投资多，所以实现起来难度很大，只有个别垃圾填埋场能够做到。

（2）直接回灌方式进行处理。

渗滤液回灌，就是用适当的方法将在填埋场底部收集到的滤渗液从其覆盖表面或覆盖层下部重新灌入填埋场。通过填埋场覆盖层的土壤净化作用、垃圾填埋层的降解作用和最终覆盖后垃圾填埋场地表植物的吸收作用对其进行净化处理。采用回灌方式进行处理不仅可以节省占地，而且可将填埋场作为一个大的生物滤池，上层为好氧生物滤池，下层为厌氧生物滤池，渗滤液经多次回流处理后其流量及其有机物含量会越来越少。同时渗滤液的回流又可加速垃圾中有机物的分解稳定，起到缩短填埋场稳定过程的作用。但是渗滤液回灌时不仅产生恶臭，易受冰冻影响，容易污染地表水，而且长期回灌使渗滤液中某些无法被生物降解的污染物浓度极高，最终仍需定期单独处理后排放。

（3）收集后单独处理。

由于各填埋场情况不同，渗滤液中污染物的种类、浓度也各不相同。结合各地实际，采取有针对性的单独处理，是一种切实可行的方法。单独处理主要包括物化处理、生化处理以及物化与生化相结合的处理方法。物化处理是指通过物理化学的方法去除渗滤液中 COD、SS、色度、重金属。主要方法为混凝沉淀、臭氧氧化、砂滤、活性炭滤、螯合树脂吸附。针对渗滤液的特性，仅使用物化方法处理很难达标，而且操作复杂、处理费用昂贵。生化处理是指利用微生物的新陈代谢作用分解有机物以去除渗滤液中的 COD、BOD、氨氮。具体方法有上流式厌氧污泥床、活性污染法、生物膜法、氧化塘法等多种方法。仅使用生化方法处理渗滤液往往需要经多级生化装置才能达标，工艺复杂。而物化与生化相结合的处理方法综合了两者的优点，既简化了工艺，又降低了投资，而且处理效果稳定，出水达标。

10.1.3 核废物对环境的影响

核电站是利用核裂变或核聚变反应所释放的能量产生电能的发电厂，目前商业运转中的核能发电厂都是利用核分裂反应而发电。核电站在运行过程中要产生巨大热量，所以核电站的选址必须靠近水源，最好是靠海，这也是大型核电站都建在海边的一个重要原因，并且靠海还可以解决大件设备运输问题。万一发生危险，在平的海岸线和放射物均匀发散的情况下，污染陆地面积只是完全在内陆的一半。但是建在海边有利的同时也多出一个风险，就是海啸或者台风带来大浪的可能，从而需要建设防波堤来抵御巨浪的冲击。然而防波堤只能抵御一定程度的冲击，如果是比较大的海啸的话，防波堤无能为力，很可能产生十分严重的后果。2011 年 3 月 11 日日本 9 级大地震及海啸导致核泄露就是一例。

核电站的污水渗漏是目前人们比较关心的一个话题，特别是含有放射性原子的污水，会直接影响到人们的日常生活用水，所以如何做好防渗工作也是核电站问题的重要组成部分。核废物是指含有 α、β 和 γ 辐射的不稳定元素并伴随有热产生的无用材料。核废物进入环境后会造成水、大气、土壤的污染，并通过各种途径进入人体，当放射性辐射超过一定水平，就能杀死生物体的细胞，妨碍正常细胞分裂和再生，引起细胞内遗传信息的突变。一台 1000MW 核电站的年核废物中含有 10kg 的锝－237 和 20kg 的锝－99，如以非专业人员允许的年接受辐射剂量率为标准，那么上述核废物即使储存 100 万年，仍高出允许剂量的 3000 万倍！如果直接排放，需用 6 亿 t 水稀释锝－237，3000 万 t 水稀释锝－99，才符合环境要求。核废物的存放是举世瞩目的难题。目前常见的高放射性核废物，是采用地质深埋的方法。常见的矿山式处置库，位于 300～1500m 深处。若深部钻孔，如在花岗岩石中凿一个地下处置库，则要建在几千米深处。库的结构包括天然屏障和工程屏障，以防止废物中的放射性核素从包装物中泄漏，但很难保证在长达上百万年中包装材料不被腐蚀、地层不变动。

世界各地核电站每年产生约 1 万 m^3 核废物，存放低放射性（半衰期小于 30 年）的核废物不用深埋，地表下几十米即可，但也得层层设防。不同国家对核废物的处理办法各有不同，但如何选择一个地质条件长时间稳定的核废处置场所是各国面临的问题。如法国1996年建成第一座大型陆地核废料储存库，外形如一个小山丘，由140万t砂岩、片岩、黄沙和泥土组成，第一层是植被，第二层是硬石层，第三层是沙子，第四层是防水沥青膜，第五层是排水层，第六层是覆盖在装有核废物的铁桶上的硬土石层。美国1986年准备把人烟稀少的尤卡山作为核废物存放点，当时科学家推测附近20km处的一座火山在27万年前爆发过，到了1990年科学家把火山爆发距今的时间缩短为2万年，这使得该火山可能在核废物变得无害前恢复活动。美国科学家尼古拉斯·伦曾说："应记住，在不到1万年以前，曾在今天的法国中部爆发过火山，在7千年前英吉利海峡还不存在，5000年前撒哈拉的大部分地区还是肥壤沃土。只有千里眼才能为20世纪的核废物选择一个不受干扰的永久性的储存场所。"

我国已建好的西北处置场和华南处置场是存放低、中放射性核废物的近地表处置场。对高放射性核废物我国目前还没有地质处置库，只能继续储存。另外，我国军工还遗留下不少放射性核废物，加上今后要大力发展核电，专家们呼吁必须从战略、战术上重视和减少放射性废物，加强核废物的处置。

因此，无论是生活固体废物还是核电站产生的核废物，对环境的影响都是以渗流的形式产生的，但是由于这一类的渗流问题还涉及到了与水体一起运动的溶质的运移，因此这类渗流问题又称为溶质运移问题。在以下的叙述中，将对溶质运移基本理论、基本方程以及方程的求解等进行简单的介绍。

10.2 溶质运移基本理论

溶质运移是指溶解于地下水中的物质随地下水水流在多孔介质中一起运移的现象，垃圾填埋场滤液以及核废物在地下水的迁移等都属于溶质运移的范畴。加强对地下水模拟，溶质运移方面的分析与研究对进行地下水资源评价和地下水变化趋势的预测，指导地下水的合理开发利用及确保地下水供水工程安全及防治地下水的污染等都具有重要作用，因此从事地下水以及溶质运移的模拟具有重大的现实意义。

10.2.1 水动力弥散现象

在溶质运移问题研究中，可将溶解在地下水中的某种溶质成分视为一种示踪剂，通过它的颜色、电导率、密度等很容易被识别出来。实验表明，当某种流动的液体中注入示踪剂后，示踪剂并不是按实际流速向前推进，即并非按活塞式推进，而是随着液体流动不断地传播（蔓延）开来，在流体区域内不断扩大，并超出单独根据流体的平均流速所预计的区域范围。这种传播（蔓延）现象称为多孔介质的水动力弥散。它是一种不稳定的、不可逆的混沌过程，在这一过程中，示踪剂的物质将与流体相混溶。形成弥散现象的作用，称弥散作用。下面用地下水动力学的简单实验来举例说明水动力弥散现象的存在。

在一维均匀流动的砂板上游的一口井中，连续地注入某种示踪剂溶剂［图10.2.1(a)］。在流场中不难观测到点源投入的示踪剂沿流动方向不断扩散，形成了逐渐增大的椭圆。示踪剂在投入流体点的周围逐渐散布开来，不断地占有流动区域中越来越大的部分。自中心向外，示踪剂的浓度由大逐渐变小，并不存在突变的界面。通过足够数目的观测点，可以得到椭圆状的等浓度曲线图［图 10.2.1（b）］。

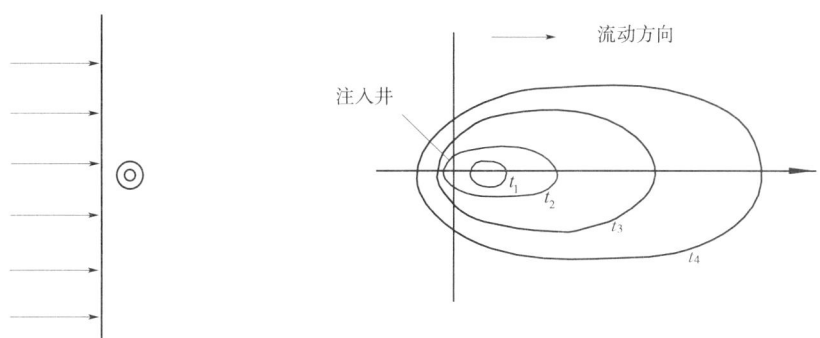

（a）一维均匀流场的砂板上游点源投入示踪剂　　（b）一维均匀流场中点源投入示踪剂的扩散

10.2.1　一维均匀流场的砂板上游投入示踪剂

10.2.2　水动力弥散机理

概括起来，水动力弥散由两部分组成：一是分子扩散；二是机械弥散。

分子扩散是由于流体中所含示踪剂的浓度不均匀而引起的一种物质运移现象。分子扩散使得示踪物质自高浓度的地方向低浓度的地方运动，以趋于浓度分布的均一。因此，即使在静止的流体中，分子扩散也会起作用，使示踪剂扩散到越来越大的范围。例如，向盛满水的脸盆中滴入一滴蓝墨水，在分子扩散作用下，蓝墨水逐渐扩散开来，若时间足够长，则会形成一盆均匀的蓝颜色的水。

机械弥散主要为纯力学作用的结果。当流体在多孔介质中流动时，固相与液相之间的相互作用非常复杂，包括示踪剂颗粒在固体表面上的吸附、沉淀、溶解、离子交换、化学反应及生物过程等。但对示踪剂的运移来说，最主要的是机械作用。所谓机械作用，就是由于孔隙系统的存在，使得流速在孔隙中的分布无论其大小和方向都不均一。

水动力弥散是一种宏观现象，但用达西水流的平均流速不能解释上述所有的观测资料，而必须从微观水平上，也就是从孔隙的内部去考察所发生的现象。在多孔介质内，通过任意孔隙横截面上的流速分布，其大小和方向都是不相同的（图 10.2.2）。一般可分为 3 种情况：①同一孔隙中，地下水质点流速 $\vec{u'}$ 不等于实际平均流速 $\vec{u}$。由于流体的黏滞性，使得单个孔隙通道轴处的流速大，固体表面处的流速接近于零，类似于笔直的毛细管中的流体速度的抛物线状分布。②不同孔隙中地下水质点的实际流速也是不同的（图 10.2.3）。单个孔隙中质点的最大流速是随着孔隙的大小而变化的。由于多孔介质微观几何结构的复杂性，实际上要从微观水平上进行研究是很难做到的。因此只好从微观水平上过渡到比较粗的宏观水平上来描述地下水质点在多孔介质中发生的流动。我们引入了典型单元体的概念，可将多孔介质通道中地下水质点的速度（即微观的质点速度）平均化，即：

$$\vec{u} = \frac{1}{\Delta V_0} \int_{\Delta V_0} \vec{u'} dV \tag{10.2.1}$$

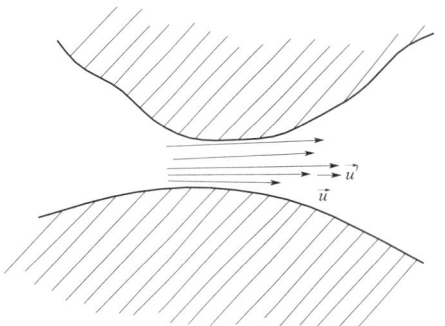

图 10.2.2 单孔隙中流速的分布图

式中：$\vec{u'}$表示质点速度矢量；$\vec{u}$表示平均速度矢量。$\vec{u}$是一个假想的速度矢量（图 10.2.2），即通常所说的某点处地下水实际流速矢量。它是在典型单元体的空隙体积 ΔV_0 内取质点速度矢量的平均值，作为典型单元体形心处的地下水平均速度矢量。由此可以看到地下水质点的实际流速 $\vec{u'}$ 与平均流速 $\vec{u}$ 是完全不同的两个概念。③受相互连通的孔隙空间的形状影响，即固体骨架的阻挡，孔隙空间的流线相对于平均流动绕流（图 10.2.3），使地下水质点的实际运动曲折起伏。

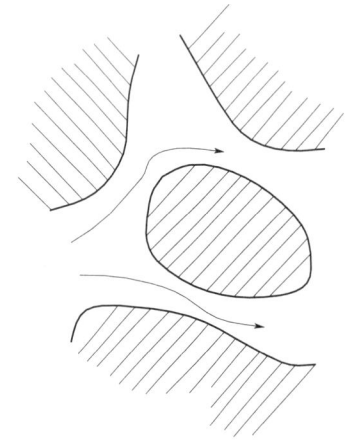

图 10.2.3 不同孔隙中流速的差异

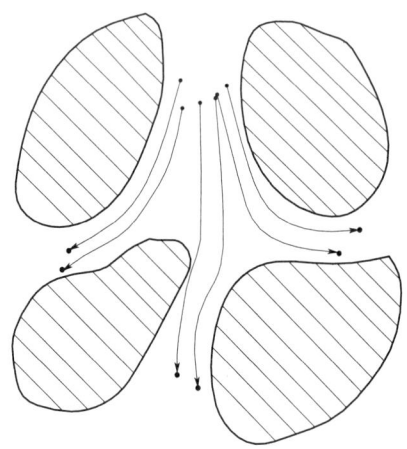

图 10.2.4 水质点的散布

上述 3 个现象是引起机械弥散的原因。这些现象使得最初紧密排列的地下水质点散布开来。图 10.2.4 中的圆点表示流体质点在时刻 t 到 $t + \Delta t$ 时刻的位置。由于孔隙中微观流速的这种不均一性，使得开始时彼此靠近的地下水质点群在地下水流动过程中不是一律按平均流动速度运动，而是不断地被分细，进入更为纤细的通道分支，从而使得地下水质点逐渐扩展开，超出仅按平均流动所预期的扩展范围。我们把流体通过多孔介质流动时，由于微观尺度上流速的不均一所造成的这种地下水质点散布的现象称为机械弥散。上述地下水质点的弥散既有纵向的，又有横向的。前者为平行于平均流速方向上的弥散，叫做纵向弥散；后者垂直于平均流速方向上的弥散，称为横向弥散。

上述 3 个引起水动力弥散的原因中：质点流速的不一样及不同孔隙中地下水质点实际流速的差异产生了纵向机械弥散；而固体骨架的阻挡作用产生了横向机械弥散。横向弥散大概可以波动一个颗粒直径大的范围。地下水质点运动速度的差异是产生水动力弥散的根本原因。

10.3 水动力弥散方程与弥散系数

10.3.1 水动力弥散方程

地下水系统中污染物质的运移和预测，都是以水动力弥散方程为基础。水动力弥散方程是一些偏微分方程，它描述了地下水动力场中任一点处任一时刻的动力参数、介质参数与运动参数间的关系。为讨论方便起见，先介绍与水动力弥散方程有关的主要参数，从溶液中组分的质量守恒方程入手，导出溶质在溶液中的扩散方程，尔后再利用空间平均方法，将这一结果应用于多孔介质，从而推导出水动力弥散方程。

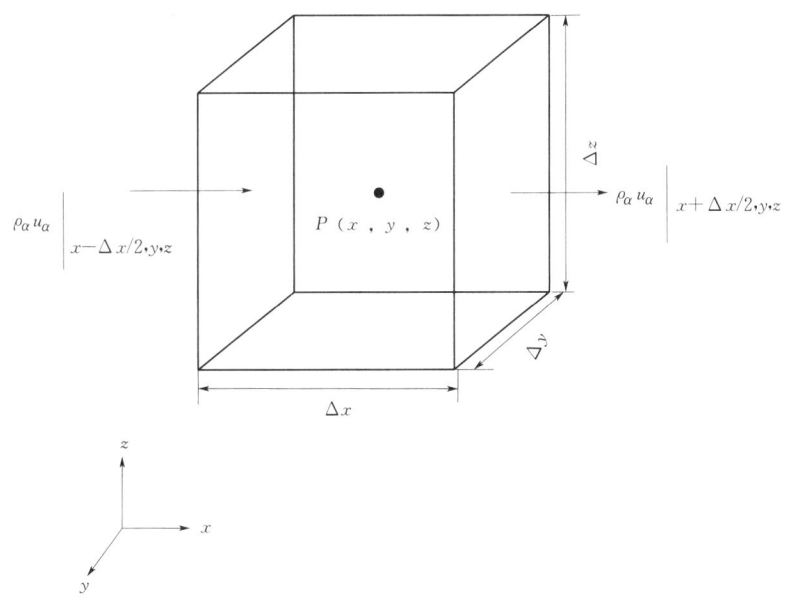

图 10.3.1　流体的微小质量均衡体

在多组分组成的流体体系中任取一点 $P(x, y, z)$（图 10.3.1），以 P 为中心取一微小的质量均衡体，其侧面分别平行于 3 个坐标面，边长分别为 Δx、Δy 和 Δz，根据质量守恒原理，在时间 Δt 内，组分 α 在这个单元体中的净流出（或净流入）量应等于这个单元中组分 α 的质量变化。经过一系列的推导与整理，得到：

$$\frac{\partial C}{\partial t} = \mathrm{div}(\tilde{D} \cdot \mathrm{grad}C) - \mathrm{div}(\vec{Cu}) + I \tag{10.3.1}$$

式中：I 为源汇项；$\tilde{D}$ 称为水动力弥散系数；，即：

$$\tilde{D} = \tilde{D}'' + \tilde{D}'$$

式中：$\tilde{D}''$ 为分子扩散系数；$\tilde{D}'$ 为机械弥散系数。从物理意义上来理解，$\tilde{D}$ 具有相应的通量：

$$J_D = -\tilde{D} \cdot \mathrm{grad}C \tag{10.3.2}$$

称为水动力弥散通量。式（10.3.1）即为水动力弥散方程，也称为对流－扩散方程。

若散度、梯度均采用直角坐标系来表示，并利用爱因斯坦求和约定，则上式可写成：

$$\frac{\partial C}{\partial t} = \frac{\partial}{\partial x_i}(D_{ij}\frac{\partial C}{\partial x_j}) - \frac{\partial}{\partial x_i}(Cu_i) + I \quad (i,j=1,2,3) \tag{10.3.3}$$

展开：

$$\frac{\partial C}{\partial t} = \frac{\partial}{\partial x}(D_{xx}\frac{\partial C}{\partial x} + D_{xy}\frac{\partial C}{\partial y} + D_{xz}\frac{\partial C}{\partial z}) + \frac{\partial}{\partial y}(D_{yx}\frac{\partial C}{\partial x} + D_{yy}\frac{\partial C}{\partial y} + D_{yz}\frac{\partial C}{\partial z})$$
$$+ \frac{\partial}{\partial z}(D_{zx}\frac{\partial C}{\partial x} + D_{zy}\frac{\partial C}{\partial y} + D_{zz}\frac{\partial C}{\partial z}) - \frac{\partial}{\partial x}(Cu_x) - \frac{\partial}{\partial y}(Cu_y) - \frac{\partial}{\partial z}(Cu_z) + I$$
$$\tag{10.3.4}$$

特别地，对于一维流动二维水动力弥散，上式简化成：

$$\frac{\partial C}{\partial t} = \frac{\partial}{\partial x}(D_{xx}\frac{\partial C}{\partial x} + D_{xy}\frac{\partial C}{\partial y}) + \frac{\partial}{\partial y}(D_{yx}\frac{\partial C}{\partial x} + D_{yy}\frac{\partial C}{\partial y}) - \frac{\partial}{\partial x}(Cu_x) + I \tag{10.3.5}$$

对于一维流动一维水动力弥散，可进一步简化：

$$\frac{\partial C}{\partial t} = \frac{\partial}{\partial x}(D_{xx}\frac{\partial C}{\partial x}) - \frac{\partial}{\partial x}(Cu_x) + I \tag{10.3.6}$$

10.3.2 初始条件与边界条件

水动力弥散方程可用于描述溶质在地下水中运移的一般规律，如果要确定某一特定区域内地下水中溶质的分布规律，还必须知道溶度分布规律，即初始条件与边界条件。初始条件与边界条件构成定解条件。定解条件与水动力弥散方程一起构成的特定区域上的问题称为定解问题。对于某一个具体的水动力弥散问题，初始条件与边界条件刻画了溶质运移的特殊之处，也就是溶质运移规律。因此，根据已有的水文地质资料及野外调查资料，正确地确定研究区的初始条件和边界条件是非常重要的。

（1）初始条件。

描述给定初始时刻研究区 D 内各点（x,y,z）处的浓度分布状态的条件，称为初始条件。设给定初始时刻研究区 D 内各点的浓度值已知为 $C_0(x,y,z)$，则初始条件可写成：

$$C(x,y,z,0) = C_0(x,y,z) \quad (x,y,z) \in D \tag{10.3.7}$$

从原则上讲，只要已知某个时刻的浓度分布，初始时刻是可以任意选取的。初始条件不一定是研究区的原始状态，即没有注入示踪剂或没有污染前的状态。初始条件如何选取，应该根据研究问题的需要、资料状况及计算与模拟方法等因素而定，例如做弥散试验时，可将示踪剂注入前浓度分布视为初始状态。又如设计治理地下水污染方案时，可将现状污染物分布视为初始条件。

（2）边界条件。

边界条件是指研究区边界上的溶质浓度浓度分布和变化情况或边界流入（或流出）研究区的浓度分布和变化情况。边界条件可分为下列 3 种类型。

1）第一类边界条件——给定浓度边界。

指已知边界上浓度分布的边界。若在边界 B_1 上（x,y,z）点处 t 时刻的浓度值为 $f_1(x,y,z,t)$，则第一类边界条件可表示成：

$$C|_{B_1} = f_1(x,y,z,t) \quad (x,y,z) \in B_1 \quad t>0 \tag{10.3.8}$$

式中：B_1 为研究区的第一类边界；$f_1(x,y,z,t)$ 为 B_1 上的已知函数。此类边界常出现在研究区与地表水体的连接处。若 $f_1(x,y,z,t)$ 不随时间变化，则它描述的是通常所指的定浓度边界条件。

2）第二类边界条件——给定弥散通量边界。

指已知边界上弥散通量随时间变化规律的边界条件，或称为 Neumann 边界条件，即已知：

$$-D \cdot \text{grad}C \cdot \vec{n}|_{B_2} = f_2(x,y,z,t) \quad (x,y,z) \in B_2 \quad t>0 \quad (10.3.9)$$

式中：B_2 为研究区上的第二类边界；$\vec{n}$ 为边界 B_2 上某点 (x,y,z) 处的外法线方向上单位向量；D 为水动力弥散系数；$f_2(x,y,z,t)$ 是已知函数。

3）第三类边界条件——给定溶质通量边界。

指已知边界上溶质通量随时间变化规律的边界条件，或称之为 Cauchy 边界条件，即已知：

$$(C\vec{u} - D \cdot \text{grad}C) \cdot \vec{n}|_{B_3} = f_3(x,y,z,t) \quad (x,y,z) \in B_3 \quad t>0 \quad (10.3.10)$$

式中：B_3 为研究区上的第三类边界条件；$\vec{u}$ 为孔隙平均流速；$f_3(x,y,z,t)$ 为已知函数。

10.3.3 水动力弥散系数

水动力弥散系数是表征在一定流速下，多孔介质对某种污染物质弥散能力的参数。我们在建立水动力弥散方程的过程中，将有关物理量在典型单元体上进行平均，这样就回避了水动力弥散系数的微观情况，不利于深刻理解弥散系数的结构及其影响因素。在实际的多孔介质中，影响水动力弥散系数的因素很多，且相互之间的关系也非常复杂，通常采取理想模型的研究方法，即将实际的多孔介质用一个假想的、简化的模型来代替，从而将在该模型中发生的弥散现象用精确的数学方法来分析。这样才能对弥散系数的主要影响因素逐项进行讨论，然后将其结果类推到实际的多孔介质中。

关于弥散系数结构的探讨，最早始于 1953 年，自此之后，在许多专业期刊上出现了大量的文章。这些文章从不同的角度、在不同的程度上讨论了弥散系数与孔隙骨架、水流参数及分子扩散系数之间的关系。Bear 和 Bachmat（1966、1967）将多孔介质概化为相互连通的空间毛管网络，毛管的长度、方位和断面的大小都是随机变化的，毛管的接头处至少有 3 根毛管互连，且假定模型中的水流属于层流运动。他们采用两次平均的方法：第一步先在毛管横截面上求平均，并将所得的平均值放在毛管横截面的轴心上；第二步是沿毛管轴在典型单元体上进行平均，作为典型单元体的平均值。依此所求出的结果是：

$$D'_{ij} = a_{ijmn} \frac{u_m u_n}{u} f(P_e, \delta) \quad (10.3.11)$$

式中：a_{ijmn} 为多孔介质的弥散度；u 为地下水流速 $[LT^{-1}]$；u_m、u_n 为地下水流速分量 $[LT^{-1}]$；P_e 为分子扩散的 Peclet 数 [无因次]；$\delta = \dfrac{\bar{l}}{\bar{R}}$，其中 $\bar{l}$ 为毛管的平均长度 $[L]$；$\bar{R}$ 为毛管的平均水力半径 [无因次]。上式表明机械弥散系数 D'_{ij} 涉及 3 个因素：①多孔介质的弥散度 a_{ijmn}，纯粹由多孔介质的空隙性决定（类似于渗透系数尺取决于渗透率 k ——

样），它包括毛管的传导系数 B，毛管的平均长度 $\bar{l}$ 和曲折率于函数 $\tilde{T}^*$；②由速度所组成的一个二阶张量 $\dfrac{u_m u_n}{u}$；③函数 $f(P_e,\delta)$，其中 Peclet 数：

$$P_e = \frac{\bar{u}_l}{D_m} \tag{10.3.12}$$

式中：$\bar{u}_l$ 是平均线性孔隙水速度 $[LT^{-1}]$。在热迁移研究中，也使用 Peclet 数，$P_e = \dfrac{\bar{u}_l}{D_m}$（式中 D_m 是热扩散系数），因此也将它称为热扩散的 Peclet 数。函数 $f(P_e,\delta)$ 具有如下关系式：

$$f(P_e,\delta) = \frac{P_e}{P_e + 4\delta^2 + 2} \tag{10.3.13}$$

显然，当 Peclet 数较大时，$f(P_e,\delta)$ 近似等于 1。

a_{ijmn} 是四阶张量。在三维空间中，多孔介质弥散度张量 a_{ijmn} 共有 $3^4 = 81$ 个分量。但是，对于各向同性介质，则只有 36 个非零分量，而且仅涉及两个数 a_L 和 a_T，即：

$$a_{ijmn} = a_T \delta_{ij} \delta_{mn} + \frac{a_L - a_T}{2}(\delta_{im}\delta_{jn} + \delta_{in}\delta_{jm}) \tag{10.3.14}$$

式中：a_L 为各向同性多孔介质纵向弥散度；a_T 为各向同性多孔介质横向弥散度；δ_{ij} 为 Kronecker 符号，即：

$$\delta_{ij} = \begin{cases} 1 & i = j \\ 0 & i \neq j \end{cases} \tag{10.3.15}$$

将（10.3.14）式代入（10.3.11）式中，并取 $f(P_e,\delta) \approx 1$，得到：

$$D'_{ij} = a_T u \delta_{ij} + (a_L - a_T)\frac{u_m u_n}{u} \quad (i,j = 1,2,3) \tag{10.3.16}$$

在三维空间直角坐标系中 u 的 3 个分量为 u_x、u_y 和 u_z，则机械弥散系数张量具有 9 个分量，即：

$$\begin{cases} D'_{xx} = a_T u + (a_L - a_T)\dfrac{u_x^2}{u} = \dfrac{1}{u}[a_T(u_y^2 + u_z^2) + a_L u_x^2] \\ D'_{xy} = (a_L - a_T)\dfrac{u_x u_y}{u} = D'_{yx} \\ D'_{xz} = (a_L - a_T)\dfrac{u_x u_z}{u} = D'_{zx} \\ D'_{yy} = a_T u + (a_L - a_T)\dfrac{u_y^2}{u} = \dfrac{1}{u}[a_T(u_x^2 + u_z^2) + a_L u_y^2] \\ D'_{yz} = (a_L - a_T)\dfrac{u_y u_z}{u} = D'_{zy} \\ D'_{zz} = a_T u + (a_L - a_T)\dfrac{u_z^2}{u} = \dfrac{1}{u}[a_T(u_x^2 + u_y^2) + a_L u_z^2] \end{cases} \tag{10.3.17}$$

注意：在三维空间中，流动处处是水平的，即 $u_z = 0$，那么仅有 $D'_{xz}(= D'_{zx})$ 和 $D'_{yz}(= D'_{zy})$ 变为零，而这意味着，在 z 方向上仍然存在着横向弥散。

如果在某点处，选择 x 轴与该点平均孔隙流速的方向一致，即机械弥散系数张量为：

$$\widetilde{D}' = \begin{bmatrix} \widetilde{D}'_{xx} & 0 & 0 \\ 0 & \widetilde{D}'_{yy} & 0 \\ 0 & 0 & \widetilde{D}'_{zz} \end{bmatrix} = \begin{bmatrix} \alpha_L u & 0 & 0 \\ 0 & \alpha_T u & 0 \\ 0 & 0 & \alpha_T u \end{bmatrix} \qquad (10.3.18)$$

在如此选择的坐标系中,3个坐标轴均为弥散主轴。D'_{xx} 称为纵向机械弥散系数,D'_{yy}、D'_{zz} 称为横向机械弥散系数;D'_{xx}、D'_{yy}、D'_{zz} 统称为机械弥散系数主值。当地下水总体呈均匀流动(即满足处处 $u_x=$ 常量,$u_y=u_z=0$)时,上式关系才对整个流场有效。一般情况下,即便是各向同性介质,弥散主轴对于不同的点是不同的,随平均孔隙流速方向的变化而变化。

多孔介质分子扩散系数 $\widetilde{D}''$ 也是二阶对称张量,其分量为:
$$D''_{ij} = D_m T^*_{ij} \qquad (10.3.19)$$
式中:T^*_{ij} 为多孔介质曲折率张量的分量。

显然 $T^*_{ij}<1$,所以 $D''_{ij}<D_m$,即多孔介质中溶液的分子扩散系数小于纯溶液中的分子扩散系数,这是因为多孔介质中通道曲折,从而减少了分子扩散的有效性。

从前面介绍的关于理想模型可知,当略去函数 $f(P_e,\delta)$ 的影响时[即令 $f(P_e,\delta)=1$],机械弥散系数 D' 与平均孔隙速度呈线性关系。作为一般情况,函数 $f(P_e,\delta)$ 应被考虑进来。由于,$P_e=\dfrac{u_l}{D_m}$ 式中包含着平均速度 u,所以机械弥散系数 D' 与 u 是非线性关系。通常用下列式子来表达:
$$\begin{cases} D'_{xx} = a_L u(P_e)^{m_1} \\ D'_{yy} = a_L u(P_e)^{m_2} \end{cases} \qquad (10.3.20)$$
式中:m_1 和 m_2 为常数。

10.4 水动力弥散方程的基本求解

求解复杂的水动力弥散方程定解问题非常困难,实际问题中多靠数值方法求解。但各种数值解法要靠解析解进行检验和比较,而且常根据解析解的实用条件来设计室内或野外试验,并用解析解去拟合观测资料以求得水动力弥散系数。因此解析解法仍是分析水动力弥散现象的一种基本手段。

首先考虑最简单的条件:①均质各向同性介质;②静止流场 $u=0$,弥散系数为常数即 $D_{xx}=D_{yy}=D_{zz}=T^* D_m$,流体密度为常数($\rho=$ 常量);③$t=0$ 时,在原点处瞬时注入质量为 m 的溶质。将瞬时点源的位置取为坐标原点。显然在该条件下,浓度 C 的分布是对称于原点的。这时在直角坐标系中,对流—弥散方程(10.3.4)式可写成下列简式(纯弥散方程):
$$\dfrac{\partial C}{\partial t} = D\left(\dfrac{\partial^2 C}{\partial x^2} + \dfrac{\partial^2 C}{\partial y^2} + \dfrac{\partial^2 C}{\partial z^2}\right) \qquad (10.4.1)$$
式中:D 表示多孔介质的分子扩散系数。由于上式的球对称性,故建立球坐标系下的纯弥散方式，讨论起来更方便。即：

$$\frac{\partial C}{\partial t} = D \cdot \frac{1}{R^2} \cdot \frac{\partial}{\partial R}(R^2 \frac{\partial C}{\partial R}) \quad (R \geqslant 0, t > 0) \tag{10.4.2}$$

结合边界条件：

$$\begin{cases} C(R,t)|_{t=0} = 0 & (R > 0) \\ C(R,t)|_{R \to \infty} = 0 & (t > 0) \\ C(R,t)|_{R=0} < \infty & (t > 0) \ (R > 0) \\ \int_0^\infty C \cdot n \cdot 4\pi R^2 \mathrm{d}R = m & (t > 0) \end{cases} \tag{10.4.3}$$

利用 Boltzmann 变换等方法可以得到上述模型的解为：

$$C(R,t) = \frac{m}{8n(\pi Dt)^{\frac{3}{2}}} e^{-\frac{R^2}{4Dt}} \tag{10.4.4}$$

上式即为空间瞬时点源的解，其他许多问题的解均由此解导出。

分析式（10.4.4）式不难得出：①等浓度面为圆心位于原点的球面；②浓度 $C(R,t)$ 在任何时刻的浓度最大值皆在原点处，其浓度为：

$$C(0,t) = \frac{m}{8n(\pi Dt)^{\frac{3}{2}}} \tag{10.4.5}$$

式（10.4.5）表示 $C(0,t)$ 与 $t^{\frac{3}{2}}$ 成反比，即随着时间的增加，原点处的浓度减小。由于 $e^{-4.62} \approx 0.01$，即当 $\frac{R^2}{4Dt} = 4.62$ 时，或者说在 $R = 4.3\sqrt{Dt}$ 处，其浓度为原点处的 1%，该值可视为弥散晕的边界。不难看出，随着时间的推移，弥散晕的范围不断增大。

多孔介质中水动力弥散方程与溶液中的对流-扩散方程具有相类似的形式，因此可以把对流-扩散方程的一些解法放到水动力弥散方程的求解中去。将瞬时注入点源问题的解称为基本解，由基本解出发，利用叠加原理，就可以导出线源、面源、多点源以及连续注入问题的解。这一部分内容在本书中不再详述，具体可参考相关专业书籍。

思 考 题 与 习 题

10.1 试写出除生活垃圾与核废物以外，还有哪些人类活动会对造成地下水污染问题？并分析污染的途径与过程。

10.2 什么是水动力弥散？水动力弥散方程是如何建立起来的？

10.3 什么叫做弥散系数？其物理意义是什么？

10.4 均质各向同性地层中，地层孔隙率 $n = 0.4$，地下水流动速度为 0，流体密度为常数。在空间 (0,0) 位置处瞬时注入质量 $m = 1\mathrm{kg}$ 的 NaCl，已知 NaCl 在水中的扩散系数为 $2.58 \times 10^{-9} \mathrm{m}^2/\mathrm{s}$，试画出原点位置以及距原点 R 为 0m、5m、10m 位置处溶质浓度随时间的变化曲线。

附录 符号说明

符 号	含 义	量 纲
a	加速度	LT^{-2}
a_{ijmn}	多孔介质的弥散度	L
a_L	纵向弥散度	L
a_T	横向弥散度	L
A	面积	L^2
b	渗流量的计算宽度	L
b_c	心墙的平均厚度	L
b_0	心墙在上游水面高程处的厚度	L
B	过流断面的宽度	L
	越流因素	L
d	颗粒粒径	L
$D, \tilde{D}$	水动力弥散系数	L^2T^{-1}
D	分子扩散系数	L^2T^{-1}
$D'_{xx}, D'_{yy}, D'_{zz}$	机械弥散系数主值	L^2T^{-1}
$\tilde{D}'$	机械弥散系数	L^2T^{-1}
$\tilde{D}'$	分子扩散系数	L^2T^{-1}
e	孔隙比	
E	体积弹性系数	$ML^{-1}T^{-2}$
f	单位质量力	MLT^{-2}
f_s	单位体积土体内孔隙水流所受到的阻力	MLT^{-2}
f^0	渗流作用力	MLT^{-2}
F	内摩阻力	MLT^{-2}
	总质量力	MLT^{-2}
F_s	土柱中水流受到沿流线方向的总阻力	MLT^{-2}
g	重力加速度	LT^{-2}
G	重力	MLT^{-2}
h	潜水含水层厚度	L
h_f	沿程水头损失	L
h_j	局部水头损失	L
h_ω	水头损失	L

续表

符　号	含　义	量　纲
H	水头 单位重量液体所具有的全部机械能	L ML^2T^{-2}
i	潜水面坡度	
I	模型的电流	I
J	水力梯度	
k	渗透率	L^2
K	渗透系数	LT^{-1}
K_P	平行层面方向的等效渗透系数	LT^{-1}
K_v	垂直层面方向的等效渗透系数	LT^{-1}
K_{ij}	渗透系数张量（$i, j=x, y, z$）	LT^{-1}
l	长度	L
L	坝底半宽	L
m	弱透水层厚度	L
M	液体质量 承压含水层厚度	M L
n	外法线方向 孔隙率	
n_e	有效孔隙率	
p	压强	$ML^{-1}T^{-2}$
p'	绝对压强	$ML^{-1}T^{-2}$
p_0	自由面上的气体压强	$ML^{-1}T^{-2}$
p_a	当地的大气压强	$ML^{-1}T^{-2}$
p_k	真空度	$ML^{-1}T^{-2}$
q	单宽流量	L^2T^{-1}
Q	流量	L^3T^{-1}
r	径向距离	L
r_{wj}	第 j 口井半径	L
R	水力半径	L
Re	Reynolds 数	
Re_c	下临界 Reynolds 数	
Re'_c	上临界 Reynolds 数	
S	排水体伸入坝体内的长度	L
t	水温 时间	Θ T
T	总时长 导水系数	T L^2T^{-1}

续表

符 号	含 义	量 纲
u, v	流速	LT^{-1}
$\vec{u}$	速度矢量	LT^{-1}
$\bar{v}$	平均渗流流速	LT^{-1}
v_c	下临界流速	LT^{-1}
v'_c	上临界流速	LT^{-1}
V	体积	L^3
$(V_v)e$	有效孔隙体积	L^3
V_b	多孔介质单元体的总体积	L^3
V_s	单元体中固体骨架体积	L^3
V_v	单元体中孔隙体积	L^3
ΔV_0	典型单元体的孔隙体积	L^3
W	源汇水量	L^3
z	位置水头	L
α	多孔介质压缩系数	$M^{-1}LT^2$
α_p	孔隙压缩系数	$M^{-1}LT^2$
α_s	多孔介质固体颗粒压缩系数	$M^{-1}LT^2$
β	水的压缩系数	$M^{-1}LT^2$
γ	液体容重	$ML^{-2}T^2$
γ_s	土粒容重	$ML^{-2}T^2$
γ'_s	土粒浮容重	$ML^{-2}T^2$
γ_d	土的干容重	$ML^{-2}T^2$
δ	介质表面的压强	$ML^{-1}T^{-2}$
η	动力黏滞系数	$ML^{-1}T^{-1}$
θ	夹角	
λ	沿程阻力系数	
μ	给水度	
μ_s	电容 储水率	$L^{-2}M^{-1}T^4I^2$ L^{-1}
μ^*	储水系数或释水系数	
ρ	密度	ML^{-3}
σ	总应力	$ML^{-1}T^{-2}$
σ_s	作用在固体颗粒上的粒间应力	$ML^{-1}T^{-2}$
σ'	有效应力	$ML^{-1}T^{-2}$

续表

符　号	含　义	量　纲
τ	切应力	$ML^{-1}T^{-2}$
τ_0	液流的摩擦切应力	$ML^{-1}T^{-2}$
υ	运动粘滞系数	$ML^{-1}T^{-1}$
φ	势函数	L
χ	湿周	L
Δt	时间步长	T
$\Delta \varphi$	计算网格的势能损失	ML^2T^{-2}

参 考 文 献

[1] 柴军瑞. 大坝工程渗流力学［M］. 拉萨：西藏人民出版社，2001.
[2] 曹健人. 土石坝观测仪器埋设与测试［M］. 北京：水利电力出版社，1990.
[3] 陈葆仁，洪再吉，汪福炘. 地下水动态及其预测［M］. 北京：科学出版社，1988.
[4] 陈崇希，林敏. 地下水动力学［M］. 武汉：中国地质大学出版社，1999.
[5] 陈崇希. 地下水不稳定井流计算方法［M］. 北京：地质出版社，1983.
[6] 陈崇希，林敏，等. 地下水混合井流的理论及应用［M］. 武汉：中国地质大学出版社，1998.
[7] 陈崇希，李国敏，等. 地下水溶质运移理论及模型［M］. 武汉：中国地质大学出版社，1995.
[8] 陈崇希，唐仲华. 地下水流动问题数值方法［M］. 武汉：中国地质大学出版社，1990.
[9] 陈文芳. 非牛顿流体力学［M］. 北京：科学出版社，1984.
[10] 柴登榜，等. 矿井地质工作手册［M］. 煤炭工业出版社，1984.
[11] Liang Chen, Chaohu Hou, Jiansheng Chen and Jiting Xu. Back analysis of the temperature field in the combustion volume space during underground coal gasification［M］. Mining Science and Technology. 2011, 21（4）.
[12] Liang Chen, Jiting Xu. Grain Incipient Motion Considering Randomness of GrainLocation［C］. GeoHunan International Conference 2011. ASCE GSP222.
[13] L. Chen, YK. Gong, Y. Liang, MJ. Gao. Conductivity Test on Fissures Development in Unsaturated Soil［C］. 4th Asia Pacific Conference on Unsaturated Soils. 2009.
[14] 陈亮，梁越. 两种典型溶质模拟污染物在砂性土壤中的运移试验分析［J］. 江苏农业科学. 2007（6）.
[15] 陈崇希. 地下水不稳定井流计算方法［M］. 北京：地质出版社，1983.
[16] 程林松. 渗流力学［M］. 北京：石油工业出版社，2011.
[17] 陈建生，李兴文，赵维炳. 堤防管涌产生集中渗漏通道机理与探测方法研究［J］. 水利学报，2009，9（9）.
[18] 邓英尔，刘慈群，黄润秋，王允诚. 高等渗流理论与方法［M］. 北京：科学出版社，2004.
[19] 丁新求. 水力学基础（水利水电工程技术专业）［M］. 北京：中国水利水电出版社，2003.
[20] 杜扬. 流体力学［M］. 北京：中国石化才出版社，2008.
[21] 段祥宝，谢兴华，速宝玉. 水工渗流研究与应用进展［M］. 郑州：黄河水利出版社，2006.
[22] 范高功，杨胜科，姜桂华. 地下水实验技术与方法［M］. 西安：西安地图出版社，2002.
[23] 费祥麟，胡庆康，景思睿. 高等流体力学［M］. 西安：西安交通大学出版社，1989.
[24] 房纯纲，姚成林，贾永梅. 堤坝隐患及渗漏无损检测技术与仪器［M］. 北京：中国水利水电出版社，2010.
[25] 菲利普·B·贝迪恩特，哈纳迪·S·里法尔，查尔斯·J·纽厄尔. 地下水污染——迁移与修复［M］. 北京：中国建筑工业出版社，2010.
[26] 弗里泽，彻里. 地下水［M］. 北京：地震出版社，1987.
[27] Fu Changjing, Chen Liang. Researches on the back analysis of seepage field and temperature testing influenced by seepage field［C］. International Conference on Electric Technology and Civil Engineering. 2011.

[28] 高海鹰. 水力学 [M]. 南京：东南大学出版社，2011.

[29] 高学平，张效先. 水力学 [M]. 北京：中国建筑工业出版社，2006.

[30] 葛家理，同登科. 复杂渗流系统的非线性流体力学 [M]. 东营：石油大学出版社，1998.

[31] 顾慰慈. 渗流计算原理及应用 [M]. 北京：中国建筑工业出版社，2000.

[32] 郭东屏，张石峰. 渗流理论基础 [M]. 西安：陕西科学技术出版社，1994.

[33] 郭仁东. 水力学 [M]. 北京：人民交通出版社，2012.

[34] 供水水文地质手册编写组：供水水文地质手册 [M]. 北京：地质出版社，1977.

[35] 何俊杰，王明伟，王廷国. 地下水动力学 [M]. 北京：地质出版社，2009.

[36] Herbert F. Wang, and Mary P. Anderson. Introduction to groundwater modeling finite difference and finite element methods [M]. San Francisco：W. H. Freeman and company，1982.

[37] Hou Chaohu, Liang Chen, Yue Liang. Inverse Analysis of Temperature Field Influenced by Seepage on Combustion Space Area in UCG [C]. GeoHunan International Conference 2011.

[38] H. K. 吉林斯基. 渗透系数测定法 [C]. 北京：地质出版社，1958.

[39] 郝振良，马捷，王明育. 热应力作用下的有效压力对多孔介质渗透系数的影响 [J]. 水动力学研究与进展，2003，18（6）.

[40] 胡云进，速宝玉，詹美礼. 裂隙岩体非饱和渗流研究综述 [J]. 河海大学学报，2000，28（1）.

[41] 胡云进. 裂隙岩体非饱和渗流分析及其工程应用 [M]. 浙江：浙江大学出版社，2009.

[42] J. Bear 著，李竞生，等译. 多孔介质流体动力学 [M]. 北京：中国建筑工业出版社，1985.

[43] J. Bear 著，许涓铭，等译. 地下水水力学 [M]. 北京：地质出版社，1985.

[44] 蒋辉，曾波，潘宏雨. 地下水动力学 [M]. 北京：地质出版社，2009.

[45] 姜云，王兰生. 深埋长大公路隧道高地应力岩爆和岩溶涌突水问题及对策 [J]. 岩石力学与工程学报，2002，21（9）.

[46] 孔祥言. 高等渗流力学 [M]. 合肥：中国科学技术大学出版社，1999.

[47] 李俊亭，王愈吉. 地下水动力学 [M]. 北京：地质出版社，1987.

[48] 李俊亭. 地下水流数值模拟 [M]. 北京：地质出版社，1989.

[49] 李佩成. 地下水非稳定渗流解析法 [M]. 北京：科学出版社，1990.

[50] 李佩成. 地下水动力学 [M]. 北京：中国农业出版社，1993.

[51] 李春兰，曹文华，于达. 流体力学实验指导书 [M]. 北京：中国石油大学出版社，2007.

[52] 李思慎. 堤防防渗工程技术 [M]. 武汉：长江出版社，2006.

[53] 李义昌，李宾亭，赵林，周笑绿. 地下水动力学 [M]. 北京：中国矿业大学出版社，1995.

[54] 梁定伟. 水力学基础 [M]. 武汉：中国地质大学出版社，1988.

[55] 梁越，陈建生，陈亮. 孔隙流动数值模拟建模方法及孔隙流速分布规律 [J]. 岩土工程学报. 2011，33（7）.

[56] 梁越，陈建生，陈亮，沈坚强. 双层堤基管涌发生发展的试验模拟与分析 [J]. 岩土工程学报. 2011，33（4）.

[57] Yue Liang, Jiansheng Chen and Liang Chen. Mathematical Model for Piping Erosion Based on Fluid－Solid Interaction and Soils Structure [C]. GeoHunan International Conference 2011.

[58] 梁越，陈亮，陈建生. 考虑流固耦合作用的管涌发展数学模型研究 [J]. 岩土工程学报. 2011，33（8）.

[59] 梁越，陈建生，陈亮，沈坚强. 双层堤基上覆层影响渗透破坏的试验研究 [J]. 水利水电科技进展. 2010，30（6）.

[60] Yue Liang, Liang Chen, Xiaolu Yan. Porous media modeling with integrated approach and appli-

cation in water flow simulation [J]. Applied Mechanics and Materials. Vols. 34－35 (2010).
[61] Yue Liang, Liang Chen, Tong Lin. Back analysis of the dispersion parameters in fissure rock with the injection － withdrawal method [C]. International Symposium on Environmental Geotechnology and Global Sustainable Development，ISEG 2010 August 15－18，2010，Beijing，China.
[62] 梁越，陈建生，陈亮. 注水井水力帷幕防治海水入侵的机理与应用 [J]. 长江科学院院报，2009 (10).
[63] 林新，张慧萍，阎宗岭，王俊杰. 水平强透水层对岸坡浸润线下降的影响 [J]. 水电能源科学，2010，28 (2).
[64] 李明川，姚军，葛家理. 渗流力学进展与前沿 [J]. 力学季刊，2012，1.
[65] 刘光尧，陈建生. 同位素示踪测井 [M]. 南京：江苏科学技术出版社，1999.
[66] 刘杰. 土石坝渗流控制理论基础及工程经验教训 [M]. 北京：中国水利水电出版社，2005.
[67] 刘尉宁. 渗流力学基础 [M]. 北京：石油工业出版社，1985.
[68] 刘亚坤. 水力学 [M]. 北京：中国水利水电出版社，2008.
[69] 李广信，周晓杰. 堤基管涌发生发展过程的试验模拟 [J]. 水利水电科技进展，2005，(12).
[70] 赖苗，赵坚. 岩溶地下水渗流计算方法综述 [J]. 水电能源科学，2002，20 (4).
[71] 罗焕炎，陈雨孙. 地下水运动的数值模拟 [M]. 北京：中国建筑工业出版社，1988.
[72] 毛昶熙. 电模拟试验与渗流研究 [M]. 北京：水利出版社，1981.
[73] 毛昶熙. 渗流计算分析与控制，2 版 [M]. 北京：中国水利水电出版社，2003.
[74] 毛昶熙，段祥宝，蔡金傍，等. 堤基渗流无害管涌试验研究 [J]. 水利学报，2004，11.
[75] 梅孝威. 水工监测工 [M]. 郑州：黄河水利出版社，1996.
[76] 莫乃榕. 水力学简明教程 [M]. 武汉：华中科技大学出版社，2003.
[77] 潘全文. 流体力学基础 [M]. 机械工业出版社，1982.
[78] 荣传新，程桦. 地下水渗流对巷道围岩稳定性影响的理论解 [J]. 岩石力学与工程学报，2004，23 (5).
[79] 沙金煊. 渗流论文选集 [M]. 北京：中国水利水电出版社，2007.
[80] 施永生，徐向荣. 流体力学 [M]. 北京：科学出版社，2005.
[81] 石正宝. 透水地基均质土堤稳定渗流计算与应用程序 [J]. 西部探矿工程，2004，101 (10).
[82] 速宝玉，詹美礼，王媛. 裂隙渗流与应力耦合特性的试验研究 [J]. 岩土工程学报，1997，19 (4).
[83] 宋汉周，王建平. 边坑水库岩溶渗漏问题研究 [J]. 中国岩溶，1992，11 (1).
[84] 宋晓晨. 裂隙岩体渗流非连续介质数值模型研究及工程应用 [J]. 岩石力学与工程学报，2004，23.
[85] 渗流流体力学研究所，大庆石油学院分院. 渗流力学进展（第五届全国渗流力学学术讨论会论文集）[M]. 北京：石油工业出版社，1996.
[86] 水利水电科学研究院，南京水利科学研究院. 水工模型试验 [M]. 北京：水利电力出版社，1985.
[87] 水利水电工程注水试验规程（SL 345），中华人民共和国水利行业标准. 中华人民共和国水利部，2007.
[88] 沙金煊. 多孔介质中的管涌研究 [J]. 水利水运科学研究，1981，(3).
[89] 陶月赞，姚梅. 地下水渗流力学的发展进程与动向 [J]. 吉林大学学报（地球科学版），2007，37 (2).

[90] 万新南，余永红，夏克勤，等. 地下水系统分析与工程［M］. 成都：四川大学出版社，2010.

[91] Wang Junjie, Zhang Huiping, Liu Tao. Determine to slip surface in waterfront soil slope analysis［J］. Advanced Materials Research, 2012, 378-379.

[92] 王俊杰，张梁，阎宗岭. 水库初次蓄水中均质库岸塌岸现象试验研究［J］. 岩土工程学报，2011，33（8）.

[93] 王俊杰，刘元雪. 库水位等速上升中均质库岸塌岸现象及浸润线试验研究［J］. 岩土力学，2011，32（11）.

[94] 王俊杰，张梁，阎宗岭. 库水位等速下降中均质库岸塌岸现象试验研究［J］. 重庆交通大学学报（自然科学版），2011，30（1）.

[95] Wang Junjie, Zhang Huiping, Liu Mingwei, Chen Yeying. Seismic Passive Earth Pressure with Seepage for Cohesionless Soil［J］. Marine Georesources and Geotechnology, 2012, 30（1）.

[96] Wang Junjie, Zhang Huiping, Chai Hejun, Zhu Jungao. Seismic passive resistance with vertical seepage and surcharge［J］. Soil Dynamics and Earthquake Engineering, 2008, 28（9）.

[97] 王俊杰，柴贺军，林新，陈野鹰. 饱和填土稳定渗流条件下动主动土压力计算［J］. 土木建筑与环境工程，2011，33（4）.

[98] Wang Junjie, Chai Hejun, Lin Xin, Xu Jiamei. Coulomb－type solutions for passive earth pressure with steady seepage［J］. Frontiers of Architecture and Civil Engineering in China, 2008, 2（1）.

[99] 王俊杰，柴贺军，蒋崇军，杨伟. 稳定渗流条件下Rankine主动土压力计算. 中国土木工程学会第十届土力学及岩土工程学术会议论文集（下册）［M］. 重庆：重庆大学出版社，2007.

[100] 王晓冬. 渗流力学基础［M］. 北京：石油工业出版社，2006.

[101] 王文科. 地下水有限分析数值模拟的理论与方法［M］. 西安：陕西科学技术出版社，1996.

[102] 王洋，汤连生，杜嬴中. 地下水渗流对基坑支护结构上水土压力的影响分析［J］. 中山大学学报（自然科学版），2003，42（2）.

[103] 忤彦卿. 岩土水力学［M］. 北京：科学出版社，2009.

[104] 忤彦卿，张倬元. 岩体水力学导论［M］. 成都：西南交通大学出版社，1995.

[105] 魏松，王慧，王俊杰，陈艳. 水利水电工程导论［M］. 北京：中国水利水电出版社，2012.

[106] 吴持恭. 水力学［M］，2版. 北京：高等教育出版社，1986.

[107] 吴持恭. 水力学［M］，4版. 北京：高等教育出版社，2008.

[108] 武汉水利电力学院水力学教研室. 水力学［M］. 北京：人民教育出版社，1974.

[109] 吴林高，缪俊发，张瑞，姚迎. 渗流力学［M］. 上海：上海科学技术文献出版社，1996.

[110] 吴吉春，薛禹群. 地下水动力学［M］. 北京：中国水利水电出版社，2009.

[111] 吴中如，顾冲时，吴相豪. 碾压混凝土坝安全监控理论及其应用［M］. 北京：科学出版社，2001.

[112] 温忠辉，束龙仓，李伟. 测管特性对湖底地层渗透系数测定值的影响［J］. 水利水电科技进展，2004，24（2）.

[113] 项彦勇. 地下水力学概论［M］. 北京：科学出版社，2011.

[114] 徐永琪. 水力学基础［M］. 北京：水利电力出版社，1985.

[115] 薛禹群，朱学愚. 地下水动力学［M］. 北京：地质出版社，1975.

[116] 薛禹群. 地下水动力学原理［M］. 北京：地质出版社，1986.

[117] 薛禹群，谢春红. 地下水数值模拟［M］. 北京：科学出版社，2007.

[118] 许广明. 地下流体渗流理论与数值模拟［M］. 北京：地质出版社，2008.

[119] 许光祥,哈秋舲,杨斌. 裂隙岩体渗流与卸荷力学耦合作用及裂隙排水研究[M]. 重庆:重庆大学出版社,2003.

[120] Yan Zongling, Wang Junjie, Chai Hejun. Influence of water level fluctuation on phreatic line in silty soil model slope [J]. Engineering Geology, 2010, 113 (1-4).

[121] 杨金忠,蔡树英,王旭升. 地下水运动数学模型[M]. 北京:科学出版社,2009.

[122] 杨天行,傅泽周,刘金山,林学钰. 地下水向井的非稳定运动原理及计算方法[M]. 北京:地质出版社,1980.

[123] 杨太华. 水电工程中岩体渗流耦合问题及安全风险研究[M]. 上海:华东理工大学出版社,2009.

[124] 姚天强,石振华. 基坑降水手册[M]. 北京:中国建筑工业出版社,2006.

[125] 姚秋玲,丁留谦,等. 单层和双层堤基管涌砂槽模型试验研究[J]. 水利水电技术,2007,38(2).

[126] 禹华谦. 工程流体力学(水力学)[M]. 成都:西南交通大学出版社,2007.

[127] 易连兴. 解非均质各向异性地下水渗流模型的改进型有限差分法[J]. 地质评论. 2007, 53(6).

[128] 易朝路,汪丙国,郭志高,杨洪,徐贵来. 荆江大堤盐卡险段地下水渗流场模拟研究[J]. 岩石力学与工程学报,2004,23(8).

[129] 于明志,彭晓峰,方肇洪,李晓东. 地下岩土热物性及地下水渗流速度确定[J]. 应用基础与工程科学学报,2007,15(2).

[130] 严文群,段祥宝,张大伟. 地下水渗流对岸坡稳定影响试验研究[J]. 水运工程,2009,4.

[131] 殷建华. 土堤管涌区渗流的有限元模拟[J]. 岩石力学与工程学报,1998,17(6).

[132] 苑莲菊,李振栓,武胜忠,等. 工程渗流力学及应用[M]. 北京:中国建材工业出版社,2001.

[133] 曾宪强,沙椿. 水利电力物探科技信息网(工程物探论文集)[M]. 昆明:云南科学技术出版社,2006.

[134] 翟云芳. 渗流力学[M]. 北京:石油工业出版社,2003.

[135] 张蔚榛. 地下水非稳定流计算和地下水资源评价[M]. 北京:科学出版社,1986.

[136] 周志芳. 裂隙介质水动力学原理[M]. 北京:高等教育出版社,2007.

[137] 郑春苗,Gordon D. Bennett. 地下水污染物迁移模拟[M],2版. 北京:高等教育出版社,2009.

[138] 张志昌. 水力学实验[M]. 北京:机械工业出版社,2006.

[139] 周创兵,陈益峰,姜清辉,卢文波. 复杂岩体多场广义耦合分析导论[M]. 北京:中国水利水电出版社,2008.

[140] 张爱民,王长永. 流体力学[M]. 北京:科学出版社,2010.

[141] 赵振兴,何建京,王忖,程莉. 水力学[M]. 北京:清华大学出版社,2010.

[142] 赵阳升. 矿山岩石流体力学[M]. 北京:煤炭工业出版社,1994.

[143] 赵昕. 水力学[M]. 北京:中国电力出版社,2009.

[144] 朱蔚文,张涤明. 水动力学[M]. 北京:高等教育出版社,1993.

[145] 朱学愚,谢春红. 地下水运移模型[M]. 北京:中国建筑工业出版社,1990.

[146] 张宏仁. 地下水非稳定流理论的发展和应用[M]. 北京:地质出版社,1975.

[147] 张宏仁. 地下水水力学的发展[M]. 北京:地质出版社,1992.

[148] 张莱,陆桂华. 基于损伤的渗流—应力耦合模型在工程地下水迁移研究中的应用[J]. 水利

水电科技进展，2010，30（6）.

[149] 张洪举，凌天清，杨慧丽. 山区填方路基的地下水渗流防治 [J]. 重庆交通学院学报，2006，25（1）.

[150] 邹立芝，潘俊. 含水层水力参数的尺度效应研究现状 [J]. 长春地质学院学报，1994，24（1）.

[151] 周晓杰，介玉新，李广信. 基于渗流和管流耦合的管涌数值模拟 [J]. 岩土力学，2009，30（10）.